防灾避难场所布局优化协同路径及空间响应研究

孙　忠　皮原月　著

四川大学出版社

SICHUAN UNIVERSITY PRESS

图书在版编目（CIP）数据

防灾避难场所布局优化协同路径及空间响应研究 /
孙忠，皮原月著. -- 成都：四川大学出版社，2025. 6.
ISBN 978-7-5690-7385-0

Ⅰ. TU984.199

中国国家版本馆 CIP 数据核字第 2024CD5169 号

书　　名：	防灾避难场所布局优化协同路径及空间响应研究
	Fangzai Binan Changsuo Buju Youhua Xietong Lujing ji Kongjian Xiangying Yanjiu
著　　者：	孙　忠　皮原月

选题策划：王　睿
责任编辑：王　睿
特约编辑：孙　丽
责任校对：蒋　玙
装帧设计：开动传媒
责任印制：李金兰

出版发行：四川大学出版社有限责任公司
　　　　　地址：成都市一环路南一段 24 号（610065）
　　　　　电话：（028）85408311（发行部）、85400276（总编室）
　　　　　电子邮箱：scupress@vip.163.com
　　　　　网址：https://press.scu.edu.cn
印前制作：湖北开动传媒科技有限公司
印刷装订：武汉乐生印刷有限公司

成品尺寸：170mm×240mm
印　　张：23.75
字　　数：510 千字

版　　次：2025 年 6 月 第 1 版
印　　次：2025 年 6 月 第 1 次印刷
定　　价：99.00 元

四川大学出版社
微信公众号

前　言

近年来,世界各地灾害频发且威胁不断加剧,而各城市中心城区人口高度集聚,灾害影响较为严重,灾害发生时能否快速疏散居民,为其提供安全的避难疏散空间,成为衡量各城市防灾减灾能力的重要内容。目前,我国部分城市中心城区防灾避难场所存在数量过少、规模不足、类型单一、服务范围过大、各场地之间无联系等问题,无法满足居民避难需求,因此以各城市中心城区防灾避难场所布局优化为导向,以综合协同系统构建为目标,提出防灾避难场所布局优化综合协同路径,为防灾避难场所布局优化研究提供理论基础。本书依据发现问题—聚焦问题—探寻方法—协同解决—综合应对的思路展开研究,基于协同理论对防灾避难场所布局优化路径进行探讨,构建防灾避难场所布局优化综合协同系统,以全方位、多角度、系统链的视角对防灾避难场所布局进行优化。

在理论探索层面,通过对防灾避难场所布局和协同理论进行研究,梳理国内外防灾避难场所布局及协同理论相关研究成果,总结其不足及启示,提出协同化防灾避难场所布局优化新视角。

在问题溯源层面,通过对我国不同规模城市中心城区防灾避难场所布局进行分析,归纳总结其布局主导模式,探寻布局失衡的原因,并借鉴国内部分特大及超大城市中心城区防灾避难场所布局经验,为防灾避难场所布局优化提供参考。

在协同系统构建层面,首先确立防灾避难场所布局优化综合协同系统的重构模式,并从重构的必要性、策略及保障方面制订重构策略,为防灾避难场所重构可行性提供理论支撑。同时,提出基于协同理论的布局模式重构方法,并构建综合协同系统研究框架,使单要素决定的空间布局模式向综合协同系统转变。防灾避难场所布局优化综合协同系统的落实需要以规模均等性场地为基础、可达性场地为保障、非线性选址为支撑,因此提取出对系统具有决定性影响的避难规模、避难场地、避难选址等子系统,形成"量"(规模均等性)、"场"(场地可达性)、"址"(选址非线性)布局优化路径。根据各路径对系统的作用,确保形成平衡性、稳定性、复杂性、网络性防灾避难场所自组织系统。

在规划路径细化层面,通过对防灾避难场所布局优化综合协同路径进行分析,逐层推进,解决布局中存在的问题。首先,在"量"路径分析阶段,构建基于时间、空间的布局优化路径模型,提出如下策略,即:"依据人口动态分布特征,合理预测不同时段避难人员""注重区域人口分布差异与融合,合理预测区域避难人口""确保防灾避难场所规模均等,完善城市安全空间体系",根据人口动态分布对各时段避难人数进行预测,并根据人均避难面积对临时、固定和中心防灾避难场所规模进行预测;其次,在"场"路径分析阶段,构建布局优化路径的多因子综合评价模型,提出如下策略,即:"多样性场地利用,提高避难场所空间可利用水平""限制性因素分析,提高避难场所服务安全性""提高场地与周边设施协同水平,保证避难服务快速、通畅",并对可利用场地进行评价;最后,在"址"路径分析阶段,根据场地非线性选址的关联性、均衡性、非邻避性,构建基于复杂网络的布局优化路径模型,提出如下策略,即:"合理划分防灾分区,减少长距离避难,增强非邻避性""加强同一等级防灾避难场所关联性,实现网络化布局""提高不同等级防灾避难场所之间的网络性,形成复杂自组织系统",并对可利用场地进行分析。为了选择具有非线性联系的防灾避难场地,利用 Gephi 软件对场地网络度和聚类系数进行分析,为防灾避难场所总体布局重构奠定基础。

在总体布局构建层面,根据防灾避难场所布局优化综合协同路径,利用复杂网络与多因子综合评价相结合的方法进行综合选址,构建耦合多路径综合协同的总体布局优化模型,并提出综合布局优化策略。根据总体布局优化选址方法、模型及策略,为天津市中心城区制订多级融合、层次分明、网络复合的防灾避难场所总体布局优化方案,同时利用中心地理论和 Voronoi 多边形相结合的方法对防灾避难场所服务责任区进行划分,并建设陆、水、空协同的多模式交通疏散系统。防灾避难场所布局优化重构促进形成合理、完善的防灾避难场所布局及平衡、稳定的防灾避难场所自组织系统,保证避难疏散全过程安全,为居民提供了足够的避难疏散空间,满足了居民避难过程中各项基本需求,使各城市防灾避难场所布局合理化水平和综合服务能力大幅提升,提高了城市综合防灾减灾水平,为我国各城市防灾避难场所布局优化研究提供了理论支撑,也为安全城市和韧性城市建设奠定了基础。

本书的出版得到了南阳理工学院博士科研启动基金项目(NGBJ-2022-37、NGBJ-2022-38)、南阳理工学院交叉科学研究项目(NGJC-2023-06)的资助。本书基于实践,立足应用,突出规划设计方法、过程等引导。本书编写分工为:孙忠,编写第 2 章、第 4 章、第 6 章、第 7 章、第 9 章,字数为 25.8 万;皮原月,编写第 1 章、第 3 章、第 5 章、第 8 章,字数为 25.2 万。

著　者

2024 年 11 月

目　　录

1 绪 论

1.1 研 究 背 景

近年来,全球灾害高发且威胁不断加剧。随着城市规模的不断扩大,大城市及超大城市数量不断增加,受人为因素、自然因素和社会因素的影响,全球变暖、海平面上升、城市环境恶化等导致城市灾害不断。同时,随着城市的建设速度不断加快,城市规模、空间形态均发生了较大变化,城市对洪涝、火灾、地震等灾害的承受及应对能力也在减弱,使灾害对城市的破坏力增大。当前,世界范围内的各类灾害对人类社会和经济发展的影响不断加剧,已成为人类可持续发展的隐患。

我国部分城市灾害也较为严重,但对防灾减灾工作重视不够,防灾避难场所发展滞后,仅靠"灾时疏散、就地避难、灾后救援"应对灾害,会使居民生命安全受到严重威胁。"5·12"汶川地震发生后,国家更加重视城市防灾减灾工作,将每年5月12日定为"全国防灾减灾日",防灾避难场所作为防灾减灾重要组成部分受到高度重视。在城市中规划和建设完善且合理的防灾避难场所系统,增加城市韧性,提高城市综合防灾减灾能力刻不容缓,因此需要进行合理的防灾避难场所布局优化。

1.1.1 全球灾害态势变化:灾害高发造成生命和财产严重损失

据《世界灾害报告 2023》统计,全球每年灾害导致的直接经济损失超 900 亿美元,21 世纪前 10 年自然灾害影响人数由 50 万上升到 550 万。全球人口增长最快的 50 个城市中有 40 个面临地震灾害威胁,1000 多万人随时面临洪涝灾害威胁。据联合国减灾署统计,最近 40 年全球灾害损失呈跨越式增长,在 20 世纪末的 25 年中,仅 1976 年和 1980 年灾害所造成的直接经济损失超 500 亿美元,而 21 世纪前 20 年中,除 2000 年和 2006 年外,其他年份灾害所造成的直接经济损失均在 500 亿美元以上,2011 年和 2017 年甚至超过 3700 亿美元。

21世纪全球重大灾害中,大城市和地区突发性灾害事件频繁发生,不仅威胁居民的生命财产安全,也对全球经济发展造成较大影响。随着城市经济的快速发展、城市人口的集聚,人为因素造成的灾害也在逐年增加,城市火灾、爆炸等事件层出不穷。

地震、海啸、飓风等还有可能会诱发次生灾害,灾害严重时经济损失甚至达数亿元,百万以上人口受到影响。灾害全球化趋势越发明显且影响范围不断扩大,必须加快城市防灾减灾设施建设,提前预留足够的防灾避难空间,在灾害发生时为居民提供避难场地,保证居民快速疏散和转移,降低灾害影响。

1.1.2 我国灾害发展形势:各类灾害频发且日益严峻

我国各类灾害高发且波及范围较广,造成巨大经济损失和人员伤亡。为应对日益严峻的灾害形势,需要建设综合性防灾避难场所,在灾害发生时满足居民的避难需求,降低灾害影响。

(1)我国各类灾害高发,灾害波及范围广。

我国位于北半球中维度灾害带和环太平洋灾害带复合区,同时也是欧亚板块、太平洋板块及印度洋板块交汇地带,近年来大陆板块运动活跃度不断增高,导致地震灾害频发,所发生的地震灾害数量占全球总量的1/3以上。相关资料显示,我国有25个城市的地震烈度在Ⅶ度及以上,约占省会城市总数的74%;而地级及以上城市中有一半以上城市的地震烈度在Ⅶ度以上。我国70%以上的人口、80%以上的工农业和80%以上的城市,分布在气象、海洋和地震灾害等都十分严重的沿海及东部平原、丘陵地带,承受着多种灾害的共同威胁。[①]

(2)城市各类灾害频发,经济损失和人员伤亡巨大。

城市作为社会财富最富集的地区和区域发展的"火车头",人口数量和环境脆弱性均在增加。通过对1978—2000年各省受自然灾害影响人口数据分析发现,灾害影响日益严重,受自然灾害影响人口不断增加。[②] 城市各类灾害发生概率及造成的经济损失和伤亡较其他地区更加严重。目前,城市灾害直接经济损失占我国灾害经济损失的70%以上,这一比例仍以GDP增长率2倍的速度增长。

根据相关资料,1976年7月,唐山发生7.8级大地震,城市被夷为废墟,造成24万多人丧生,16万多人伤残,直接经济损失30亿元以上,成为20世纪十大自然灾害之一。

1998年,长江、嫩江、松花江等流域发生150年一遇的特大洪水(图1-1),使我国

---

① 孙健,裴顺强.中国气象灾害防御体系建设和发展[C]//国际应急管理学会中国委员会. 2011国际(上海)城市公共安全高层论坛暨TIEMS中国委员会第二届年会论文集.2011:25-30.

② 傅崇辉,曾序春,汤建,等.自然灾害的人口影响分析——人口数量和人口社会经济结构的变化[J].灾害学,2014,29(3):64-71.

多个省(自治区、直辖市)遭受了不同程度的洪涝灾害,受灾人口 2.23 亿人,死亡 4150 人,倒塌房屋 685 万间,直接经济损失达 1660 亿元。

图 1-1　1998 年长江洪水

受自然及人为双重因素影响,各城市洪涝、爆炸、火灾、地震等灾害频发,灾害造成较为严重的人员伤亡及财产损失。据统计,我国每年受自然灾害侵袭人口达 3.5 亿人以上,仅洪涝导致的受灾人口 1 亿人左右,经济损失就达数千亿元。[①] 为降低灾害影响,各地都建设了较多的紧急避难场所,但无法满足多种灾害发生时居民的避难需求,避难场所均等性及可达性不足,因此需要建设综合性防灾避难场所,提高城市多种灾害应对能力。

1.1.3　我国防灾避难场所建设规模:严重不足且无法满足居民需求

我国各类灾害高发,导致严重的生命财产损失,对社会发展造成严重影响,只有建设完善的综合性防灾避难场所,才能降低各类灾害损失及人员伤亡。但我国防灾避难场所建设规模严重不足,无法为居民提供完善且满足基本需求的避难空间,灾后很多居民在山体、废墟、道路等区域搭建简易设施进行避难(图 1-2),但由于未进行用地评价,场地安全性不足,易受次生灾害影响。如 1975 年辽宁海城发生地震后,受灾民众随意搭建防震棚,棚间距离较近,因受灾民众在防震棚内生火做饭、照明等失火,造成 341 人死亡,980 人受伤,使抗震救灾工作雪上加霜。[②] 唐山大地震,北京震感明显,由于缺乏避难场所,北京市数百万人离开住宅,在大街小巷搭满了防震棚,避难秩序十分混乱,使城市生产、生活、交通较长时间处于无序状态,治安、消防管理非

---

① 李立.巨灾风险证券化——巨灾风险债券在我国的运用研究[D].成都:西南交通大学,2009.

② 初建宇,苏幼坡.城市地震避难疏散场所的规划原则与要求[J].世界地震工程,2006(4):80-83.

常困难,严重干扰了北京各项城市功能的正常运转。[①] 2008 年"5·12"汶川地震发生后,由于汶川及周边城市缺乏防灾避难场所,居民在一些城市道路、废墟边搭满帐篷,造成环境污染严重、交通阻塞,而且给人员管理和伤员救治带来极大不便。[②] 2010 年的玉树地震造成山体滑坡,道路堵塞,导致交通中断,外部救援人员不能进入。这次地震造成 85% 以上的建筑倒塌,人们只能在外露宿,使伤亡人数增加。[③] 由于人员避难无序,人员联系困难,遇难及受伤人员统计较为困难,给搜救工作也带来一定的影响。

图 1-2 城市避难空间缺乏,人们无处避难
(a)灾民在山体旁避难;(b)灾民在废墟旁避难;(c)帐篷堵塞道路

我国相对落后的避难方式和防灾减灾模式也使避难场所发展较为缓慢。部分城市虽然建设了避难场所,但其数量和规模不足,规划容纳人口远少于实际避难人口;

---

① 魏博,刘敏,张浩,等.城市应急避难场所规划布局初探[J].西北大学学报(自然科学版),2010,40(6):1069-1074.

② 白雪音,石钰.城市避难场所规划建设管理:现状、经验与提升[C]//中国城市规划学会.持续发展 理性规划——2017 中国城市规划年会论文集(01 城市安全与防灾规划).2017:212-221.

③ 刘於清.民族地区新农村建设中的防灾减灾能力建设研究[J].农业部管理干部学院学报,2012(3):93-96.

服务范围较大,场地可达性不足,各场地间缺乏联系,整体效能不高;内部设施不完善,灾害发生时无法发挥应有功能,导致居民避难疏散受到影响。据相关资料统计,西安市中心城区避难场所(图 1-3)人均面积不足 $1.0m^2$,居民避难受到严重影响;总人口 440 多万(截至 2023 年年底)的兰州市仅建设 46 处避难场所(图 1-4),能容纳约 30 万人避难,避难场所数量、规模不足,且分布不均,场地可达性受到严重影响。

图 1-3 西安市城市运动公园避难场所

图 1-4 兰州市避难场所

1.1.4 我国防灾避难场所布局模式：场地类型单一且未形成系统

我国避难场所建设起步较晚且发展缓慢，2003 年才建成全国第一个防灾避难场所试点，随后部分城市才逐渐开始建设。2008 年汶川大地震后，一些城市为应对地震灾害，利用现有公园、广场千篇一律地建设地震紧急避难场所，为居民提供地震发生时的临时容身之所，这种布局模式导致我国防灾避难场所类型单一且未成系统。

随着城市化进程加快，城市环境更加复杂，灾害类型变得多样且连锁效应明显，而基于单灾种的应急措施不足以应对如今的城市灾害，整体避难效果不佳。城市灾害的高连锁效应及强次生灾害威胁，使单一等级避难场所无法满足灾害发生时居民长期避难需求，因此需要建设不同等级的综合性防灾避难场所，形成完整的避难系统。

目前的防灾避难场所主要结合公园、广场等室外空间进行建设，而我国气候复杂多样，南方夏季高温多雨，北方冬季寒冷干燥，室外避难场所难以实现全年安置（图 1-5）。如 2008 年冬天，南方发生冰雪灾害，许多房屋倒塌和损坏，由于天气寒冷，一些室外避难场所成为摆设，出现资源利用率低和服务能力不足的尴尬现象。城市内部中小学、体育场馆、展览馆等多分布于人口稠密区域，将这些设施作为避难场所，能够满足不同气候条件下的避难需要，如图 1-6 所示。

图 1-5　冬季居民室外避难

图 1-6　中小学及体育场馆作为避难场所

1.2 研究范围及研究对象

我国灾害形势较为严峻,避难场所建设存在诸多问题,使居民避难疏散较为困难,而我国较为复杂的城市环境,又使各城市灾害类型及影响差异较大。为使研究更有针对性,本书首先界定城市中心城区的概念,并明确其范围;然后对其概念及分类分别进行阐释;最后对我国防灾避难场所相关建设标准及规范进行研究,为各城市中心城区防灾避难场所布局优化提供理论基础。

1.2.1 中心城区的概念及研究范围界定

"中心城区"在现行法律法规中并没有明确界定,仅《城市规划编制办法》中提出"城市总体规划包括市域城镇体系规划和中心城区规划",并对其规划内容进行规定。当前学术界对其认识仍有一定分歧,因此有必要明确其概念并界定研究范畴。

1.2.1.1 中心城区概念界定

为了对城市各区域进行合理控制并划定研究范围,《市(地)级土地利用总体规划编制规程》(TD/T 1023—2010)提出:"中心城区以城镇主城区为主体,并包括邻近各功能组团以及需要加强土地用途管制的空间区域。"

曾凡彬[1]认为中心城区处于城市总体规划区范围内,是区域和主导功能的集中承载地区,如图 1-7 所示。段德罡等分析总结国内超大城市已界定的中心城区,认为中心城区是城市发展的核心区域,也是政治、经济、文化等方面的中心,一般设区城市各地域范围示意如图 1-8 所示。虽然国内学者对中心城区概念界定具有一定差异,但本质上是相似的。

1.2.1.2 中心城区范围界定

为了对中心城区范围进行界定,对目前已划定中心城区的北京、上海等城市展开研究,《北京城市总体规划(2016—2035 年)》对中心城区进行划定,主要包括东城区、西城区、朝阳区、海淀区、丰台区、石景山区,总面积 1378km²。

---

① 曾凡彬.萍乡市中心城区城镇低效用地评价与空间格局研究[D].南昌:江西师范大学,2020.

图例

■ 城市总体规划确定的城市建设用地范围

■ 首位城市的中心城区范围

■ 城市规划区范围

■ 次级城市(镇)的中心城区范围

—— 市(县)域行政界线

---- 次级行政界线

- - - 中心城区边界

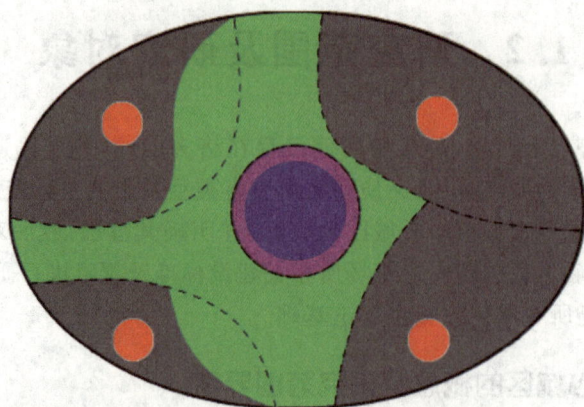

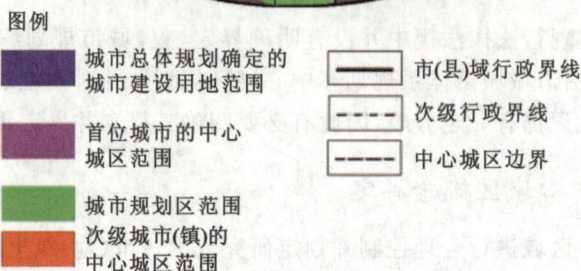

图1-7 城市规划区、中心城区、行政区的空间界定

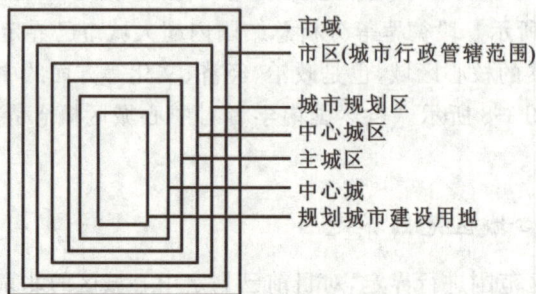

市域
市区(城市行政管辖范围)
城市规划区
中心城区
主城区
中心城
规划城市建设用地

图1-8 一般设区城市各地域范围示意[①]

上海市中心城区包括黄浦区、徐汇区、长宁区、杨浦区、虹口区、普陀区、静安区及浦东新区的外环内城区,面积约 660km² 。

不同城市在规模、建设用地和近郊区范围上存在差异,因而在中心城区划定上也各不相同。借鉴以往研究经验,结合国内已划定中心城区的城市情况,本书将城市中

---

① 段德罡,黄博燕.中心城区概念辨析[J].现代城市研究,2008(10):20-24.

心城区界定为"以城市核心区为主体,包括其周边近郊区域,是政治、经济、文化等方面的综合服务中心,产业上以商务、商业等现代服务业为主,建设密度较高,流动和常住人口较多,各项设施相对较为完善"。核心区人口密度大、数量多,流动人口占比较大,为区域政治、经济、文化中心,产业以现代服务业为主,开敞空间相对较少,可利用防灾避难场所数量也较少。周边区域常住人口较多,居住用地需求占比较大,人们"早出晚归",产业类型较为复杂,仓储、物流企业相对较多,部分区域仍有一定工业企业,区域内存在部分未开发区域,已建设区域开敞空间及各类设施相对较多,防灾避难场所可利用场地较多、规模相对较大。

1.2.1.3 天津市中心城区范围界定

为了对天津市中心城区避难场所布局进行分析,并针对其布局中存在的问题进行优化,根据《天津市城市总体规划(2005—2020 年)》对其中心城区范围进行界定。天津市中心城区是指外环线绿化带内区域,包括和平区、河东区、河西区、南开、河北区、红桥区的全部行政区域及东丽区、津南区、西青、北辰区部分行政区域,共 72 个街道(办事处)、3 个镇,总面积 371km²。

2017 年天津市中心城区常住人口 608.88 万。其中,和平区 34.90 万,河东区 96.69 万,河西区 98.30 万,南开 113.57 万,河北区 88.51 万,红桥区 56.15 万,东丽区、西青区、津南区和北辰区外环线以内区域分别为 40.47 万、17.93 万、24.23 万和 38.13 万。

中心城区规划避难场所 14 处,总面积 353.9ha(1ha＝10000m²),可利用面积 234.9ha,能够容纳 69.5 万人。其中,和平、河东区、河西区、南开区、河北区、红桥区每区 2 处,东丽区和北辰区每区 1 处。中心城区规模较大,规划避难场所面积较小,避难场所面积仅占中心城区的 1.03%,服务人口仅占常住人口的 11.41%。

天津市中心城区是全市人口和城镇建设最密集的地区,是全市的综合性服务中心,集中了全市大部分的公共设施。其中,市级中心主要集中在和平区,高等院校主要集中在南开区,大型商业设施在市中心沿海河南岸高度聚集,该区域也是天津市高层建筑最为集中的区域之一。

天津市中心城区拥有大量的工业企业、老旧小区、历史街区和部分城中村,如图 1-9 所示。中心城区是早期天津企业集中分布的区域,目前仍有部分企业分布。现存工业企业主要集中在北仓、铁东 10 个工业区和一些工业街坊内。中环以内除白庙工业区以外,工业企业多以零散厂点和区街工业形式分布;中环以外、外环以内工业企业规模相对较大,多集中在北仓、铁东、新开河、程林庄、东南郊、陈塘庄、华苑、天拖南、西营门、西站西 10 个工业区和一些工业街坊内,建筑质量较差。

中心城区内用地较为混杂,环境质量不高,基础设施不完善,特别是 20 世纪 80 年代以来,一直存在着在企事业单位内部见缝插针建住宅的问题,造成居住与工业用

图 1-9 天津市中心城区老旧小区及工业区

地混杂,基础设施压力过大,居住环境质量长期得不到提高。中心城区还包含 9 处历史文化保护区和众多文物古迹,多为砖木结构,部分建筑年久失修,建筑质量较差,内部道路较窄。

1.2.2 防灾避难场所的概念及分类

在对防灾避难场所进行研究时,应首先对其概念进行界定。同时,根据日本、美国等在防灾避难场所建设方面走在前列国家的经验和我国相关规范、标准,对防灾避难场所进行分类,并对其规模等级、服务半径、避难时长、人均避难场地等进行划分,以形成完整的防灾避难场所体系,为防灾避难场所布局优化提供理论基础。

1.2.2.1　防灾避难场所的概念

目前,我国相关规范和建设标准尚不完善,同时不同规范和建设标准中避难场所分类、体系构成等存在差异,也导致其概念界定相对较为笼统且存在差别。《防灾避难场所设计规范(2021年版)》(GB 51143—2015)中将防灾避难场所定义为"配置应急保障基础设施、应急辅助设施及应急保障设备和物资,用于因灾害产生的避难人员生活保障及集中救援的避难场地及避难建筑"。为了使研究更具针对性,本书根据应对灾害类型、使用时间及可利用场地对其概念进行界定。

本书所指防灾避难场所是在韧性城市理论的指导下,为应对地震、洪涝、地面沉降、火灾、爆炸及风暴潮等多种灾害而设置的人员避难、疏散的场所。目前,防灾避难场所主要为公园、绿地、广场、体育场馆、学校、展览馆等,这些场所经过科学规划,可打造成能提供水、食品、药品、电、通信设施的空间,从而能保证灾民基本生活需求得到满足。

1.2.2.2　防灾避难场所的分类

由于不同国家的相关规范、标准对防灾避难场所分类存在差异,本书在总结相关规范、标准的基础上,根据其类别、服务范围、用地类型、避难时间、人均面积及内部设施这6个方面进行划分,以形成完善的防灾避难场所体系。

(1)国际普遍采用的分类标准。

根据灾害不同时段避难人员对场地规模、服务范围及设施等的需求,将其分为四类。

①紧急避难场所(图1-10):在灾前或灾时使用,多为小公园、小花园、小广场、专业绿地、高层建筑中的避难层(间)等,为居民提供紧急避难服务,避难时长不超一天。

②固定避难场所(图1-11):为民众提供较长时间避难及集中性救援,通常选择面积较大、可安置人员较多的公园、广场、体育场馆、大型人民防空工程、停车场、空地、绿化隔离带及抗震能力较强的公共建筑等,这些场所应具有一定开敞空间,还具有一定基础设施,满足避难人员临时生活需求和伤员救治需求。

③中心避难场所(图1-12):规模较大、功能齐全、起避难中心作用的场所,一般会设抢险救灾部队营地、医疗抢救和重伤员转运中心等。

④防灾据点:满足较高抗震设防要求、有避震功能、可有效保证内部人员安全的建筑。

图 1-10　紧急避难场所

(a)

(b)

图 1-11　固定避难场所

(a)城市广场；(b)体育场馆

图 1-12 中心避难场所

（2）避难场所建设较为先进的国家和地区的分类标准。

1）日本。

日本灾害多发，地震、火灾、洪涝等各类灾害发生频率均较高。日本很早以前就对防灾避难场所开展研究，目前已经形成了完善的防灾避难避难场所体系。日本防灾避难相关规范将防灾避难场所分为广域防灾基地、区域防灾基地、地方防灾基地、避难地及避难所，包括室内、室外和综合性的空间，具体分类见表 1-1。

其中，防灾基地不仅包括储备仓库、废物放置场所等，还包括应急场所指挥部，与国际上固定避难场所和中心避难场所较为相似。避难地是指在灾害发生时由政府指定的用于避难的开敞空间，主要为室外空间。避难所是指灾害发生时由政府指定的用于避难的建筑，主要为室内空间。避难地和避难所多为一些临时空间，主要满足紧急避难需求。

不同等级避难场所服务范围及用地类型差别较大，高等级防灾避难场所服务范围覆盖多个低等级防灾避难场所。

表 1-1　　　　　　　　　　　　　日本防灾避难场所类型

类型	规模及服务范围	用地类型	功能
广域防灾基地	50ha 以上，每 50 万～150 万人设置 1 个	以广域公园和城市基干公园为主	作为灾时帐篷区、物资流通配给基地等，是居民急救、灾后家园重建和城市复兴等的据点
区域防灾基地	10ha 以上，服务半径 2km，以中小学学区为单位	以城市基干公园为主	中短期避难地，收容附近居民，使其免受灾害伤害

续表

类型	规模及服务范围	用地类型	功能
地方防灾基地	1ha 以上,服务半径 500m	以地区公园、近邻公园为主	为一些有专门需求的居民提供相应服务
避难地及避难所	宽度 10m 以上、具有避难功能的绿色大道,一般城区的缓冲绿色地带和面积在 500m² 左右的街心公园	灾时临时设置,平常作为防灾活动据点	提供暂时避难功能,为附近居民紧急避难或区域避难场所的中转地

资料来源:《日本城市绿化技术指南》。

2)美国。

美国针对避难人员类型将防灾避难场所分为普通大众避难场所、特需避难场所 2 类,满足了不同类型人员避难疏散需求,避难场所服务公平性和均等性较强,基本保证了所有居民避难需求。具体分类见表 1-2。

表 1-2 美国防灾避难场所类型

类型	避难人员类型	内部设施
普通大众避难场所	一般大众	经当地红十字会检测达到一定标准,配备有水、电、食品、洗漱设施等,有至少满足最小需求的管理人员
特需避难场所	登记注册有特殊需求人士,如老年人、残疾人、宠物饲养者等,未经注册或者已经确定不需要特殊看护者不被安置	除一般设施外,还配备有特殊需求设施

3)中国台湾地区。

中国台湾地区在防灾避难场所的建设上也有较为悠久的历史,具有较为完善的防灾避难场所分类,具体分类见表 1-3。

表 1-3 台湾地区防灾避难场所类型

类型	功能	用地类型
紧急避难场所	灾害发生的 3min 内,人员寻求紧急躲避的场所	以圈域内现有的开放空间为主,包含基地内的空地、绿地、公园及道路等

续表

类型	功能	用地类型
临时避难场所	暂时无法直接进入安全避难场所(临时收容场所、中长期收容场所)的避难人员,在此等待救援,后经由引导进入层级较高的收容场所	1ha 以上的邻里公园、绿地
临时收容场所	提供大面积开敞空间作为安全停留处所,待灾害稳定后,再去应对后期的避难生活	中小学
中长期收容场所	灾后城市重建完成前,提供避难生活所需设施,也是当地避难人员获得情报信息的场所	高中、大专院校及全市型公园、大型广场设施

资料来源:《台北市防灾空间规划》。

(3)本书防灾避难场所分类标准。

我国(未含台湾地区)目前普遍采用的防灾避难场所分类标准来自《防灾避难场所设计规范(2021 年版)》(GB 51143—2015),本书在总结此规范并参考其他相关规范的基础上将防灾避难场所分为紧急防灾避难场所、临时防灾避难场所(包括特殊避难场所)、固定防灾避难场所和中心防灾避难场所。不同等级防灾避难场所相互融合并形成网络,高等级防灾避难场所能够服务所有低等级防灾避难场所服务区域,通过划分服务半径,保证各区域防灾避难场所建设和服务的均等性,降低避难场所服务范围和避难疏散过程中限制性因素影响,提高场地可达性,具体分类见表 1-4。

表 1-4 　　　　　　　　　　　　**本书防灾避难场所分类表**

类型	有效避难面积/ha	服务半径/km	用地类型	避难时间/d	人均避难面积/m²	设施
紧急避难场所	不限	0.5	社区内部及周边公园、绿地、广场、停车场及小型空地等	<0.5	0.5	应急厕所、应急标识、应急照明设备、应急广播设备、应急垃圾收集点
临时避难场所	0.2~1.0	1.0	中小学、公园、广场、体育场馆、展览馆、公共停车场等	0.5~3.0	1.0~2.0	应急厕所、应急标识、应急照明设备、应急广播设备、应急垃圾收集点、应急通信设备、应急医疗设备、应急排水设施、应急物资储备区

续表

类型	有效避难面积/ha	服务半径/km	用地类型	避难时间/d	人均避难面积/m²	设施
固定避难场所	1.0~20.0	2.0	中小学、公园、广场、绿地、体育场馆、展览馆、大型停车场等	3.0~30.0	2.0~4.0	应急厕所、应急交通标志、应急照明设备、应急广播设备、应急垃圾收集及储运设施、应急通信设备、应急医疗设备、应急排水设施、应急物资储备区、应急停车区、区域位置指示、警告标志和场所功能演示标识、场所引导性和场所设施标识、应急棚宿、应急指挥区等
中心避难场所	≥20.0	≥5.0	大型城市公园、高等院校、中小学、大型体育场馆、大型绿地、展览馆等	>30.0	≥4.5	应急厕所、应急交通标志、应急照明设备、应急广播设备、应急垃圾收集及储运区、应急通信设备、城市级应急物资储备区、应急医疗卫生救护区及其配套设施、区域位置指示、警告标志和场所功能演示标识、场所引导性标识、场所设施标识、避难宿住区、应急直升机使用区、应急指挥区等

注:由于紧急防灾避难场所的有效使用面积、内部容纳避难人数均不受限制,各社区可根据需要自行设置,城市内相对安全空间均可用于紧急避难,因此本书不再考虑紧急防灾避难场所,仅考虑对场地规模具有一定需求的临时、固定和中心防灾避难场所。

1.2.3 防灾避难场所建设标准解读

防灾避难场所概念界定及分类保证了其体系的形成,为建设满足灾害不同时段避难需求的综合性防灾避难场所提供了基础,但要实现防灾避难场所的合理布局,还需有建设标准作为指导,下文对不同建设标准进行解读。

(1)《地震应急避难场所场址及配套设施》(GB 21734—2008)。

该标准是我国第一个避难场所选址标准,将地震应急避难场所分为3类。I类:具备综合设施配置,安置人员30天以上;II类:具备一般设施配置,安置人员10~30天;III类:具备基本设施配置,安置人员10天以内。

可选作地震应急避难场所的场地包括公园(不包括动物园和公园内的文物古迹保护区)、绿地、广场、体育场馆和室内公共场、馆、所等。场址有效面积宜大于2000m²,人均面积应大于1.5m²。用地应避开地震断裂带,洪涝、山体滑坡、泥石流等自然灾害易发地段;选择平坦空旷且地势略高,易于排水,适宜搭建帐篷的区域;在有毒气体储放地、易燃易爆物或核放射物储放地、高压输变电线路等影响范围外和高层建筑物、高耸构筑物垮塌范围外;选择室内公共场、馆、所作为地震应急避难场所或配套设施用房,其应达到当地抗震设防要求。

应急避难场所应有两条以上方向不同且与外界相通的疏散道路。

(2)《防灾避难场所设计规范(2021 年版)》(GB 51143—2015)。

防灾避难场所按功能级别、规模和开放时间分为紧急、固定避难场所。固定防灾避难场所按开放时间和配置应急设施完善程度分为短期、中期和长期避难场所,同时应划分防灾避难场所责任区和避难单元,根据避难人数、设施配置、自然分隔和避难功能等要素划分独立成体系的空间单元。

防灾避难场所应满足其责任区范围内避难人员的避难需求以及城市级应急功能配置要求,并应符合表 1-5 的规定。

表 1-5 固定、紧急防灾避难场所规定

类别	有效避难面积/ha	避难疏散距离/km	短期避难人口容量/万人	应急服务总人口/万人	责任区建设用地/km²
长期固定避难场所	≥5.0	≤2.5	≤9.0	≤20.0	≤15.0
中期固定避难场所	≥1.0	≤1.5	≤2.3	≤15.0	≤7.0
短期固定避难场所	≥0.2	≤1.0	≤0.5	≤3.5	≤2.0
紧急避难场所	—	≤0.5	—	—	—

不同避难期的人均有效避难面积不应低于表 1-6 的规定。

表 1-6 不同避难时期人均有效避难面积

避难期	紧急	短期	中期	长期
人均有效避难面积/(m²/人)	0.5	2.0	3.0	4.5

防灾避难场所设定防御标准所对应的地震影响,不应低于本地区抗震设防烈度相应的罕遇地震影响,且不应低于Ⅶ度地震影响;设定防御标准所对应的风灾影响不应低于 100 年一遇的基本风压对应的风灾影响,防灾避难场所设计应满足灾前防灾和灾时避难的安全防护要求,龙卷风安全防护时间不应低于 3h,台风安全防护时间不应低于 24h;位于防洪保护区的避难场所的设定防御标准应高于当地防洪标准所确定的淹没水位,且避难场所的应急避难区地面标高应按该地区历史最大洪水水位确定,且安全超高不低于 0.5m;避难场所用地应避开可能发生滑坡、崩塌、地陷、地裂、泥石流及地震断裂带上可能发生地表位错的部位等危险地段,并避开行洪区、指定分洪口、洪水期间进退洪主流区及山洪威胁区;应避开高压线走廊;应处于周围建筑物倒塌影响范围外,并避开易燃、易爆、有毒危险物品存放点、严重污染源及其他易发次生灾害区域,与次生灾害危险源的距离应满足国家现行标准要求,有火灾或爆炸危险源时,应设防火安全带;避难场所内应急功能区与周围易燃建筑等一般火灾危险

源之间应设置不小于 30m 的防火安全带,距易燃易爆工厂、仓库、供气厂、储气站等重大火灾或爆炸危险源的距离不小于 1000m。

1.3　研　究　方　法

(1)文献研究法。

通过对国内外防灾避难场所选址、规划及布局等方面文献进行研究,归纳总结目前国内外相关规划理论、政策,整理现有防灾避难场所布局策略、模式等,针对性地解决防灾避难场所布局中存在的问题。

(2)定量与定性相结合分析法。

在构建防灾避难场所选址评价指标体系时,建立多因子综合评价模型,并运用定性与定量相结合的方法将定性指标转换为定量数据,无法量化的指标,则作为定量评价结果分析的重要纠偏因素。

(3)利用 GIS、宜出行、Gephi 等软件模拟法。

运用 GIS 对天津市中心城区内可作为防灾避难场所的各类场地进行分析,筛选出规模 2000m² 以上的各类场地,并对河流、易燃易爆企业、铁路、建筑倒塌覆盖范围等安全性影响因素进行叠加分析,根据叠加结果选择防灾避难场所可利用场地。为了对灾害不同时段避难人口及各等级避难场地规模进行预测,利用宜出行软件对天津中心城区人口热力数据进行分析。同时,通过构建无标度复杂网络模型,利用 Gephi 软件对各可利用场地进行分析,模拟出布局合理且满足规模需求的防灾避难场所。

(4)实地调研法。

对我国部分特大、超大及部分省会城市(不属于特大、超大城市的省会城市)避难场所布局及其满意度进行调查,同时对天津市中心城区已规划的 14 处应急避难场所建设情况及布局满意度、居民认知程度等进行现场调研,根据调研数据对应急避难场所布局问题进行剖析,并根据其存在的问题进行合理的布局优化,使避难场所布局满足居民需求。

(5)多学科综合分析法。

运用跨学科研究手段,将城乡规划学、生态学、防灾学、地理学等理论与方法应用于研究中,突破单一学科局限性;利用多种不同学科的综合性技术方法对防灾避难场所选址及布局进行评价,不仅关注城市防灾、减灾或城市空间形态本身,还关注防灾空间建设与城市空间的相互作用。

1.4 研 究 内 容

(1)根据对各城市中心城区防灾避难场所规划情况、布局模式及布局特征进行分析,探讨目前防灾避难场所布局中存在的问题。

(2)构建基于协同理论的防灾避难场所布局优化路径系统。防灾避难场所布局受避难人口、场地规模、场所选址等因素的影响,利用协同理论对各要素进行综合分析,构建防灾避难场所综合协同系统,提出"量""场""址"综合协同的防灾避难场所布局优化路径,通过对各区域均等性避难场地规模测算、可达性场地选择及非线性选址,实现防灾避难场所布局优化。

(3)提出防灾避难场所布局优化的规模均等化路径,对各时段避难人口及各等级避难场地规模进行预测。在测算防灾避难场所规模时,根据人口流动性及时空分布差异,建立防灾避难场所规模均等化布局优化模型,提出相应策略。由于各城市中心城区流动人口占总人口比例较大,为了对避难人口进行合理测算,利用人口热力数据对各区域人口进行分析,根据建筑综合抗灾能力进行各时间段避难人数测算,同时根据人均避难场地规模对各等级防灾避难场所规模进行预测。

(4)构建防灾避难场所布局优化选址多因子综合评价指标体系。通过对防灾避难场所布局影响较大的河流、地震断裂带、建筑倒塌影响范围、易燃易爆工业企业等因素进行分析,同时保证避难场所与周边医疗、消防、治安等设施的便捷、快速联系,构建防灾避难场所的布局优化选址评价指标体系。

(5)利用多因子综合评价与复杂网络相结合的方法进行防灾避难场所总体布局优化选址,实现各区域避难场地布局的规模均等性、场地可达性和选址非线性,提高场地分布和服务的公平性,加强场地可达性和场地与场地之间网络性联系,使防灾避难场所形成完善的自组织系统。由于防灾避难场所可利用场地的多样性,许多城市中心城区可用作防灾避难场所的场地数量远大于需求数量,为避免造成资源浪费,必须进行合理选址。在选择场地时,首先利用多因子综合评价法对场地综合值进行计算,由于同一区域各场地距离较近,综合值差别较小,简单根据综合值选择可能造成部分区域场地过密,而部分区域无避难场所的情况出现,因此再结合复杂网络方法对场地进行选择,使选择的场地既满足人员防灾避难需求又具有最高的综合评价值。

(6)对防灾避难场所服务范围进行划分,为疏散居民提供快速、合理的避难服务。根据人口分布和防灾避难场所布局,利用 GIS 的 Voronoi 多边形对防灾避难场所服务责任区进行划分。首先,根据城市快速路、河流、铁路、行政边界等进行划分;然后,利用 Voronoi 多边形对各等级防灾避难场所服务范围进行划分,但由于 Voronoi 多边形划分的服务范围均为多边形,易将同一地块划分到多个防灾避难场所服务范围内,为保证居民避难与场地分布的协同,利用中心地理论与 Voronoi 多边形相结合的方法对各防灾避难场所服务范围进行调整,保证同一地块居民在同一防灾避难场所避难,同时保证高等级防灾避难场所服务多个低等级防灾避难场所,确保不同等级防灾避难场所服务范围的协同。

2 防灾避难场所布局相关理论研究

本章对防灾避难场所相关概念进行界定,梳理目前已有的防灾避难场所布局相关理论体系,并对国内外相关研究进行分析评价,明确研究中存在的不足,并对对公共服务设施布局具有较大支撑作用的协同理论及相关理论进行研究,为防灾避难场所布局优化提供理论基础。

2.1 防灾避难场所布局相关概念辨析及解读

2.1.1 防灾避难场所应对的城市灾害

2.1.1.1 城市灾害的概念及分类

防灾避难场所是保障灾害发生时居民生命安全的重要空间,要实现其合理布局,需要对城市灾害类型进行分析,并对其特点进行研究。

城市灾害是指由不可控或未加控制因素造成的、对城市系统中的生命财产和社会物质财富造成危害的自然和社会事件。城市灾害对建筑、人员、设施等影响较为严重,具有多级严重性、难预测性、影响范围不可控性及高关联性的特点。

由于很难精准预测灾害发生时间,我国多在灾后临时划定避难场所进行人员疏散和避难,并从城市外部及其他区域调集应急物资等应对灾害,但响应速度受限,可能使灾害影响加剧。为降低灾害影响,需要在城市内部建设综合且系统完善的防灾避难场所,为居民提供足够的避难疏散空间,提高灾害综合应对能力。

灾害类型较为复杂,根据其成因可以分为自然界自发因素引起的自然灾害,人类日常生产、活动造成的人为灾害,以及自然与人为双重因素引起的复合型灾害,城市灾害也由这三类构成,如图 2-1 所示。

成因 　　　　　　　　　　　　　　　灾害类型

自然界自发因素		自然灾害	地震、海啸、台风、洪涝等
人类的日常生产、活动	灾害	人为灾害	火灾、地质灾害、爆炸等
自然和人为双重因素		复合型灾害	自然灾害和人为灾害同时发生

城市灾害
- 多级严重性
- 难预测性
- 影响范围不可控性
- 高关联性(由一个灾害引发多个次生灾害)

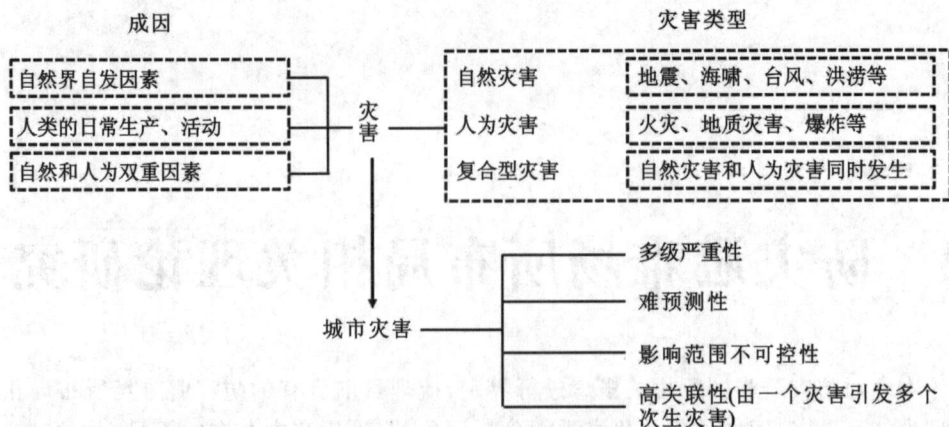

图 2-1　城市灾害类型及成因①

城市自然灾害包括地震、海啸、台风、洪涝、风暴潮、地面沉降、山崩、滑坡等,灾害发生过程复杂,各灾种关联性较强,次生灾害破坏性甚至远超主灾。其中,地震、洪涝、地面沉降等城市灾害大多由自然因素引起,易造成城市内部严重破坏;而突发性城市自然灾害也会引起火灾、爆炸等一系列衍生灾害,多灾种同时发生的可能性较大,对城市影响较大且波及范围较广,大量建筑被破坏或损毁。

城市人为灾害分为人为事故灾害和人为故意性灾害。其中,人为事故灾害包括火灾和爆炸等人为因素引起的城市灾害。城市作为复杂系统,各类型企业较多且部分企业存有易燃易爆物品,城市地上和地下各类管网密布且燃气供气站、加油加气站等场所易燃易爆设施较多,容易引发灾害;也可能由于人们对某些技术认识和掌握不全面或对设施管理失误等引发重大破坏性灾害。人为故意性灾害是由人为故意引起的一些灾害,如战争、恐怖袭击等,会造成人员伤亡和重大经济损失。相较而言,人为事故灾害在城市中发生概率较大。

复合型灾害对城市影响更大,因此需要充分考虑灾害对城市防灾避难场所选址的影响,也要充分考虑灾害影响范围及对城市交通造成的阻隔,保证避难疏散人员安全。

2.1.1.2　中心城区主要灾害类型

以天津市为例,下面介绍中心城区主要灾害类型。

(1)地震。

天津市处于首都圈地震重点监视防御区,是我国地震活动较为频发区域,为地震高危区。根据《中国地震动参数区划图》(GB 18306—2015),天津市中心城区地震烈

---

① 任亚京. 太原市应急避难场所研究[D]. 太原:太原理工大学,2017.

度为Ⅵ度,抗震设防烈度为Ⅶ度。

天津市中心城区内有海河断裂、天津北断裂、天津南断裂和大寺断裂,多为活动性断裂。其中,海河断裂沿海河河道发育,为西北—东南走向,该断裂由一系列平行斜列、倾向相同或相对的多段断裂组成。海河断裂西段长约30km,其中中心城区内部分长约4.5km。天津北断裂和天津南断裂组成了天津断裂,天津断裂位于静海斜坡带上,形成于中生代晚期,切割了石炭系、二叠系地层,总体走向为东北—西南。其中,天津北断裂为正断层断裂,长约80km。大寺断裂位于中心城区南部,为西北—东南走向,长度为38km,该断裂为正断层盖层断裂。

(2)火灾及爆炸。

高层建筑若发火灾,则具有火势蔓延快,疏散、扑救难度大的特点,因而高层建筑火灾是高层建筑安全性的严重隐患。天津市中心城区内老旧小区及城中村也是火灾的高发区。由于老建筑数量较多,且年久失修,部分建筑质量较差,各类线路混乱且老化严重,同时院落内普遍存在私搭乱建现象,且一些楼道内堆放着各类杂物,较易引发火灾。由于城中村及老旧小区道路较窄,内部停车设施较为匮乏,车辆在道路两侧乱停乱放,堵塞消防通道,火灾发生时易导致救援困难,最终酿成较为严重的后果。

目前,天津市中心城区内建设有大量加油、加气站,主要以销售汽油、柴油为主,部分为加油和加气共存,内部均有储油罐。加油、加气站火灾具有突发性、高热辐射性、燃烧与爆炸交替发生的特点,在灾害发生时易对周边环境造成巨大破坏。加油、加气站多沿城市道路建设,部分加油、加气站紧邻居民区,发生火灾时,还可能造成群死群伤事件。

(3)地面沉降。

20世纪以来,随着城市快速建设和人口大规模集聚,用水量大幅度增加,为了满足用水需求,大量抽取地下水,全国形成了300多个地下水超采区,华北平原成为世界最大"漏斗区",而天津市正处于华北平原"漏斗区"的中心。天津市还处于"天津—沧州—德州—滨州—东营—潍坊"沉降带上,地下水位下降较为明显,地面沉降较为严重。

(4)风暴潮。

天津市中心城区距离渤海湾50km,海河直接连接中心城区和渤海。渤海湾作为世界上风暴潮最严重的区域之一,一年四季均会发生风暴潮。虽然海河和渤海湾直接联系,但由于中心城区与渤海湾之间的距离相对较远,风暴潮对天津市中心城区所造成的灾害影响是间接性的,风暴潮会造成海河水位上涨,特别是发生强降雨时其影响更大,使中心城区河流水位暴涨,部分地区出现河水倒灌,导致中心城区排水困难,内涝严重。

(5)洪涝。

天津市处于"九河下梢",常年受海洋性季风气候影响,夏季降雨较为集中且降雨强度较大。当区域强降雨出现时,海河上游各支流同时涨水并汇入干流,干流所经的中心城区地势较低且平缓,河流泥沙淤积严重,泄洪能力不足,而上游又无足够的蓄滞洪空间,使天津市中心城区自古就受到洪涝灾害威胁。另外,城市建设导致地表水下渗能力减弱,而城市排水功能较为落后,不能及时排水。同时,中心城区部分区域存在大量排水空白区,特别是部分城中村积水较为严重。

天津市中心城区各街道致灾因子种类如表 2-1 所示。

表 2-1　　　　　天津市中心城区各街道、镇及办事处致灾因子种类

区名	街道、镇及办事处	致灾因子种类
南开区	水上公园	地面沉降、老旧及高层建筑、地震断裂带、加油站
	长虹	河流、强降雨、地面沉降、老旧及高层建筑、地震断裂带、加油站
	鼓楼	强降雨、地面沉降、老旧及高层建筑、地震断裂带
	广开	强降雨、地面沉降、老旧及高层建筑、地震断裂带、加油站
	华苑	强降雨、老旧及高层建筑、地震断裂带、加油站
	嘉陵道	强降雨、地面沉降、老旧及高层建筑、地震断裂带、加油站、易燃企业
	体育中心	老旧及高层建筑、地震断裂带、易燃企业
	万兴	强降雨、地面沉降、老旧及高层建筑、地震断裂带、加油站
	王顶堤	强降雨、地面沉降、老旧及高层建筑、地震断裂带、易燃企业
	学府	地面沉降、老旧及高层建筑、地震断裂带、加油站
	向阳路	河流、地面沉降、老旧及高层建筑、地震断裂带、加油站、易燃企业
	兴南	强降雨、地面沉降、老旧及高层建筑、地震断裂带
和平区	劝业场	河流、风暴潮、强降雨、地面沉降、老旧及高层建筑、地震断裂带、加油站
	小白楼	河流、风暴潮、强降雨、地面沉降、老旧及高层建筑、地震断裂带
	五大道	河流、风暴潮、强降雨、老旧及高层建筑、地震断裂带
	新兴	强降雨、老旧及高层建筑、地震断裂带
	南营门	强降雨、老旧及高层建筑、地震断裂带
	南市	强降雨、地面沉降、老旧及高层建筑、地震断裂带

区名	街道、镇及办事处	致灾因子种类
河东区	大王庄	河流、风暴潮、强降雨、老旧及高层建筑、地震断裂带、加油站、易燃企业
	大直沽	河流、风暴潮、强降雨、老旧及高层建筑、地震断裂带、加油站
	中山门	强降雨、老旧及高层建筑、地震断裂带、加油站
	富民路	河流、风暴潮、强降雨、地面沉降、老旧及高层建筑、地震断裂带
	二号桥	强降雨、老旧及高层建筑、地震断裂带、加油站、易燃企业
	春华	强降雨、地面沉降、老旧及高层建筑、地震断裂带
	唐家口	强降雨、老旧及高层建筑、地震断裂带、加油站
	向阳楼	强降雨、地面沉降、老旧及高层建筑、地震断裂带、加油站
	常州道	强降雨、老旧及高层建筑、地震断裂带、加油站
	上杭路	强降雨、地面沉降、老旧及高层建筑、地震断裂带、加油站
	东新	强降雨、老旧及高层建筑、地震断裂带、加油站
	鲁山道	强降雨、地面沉降、老旧及高层建筑、地震断裂带、易燃企业
	天铁	强降雨、地面沉降、老旧及高层建筑、地震断裂带、加油站、易燃企业
河西区	大营门	强降雨、地面沉降、老旧及高层建筑、地震断裂带
	下瓦房	地面沉降、老旧及高层建筑、地震断裂带、加油站
	桃园	强降雨、地面沉降、老旧及高层建筑、地震断裂带
	挂甲寺	河流、风暴潮、强降雨、地面沉降、老旧及高层建筑、地震断裂带、加油站
	马场	强降雨、地面沉降、老旧及高层建筑、地震断裂带
	越秀路	强降雨、地面沉降、老旧及高层建筑、地震断裂带、加油站
	友谊路	强降雨、地面沉降、老旧及高层建筑、地震断裂带、加油站
	天塔	地面沉降、老旧及高层建筑、地震断裂带、加油站
	尖山	强降雨、地面沉降、老旧及高层建筑、地震断裂带、加油站、易燃企业
	陈塘庄	河流、强降雨、地面沉降、老旧及高层建筑、地震断裂带、加油站、易燃企业
	柳林	地面沉降、老旧及高层建筑、地震断裂带、加油站
	东海	河流、老旧及高层建筑、地震断裂带、加油站
	梅江	地面沉降、老旧及高层建筑、地震断裂带、易燃企业
	太湖路	强降雨、地面沉降、老旧及高层建筑、地震断裂带、易燃企业、加油站

续表

区名	街道、镇及办事处	致灾因子种类
河北区	光复道	强降雨、地面沉降、老旧及高层建筑、地震断裂带、加油站、易燃企业
	望海楼	河流、风暴潮、强降雨、地面沉降、老旧及高层建筑、地震断裂带、加油站
	鸿顺里	河流、风暴潮、强降雨、地面沉降、老旧及高层建筑、地震断裂带
	新开河	河流、风暴潮、强降雨、地面沉降、老旧及高层建筑、地震断裂带
	铁东路	地面沉降、老旧及高层建筑、地震断裂带、加油站
	建昌道	老旧及高层建筑、地震断裂带、加油站、易燃企业
	宁园	地面沉降、老旧及高层建筑、地震断裂带
	王串场	强降雨、老旧及高层建筑、地震断裂带、加油站
	江都路	强降雨、老旧及高层建筑、地震断裂带
	月牙河	强降雨、地面沉降、老旧及高层建筑、地震断裂带、易燃企业
红桥区	西于庄	河流、风暴潮、强降雨、老旧及高层建筑、地震断裂带、加油站、易燃企业
	咸阳北路	老旧及高层建筑、地震断裂带、加油站
	丁字沽	河流、风暴潮、强降雨、老旧及高层建筑、地震断裂带、加油站、易燃企业
	西沽	河流、风暴潮、强降雨、地面沉降、老旧及高层建筑、地震断裂带
	三条石	河流、风暴潮、强降雨、地面沉降、老旧及高层建筑、地震断裂带
	邵公庄	河流、老旧及高层建筑、地震断裂带、加油站
	芥园道	河流、强降雨、地面沉降、老旧及高层建筑、地震断裂带、加油站
	铃铛阁	强降雨、地面沉降、老旧及高层建筑、地震断裂带、加油站
东丽区	张贵庄	河流、风暴潮、强降雨、地面沉降、老旧及高层建筑、地震断裂带、加油站、易燃企业
	万新	强降雨、地面沉降、老旧及高层建筑、地震断裂带、加油站、易燃企业
	华明	强降雨、地面沉降、老旧及高层建筑、地震断裂带、加油站、易燃企业
北辰区	果园新村	老旧及高层建筑、地震断裂带、加油站、易燃企业
	集贤里	强降雨、地面沉降、老旧及高层建筑、地震断裂带
	普东	强降雨、老旧及高层建筑、地震断裂带、加油站、易燃企业
	天穆	河流、地面沉降、老旧及高层建筑、地震断裂带、加油站、易燃企业
	北仓	河流、老旧及高层建筑、地震断裂带、加油站、易燃企业
	宜兴埠	河流、地面沉降、老旧及高层建筑、地震断裂带、加油站、易燃企业

区名	街道、镇及办事处	致灾因子种类
西青区	西营门	河流、地面沉降、老旧及高层建筑、地震断裂带、加油站、易燃企业
	李七庄	地面沉降、老旧及高层建筑、地震断裂带、加油站
津南区	长青	强降雨、地面沉降、老旧及高层建筑、地震断裂带

2.1.2　防灾减灾引导下的安全城市与韧性城市

针对城市常见及高发灾害类型,为保证城市居民快速安全避难,降低各项应急、救援设施和避难场所缺失对居民避难造成的影响,可根据安全城市和韧性城市要求对防灾避难场所进行布局,提高城市应急避难能力。

2.1.2.1　安全城市的概念

安全城市是指基于对城市系统性的认识,预先建设相应应急设施,提高灾害应急准备及灾害综合应对能力,将综合灾害风险控制在可以接受的水平,使城市时刻保持在安全状态。

安全城市所指的安全为综合性"大安全",是一个错综复杂的系统工程,既包括城市日常安全,也包括突发事件下非常态安全。防灾避难场所作为灾害发生时居民避难疏散空间,是保证城市非常态安全的重要组成部分,也是保证灾害发生时居民生命财产安全的重要空间,具有应对和降低综合灾害影响的能力,因此防灾避难场所成为安全城市建设必不可少的组成部分。

联合国人类住区规划署在《加强城市安全与保障:全球人类住区报告》中提出,影响城市安全的因素分别为城市犯罪与暴力、房屋/土地保有权缺乏保障和强制驱逐、自然和人为灾害。自然和人为灾害是影响城市安全的重要因素,为保证居民安全,需要合理规划和布局防灾避难场所,以应对各类城市灾害。

为应对城市灾害,提出安全城市建设的五个基本要素。

(1)主体:包括政府、企业、社会团体、公众等。

(2)环境:包括自然和城市空间环境等。

(3)资源:包括人员、装备、技术、资金等。

(4)制度:包括法律、法规、规划、标准等政策,激励、竞争、评价和监督等机制,是城市安全体系有效运转的保障。

(5)文化:包括城市安全文化理念、安全氛围等,是维系和促进城市安全的软环境。

对于安全城市建设,安全城市主体是其最重要要素,其他要素为保障主体安全服务。安全城市环境、资源、制度及文化共同构成了安全城市建设的基础。

在城市防灾减灾方面,安全城市包括城市防灾、应急。其中,城市防灾是一种贯穿于灾前、灾时和灾后各阶段,长期、主动的防治对策,不仅要减少灾害发生,也要减轻灾害影响,在灾前规划、完善防灾避难场所,为灾时居民提供充足的疏散场地和灾后避难空间;城市应急则是灾后的被动应对,在灾后快速进行灾害处理和人员疏散,为人们提供短暂避难空间,保障灾民生命财产安全。

防灾避难场所作为安全城市建设的重要内容,为安全城市主体提供保障,使其能够快速应对自然及人为灾害,降低灾害损失,提高应急避难能力。

2.1.2.2　韧性城市的概念

防灾避难场所提高了城市应对各类灾害的综合能力,降低灾害影响,使城市具有较强韧性。"韧性"一词源自拉丁文 resilio,是指系统受到外部干扰后的恢复能力。"韧性"这一概念最早出现在 20 世纪 70 年代,由美国佛罗里达大学霍林教授提出。

韧性城市是指通过预先准备,城市能够在重大灾害发生时承受外部冲击,快速应对,保持城市各项功能正常运行,保障人民生命安全、社会秩序稳定和经济活动正常开展,并能"适应"灾害或突发事件,快速恢复,如图 2-2 所示。韧性城市应具备以下能力:一是"减轻"灾害或突发事件影响的能力;二是"适应"灾害或突发事件的能力;三是从灾害或突发事件中"快速恢复"的能力。

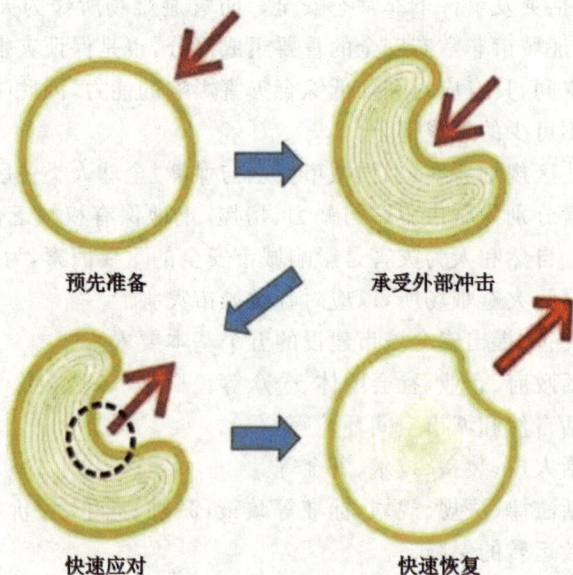

预先准备　　　承受外部冲击

快速应对　　　快速恢复

图 2-2　韧性城市示意图

相比传统减灾,韧性城市具有八大明显特征。

(1)自组织性:韧性城市作为自组织系统,不仅能从外部干扰中快速恢复,也能在受到破坏时将人员快速组织起来抵御灾害,降低灾害损伤。同时,系统自身也具有一定的局部修复功能,无须外部帮助即可实现一定程度上的系统功能重组。

(2)多样性:系统在土地利用模式、基础设施和人口结构等方面具有多样性,这也使系统存在冗余性功能。

(3)冗余性:系统相似功能组件的"可用性"、跨越尺度的"多样性"及功能的"复制性",可保证系统在某一功能受损时仍能正常运转。

(4)自适应性:城市在每次灾后及时采取相应措施进行调整,使其能够以更加充分的准备应对下次灾害。

(5)独立性:系统受到干扰时,在没有外部支持的情况下仍能保持最小功能运转。

(6)相互支持性:作为城市综合网络的一部分,能够获得其他城市系统的支持。

(7)鲁棒性:系统具有抵挡内外多重冲击的能力,在灾害发生时使其主要功能不受损伤。

(8)协同性:系统具有促进利益相关者积极参与防灾减灾的能力。

韧性城市重点关注城市防灾减灾,通过各项设施和应急体制建设保证灾时城市各项活动有序开展,降低灾害影响,特别是通过合理建设防灾避难场所,为灾民提供庇护和自救空间,提高城市对灾害的适应性和抵抗性,使城市从外部干扰中快速恢复,保障居民生命财产安全和社会稳定;通过应急通信保持城市与外界的联系,快速进行灾情传递及救援信息发布;快速恢复城市供水、供电,为灾民提供基本生活保障等。

韧性城市建设能够提高灾害综合应对能力和灾害发生时城市快速恢复能力,降低各类灾害对城市的影响。因此,作为保障灾时居民生命安全的重要空间,防灾避难场所应根据韧性城市要求建设。

2.1.3 防灾避难场所布局要素的协同

"协同"于1971年由德国物理学家赫尔曼·哈肯在《协同学:大自然构成的奥秘》一书中提出,是系统的各要素相互协助或配合的过程,系统的整体功能大于个体功能之和。协同不仅包括人与人的协同,也包括不同系统之间的协同。

协同分为外部协同和内部协同。外部协同是系统作为开放体系,在开放性环境中寻求外部协作,由于与外部合作,共同分担发展成本,所获效益高于单独发展所获利益;内部协同是指系统内部要素作为整体,相互协同合作、优势互补,最终实现效益最大化。

系统协同具有整体性、协调性、互补性和多样性等特征。

(1)整体性:系统各构成要素处于同一系统的多个子系统中,相互之间有着千丝万缕的联系,都是系统不可或缺的组成部分,具有较强的整体性。

(2)协调性:系统中不同子系统作为单独个体,由于所处外部环境的开放性和所受外部影响的差异性,要实现系统发展,需要各要素协调一致。

(3)互补性:系统各构成要素具有各自特征,各子系统互相取长补短,通过不同子系统的互补作用,促进系统整体发展。

(4)多样性:由于系统构成要素的复杂性,协同系统中的子系统也较为多样,各子系统的多样性联系使系统具有复杂性,也使系统能够应对内、外部环境变化,不致因某一构成要素变化而崩溃或瘫痪。

防灾避难场所受主体"人"及构成要素"场地"影响较大,二者联系性较强,在布局时必须将"人"和"场地"作为整体,使居民分布与防灾避难场所布局协同一致,充分考虑人均避难场地规模的均等性、场地的可达性和场地与场地之间的联系性。

2.2　防灾避难场所布局已有理论梳理

国内外学者对防灾避难场所进行了大量研究,随着研究不断深入,多种理论在防灾避难场所布局和选址中被广泛应用。目前,业界普遍采用区位理论、均等性理论、可达性理论和协同理论对防灾避难场所布局进行研究,但这些理论在防灾避难场所布局和选址中存在一定局限性,缺乏对不同要素的综合性和协同性考虑。

2.2.1　防灾避难场所布局的区位理论

区位理论在公共设施布局中应用历史较为久远,国内外学者也对区位理论在防灾避难场所布局中的应用进行了深入、系统的研究,为防灾避难场所布局提供了较强的理论支撑。区位理论的局限性在于对每个防灾避难场所单独进行考虑,缺少防灾避难场所综合选址和系统布局分析,使防灾避难场所整体布局在规模均等性、场地可达性及联系性方面存在部分缺陷,但其在场地选择中具有独特优势,可以将其应用于场地综合要素分析,选择区位条件较为优越且安全的场地。

2.2.1.1　区位理论研究

"区位"一词源于德语 standort,是由高次在 1882 年提出的。区位是指主体所处的特定空间。区位理论(location theory)是人类活动的空间法则,重点对人类活动所在地域空间进行选择,从空间和地域方面对自然、社会及经济现象进行研究,重点强调其空间组合效益。

区位理论的内容包含两个方面:①人类活动空间选择;②空间内人类活动的有机组合。根据区位理论的产生和发展情况,将其分为传统区位理论和现代区位理论。

（1）传统区位理论。

传统区位理论是运用新古典经济学对微观区位进行分析，以成本最小化或利润最大化为目标，对处于完全竞争市场机制下的抽象、理想化集聚体进行研究。根据研究内容的不同，传统区位理论分为古典区位理论和新古典区位理论。其中，古典区位理论是以成本最小化为目标进行企业选址的理论，主要包括杜能（Thunnen）的农业区位论，龙哈特（Launhardt）、韦伯（Weber）的工业区位论等，这些理论具有较强假设性，偏重理论推导，与实际情况有一定差距。而新古典区位理论认为，决定企业布局和经济活动的目标函数能最大限度地服务目标市场。随着社会发展，交通运输不再是决定企业选址和布局的主要因素，产品销售成为企业布局考虑的主要问题，包括克里斯泰勒（Christaller）的中心地理论和廖什（Lösch）的市场区位理论。

（2）现代区位理论。

现代区位理论围绕更加广泛的区位因素和更加宽松的理论假设条件，对区位理论进行深化和发展，并融合发展经济学等相关理论，使区位理论从纯粹的单一经济主体区位选择理论演变为集区位选择、区域经济增长和发展等为一体的综合区域经济理论。

其中，美国区域经济学家艾萨德（Isard）作为现代区位理论的创始人和主要代表人物，把单一生产区位分析扩展到多生产区位分析，认为利润最大化是产业配置的基本原则，利润最大化的实现与自然环境、产品成本、消费者偏好、未来不确定性、区域间工资及价格水平变化等因素密切相关，区位选择和产业配置受多种因素影响，必须对多种因素进行综合分析。

以德伊（Day）等为代表的行为经济学派认为在区位分析中，区位主体的地位和作用是最重要的因素。以麻斯（Massey）等为代表的结构主义学派认为区位理论离不开社会意义评价，需要在空间和非空间经济现象的相互作用中加入社会系统和结构因素。以克鲁格曼（Krugnmn）为代表的新经济地理学派，通过建立不完全竞争和规模递增模型对企业和产业区位选择进行深入分析，认为企业和产业区位的形成是多重区位协同的结果。

以上理论对防灾避难场所选址具有较强指导作用，但由于防灾避难场所的使用主体"人"具有较强使用偏好，且可作为防灾避难场所的场地所处自然环境、周边交通等差别较大，故不同区域居民到达防灾避难场所的交通条件、距离、时间等差别也相对较大，多样条件的差异要求在防灾避难场所布局时综合分析，不仅考虑其自身环境条件，也应进行多重区位的协同。

2.2.1.2　防灾避难场所布局选址的区位理论研究

区位理论自提出以来，经历了多个发展阶段。目前，已有多位学者将区位理论运用到防灾避难场所选址中，并采用了综合评价、叠加分析和网络模型等区位理论研究方法对防灾避难场所选址进行研究。

在防灾避难场所选址的传统区位理论应用中,常用的选址模型方法主要有目标选址方法和P-中值方法。

(1)目标选址方法。

Matsutomi和Ishii利用单目标方法建立单设施选址模型,对火灾避难场所布局进行研究,解决单目标应急设施选址问题。Kongsomsaksakul等利用多目标优化选址模型,对防灾避难场所布局的合理性进行分析。Luis Alcada-Almeida等综合考虑火灾应急避难场所建设影响因素,构建多目标优化模型,利用GIS对火灾应急避难场所布局进行优化。Li等采用多层次情景的线性规划方法,建立了随机规划模型,对防灾避难场所网络系统进行研究。Zarandi等利用模拟退火算法,根据城市各项需求及灾害情况,建立多周期避难场所动态选址模型。

(2)P-中值方法。

包升平以嘉义市为例,建立了影响避难据点选址的适宜性评价指标体系,并利用灰色关联分析法与熵值权重法对各避难据点进行综合性评价,使评价指标体系更加合理。徐波等根据避难场所服务情况,将防灾空间分为市级、区级和社区级,根据防灾空间大小及人口规模确定避难场所选址、规模及数量,在进行不同等级避难场所选址时,利用P-中值模型计算不同等级避难场所之间的距离,保证上级避难场所到下级避难场所加权距离最小的同时,使上一级避难场所覆盖范围最大化。初建宇基于改进集合覆盖问题与P-中值问题的避难场所选址方法,在满足人们就近避难的同时,使避难场所数量最少,有效解决了如何用最低成本建立合理避难场所的问题。孙天威利用最大覆盖模型和P-中值模型对避难场所责任区进行划分,使避难场所服务人口不超过其避难容量,保证避难场所服务责任区相互独立,使总疏散距离最小且总效率最高。

随着现代区位理论的发展,综合评价、叠加分析和网络模型方法开始应用于防灾避难场所选址中。

(1)综合评价方法。

马东辉等制作了避难场所选址层次划分流程图,根据责任区划、道路规划、容纳人口、物资布局、场所标识牌及人员安排等对避难场所进行选址研究。黄典剑等利用AHP法(Analytic Hierarchy Process,层次分析法)从多个方面建立评价指标体系,对应急避难场所进行选址研究。张雪利用多种因子建立应急避难场所综合评价模型。庄丽等根据避难场所类型、规模、配套设施、内部基础设施等提出固定避难场所布局评价指标体系。Tai等根据居民不同避难偏好和脆弱性人群分布进行避难场所选址研究。刘少丽根据公共设施区位理论构建了避难场所区位选择模型,确保空间配置的合理性,同时满足公民避难服务的公平性要求。丁桂伶等提出决定性与程度性相结合的指标分析方法,利用"一票否决制"和"木桶效应"排除决定性指标,使传统的多指标分析法更加适合于防灾避难场所布局。韩玉兰根据应急避难场所的安全性和有效性等构建了适宜性评价指标体系。黄雍华认为目前应急避难场所建设的随意性较大,从适用性、可达性和安全性三方面建立了包括 11 个指标的应急避难场所适宜性评价指标体系。

(2)叠加分析方法。

施小斌根据 GIS 的网络和栅格分析功能,利用人口分布、场地自身状况、内部设施及土地利用数据进行地图运算得出综合评价值,再根据综合评价值确定避难场所位置布局。Alparslan 选取对防灾避难场所选址有影响的洪水淹没范围、土地利用类型、场地位置及疏散通道、灾源点、地震断裂带、危险性水库和大坝、危险物品位置等因素,利用 GIS 建立防灾避难场所适宜性评估模型,对现状美国动物避难点进行分析,提出布局优化策略。叶明武等利用 GIS 分析法和层次分析法对城市公园内部及周边因素进行分析,构建公园避难适宜性评价指标体系。

(3)网络模型方法。

刘杰从应急避难场所内部系统整体角度出发构建网络模型,针对应急避难场所布局中网络稳定性、脆弱性和结构均衡性提出解决方法,形成应急避难场所布局优化方案。肖洋运用网络分析法,从整体、局部和个体角度分析应急避难场所系统的网络特征,从应急避难场所网络结构层面与空间结构层面对应急避难场所进行层级划分、设施配置及布局选址指导。

2.2.1.3 区位理论在防灾避难场所布局中的应用评价

不同学者将区位理论用于防灾避难场所选址和布局研究,从最初仅考虑单一要素,到深入研究多种要素及目标,不仅考虑了防灾避难场所自身要素,也对周边相关要素进行综合性考虑,使防灾避难场所布局越来越合理。但对防灾避难场所布局的研究仍存在以下不足:①仅考虑场地选址,未考虑场地规模及数量是否满足需求;②在选址时,更关注场地自身情况,对相关要素虽有考虑,但缺少对场地可达性及服务范围的思考;③考虑了不同目标需求,但缺乏对不同场地关系即联系性的思考;④缺乏防灾避难场所规模、可达性、安全性及相互联系的综合性思考,未考虑防灾避难场所不同需求的协同。

2.2.2 防灾避难场所布局的均等性理论

均等性理论作为公共服务设施布局重要理论,在不同领域得到广泛应用。均等性理论确保在进行公共服务设施布局时,各区域居民享有基本的、大致相同的公共服务。

防灾避难场所布局的均等性理论主要考虑各区域人员需求、场地可达性、避难疏散安全性及场地联系性等,将所有场地作为一个整体,各区域防灾避难场所作为防灾避难场所综合协同要素的一部分,以保证自组织系统形成。

2.2.2.1 空间布局的均等性理论研究

基本公共服务作为维持社会经济发展、保障个人生存和发展权、实现人类全面发展的重要因素,受到社会高度关注。基本公共服务包括公共安全、消费安全和国防安全等,防灾避难场所作为保障人类基本生存权的设施,属于公共安全的一部分,是灾害发生时居民生命安全的保障,因此需要在各区域布局规模均等的防灾避难场所,使所有居民均能安全、快速避难。

"均等性"一词最初出现在伦理学和社会学中,主要为均衡、相等的意思,后逐渐被引入经济学和法学等领域。虽然每个领域对"均等化"的理解有所差别,但都认为"均等化"并不是简单的平均化,而是表达一个相对平均的概念。而基本公共服务的特性也符合均等化的概念,即每个人享有基本公共服务的机会应该是均等的,不因贫富、身份、地位等有所差别。

"均等性"并非指布局数量上的绝对平均和质量上的绝对同质,而是指根据地区发展水平和实际需求进行公共服务设施布局,允许不同区域之间存在一定差异,但要控制差异程度,确保满足居民最低基本需求。Amartya Sen 认为要实现社会快速发展,必须使居民基本生存需求得到满足,为居民提供均等化的基本公共服务,防止一部分地区基本公共服务过剩而另一部分地区不足。均等性理论一经提出,就在公共服务设施建设领域得到了较为广泛的应用。

防灾避难场所作为政府主导的居民安全保障设施和社会福利的一部分,应满足所有人的需求,因此需要在各区域均衡布局,保证所有居民避难疏散不受影响,满足居民均等性避难需求。均等性不仅使所有居民享有各项服务设施,而且使他们享有同等条件的设施服务。均等性促进防灾避难场所的均衡布局,使所有区域获得大体相当的避难服务,保证各区域均衡建设,不能有较大偏差,因此具有较强相对性和渐进性。

(1)相对性:服务均等性并非指完全相同,可以根据各区域实际情况存在一定差异,是相对意义上的均等。防灾避难场所服务均等性是根据各区域可利用场地分布情况,将其规模、数量等控制在合理范围,既保证防灾避难场所配置效率最大化,也在最大程度上促进其服务公平。

(2)渐进性:由于社会发展存在一定的不平等性,因而各区域发展及防灾避难场所建设具有一定差异性。应根据城市环境、人口及城市建设情况变化,对防灾避难场所布局逐步进行调整及优化,以满足居民避难疏散需求,使公共服务设施与居民需求及社会发展水平趋于协调。随着社会快速发展,公共服务设施建设水平不断提升,各区域公共服务设施建设差距逐渐缩小。

避难规模均等性主要表现在三个方面:

（1）机会均等：每个公民享有均等的避难机会。

（2）条件平等：每个公民享受避难服务的条件应平等，不应存在某些人优先的情况。

（3）结果均等：不论在什么地方，每个公民所享受各项服务在数量和质量上都应大体相等。

2.2.2.2　防灾避难场所布局选址的均等性理论研究

20世纪70年代，西方新自由主义思潮快速发展，人们主张自由、平等，反对政府外部干预，大力倡导市场主导的公共服务设施配置，在公共服务设施布局中引入新公共管理理论，将人权主义思想运用到公共服务设施布局中，希望各区域公共服务设施布局均等，以提高其服务公平。20世纪90年代，为提高各区域发展水平，降低地区发展差异，随着政府间转移支付制度的建立和完善，均等化理论在我国分税制财政体制改革过程中逐渐形成和发展。其中，财政部在《过渡期财政转移支付办法（1999）》中提出实现各地财政基本公共业务能力均等化；2002年12月财政部发布《财政部关于2002年一般性转移支付办法》，提出逐步实现地方政府基本公共服务能力均等化；2003年10月，中国共产党第十六届中央委员会第三次全体会议在北京举行，该会议提出"坚持以人为本，树立全面、协调、可持续的发展观"，推动经济社会统筹发展，实现公共服务设施的公平布局；2005年10月中国共产党第十六届中央委员会第五次全体会议通过的《中共中央关于制定国民经济和社会发展第十一个五年规划的建议》提出"公共服务均等化"；2006年10月中国共产党第十六届中央委员会第六次全体会议审议通过的《中共中央关于构建社会主义和谐社会若干重大问题的决定》首次提出"基本公共服务均等化"。2007年，党的十七大报告把公共服务设施建设列为全面建设小康社会的重要目标和任务，并提出要改善民生、加快公共服务体系建设，同时提出要注重实现基本公共服务均等化，缩小区域发展差距；推进基本公共服务均等化和主体功能区建设；健全政府职责体系，完善公共服务体系，推行电子政务，强化社会管理和公共服务；扩大公共服务，完善社会管理，促进社会公平正义，推动和谐社会建设等。2009年全国财政会议强调"加快以改善民生为重点的社会建设，重点加大教育、就业、住房、医疗卫生、社会保障等民生领域投入"。2012年7月出台的《国家基本公共服务体系"十二五"规划》制定了基本公共服务标准，明确了供给有效扩大、发展较为均衡、服务方便可及、群众比较满意四个目标，最终实现基本公共服务均等化。"十三五"规划明确提出均等化的公共服务设施布局，实现全体居民公平、公正地享有公共服务设施，实现社会均衡发展。

均等性理论一经提出，就在国内受到许多学者关注，并被广泛运用到防灾避难场所布局中。马挺将避难场所容量、有效应急距离及建设成本等作为约束条件，疏散人口和场所容量作为必要条件，构建人口流动模型下的集合覆盖选址模型和服务容量有限条件下的最大覆盖模型,在各区域布局规模均等的避难场所。陈红月从政府角度对现状避难场所不能完全符合标准和避难人员实际需求的问题进行分析,根据政府和避难人员的不同层次性特征,提出动态疏散人口分析方法和双层规划的避难场所选址方法,在避难场所布局时不仅要满足常住人口需求,还要满足流动人口需求,在各区域建设规模均等的避难场所,使避难场所的公共服务属性得到最大限度的发挥,更好地兼顾政府和避难人员利益。

一些学者为了更好地对避难场所布局均等性进行研究,应用了一些新的技术方法。吕元等将人的行为模式与避难场所建设结合,对疏散道路宽度与疏散人口数量、密度等进行动态分析,建立灾后不同时段的避难场所需求模型,满足灾后不同时段居民避难场地规模需求,实现均等性避难场所布局。朱佩娟等运用 GIS 与元胞自动机相结合的方法,根据人口分布对城市公共绿地和各区域人口密度进行人流量、交通情况分析,对作为应急避难场所的城市公共绿地进行均衡布局,以满足各区域居民均等规模的应急避难场所需求,使城市公共绿地防灾功得到最大限度的发挥。李久刚为实现各区域人均避难规模的均等,根据各区域人口情况提出建立替换插值机制模型,使避难场所既不超其容纳能力,又使所有人员避难距离最小,保证所有人员享有均等避难场地。李阳力等在分析绵阳市固定应急避难场所服务面积比及场所利用率时,利用网络分析法对其规模均等性进行研究。

2.2.2.3　均等性理论在防灾避难场所布局中的应用评价

目前,均等性理论在防灾避难场所布局中应用较多,虽然在各区域防灾避难场所规模分布研究方面具有一定优势,但仍存在一定局限性。

(1)仅满足防灾避难单一等级场地需求,未考虑不同等级需求。

(2)仅注重避难场所布局的规模均等性,对避难场所的可达性考虑相对较少。

(3)虽然对场地可达性进行了综合分析,较为关注场地自身安全性和避难疏散人员情况,但未考虑避难疏散过程的安全性、抗阻性等影响,也未考虑场地开敞性。

(4)仅将防灾避难场所作为独立个体,未考虑防灾避难场地之间的联系性,仅根据不同区域避难人口分布情况进行规模均等的防灾避难场所布局。

2.2.3　防灾避难场所布局的可达性理论

1959 年,Hansen 利用重力方法对城市土地与可达性关系进行研究,首次提出"可达性"概念,并将其定义为"交通网络中各节点相互作用机会的大小"。此后,国外城市地理、城市规划、交通地理等众多学科的专家和学者对可达性进行了大量研究,将可达性引入不同学科,使可达性理论得到快速发展。我国可达性理论研究的历史并不长。1995 年,陆大道院士首次在城市地理学领域引用可达性理论,此后国内学者才陆续开始进行相关的理论探索。

广义可达性指空间某一要素实体位置优劣程度,及与其他要素的相互作用和交流能力。狭义可达性指人通过一定交通方式接近物品、服务、机会等的方便程度。可达性理论较为适用于防灾避难场所布局研究。

根据可达性定义,可达性包括了出行抗阻和目的地吸引力。

(1)出行抗阻:居民所在地到目的地的方便程度。出行抗阻包括所在地与目的地之间的距离、出行时间、所需费用、道路拥堵程度、出行舒适度和出行过程安全性等。抗阻度越低,可达性越强。

(2)目的地吸引力:目的地是否具有居民所需各种条件,包括区域面积、吸引点数量和规模、人口密度等。

可达性作为衡量居民从所在地到目的地的方便程度指标,具有空间、时间和社会公平性等多种属性。

(1)空间性:城市不同区域之间克服交通距离,相互联系的方便程度。在防灾避难场所可达性上,应使居民尽可能方便地通过步行从所在地疏散到防灾避难场所。

(2)时间性:不同空间联系具有时效性需求,由于采用不同交通方式、出行路线,出行时间具有一定差距。由于发生灾害时居民对避难时效性要求较高,应根据最短路径进行可达性测算,尽可能使居民快速、安全地到达防灾避难场所。

(3)社会公平性:由于居民出行采用的交通方式存在差异,出行方便程度也不相同,可达性能在一定程度上体现社会公平性。

可达性受各种因素影响,主要影响因子如下。

(1)土地使用因子:是影响公共服务设施的主要因素,包括用地位置、总面积、人均面积等。

(2)交通因子:是联系设施与人口的主要因素,也是影响可达性的最大因素,主要包括交通出行方式(步行、自行车、公交车、轨道交通、私家车)、道路等级、道路宽度、道路长度等。

(3)距离因子:是影响可达性的主要因子,距离越近的区域,可达性可能越好,包括直线距离、网络距离等。

(4)人口因子:与可达性密切相关,人口密度大、数量多的区域,道路的拥堵程度会明显增加,可达性必然受到影响。人口因子包括居民区位置、居民区规模、人口数量、人口密度等。

(5)个体特征因子:明显地影响着可达性,包括收入、年龄、性别、种族等,尤其是年龄因素,老年人口较多的区域可达性明显较差。

2.2.3.1 防灾避难场所布局选址的可达性理论研究

由于灾害的突发性和高危害性,防灾避难场所作为灾害发生时保障居民生命安全的空间,对避难疏散时效性要求较高,而可达性可反映居民从所在地到防灾避难场所的便捷程度,因而被广泛应用于防灾避难场所布局研究中。

在应用可达性理论时,不同学者根据目标需求形成了不同方法。通过总结分析发现,防灾避难场所布局研究的方法包括整体效用法、最短距离法、累积机会法和拓扑网络法等。

(1)整体效用法。

整体效用法综合考虑多种不同需求,将距离、时间、费用等作为研究变量,要求整体效用最大。Hochbaum和Pathria根据避难疏散费用与距离变化,提出防灾避难场所选址应充分考虑疏散费用问题,根据时间最小化,解决防灾避难场所最大运行距离费用最小化问题。Li采用空间单元移动归属算法模型,根据区域人口分布和空间转移速率配置防灾避难场所。何建敏等根据发生应急状况时疏散人员分布情况、道路安全状况、疏散道路人流通行情况等建立避难场所选址模型,利用分支定界法对应急避难场所选址进行计算和模拟,选择合理的应急避难场所。苏幼坡等提出应急避难场所布局不仅要满足灾害发生时防灾和短暂停留需求,也要保证人员安全和快速疏散。陈志芬等将避难场所分为临时、短期和中长期三种类型,以人口分布区与避难场所之间距离最短为原则构建避难场所选址模型,同时根据不同用地类型,提出建设成本最小化目标。

(2)最短距离法。

最短距离法较为简单和直接,使用最短路径距离作为衡量标准,不考虑费用和时间需求。姚清林基于安全性和环境支持性,提出在选择应急避难场所时不仅要考虑场地本身特征,还要考虑各种救援物资需求,通过分析应急物资全方位物态支持点与路径布局避难场所,使应急物资储备点最少,也使物资需求和保障路径距离尽可能短。周晓猛等对避难场所建设原则、规模、选址要求等进行分析,提出利用网络优化法进行避难场所布局优化,但仅考虑最短距离需求,未对人口分布及需要避难人口进行测算,在选址时仅利用现状公园、学校等设施,缺少对设施适宜性评价。吴健宏等根据避难场所选址与避难人员之间的关系,利用GIS图层叠加功能和多目标决策系统,筛选出所有位于灾害风险区之外的公园、绿地等,依托城市道路网系统,建立以道路为联系带的最大覆盖模型,计算各场地与人口分布区之间最短距离。

(3)累积机会法。

累积机会法是在最短距离法基础上发展而来的,基于从某一地出发能接近的目的地机会,对多个需求点和不同目标点进行分析。Luis等充分考虑避难场所的鲁棒性,提出火灾避难场所选址应考虑疏散道路和避难场所内火灾风险的最小化,对不合理场地进行优化。刘海燕等利用GIS空间分析功能,对西安市现状城市防灾公园综合避险能力进行定性与定量分析,根据人口、服务范围、周边资源等指出防灾公园建设中存在的问题,同时根据医疗、消防和治安等设施服务范围对布局方案进行调整。苏群等较为关注场所内部及周边灾害风险性和等级、场地区位适宜性、疏散道路困难性,利用这三个指标选择避难场所最佳布局方案。杜邵妮根据避难场所的鲁棒性,通过降低传统避难场所选址中道路在居民疏散中的灾害风险指数,利用蚁群算法模型将优良的分布式计算机制与其他方法结合,提高了选址效率。

(4)拓扑网络法。

拓扑网络法是根据集合网络模型,使用空间距离等对可达性进行度量。黄静等根据各避难场所人口容量和最大避难距离,利用 GIS 对避难人员分布、道路疏散系统及避难空间进行叠加,得出各避难场所服务范围。曹明等以 GIS 为支撑,利用 Voronoi 多边形进行服务责任区划分,使所有区域均能就近获得服务。万福昆利用 OVD(Open Vocabulary Detection)和 WVD(Wigner Ville Distribution)方法对比,使避难场所服务范围内所有居民均能以最短疏散距离到达避难场所。

2.2.3.2 可达性理论在防灾避难场所布局中的应用评价

目前,国内外多数学者对防灾避难场所可达性的理论研究仅关注居民所在地与避难场所之间距离、所需费用等,对其他因素考虑较少。主要体现在如下方面。

(1)部分研究虽然关注了防灾避难场所与相关设施联系性、人员疏散情况等,但对避难疏散过程中抗阻性、安全性因素等考虑相对较少。

(2)未考虑防灾避难场所服务范围,以及其是否对服务范围内所有居民具有可达性。

(3)缺少对防灾避难场所服务人口及防灾避难场所规模是否与实际避难居民数量匹配的思考。

(4)缺少对不同场地联系性的考虑,未考虑灾害不同时段居民避难疏散转移问题。

2.2.4 防灾避难场所布局的协同理论

依据对防灾避难场所布局相关理论及国内外研究的分析,要实现防灾避难场所合理布局,需要根据系统论思想对各要素进行综合分析。协同理论正是将各要素作为整体,保证系统构成由"各要素简单叠加或某一要素功能放大"到"各要素综合协同",实现构成要素的"多位一体"。利用协同理论对防灾避难场所布局优化各要素进行综合分析,实现防灾避难场所布局研究思路由要素叠加的"构成论"向相互联系的"生成论"转变,保证防灾避难场所布局由"简单构成"向"系统生成"转变。

2.2.4.1 协同理论实现防灾避难场所布局方法由"构成论"向"生成论"转变

事物作为不可分割的整体,各要素之间的联系性较强,各构成要素由于外部环境变化而不断发展、变化,使事物不断向前发展。随着事物发展和科学进步,一些人逐渐认识到事物不是各系统构成要素的简单叠加,各要素之间存在着复杂的联系,因此形成了"构成论"和"生成论"两种不同思维范式对立的局面。

(1)"构成论"与"生成论"。

"构成论"认为"将事物所有构成要素叠加就能得到原物整体",也认为"如果解决了事物构成中某些重要问题,其整体问题就能得到解决",通过量变积累实现质变,因此在对组成要素进行划分时,简单地将系统分割,只对部分"片段"进行分析,强调事物构成的"复合性"。

"生成论"认为事物各构成要素间存在着复杂联系,不能简单地将事物分解为各组成部分,也不能片面地根据各组成部分对事物及其性质进行分析,强调系统构成要素的复杂性、网络性,必须结合各构成要素的相互联系及协同关系对事物进行分析。在系统研究时要根据事物构成要素的复杂性,促使要素构成从"复合性"向"复杂性"转变,保证事物整体效应大于部分叠加的效应,利用协同理论对事物构成要素进行分析,解决事物内存在的问题。

(2)防灾避难场所要素协同的"生成论"。

防灾避难场所系统构成包含避难场地自身要素,也包含着场地可达性、联系性、场地分布、周边影响等要素,这些要素共同决定着系统的形成。简单地将各要素叠加无法形成完整系统,需要利用协同理论对其分析,增强各要素之间的联系。在进行系统构成要素分析时,根据各构成要素之间的关系,可将要素概括为"量""场""址"三个部分,因此需要对三个部分进行综合协同分析,保证相互之间的关联性,实现防灾避难场所系统构成要素由"复合性"向"复杂性"转变,也使研究思路由简单的"构成论"向"生成论"转变,体现系统复杂性和各构成要素联系的非线性。

2.2.4.2 协同理论保证防灾避难场所布局由"简单构成"到"系统生成"

协同理论使研究思路从"构成论"向"生成论"转变,保证了各要素之间的联系,使各要素形成整体,也使防灾避难场所布局从"简单构成"向多要素综合协同的"系统生成"转变,实现了复杂自组织系统建设。

(1)系统生成要素的协同性。

任何事物构成要素之间都存在着复杂联系,简单的基本构成单元反复作用、迭代可形成复杂系统。复杂系统的形成绝不是各要素简单叠加,而是各构成要素在非线性反馈过程中不断积累。各要素非线性联系使系统形成之初的构成要素不断积累,使各要素形成整体。防灾避难场所各构成要素的简单叠加,不仅不能使其满足居民避难疏散需求,还会出现"1+1<2"的情况,甚至出现"木桶效应",难以满足灾害发生时居民避难疏散需求。而协同理论作为系统内部各要素关联性研究的重要理论,能够实现各构成要素间"1+1>2"的效应及"长勺效应",使各要素相互联系形成整体,实现避难疏散效果的整体提升。

防灾避难场所构成要素较多,但目前的研究多通过对场地自身要素进行评价或对几个影响因子模拟展开分析,将各要素作为基本单元,认为只要把握事物某些重要部分,就掌握了事物的本质,即"通过改变部分要素就可实现整体改变",未认识到要素之间的复杂性联系。这不仅不能形成完整防灾避难场所系统,还会降低防灾避难场所的服务能力。天津市中心城区各行政区均等布局应急避难场所,未考虑各区域避难人数、场地分布及可达性要素影响,单一建设地震紧急避难场所,使避难场所服务范围过大,无法实现居民快速避难疏散和满足多种灾害发生时的长期综合避难需求。

(2)协同理论对防灾避难场所布局的适用性。

协同理论注重系统各要素的流动性、多样性、复杂性和网络性,根据各要素综合性及不同要素联系性构建防灾避难场所系统。系统流动性通过场地规模体现,而场地规模又在利用人口流动性进行的各区域避难人口合理规模测算的基础上得出,同时根据测算人口进行避难场地布局。系统多样性不仅包括场地类型、等级,也包括场地周边影响要素,根据多样性要素综合分析,保证避难场所服务范围的合理划分,降低避难疏散过程中不可跨越因素的影响。系统复杂性和网络性通过各场地关联性体现。

防灾避难场所构成要素的相互联系保证了系统组成要素的协同,使各避难场所形成自组织系统。协同理论也实现了防灾避难场所布局由构成要素的简单叠加到系统生成的转变,促进了相互联系,使各要素缺一不可,不仅能保证各区域人均避难场地规模的均等性,也能提高场地可达性,增强相互之间的联系,使各避难场地成为一个整体,实现避难服务的公平,有利于解决了天津市中心城区避难场所布局中存在的避难场所分布不均、人均避难场地不能满足需求及避难场地联系性缺乏的问题。

2.3 系统各要素综合联系的协同理论体系研究

协同理论自提出以来得到了快速发展,许多学者对其进行了大量研究,通过研究系统各要素之间的相互联系,并充分考虑事物发展全过程,确保满足不同目标、要素主体等的需求。目前,该理论较多运用在企业管理、区域发展、区域管理、地区经济发展等研究中,在防灾避难场所布局研究中很少被提及,但有非常好的应用前景,研究意义重大。

2.3.1 系统各要素联系、有序组合的协同理论相关研究

协同理论作为自组织理论组成部分,揭示了系统形成与内部各要素的关系,而系统形成需要内部子系统的相互联系,因此需要将各子系统作为整体,避免单要素布局存在缺陷而导致无法满足综合需求的问题。协同理论的应用能够实现各构成要素的

有序组合,推动系统从无序到有序,从不平衡、不稳定结构向平衡、稳定结构发展,系统的发展变化较适用于对防灾避难场所的研究。下面首先分析协同理论的起源及内涵,并对其基本原理进行研究,同时对其特点进行分析,为防灾避难场所系统的形成提供基础。

2.3.1.1　协同理论起源及内涵

协同理论作为系统科学重要分支,是在多学科基础上形成的。协同原本是一种物理化学现象,是指两种或两种以上组分相加或调配在一起,所产生作用大于各组分单独作用之和。德国物理学家赫尔曼·哈肯继 1976 年提出"协同"这一概念之后,又于 1976 年在他发表的《协同学导论》和《高等协同学》中系统论述了协同理论,亦称"协同学"。

协同理论研究开放系统中各子系统通过非线性联系产生协同作用的效应,使系统内部各要素从无序到有序,也使系统从低级有序向高级有序发展,从而实现系统协调统一。哈肯认为系统内部同时存在着独立运动和整体运动两种形式,如果某一要素独立运动且处于支配地位,各要素不平衡,系统则处于混沌状态,也就不稳定;只有整体运动占据主导,各要素相互协同,各子系统发展趋于一致,系统才会处于平衡、和谐、有序状态。

2.3.1.2　协同理论的基本原理

协同理论认为系统由各子系统构成,不同子系统各构成要素间存在着简单或复杂的联系,而这些要素对系统发展具有支配或抑制作用,因此研究协同理论时需要根据系统协同效应原理、自组织原理、役使原理、混沌原理对系统内各子系统之间的关系进行分析。

(1)协同效应原理:各系统既相互影响又相互合作,通过各序参数(描述宏观系统有序度的参数)协同实现大量子系统相互作用,使整体效益大于各部分之和,即"1+1>2"。

(2)自组织原理:自组织指开放系统在子系统协同下出现的宏观新结构,使系统从无序到有序,或从旧的有序转变为新的有序。自组织过程是开放系统的非平衡相变过程,具有普遍性、开放性、自发性。自组织通过寻找各系统之间的关系,再通过渐变和突变,使各子系统相互关联、协调、作用,最终逐渐趋向平衡,从而使系统从混沌到统一。

(3)役使原理:系统内部要素随着外部环境变化发生渐变和突变,不同要素变化快慢差别较大,变化快的称为快变量,变化慢的称为慢变量。而系统形成受"木桶效应"影响,为保持系统协调,快变量要服从慢变量,慢变量对系统形成发挥着支配作用,决定着系统演变进程,控制着系统运动方向。

(4)混沌原理：由于受外部开放环境的影响，系统内部出现不规则、非周期随机变化，使原本有序、平衡、稳定的系统结构逐渐走向无序、不平衡、不稳定，逐渐产生系统混沌性。系统混沌性促使内部各要素不断变化，也使系统产生一系列变化。

2.3.1.3 协同理论的特点

协同理论的特点如下。

(1)综合多种要素影响。系统不仅受内部各要素影响，也受外部因素影响，系统的形成是内外部因素综合协同的过程，也是其从非平衡态向平衡态转变的过程。

(2)各构成要素协同统一。系统内部各要素虽相互独立但对整体影响较大，只有各要素综合协同才能保证系统整体效益的统一。

2.3.2 系统各要素综合演进的协同理论相关研究

防灾避难场所系统构成要素较多，不同要素间存在着多种联系，要实现防灾避难场所的合理布局，需要利用协同理论对各要素进行综合分析。协同理论在国外应用较早，且应用于不同领域，形成了较完整的体系，能够对不同系统进行分析。国内协同理论研究起步相对较晚且应用范围较窄，已有学者将其应用于空间协同规划研究中，为防灾避难场所协同布局提供了参考。

2.3.2.1 整体效应最大的国外协同理论研究

协同理论研究开始于 1974 年，James Bowman 和 Reggie Williams 认为协同是在多元主体背景下，赋予每个公民平等的权利，协同的基本原则之一是平等。Philippe 认为协同理论是用来确定处于某个时期社会群体的最佳协作模式及各模式之间的关系，并探寻处理这些关系的有效方式。Daniel Hillis 利用仿真演化系统对寄生虫进化进行分析，认为系统各要素协同能够提高物种进化效率。Samuel Bowles 和 Astrid Hopfensitz 在对个体与组织之间的协同关系进行分析时，认为只有对不同个体进行协同研究，使组织的整体效应大于单个个体综合，才能促进整体的快速发展。Masayuki Ishinishi 和 Akira Namatame 在对市场演进中不同行为主体竞争关系进行分析时，提出不同主体竞争能促进市场协同进化，实现企业创新，提高企业竞争能力。Peter 等提出任何事物都由多元主体构成，主体之间的协同互动既能维持网络关系结构稳定、有序，又能实现多元主体互动，保障多元主体之间效益最大化。

2.3.2.2 空间要素融合的国内协同理论研究

我国学者从 20 世纪 80 年代开始对协同理论进行研究。2005 年以后协同理论的研究得到快速发展，截至 2022 年年末利用 CNKI（中国知网）搜索"协同理论"，相关论文共有 738 篇，其中硕博论文 145 篇、学术期刊论文 576 篇、会议论文 17 篇。协同理论研究主要集中在区域发展、社会管理、区域经济管理、企业管理、产业发展及信息管理等领域,可分为系统协同要素、空间协同规划和社会及区域协同发展等几大方向,主要是对空间各要素融合的系统协同性进行研究。

（1）系统协同要素研究。

在对系统协同要素的研究中,研究者普遍认为事物都是完整系统,必须实现不同层次、环节、要素的协同。防灾避难场所作为复杂系统,也必须实现不同层次、环节、要素等的协同。邱世明借鉴生物系统的协同进化现象,构建了"个体—群体—系统"的协同进化层次模型,从不同层面进行综合研究。刘晓燕认为基础设施利益主体较多,为保证系统高效运行,必须提高主体应急协同能力,实现多主体、多层级、多环节及多层面的有效协同。田丹提出网络、协作、整合是协同治理的关键变量,协同学作为社会自组织现象的系统科学,其过程有序性、结构有效性及多元主体合作能够激发显性因素表达、优化网络结构、深化协作互动机制、加大共享因素供给、促进整体功能发挥。黄浪等构建了"流"视域下的系统安全协同理论模型,提出物质流、信息流、能量流及行为流（"四流"）协同分析思路,通过自然科学和社会科学路径实现"四流"协同。

（2）空间协同规划研究。

在空间协同规划研究中,多数学者较为关注同一规划区内不同主体、阶段、要素间的协同,从不同方面促进防灾避难场所合理布局,为防灾避难场所布局优化提供新思路。陈为邦等提出规划协同理论,认为多维度、系统性协调是实现和谐共生、利益最大化的前提,是一个动态平衡过程,通过内部协同作用实现时间、空间和功能有序。祝春敏等提出,要实现规划协同必须加强防灾避难场所的系统性、动态性和协调性,使系统内部各要素纵、横向协调,并实现各方利益协调。安超将协同理论应用到园林城市建设中,提出构建政府间横向协同体系、政府各层级间纵向联动体系及政府与其他主体间协同体系,构建从目标制订、任务执行到跟踪反馈的全过程协同监管模式及从政府主体、社会组织到公民个人的全社会协同监管模式。王毅从区域、产业及文化等方面提出特色小镇协同发展路径。孟祖凯等从自组织与他组织两方面构建特色小镇空间组织样式,提出特色小镇空间协同演化机制,解释特色小镇起源、归因及协同演化路径。段倩倩等在对储备库选址进行研究时,提出综合考虑多阶段、多主体和跨区域协同目标。汪亮等以协同框架为基础,将特色小镇建设中不同层面问题纳入规划系统,结合各类优势,发挥互补作用,强调整体最大效益。

（3）社会及区域协同发展研究。

在社会及区域协同发展研究中,部分学者认为要加快区域经济发展必须冲破"行政藩篱",加强不同主体的纵、横向联系,形成网络式布局。黎鹏认为要实现区域经济发展必须冲破行政区经济发展模式,向经济区发展模式转变,实现区域经济一体化,缩小地区发展差距。马广琳等认为在区域合作中,必须冲破"行政藩篱",重视中心城市等具有极强辐射能力的"点"及由交通干线等形成的"轴",并将其连接起来形成"点轴体系",最终形成以点辐射为中心、线辐射为网络、面辐射为基础的蛛网式辐射网络,实现跨行政区的优势互补与经济协同发展。杨志军从多中心协同角度出发,根据主体多元化和权威多样性,提出要实现效益最大化必须建立横、纵向及横纵向结合的协同网络体系。胡静认为只要在同一目标下,在不同区域都可以实现协同发展,因此在选择湖北西部地区发展路径时,提出以协同理论为基础、区域协同为发展思维、旅游为引擎的区域协同发展途径。杨清华提出协同能够实现社会治理效能的最大化,保证政府主体、社会组织及个人互动合作,形成良性互动和整体效能大于局部效能的协同优势。刘英基对区域经济协同发展的复杂适应性系统特征进行分析,认为协同发展是转变地区经济发展的重要方式。王金杰等提出区域合作中应最大限度释放"协同效应",协调各方利益和损益补偿机制,使区域发展由"极化"向"扩散"转化、由"竞争大于合作"向优势互补与合作共赢转变、由松散型合作向机制化协同转变。苟兴朝等认为经济活动的集聚性和地域性使各地区存在分工与合作,并形成不同经济特征,在分工基础上加强相互合作,促进区域协调发展,形成新增长极,实现整体经济协调发展。王智勇等提出城市密集区产业、交通、生态和空间协同是推进城市群发展的重要举措。刘宁提出要实现区域协同发展,必须实现交通、产业、行政、环境等的协调,明确城市分工,建立区域协调机构等。

在布局防灾避难场所时必须打破"行政藩篱"影响,将所有区域作为整体,冲破行政界线造成的分隔,形成网络式布局,缩小区域差异。

2.3.2.3　系统要素融合的国内公共设施布局研究

目前,虽然我国在防灾避难场所规划中尚未应用协同理论,但部分学者已将其应用到公共设施布局中。毕娅等在公共服务设施选址中引入协同机制,提出采用网络层次法,根据需求量非线性变化对供给和需求点进行公共设施布局。郭鑫在对应急避难场所布局优化进行研究时,虽未明确提出协同理念,但从城市应急避难场所适宜性评价、布局优化和灾后居民疏散路径选择三个方面对应急避难场所布局问题进行综合分析,实现防灾避难场所合理布局。施益军从多要素可达性出发,针对"各需求点"到"应急避难场所、应急救援设施"到"应急避难场所及应急避难场所之间"可达性不足的问题,利用最小抗阻模型对三要素可达性进行综合分析,实现应急避难场所合理布局。于巍从天津市现状居住区防灾问题出发,提出从心理、分层感知、容量导向等方面综合应对,实现夜间防灾避难空间布局。何振华从分级控制、分类控制、总量控制、空间控制等方面提出改进策略,实现对旧城区社区公共服务设施的合理建设。程鹏等基于特大城市公共基础设施系统多元主体、多重要素的特点,提出以目标协同为前提、组织协同为保障,推进主体互动、要素整合和空间引导的发展策略,建立协同创新五维模型,提升特大城市公共基础设施服务水平。赵万民等根据产业分布、民俗习惯和居民意愿以及影响空间布局因子对农村居民点服务等级进行划分,并匹配相应设施,形成协同共享的公共服务设施体系。

2.3.3 协同理论相关研究综合评述

梳理国内外学者对协同理论及协同理论指导下空间布局的研究可知,协同理论被广泛应用于多个领域且得到较快发展,部分研究虽未提出协同理论,但在研究中均进行了多要素综合分析。城市公共服务设施布局中也应用了协同理论,避免了仅考虑单一要素的局限性,使公共设施布局成为完整系统。因此,可以根据协同理论进行防灾避难场所布局。对国内外关于协同理论的研究进行分析,可得到以下启示。

(1)在布局防灾避难场所时,首先分析要素构成,充分把握对布局具有决定性作用的要素,然后根据要素非线性联系,将各要素作为完整体系思考,不能进行单独性要素分析和简单叠加。

(2)在布局防灾避难场所时,要将城市中心城区作为整体考虑,对人口与场地、场地与场地的关系进行分析,避免人与场地及不同场地之间相互隔离,使防灾避难场所布局无法形成完整系统。

(3)注重不同要素之间的联系。在选择场地时不能仅考虑场地自身条件,而应将场地与周边要素协同研究,不仅保证场地自身安全和可达,也要保证避难疏散过程的快速、安全,同时考虑不同场地之间及场地与相关设施联系。

(4)注重区域协同。在对人口进行分析时,不能仅考虑城市常住人口,还应注重人口流动性及时空变化特性,将城市不同区域作为相互联系的整体,对避难疏散人口进行协同化分析,保证所有居民享有避难服务的公平性和均等性。避难人口协同研究带动对避难场地可达性的研究,也需要不同场地间具有联系性和网络性,保证避难场所满足需求,为居民提供安全性场所,因此要求将避难人口规模、场地选址和场地联系等进行综合协同研究。

2.4 协同化相关理论研究

防灾避难场所包含要素较多,但若布局时简单地对各要素进行划分,则布局无法满足防灾避难需求。因此,需要对系统要素协同化相关理论进行研究,确保防灾避难场所合理布局,实线居民避难疏散的安全、快速、可达。

2.4.1 系统各要素协同化相关理论研究

事物内部构成要素多样,其发展不仅受系统论影响,也受自组织理论及协同学理论等影响。系统论作为系统研究的重要基础,包含自组织等多个不同理论,而自组织理论又由多个不同理论组成,协同学理论是其重要组成部分,不同层级理论促使系统由不平衡、不稳定状态向平衡、稳定、各要素协同有序发展,见图 2-3。

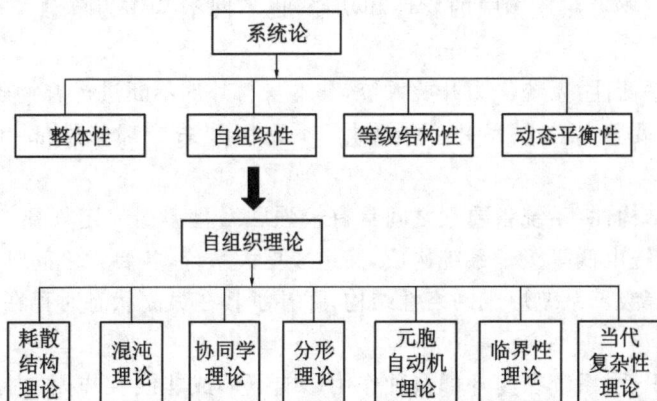

```
                    系统论
       ┌──────────┬──────────┬──────────┐
     整体性      自组织性    等级结构性   动态平衡性

                    ↓
                  自组织理论
   ┌──────┬──────┬──────┬──────┬──────┬──────┬──────┐
  耗散   混沌   协同学  分形   元胞   临界性  当代
  结构   理论   理论   理论   自动机  理论   复杂性
  理论                        理论          理论
```

图 2-3 协同化相关理论关系图

2.4.1.1 构成要素关联性协同的系统论

一切事物都由不同子系统组成,而不同子系统又由不同要素组成,各要素间存在着密切联系,要分析不同构成要素关系,需要根据系统论思想对其进行综合研究。系统论由奥地利学者贝塔朗菲(Bertalanffy)在 1932 年发表的《抗体系统论》中提出,但直到 1948 年才得到学术界的重视。

"系统"一词来源于古希腊语,意为由若干要素以一定结构形式联结构成的、具有某种功能的有机整体,其核心思想是系统整体观。贝塔朗菲强调,任何系统都是有机整体,其整体功能是各要素在孤立状态下所不具有的,也不是各部分的机械组合或简单相加,他用亚里士多德的"整体大于部分之和"来说明系统整体性,反对"要素性能好,整体性能一定好",以局部说明整体的机械论观点。系统论也认为,系统由诸多要素构成,而各要素既相互独立、彼此矛盾,又在系统约束下按某种特定规律实现彼此联系。

系统论是研究系统一般模式、结构、性质和规律的重要理论。系统论把所有研究对象作为整体,多用来研究系统、要素和环境三者的相关关系和变动规律,根据要素与要素、要素与系统、系统与环境、不同系统之间的关系,整体把握事物内部联系和发展规律。系统论研究方法还要求人们构建反映系统运动变化及不同子系统和要素联系的模型,运用定量分析方法开展研究,因此多因子综合评价、复杂网络模型等均成为系统研究的重要方法。

系统由不同要素构成,必须综合考虑各要素关系,根据其整体性、动态平衡、等级结构性、自组织性等进行研究。

(1)整体性:一切事物都是相互联系、影响的有机整体。系统论强调事物各构成要素是相互联系的,不是简单的叠加和机械组合,整体属性和作用远大于各要素叠加之和,即要素的"非加和性"。系统整体性也使其具有部分所不具备的新属性和新功能,系统各构成要素在整体中的属性和功能,也不同于其作为单独个体时的属性和功能。

（2）动态平衡性：系统作为开放系统,其本身与外部不断进行着物质、能量和信息交流。系统各要素相互联系并产生作用,不论何种系统都与外部相互联系、相互影响。

（3）等级结构性：系统各要素之间具有较强联系且遵循一定规律,通过相互联系形成整体。系统由低等级子系统构成,又组成更大系统,各要素之间具有较强的子母关系,使不同等级子系统形成网络性结构,弥补了其在孤立状态时存在的自身缺陷和不稳定性。

（4）自组织性：系统在内外部多种作用影响下形成非线性作用,内部某些要素可能因为偏离系统发展规律,通过要素间相互作用使系统内部要素重新组合,推动系统从无序到有序,再从低级有序到高级有序。系统的自组织性使内部各要素能够根据彼此的非线性关系不断发展。

防灾避难场所作为综合系统,内部构成要素较多,同时受城市人口变化、城市建设等影响较大,因此只有将所有防灾避难场所作为一个整体才能综合应对灾害,为所有居民提供服务。系统随着城市外部环境变化而变化,具有动态平衡性,而不同等级的防灾避难场所也使其具有等级结构性,使防灾避难场所形成网络性联系并成为自组织系统,促进构成要素由无序向有序发展,也从低级系统向超循环系统发展。

2.4.1.2　整体协同平衡的自组织理论

自组织理论作为系统论重要组成理论,在自然界普遍存在。任何事物都处在开放环境中,与外界进行着物质、能量等交换,并吸收外界序参量,使系统内事物形成有序结构,并使其自身功能自主演化,也使系统构成要素从不平衡向平衡发展,同时根据不同要素涨落作用,使各子系统形成非线性联系,确保系统的协同平衡。

18 世纪,康德从哲学角度首次提出自组织概念,他认为一切事物都具有自组织性,"各部分既由于其他部分作用而存在,又为了其他部分及整体而存在,各部分交互作用彼此产生,并由于因果联结产生整体"。康德自组织思想的核心是"个体是整体中的个体,整体是个体联结的整体,系统内部各组成部分通过自我组织、相互关联,成为不可分割整体"。达尔文通过研究生物进化论,提出自组织演变是生物界进化发展的基本规律。马克思认为,社会形态演化过程也是社会自组织演变过程。1969年,普利高津提出耗散结构理论,标志着自组织理论的产生。自组织理论是从客观世界众多复杂系统演化规律中提炼而成的。系统的形成过程是内部构成要素从无序向有序、从低等级向高等级转化的过程,系统在转化过程中不断吸取外界物质、能量、资源等,使内部要素结合,并出现自组织动力。

自组织理论认为任何系统都处于外部开放环境中,对非平衡状态的系统,当某个参量达到临界值时,系统通过参量的涨落发生突变,使结构完善、功能全面。因此,自组织理论认为系统具有较强的开放性、非平衡性、非线性和涨落性等特征。

(1)开放性:自组织系统形成的前提。由于事物处于开放环境中,故其与外部联系也影响着系统的形成,并使系统不断发展。开放性决定了系统与外部进行着多种交流,当内部某些要素不适于发展时,系统引入新的组成要素,通过与外部交流,进行构成要素更新,实现新的平衡,进而形成有序系统。防灾避难场所作为保障居民生命安全的空间,使用主体及所处外部环境变化都会引起其变化,只有通过合理布局,使居民拥有规模均等、安全可达且相互联系的避难场地,才能满足居民避难需求,实现自组织系统建设。

(2)非平衡性:系统具有较强开放性且处于开放环境中,非平衡态使其与外部不断交流和联系,吸收外部对系统发展较为有利的因素,促进共同发展。平衡状态的系统各要素较为稳定,而非平衡性能促进系统发展、循环,使构成要素实现"无序—有序—新的无序—新的有序"。但非平衡状态的防灾避难场所自组织系统,其场地数量、规模、可达性无法满足居民需求,缺乏场地联系,无法与外部开放环境交流,也无法实现系统内部各要素联系。要使防灾避难场所满足居民需求,必须使各构成要素相互平衡。

(3)非线性:各要素或各子系统之间的相互联系。非线性联系使系统产生多种进化可能,要素之间呈现明显相关性。系统非线性表现为某一构成要素改变或受到外部干扰时,需要综合控制所有要素,使其朝某一方向发展,推动系统不断进化。防灾避难场所系统各要素关系错综复杂,不同子系统间某些要素变化,尤其是人口数量、城市建设等,会使系统发生变化,因此在优化防灾避难场所布局时,应通过合理预测人口及场地规模、选择安全性场地和联系场地与人口分布区,促进自组织系统形成。

(4)涨落性:带动各要素不断变化,使系统各构成要素偏离平衡状态。构成要素的涨落能够激活系统非线性作用,使系统产生起伏变化,也可能促进系统内部原有构成要素中的"木桶效应"通过涨落被放大,系统完成非平衡状态向平衡状态的转变,实现系统构成从无序向有序,从低级有序到高级有序的发展。

自组织理论是一系列相关理论的集合,是复杂系统研究的有效理论工具,包含耗散结构理论、协同学理论、混沌理论、分形理论、元胞自动机理论、临界性理论及当代复杂性理论等多种理论。为了对系统构成要素关系进行研究,仍需根据各子系统联系,实现各要素的有序组合,因此需要利用协同学理论进行研究。

2.4.2 防灾避难场所布局优化相关理论研究

防灾避难场所作为政府提供公共服务的组成部分,需要实现避难服务公平和效率最大化。下面介绍核心-边缘理论、中心地理论、效率-公平理论,为防灾避难场所布局优化提供理论支撑。

2.4.2.1 不同时段防灾避难场所布局发展的核心-边缘理论

1966 年弗里德曼(Fridemna)提出核心-边缘理论,1969 年将其归纳为一种普适性理论。弗里德曼认为任何一个城市都是由核心区和边缘区组成的,核心区是城市中相对较为发达、人口密度和建设水平较高的区域,边缘区是核心区外围区域,发展及各项建设相对核心区较慢,人口数量和密度低于核心区。核心区居于统治地位,边缘区在发展上依赖于核心区。

核心-边缘理论是解释空间结构演变模式的理论,也是以极化效应和扩散效应解释一个区域如何由互不关联、孤立状态向相互联系、不平衡状态发展,同时又向相互联系且平衡发展的区域系统转变的过程,可以分为四个阶段。

①前工业阶段:社会发展相对落后,经济水平较低,经济结构以农业为主,各区域较为孤立,经济联系不紧密,城镇发展缓慢,成独立中心状,各项公共服务设施基本集中在城镇区域,等级相对较低。

②工业化初期阶段:随着社会分工深化,各区域发展出现差异。区位优越、资源丰富或交通发达的地方,经济快速发展,逐渐形成城市,成为区域发展核心,其他区域成为边缘区。由于经济发展不平衡,核心区和边缘区差异逐渐扩大,核心区不断吸收边缘区资源等,发展优势不断扩大,公共服务设施多建于此,各项条件相对较好,而边缘区各项设施建设仍相对落后。

③工业化成熟阶段:核心区和边缘区仍存在较大不平衡性,核心区作为区域政治、经济等的中心,政策、资金、新技术等均集中于此,发展较快。在区域一体化推动下边缘区得到发展,形成一些小型核心,逐渐发展成次一级城市核心。公共服务设施也逐渐向边缘区延伸,使公共服务公平性得到提升,但高等级公共服务设施仍集中在核心区。

④后工业阶段:核心区扩散作用不断加强,边缘区次级中心逐渐发展,各区域发展逐渐趋于平衡,形成多中心发展的模式。由于城市各区域发展趋于平衡,政策制定上也逐渐趋于一致,公共服务设施也在各区域均衡布局,形成高、中、低等级结合的布局模式,各区域间具有较强联系性。

核心-边缘理论描述了地区发展由不联系、不平衡向相互联系、平衡发展的过程。公共服务设施在建设初期具有较强核心-边缘性,根据其发展,大致分为三个阶段。

①初期阶段:核心区公共服务设施数量较少且等级较低,边缘区无设施分布,各区域无联系,公共设施服务范围较小,各区域公平性较差,集聚性较为明显。

②中期阶段:各区域均有建设,但各区域联系不足。公共服务设施服务范围扩大,服务公平性有一定提升,开始进行分等级公共服务设施布局,高等级公共服务设

施主要集中在核心区,边缘区域公共服务设施数量有一定增加,但等级仍较低,无法满足居民需求。

③终期阶段:区域联系性较强,各区域均建设有完善的公共服务设施,不同等级及不同区域公共服务设施形成网络化布局,公共服务设施能够服务各区域所有范围且布局较为均衡。

目前,一些城市防灾避难场所主要集中在核心区,边缘区防灾避难场所数量较少、规模较小,而城市灾害发生范围和影响区域的不确定性,使城市无法满足所有区域的防灾避难需求,因此需要利用核心-边缘理论对防灾避难场所布局进行优化,根据其发展过程实现各区域均衡布局,使核心区和边缘区相互联系,形成网络结构,满足所有区域居民的避难疏散需求。

2.4.2.2 与协同理论耦合的中心地理论

德国城市地理学家克里斯塔勒(Christaller)和德国经济学家廖什(Lösch)分别于1933年和1940年对不同级别城市的数量、规模和服务范围进行研究,提出了中心地理论。严重敏在1964年将该理论引入我国,且应用于多个领域。

在进行城市公共服务设施布局时,中心地理论主要应用于不同级别城市公共设施服务范围、数量、服务人口、规模划分,在城市不同地区合理建设不同级别的公共服务设施,使每个地区都能均等地享有不同级别服务,如教育设施(小学、中学)、医疗设施(卫生所、乡镇卫生院、城市中心医院)、餐饮设施(餐饮店铺、酒店)等。防灾避难场所布局与公共服务设施布局具有较多相似之处,随着中心地理论研究的不断深入,该理论也开始应用于防灾避难场所布局。

克里斯塔勒将中心地定义为向居住在它周围地域居民提供服务的地方,区域内每一点均有接受一个中心地服务的同等机会。中心地具有等级区别,根据不同服务范围分为多种级别,等级越高的中心地服务范围越大。中心地理论中交通要素以物质和人员转移为核心,交通方式是以简单交通(步行)为主,与避难疏散过程较为相似。

防灾避难场所仅为周边居民提供服务,使各区域居民享有均等避难服务,也使每个区域居民在同一时段仅享有单一等级防灾避难场所中唯一场地服务,避免避难疏散秩序混乱和居民在不同等级防灾避难场所转移过程中相互干扰的情况。

防灾避难场所系统由不同等级场地构成,不同等级防灾避难场所在数量、规模布局上与其他公共服务设施较为相似。高等级防灾避难场所服务范围大且服务人口较多,低等级防灾避难场所服务范围相对较小。防灾避难场所数量随等级增加而逐渐减少,所提供避难服务内容则逐渐增多、服务时间增长,较符合中心地理论特点。因此,可以将中心地理论应用在不同等级防灾避难场所服务范围划分上。

克里斯塔勒认为中心地都有其可变服务范围,服务上限是居民愿意去一个中心地的最远距离,超过这一距离便可能去另一较近中心地。在划分服务范围时,以最远距离 r 为半径,可得到一个圆形互补区域,它表示中心地的最大腹地。服务下限是保持一项中心地职能运行所必需的最短腹地距离,它表示维持某一级中心地存在所必需的最小腹地,亦称为需求门槛距离。不同级别中心地布局如图 2-4 所示。

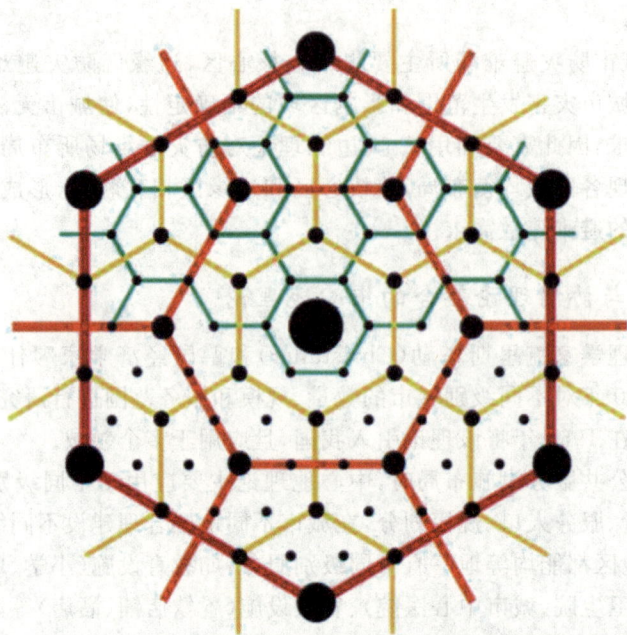

图例

▬ 一级区域边界		● 一级中心地	
▬ 二级区域边界		● 二级中心地	
▬ 三级区域边界		● 三级中心地	
▬ 四级区域边界		· 四级中心地	

图 2-4　不同级别中心地布局示意图

低级中心地数量多、分布广、服务范围小,高级中心地数量少、服务范围广。高级中心地服务范围覆盖多个低级中心地服务范围,同一等级中心地相互独立。

①中心地等级由其提供的商品和服务级别决定。

②中心地等级决定了其数量、分布和服务范围。

③中心地数量、分布与其等级成反比,服务范围与其等级成正比。

④一定等级的中心地不仅提供相应级别的商品和服务,还提供所有低于这一级别的商品和服务。

⑤中心地等级性表现在每个高级中心地都附属一到多个中级中心地和更多低级中心地,形成中心地体系。

2.4.2.3 防灾避难场所布局的效率-公平理论

国内外学者对效率-公平的理论研究由来已久。古典经济学派、新古典经济学派、自由主义学派、货币主义学派、供给学派和理性预期学派等坚持起点上的公平效率观。凯恩斯主义、制度经济学派等坚持结果上的公平效率观。马克思认为"公平首先是生产资料占有上的公平,如果缺乏这个条件,劳动者地位就不平等"。西方学者普遍认为,公共服务具有公共或半公共属性,由政府免费提供,应注重效率和公平最大化,保证所有人享有公共服务的权利且机会均等。

根据马克思的公平和效率观点,公共服务设施是政府提供的服务,要实现服务的公平,应使所有人员享有相同的公共服务设施,注重起点公平,不能"此消彼长",这样才能获得较高社会效益。公共服务设施布局和服务的公平,保证了所有人享有均等服务,使各区域均在防灾避难场所合理服务范围内,不应出现服务空白和服务人口缺口。因此,应确保公共服务设施服务效率最大化,且使覆盖范围和效用最大化。

为使防灾避难场所效率最大化,应确保各区域居民享有以下公平。

(1)权利公平:作为最基础、最基本的公平,权利公平要求公共服务设施配置应一视同仁,保证每个社会成员生存、发展权的平等。防灾避难场所作为保证居民基本生命安全的空间,在布局时应实现居民对防灾避难场所使用权利的公平,使所有人都可以使用防灾避难场所。

(2)机会公平:是实现社会公平的前提,要求防灾避难场所为每个社会成员提供公平的使用机会,这也要求防灾避难场所合理布局,不应使一些居民位于服务空白区。

(3)规则公平:是实现社会各项设施公平和效率的必要条件,要求规则制订必须是公平的。规则公平不仅需要通过制定相关的政策、法规确保防灾避难场所布局公平,也应使所有人能够使用,不能因为身份、地位等差异而存在部分人员优先的情况,应通过规则制订保证所有人享有权利和机会的公平。

2.4.3 防灾避难场所布局研究综述及启示

通过梳理、归纳协同理论、防灾避难场所空间布局及基于协同理论空间布局的国内外研究,指出防灾避难场所布局研究中存在的不足,同时从避难主体、避难场地及场地关系等方面总结启示,为防灾避难场所布局优化提供落脚点。

2.4.3.1 防灾避难场所布局问题研究综述

对国内外相关研究进行梳理分析可知,协同理论已被应用于城市空间布局研究,且被广泛应用于公共服务设施布局中。同时采用较多理论模型、数学模型等对防灾避难场所空间布局进行研究。公共设施空间布局也采用了多要素协同的方法,但其尚未应用于防灾避难场所布局中,仅注重单要素放大效应,对不同子系统的协同性考虑不足,使防灾避难场所布局存在一定问题。

(1)城市防灾避难场所作为综合系统,包含较多要素,特别是人口、避难场所布局、选址、要素间相互联系等,但所有研究仍仅考虑单一要素布局,未对要素进行协同分析。

(2)防灾避难场所布局研究虽然考虑了与周边人口的关系,但主要考虑的是城市常住人口,城市中占比较大的流动人口很少被考虑,也未结合区域人口特点设置避难场所,使大量人口集中区的防灾避难场所数量及规模不足。

(3)在研究防灾避难场所布局时,仅考虑防灾避难场所自身因素,未将防灾避难场所与周边因素综合考虑。虽然在选择避难场所时建立了一些数学模型,但由于可利用场地数量较多,同一区域会出现多个计算值相同的场地,特别是相邻避难场地。而所有模型均缺少对同一区域内多个避难场所计算值相同情况下如何进行选择的思考。

(4)部分学者建立了防灾避难场所选址评价体系,但评价指标尚不完善,仅考虑避难场所内部安全性因素,未考虑周边设施及限制性因素对避难场所的影响,也未考虑避难疏散过程安全性,同时未考虑防灾避难场所与相关设施的关联性、城市综合灾害风险等因素,对避难场所内的人员存在较大威胁。

(5)部分研究中,虽然对防灾避难场所进行了等级划分,但仅考虑同一等级各场地的网络性,未综合考虑所有等级防灾避难场所,也未考虑不同等级场地之间的关系。在场地选址中仅单一考虑网络性,未对各区域场地规模情况、各场地可达性、安全性进行综合考虑。

(6)在各相关理论研究中,涉及防灾避难场所服务责任区划分的研究仅考虑单一等级防灾避难场所服务范围划分,缺乏对不同等级防灾避难场所服务范围的综合考虑,不同等级防灾避难场所服务责任区之间缺乏联系,未形成网络式布局,无法满足重大灾害发生时居民的长期避难疏散需求。

2.4.3.2 防灾避难场所布局相关研究启示

本节从避难规模均等性、场地可达性和联系网络性等方面,总结相关研究理论与启示,为"量-场-址"三位一体防灾避难场所布局优化路径的提出奠定基础。

(1)规模均等性:从数量均等到人均规模的均等。

基于前文分析,部分城市在布局防灾避难场所时,虽然构建了较多数学模型和进行了各类评价分析,但仅以城市常住人口为研究对象,未考虑流动人口的需求。部分城市多利用现状可利用空间,未对部分可利用场地不足区域如何进行防灾避难场所布局的问题进行研究,使各区域规划防灾避难场所与实际需要差异较大。

在布局中心城区防灾避难场所时,为保证居民避难疏散需求,应根据核心区与周边区域、中心城区与外围区域人口的流动性,确保所有居民避难机会的公平和服务的均等,因此要对城市各区域不同时段避难人口规模进行合理测算,建设人均规模均等的防灾避难场所。

(2)场地可达性:从内部要素到内外要素综合协同。

目前,在利用防灾避难场所布局模型、方法进行研究时,多把防灾避难场所作为独立系统,同时在对评价指标进行选择时,仅考虑场地内部因素,缺乏与周边相关要素的协同思考,仅保障居民在防灾避难场所内部的安全。

防灾避难场所作为灾害发生时居民避难疏散空间,其可达性尤为重要,只有保证场地可达性才能保证居民安全快速地从所在地到达避难场所,并快速进入,且确保在防灾避难场所内部的安全。因此,要注重避难疏散过程、场地开敞性、场地内部安全性、外部相关要素等对场地可达性的影响,对内外部要素进行综合协同考虑。

(3)联系网络性:从单一等级系统到多层级复杂网络系统。

一些城市防灾避难场所等级、类型单一,目前在进行防灾避难场所布局和服务责任区划分时,也都是对单一等级防灾避难场所进行研究,未考虑不同等级防灾避难场所之间的关系,服务缺乏协同性。而灾害发生后,部分居民具有较长时段避难需求,为满足居民不同时长的避难需求,应形成完整的防灾避难服务体系,同时确保各等级防灾避难场所服务范围的协调一致。在布局防灾避难场所时,也应将所有防灾避难场所作为整体,不仅加强同一等级场地之间的联系,也应加强不同等级场地之间的联系,保证多等级复杂网络系统的形成。

(4)各要素综合协同:从横向独立子系统到纵向综合协同系统。

目前,防灾避难场所布局研究均是对不同子系统进行分析。在对布局模型和方法进行研究时,将各子系统作为单独部分,未考虑不同子系统间的关联和协同,各子系统横向联系,部分子系统被简单放大作为整体。但事实上各子系统联系性较强,应综合协同不同子系统,将各子系统作为整体的一个阶段,再对各阶段开展综合协同分析,这样才能实现防灾避难场所合理布局。

2.5 本章小结

通过对防灾避难场所布局相关理论进行梳理分析可知,目前防灾避难场所布局中应用较多的理论主要有区位理论、均等化理论和可达性理论。当前防灾避难场所布局的研究仅运用这些理论,仅针对选址、规模均等性和场地可达性等分别进行研究。因而,防灾避难场所布局存在着较大不足,部分防灾避难场所使用性能受到影响。同时,防灾避难场所的布局研究缺乏对避难人口、场地规模、场地选址等的关联性思考,更缺少对不同防灾避难场所联系性思考,基于此提出利用协同理论对防灾避难场所开展系统研究。目前,协同理论在防灾避难场所布局中应用较少,但防灾避难场所布局与公共设施布局具有较大的相似性,根据协同理论对公共设施布局的应用研究,应将防灾避难场所作为完整系统进行布局,充分发挥各要素整体和协同效应,对各子系统进行综合考虑,避免单一要素分析造成的"木桶效应"。

基于上述分析对防灾避难场所布局相关理论进行研究,并提出基于协同理论的防灾避难场所布局优化新视角,实现防灾避难场所从其要素"构成论"向系统"生成论"转变,也使其布局从各要素的"简单构成"到"系统生成"方向发展,为后面章节聚焦各城市中心城区防灾避难场所布局特征、解析布局困境提供完备理论支撑。

3 防灾避难场所布局原则、情况、主导模式及失衡问题

为了实现合理的防灾避难场所布局优化,首先需要掌握防灾避难场所布局原则,了解我国部分城市中心城区防灾避难场所布局情况,并对其布局主导模式及失衡问题进行分析,总结导致布局失衡的原因,同时通过总结我国部分城市中心城区防灾避难场所布局经验,为其他城市中心城区防灾避难场所布局优化提供借鉴。

3.1 防灾避难场所布局原则

防灾避难场所布局原则如下。

(1)统筹规划,综合防灾。

由于我国长期以来对城市防灾认识不足,在城市规划中较重视对各类灾害的防治,缺少对防灾避难场所的规划,导致城市防灾避难场所的建设较为落后,甚至许多城市没有防灾避难场所,灾害发生时,人们只能在道路、空地等进行避难。城市防灾避难场所是城市防灾的重要组成部分,也是保障城市居民生命安全的重要场所,更是城市空间规划的重要组成部分,应将城市防灾避难场所的规划作为城市总体规划的一部分进行研究,使其与城市总体规划保持一致,这样才能保证在城市发展时做好防灾避难场所建设,使其在城市综合防灾减灾规划中发挥应有的作用,成为城市安全建设的一部分。

由于不同类型的灾种归不同的部门管理,地震归地震局,洪涝归水利局,火灾归消防部门等,各部门之间分工较为明确,故各部门在防灾避难场所的建设上不能进行全局性考虑,仅根据单个部门需要进行规划建设,造成防灾避难场所类型较为单一。因为重大灾害通常伴随着严重、多样的次生灾害,故应防止单一的防灾避难场所在灾害发生时不能满足防灾避难需求。城市是一个复杂的系统,各类灾害均可能发生,因此在防灾避难场所的空间配置上,应充分考虑综合防灾的需求,进行统筹规划。

在防灾避难场所的规划建设上，还应充分考虑近、远期的需求，根据人口密度、城市土地开发情况和安全因素综合考虑防灾避难场所布局，优先考虑人口数量较多、密度较大、开发强度较大的地区，对于一些没有充足用地的区域或者开发较少的地区，应进行远期规划，在城市改造和发展中预留建设空间，使城市防灾避难场所形成完整的系统。

（2）区域协调，区内均衡。

随着我国城市的快速发展，为了保护城市环境，城市工业企业向外搬迁，形成城市产业集聚区；原有的老城区不能满足城市发展的需求，城区不断向外扩张，形成城市新区。由于城市不同区域的开发建设情况、规划理念以及内部空间差异较大，地块规模大小、人口结构、道路宽度、建筑质量也有着较大差别，因此防灾避难场所布局应坚持区域协调、分区考虑、区内均衡的原则，既能满足防灾避难需求，又能减少资源的浪费，实现避难场所的布局和数量与市民避难需求相适应。

在城市产业集聚区，地块规模较大，一个企业通常占据几个街区，道路较宽，居住人口数量较少，企业内部也有大量开敞空间，可以作为紧急避难场所。因此，可以在产业集聚区内建设一些临时的避难场所，储存一定的救灾物资，基于长期考虑可以将新城区和老城区结合，使企业工人与家人能够一起进行长期避难。

在城市老城区，土地用地规划基本已经完成，老年人口数量较多，人口密度较大，建筑年代较为久远，部分城中村建筑、历史建筑质量相对较差，道路较窄，停车设施较为缺乏，同时存在一定的断头路，因此在建设防灾避难场所时，应建设一些紧急和临时性避难场所，满足人们的短距离避难需求，中长期避难场所建设应结合城市大型公园、广场进行。

在城市新城区，由于其根据最新规划进行建设，绿地率较高，建筑质量较好，道路较宽，公共停车场、公园、广场、学校等数量较多，学校抗震级别较高，可以根据城市防灾避难场所配置标准进行避难场所布局。

（3）因地制宜，就近设置。

建设城市防灾避难场所时，应根据不同地方的需求以及建设条件，因地制宜，就近设置。我国许多城市，特别是一些老城区在建设防灾避难场所时，由于建设用地较为紧张，也为了节省资金，都是结合一些现状公园、广场、绿地等空间进行改造建设，而一些现状公园、广场、绿地条件有限，本身就不适宜进行建设，可能存在一定的危险性，因此在防灾避难场所选址上，应坚持因地制宜的原则，对避难场所周边及内部进行综合评价。

避难场所布局也应该考虑居民的就近避难原则，根据不同等级的避难场所类型划分服务半径，使防灾避难场所能够满足所有地区就近避难需求。特别是城市老城区，老年人口数量较多，并且有部分失能老人，长距离的转移较为困难，应尽量缩小防灾避难场所的服务半径，利用一些街头绿地、社区广场、停车场等建设一些紧急和临时避难场所,步行距离以 5～10 分钟的路程为宜,以便灾害发生时人们能够快速进入避难场地内部,得到基本的救助。

(4)平灾结合,选址安全。

由于城市灾害发生频次相对较少,防灾避难场所中避灾设施的使用较为有限,为了防止资源浪费,应注重平灾结合,充分应用防灾避难场所的平时功能。开辟为防灾避难场所的公园、绿地等应兼有普通公园、绿地的基本功能,在平时供居民休闲、观赏或者开展一些文化娱乐、体育等活动,但不应破坏防灾避难设施,不应在内部建设任何影响防灾避难功能的设施。在灾害发生后应能快速启动公园、绿地的避难与救援功能,发挥城市防灾避难场所的作用。

目前,我国大部分防灾避难场所都是在现状公园、广场、学校、体育场馆的基础上进行改造的(图 3-1),这些设施平时仍然作为原有功能设施使用,在灾害发生时进行功能转换。公园、绿地、学校等的管理者在必要时也成为城市应急防灾疏散的指挥人员,应注重养成平时功能与灾时避难功能综合管理意识,建立健全转换机制,防止出现功能转换不及时的情况,影响灾时避难功能的发挥。防灾避难场所的避难功能要求其选址必须安全,应该是一些灾害威胁程度低、灾害影响小、不存在次生灾害的地方。因此,避难场所的布局选址应充分考虑其与周边道路的联系,在进行避难场所选址和建设前必须进行自然环境和人工环境等方面的综合性的安全评价,避开地震断裂层、塌陷区、采空区、容易发生严重土壤液化等重要次生灾害的场地。同时,场地内应有足够的开敞空间和一定的高差,防止降雨造成内部积水,淹没避难场所。

图 3-1　学校、公园避难场所

为了保证避难场所的安全,场所应具有一定的规模,在内部划分不同的功能区,区块之间建设防火安全带和防火通道,在每个分区内建设永久性防火设施,储备防火器材,保证火灾发生时大部分区域不受影响。

(5)短期避难与中长期避难相协调。

城市发生灾害时,人们需要快速进行避难,但由于灾害的严重程度不同,造成的影响也有很大差别,为了减轻城市灾害对人们的影响,为无家可归的人员提供临时的生活空间,在防灾避难场所的规划上,需要进行分级建设和分类协调,实现短期避难与中长期避难相协调。

短期避难场所主要满足居民在灾害发生前或灾害发生时短时间快速疏散的需求,避免和减轻灾害造成的伤害,避难距离不应过长,应使周边居民步行 10～15 分钟内即可到达。短期避难场所主要以居住区、商业设施周边小型绿地、广场、社区公园等开敞空间为主,人们通过步行方式即可到达,避难时间相对较短,且内部应配备水、电等基本相关设施。

中长期避难场所在重大灾害发生时为居民提供一定生活空间,通常利用中小学、各类体育场馆、大型公园等,规模较大,人口容量较大,具有较大的开敞空间,内部应有救灾指挥部门、卫生急救站及食品等物资储备库等用地,同时内部应有完善的"生命线工程"要求的配套设施且应有两套系统(城市市政服务系统和内部供应系统),防止因强破坏性灾害造成城市市政服务系统受损。

(6)快速可达,与周边设施相衔接。

防灾避难场所必须满足快速避难需求,因此要求周边有多条完善且便捷的疏散道路,至少应有两条以上疏散道路,方便不同方向的人员进入。同时,道路应该相对较宽,防止灾害发生时道路两侧建筑倒塌、部分建筑结构掉落堵塞道路,还防止由于道路两侧停车造成道路通行困难,影响人员避难疏散和消防车辆通行。防灾避难场所的快速可达,也要求防灾避难场所具有多个出入口,且出入口不应为固定的建筑,应为临时的、简易的设施,能够快速拆除,使疏散人员分散、快速进入,防止人员在防灾避难场所入口发生拥堵。快速可达还要求防灾避难场所为开敞式空间,周边不应有较高的围墙,应满足灾害发生时人们能够翻越围墙进入防灾避难场所的需求。

为了防止防灾避难场所内部发生二次伤害,防灾避难场所应配备齐全消防、治安维护和医疗救治设施。因此防灾避难场所应在消防站、派出所和医院的服务范围内,同时尽量靠近,以便在防灾避难场所内发生火灾、骚动等时,救护人员能够快速进入,保护防灾避难场所内人员的安全。如 1923 年日本关东大地震(图 3-2),由于城市内部着火点未被及时扑灭,火苗被大风卷进棉服厂,而棉服厂缺少消防设施,火灾扑救不及时,造成棉服厂内多处起火,导致在棉服厂避难的大量避难人员死亡。

图 3-2　日本关东大地震引发火灾

3.2　城市中心城区防灾避难场所布局情况

我国防灾避难场所建设起步相对较晚,由于其布局情况影响着防灾避难场所系统整体效能的发挥,为了充分了解防灾避难场所布局,需要对各特大、超大城市及省会城市中心城区现有避难场所布局进行分析。特大及超大城市由于人口规模更为庞大,建设情况更加复杂,对其他城市布局防灾避难场所更加具有指导意义。同时,省会城市作为各省市建设和发展的先头兵,防灾避难场所建设及布局也走在前列。而且,各省会城市在人口规模、建设规模、建设水平等方面存在差异,能够反映不同规模等级城市防灾避难场所建设水平及布局情况。

3.2.1　部分特大及超大城市中心城区防灾避难场所布局情况

根据第七次全国人口普查,我国共有人口规模 500 万以上的特大及超大城市 21个,包括北京、上海、成都、重庆、广州等 7 个城区人口规模 1000 万以上的超大城市,南京和沈阳等 14 个城区人口规模 500 万以上的特大城市。[①] 我国各特大及超大城市中心城区规模相对较大,人口数量较多,城市建设较快,是我国经济发展的领头羊,也是各区域城市发展的核心,各项设施建设及发展水平均位于全国前列,也是安全城市及韧性城市建设的示范性城市,应对灾害的综合能力相对较强,这些城市的避难场所建设数量多,水平也相对较高,能够服务较多人口。

3.2.1.1　我国部分特大、超大城市中心城区避难场所总体布局

我国部分特大、超大城市中心城区避难场所发展较快,建设数量较多,下面列举

---

① 国家统计局提供的《经济社会发展统计图表:第七次全国人口普查超大、特大城市人口基本情况》。

的城市中除武汉外均进行了等级划分,形成了完整的防灾避难场所体系,为居民提供了灾害发生时的避难空间,但各城市在避难场所数量、规模、服务人口等方面尚存在一定差距。

(1)避难场所类型及等级划分。

各特大、超大城市中心城区对避难场所类型及等级进行了划分,但由于地区差异,采用标准不同,在等级和类型划分上有一定差别。部分城市将避难场所分为Ⅰ类、Ⅱ类和Ⅲ类,部分城市分为市级、区级和社区级避难场所,部分城市分为中心、固定和紧急避难场所,部分城市将避难场所分为场所型和场地型,如表3-1所示。

表3-1　　　　部分特大及超大城市中心城区防灾避难场所类型及等级划分

城市	避难场所类型及等级	避难场地类型	避难场所服务半径
北京	Ⅰ类、Ⅱ类、Ⅲ类	为室内、室外相结合场地,利用公园、绿地、广场、中小学、停车场、体育场馆建设	Ⅰ类:10km;Ⅱ类:5km;Ⅲ类:1km
上海	Ⅰ类、Ⅱ类	为室内、室外相结合场地,利用绿地、公园、广场、中小学、体育场馆建设	Ⅰ类:8km;Ⅱ类:3km
广州	Ⅰ类、Ⅱ类、Ⅲ类	主要为室外空间	Ⅰ类:10km;Ⅱ类:2km;Ⅲ类:500m
深圳	紧急、固定和中心避难场所	为室内、室外相结合场地,利用空地、绿地、停车场、公园、广场、中小学操场、体育场馆、高等院校建设	紧急避难场所:500m;固定避难场所:2km;中心避难场所:10km
重庆	市级、区级和社区级避难场所	为室外场地,利用高等院校、体育场馆、广场、中小学等建设	市级:10km;区级:2km;社区级:500m
武汉	场所型和场地型	为室外场地,利用公园、绿地、广场、体育场馆、学校操场和其他空地建设	场所型:10km;场地型:1km
南京	紧急、固定和中心避难场所	为室外场地,利用公园、绿地、体育场馆和学校建设	紧急避难场所:500m;固定避难场所:2km;中心避难场所:10km
成都	Ⅰ类、Ⅱ类、Ⅲ类	为室内、室外相结合的场地,利用空地、绿地建设	Ⅰ类:5km;Ⅱ类:2km;Ⅲ类:1km
杭州	市级、区级和社区级避难场所	为室外场地,利用公园、绿地、体育场馆和学校建设	市级:10km;区级:2km;社区级:500m
郑州	Ⅰ类、Ⅱ类、Ⅲ类	为室外场地,利用公园、广场、绿地、中小学操场、体育场馆等建设	Ⅰ类:5km以上;Ⅱ类:2~5km;Ⅱ类:1~2km
沈阳	Ⅰ类、Ⅱ类、Ⅲ类	为室内、室外相结合场地,利用空地、绿地、公园、广场、体育场馆建设	Ⅰ类:5km;Ⅱ类:2km

注:Ⅰ类、中心和市级作为同一等级,Ⅱ类、区级和固定作为同一等级,Ⅲ类、紧急和社区作为同一等级。

资料来源:各城市2019年、2020年政府信息公开网站。

(2)避难场所数量、规模及服务人口。

1)总体避难场所数量、规模及服务人口。

部分特大及超大城市中心城区避难场所总数量和规模差别相对较大(图 3-3),居民需求差别也较大。其中,沈阳避难场所 600 余处,深圳、成都、杭州均在 400 处左右,而上海和重庆则数量较少,在 150 处左右,避难场所数量之间差异较大。就场地规模而言,北京避难场所总规模在 2000ha 以上,而沈阳仅在 150ha 左右。不同城市避难场所数量和规模差异较大,导致其服务人数也具有较大差别。其中,北京的服务总人口相对较多,但仍不足城市常住人口的一半;南京的服务总人口比例也仅在30%左右;而上海、广州和郑州避难场所数量较少、规模较小,服务人口规模较小,服务总人口比例均占总人口的 10% 以下。

武汉、成都、沈阳等相对较多的避难场所数量和相对较小的避难场地总规模,表明这些城市建设了较多的低等级防灾避难场所,高等级防灾避难场所数量不足,但避难场所分布相对较为公平,能够满足灾害发生时居民的短期避难需求。而北京、南京较少的避难场所数量和较大的避难场地总规模,说明城市的中长期和长期避难场所数量较多,避难场所服务范围相对较大,但灾害发生时居民短期避难需求得不到满足,避难场所可达性不足。

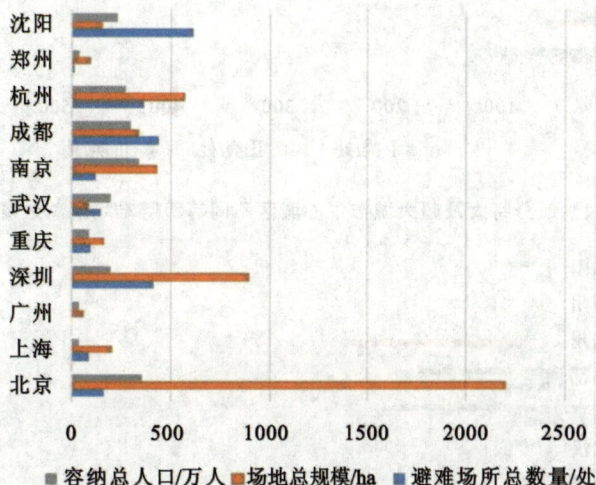

图 3-3　部分特大及超大城市中心城区避难场所情况

2)不同等级避难场所数量及规模。

部分特大及超大城市中心城区不同等级避难场所总数量情况和总规模情况分别如图 3-4、图 3-5 所示。根据对部分特大及超大城市中心城区不同等级避难场所数量及规模的分析可知,各城市 I 类避难场所数量均在 10 处以下。其中,武汉尚未建设 I 类避难场所,广州仅 1 处,北京和南京均达到 9 处左右。北京 I 类避难场地总规模达到 900ha 以上,深圳有 3 处 I 类避难场所,总规模达到 160ha 左右。

部分城市 II 类避难场所规模和数量差别也较大。杭州有约 200 处避难场所,其总规模接近 400ha;北京已建设的 II 类避难场所总规模也达到 600ha 以上;而武汉目前所建设的 II 类避难场所数量较少,总规模也相对较小,在 15ha 以下;成都所建设的 II 类避难场所总规模也不足 15ha。

III 类避难场所数量和规模差别更加明显。其中,沈阳、成都数量较多,都在 400 处以上;广州、郑州 III 类避难场所数量较少,不足 10 处,其总规模也仅在 10ha 左右;北京和深圳 III 类避难场所规模在 550ha 以上。

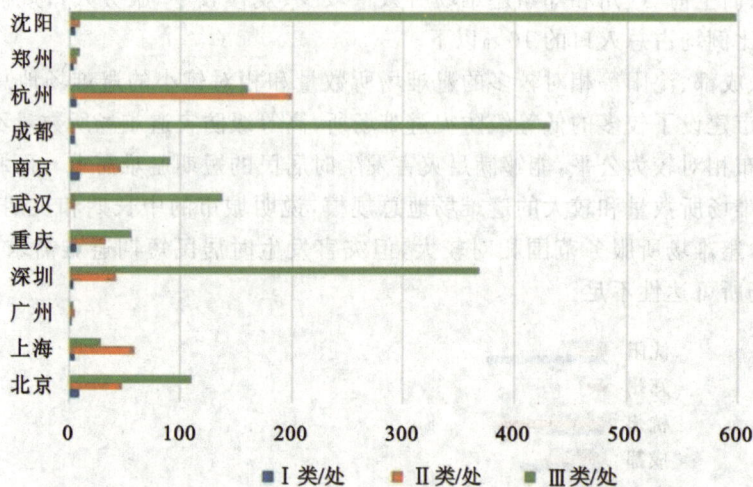

图 3-4　部分特大及超大城市中心城区不同等级避难场所总数量情况

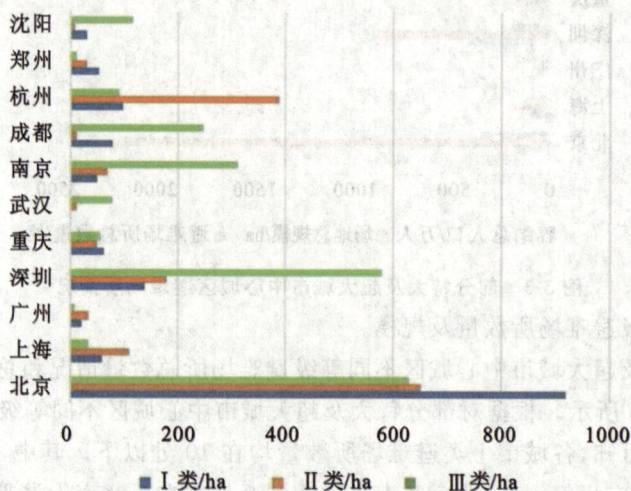

图 3-5　部分特大及超大城市中心城区不同等级避难场所总规模情况

  各城市各等级避难场所数量、规模差别较大,特别是各等级避难场所数量较少且规模较小的城市,避难场所服务能力达不到标准,无法满足居民不同时段避难需求。

  3) 不同等级避难场所服务人口占常住人口比例。

  由于避难场所布局模式不同,各城市中心城区避难场所建设规模存在较大差别,使各城市不同等级避难场所服务人口占常住人口比例差别较大,而不同等级避难场所的使用不具同时性,不同等级避难场所服务人数对灾害不同时段居民需求影响较大。部分城市各等级避难场所服务人口占常住人口比例较小,与《防灾避难场所设计规范(2021 年版)》(GB 51143—2015)的要求差别也较大,无法满足居民避难需求。

  部分特大及超大城市不同等级避难场所服务人口占总人口比例如图 3-6 所示。其中,各城市 Ⅰ 类避难场所服务人口占常住人口比例均较小。北京在所有城市中比例最高,在 4% 以上;其他城市均在 3% 以下;武汉无 Ⅰ 类避难场所,居民长期避难需求得不到满足。

  Ⅱ 类避难场所,仅杭州避难场所服务人口占常住人口比例在 30% 以上,其他城市均在 6% 以下,而武汉仅为 0.6% 左右。

  Ⅲ 类避难场所,各城市服务人口差别更加明显。其中,南京、成都、武汉、沈阳在 25% 以上,而上海、广州、郑州在 3% 以下,因此需要对避难场所服务人口占总人口比例较小的城市进行避难场所布局优化,增加避难场所数量及扩大规模,提高服务能力,满足灾害不同时段居民避难需求。

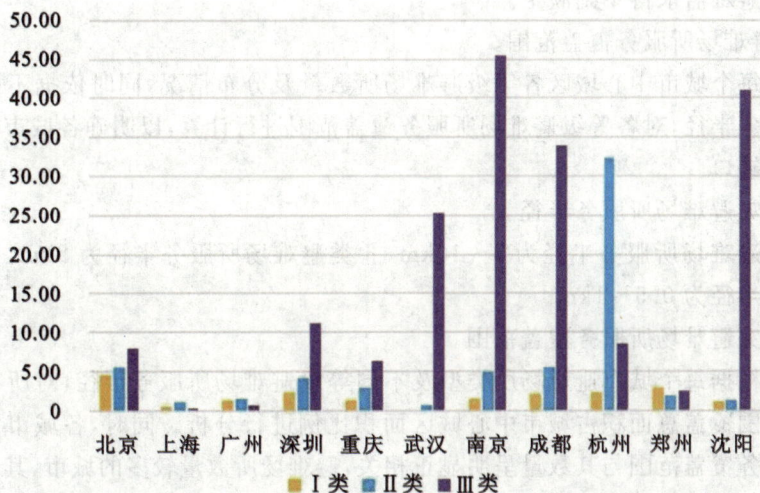

图 3-6 部分特大及超大城市中心城区不同等级避难场所服务人口
占总人口比例(单位:%)

(3)人均避难场地规模。

根据部分特大及超大城市中心城区避难场所规模及常住人口资料,对人均避难场地规模进行分析,仅北京常住人口人均避难面积在$1.00m^2$/人以上,其他城市均在$1.00m^2$/人以下,而上海、广州均不足$0.10m^2$/人,如图 3-7 所示。

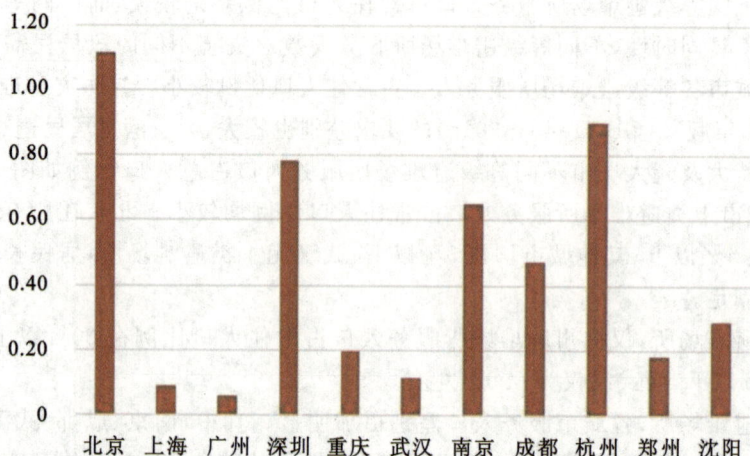

图 3-7 部分特大及超大城市中心城区常住人口人均避难场地规模(单位:m²/人)

由于各城市常住人口数量较多,而常住人口人均避难场地规模相对较小,灾害发生时居民避难需求得不到满足。

(4)避难场所服务覆盖范围。

根据每个城市中心城区各等级避难场所数量及分布情况,同时依据不同等级避难场所服务半径,对各等级避难场所服务覆盖范围进行计算,以明确各城市避难场所服务范围缺口。

1)防灾避难场所服务半径。

Ⅰ类避难场所服务半径为 5~10km,Ⅱ类避难场所服务半径为 2km,Ⅲ类避难场所服务半径为 0.5~1km。

2)防灾避难场所服务覆盖范围。

一般根据每个城市避难场所类型及不同等级避难场所服务半径,对所有避难场所服务范围覆盖总面积占城市中心城区面积比例进行分析。同时,各城市各等级避难场所服务覆盖范围与其数量呈明显正相关,避难场所数量较多的城市,其服务覆盖范围也较大。部分特大及超大城市中心城区不同等级避难场所服务覆盖范围差别相对较大(图 3-8)。

其中,对于Ⅰ类避难场所服务覆盖范围占中心城区面积的比例,南京在 80% 以上,北京 80% 左右,而广州仅为 15%。

对于Ⅱ类避难场所服务覆盖范围占中心城区面积的比例,上海、深圳、南京、杭州

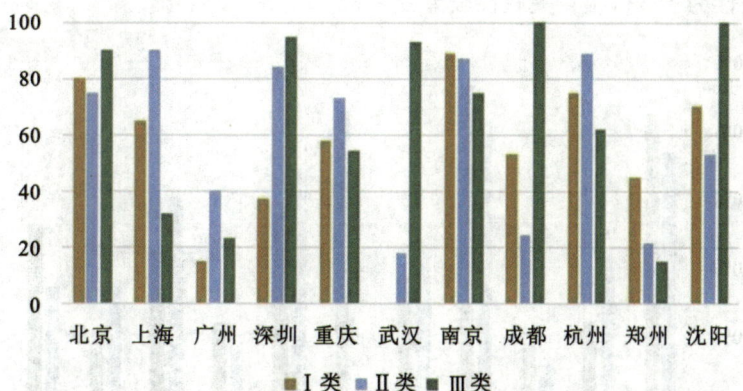

图 3-8 部分特大及超大城市中心城区不同等级避难场地服务覆盖范围

(纵坐标指城市避难场所服务覆盖总面积占中心城区面积的比例,单位为%)

均在 80% 以上,而武汉、郑州、成都在 25% 以下。

成都、沈阳Ⅲ类避难场所数量较多且分布较为分散,避难场所服务覆盖范围占比达到 100%;而郑州、广州服务覆盖范围占比在 25% 以下,存在较大避难服务缺口,较大区域居民无法享受到Ⅲ类避难场所服务。

由此可见,部分等级避难场所服务覆盖范围存在较大缺口,居民避难疏散需求得不到满足,避难疏散时效性和安全性得不到保证。

3)不同等级防灾避难场所关联性。

在对不同等级避难场所进行关联性分析时,须将不同等级避难场所服务范围叠加,测算低等级防灾避难场所服务面积与高等级避难场所服务面积重叠面积占所有避难场所服务叠加总面积的比例,所占比例越高说明相互关联性越强。其计算公式如下:

$$\rho = \frac{A_x}{A_y}$$

式中:ρ 为不同等级避难场所关联性;A_x 为低等级避难场所服务面积与高等级避难场所服务面积重叠面积;A_y 为所有避难场所服务叠加总面积。

通过对各城市中心城区不同等级避难场所服务范围叠加进行分析可得,同一等级避难场所缺乏联系,不同等级避难场所关联性差别较大。

虽然Ⅰ类避难场所数量均相对较少,但其服务范围较大,与Ⅱ类避难场所服务重叠率相对较高;而Ⅱ类和Ⅲ类避难场所服务范围相对较小,其服务重叠率相对较低,部分特大及超大城市中心城区不同等级避难场所关联性见图 3-9。

以郑州市为例,不同等级防灾避难场所关联性示意图如图 3-10 所示。由图 3-10可知,郑州市Ⅰ类避难场所数量相对较多且服务范围较大,Ⅰ类与Ⅱ类避难场所服务关联性为 35%,而Ⅲ类避难场所数量相对较少且分布较为分散,Ⅱ类与Ⅲ类避难场所服务关联性为 15％，相互关联性较差。

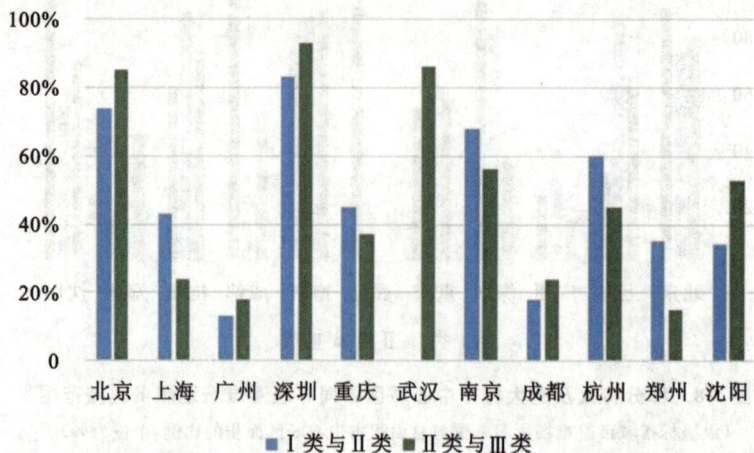

图 3-9　部分特大及超大城市中心城区不同等级避难场所关联性

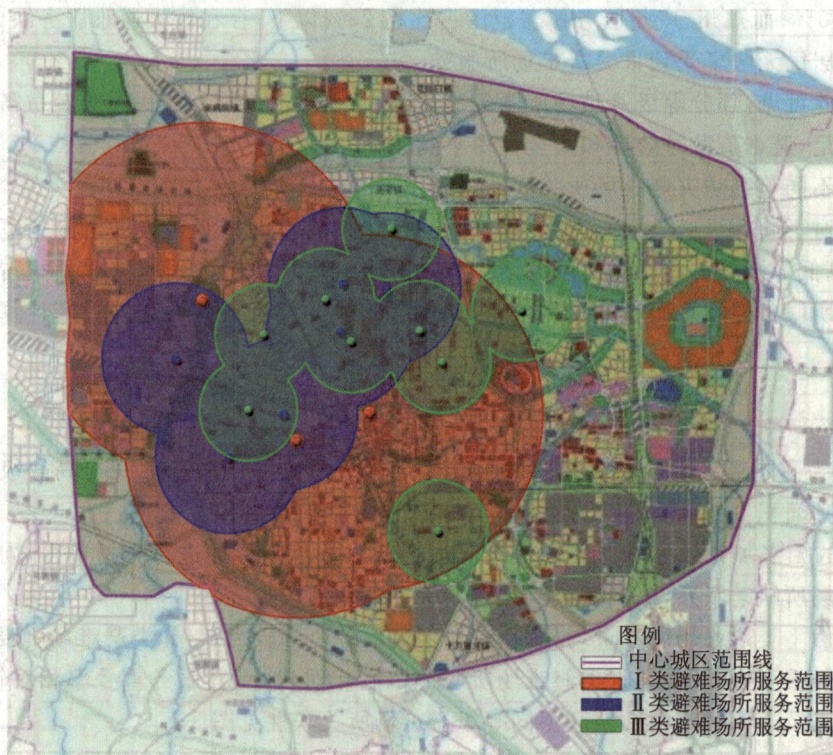

图 3-10　郑州市中心城区不同等级避难场所关联性

3.2.1.2 天津市中心城区避难场所总体布局

在对天津市中心城区避难场所(图 3-11)布局进行研究时,主要研究避难场地数量及规模、人均避难场地规模、避难场所用地及场所类型、避难场所服务范围等。

(a)

(b)

(c)

图 3-11　天津市中心城区避难场所

(a)中心公园避难场所;(b)水上公园避难场所;(c)银河广场避难场所

(1)避难场所数量及规模。

天津市中心城区规划 14 处避难场所,其中红桥区、和平区、南开区、河西区、河东区、河北区每区 2 处,北辰区和东丽区每区 1 处,西青区和津南区无避难场所,中心城区总规划避难场所面积 353.9ha 左右,可利用面积约 234.9ha,可容纳总人口约 69.5 万人。各区避难场所规模及服务人口数量差别较大,避难场所面积在 5ha 以下的有和平区、东丽区和北辰区,其容纳人口均不足 1 万人。河东区避难场地可利用面积 12.4ha 左右,能够容纳 3 万人以上。避难场所面积在 30~60ha 之间的有河西区和红桥区,容纳人口均为 8 万~11 万人。河北区和南开区避难场所面积在 60~200ha 之间,也是天津市中心城区容纳人口最多的区域。

天津市中心城区防灾避难场所情况如表 3-2 所示。

表 3-2　　　　　　　　　　天津市中心城区防灾避难场所情况

所在区域	名称	规划面积/ha	容纳人数/万	可用面积/ha
和平区	中心公园	1.6	0.3	1.6
	睦南公园	1.4	0.2	1.4
河西区	银河广场	20	5	19.9
	人民公园	14	3.6	10.86
河东区	河东公园	10	3	10
	中山门公园	2.4	0.4	2.4
南开区	水上公园	165	20	75.6
	长虹公园	32	10	27.18
河北区	北宁公园	57	13	40.79
	王串场公园	7.8	2	7.57
红桥区	西沽公园	35	10	29.9
	红桥公园	4	1	4
东丽区	东丽广场	1.1	0.3	1.1
北辰区	高峰公园	2.6	0.7	2.6
合计		353.9	69.5	234.9

(2)人均避难场地规模。

天津市中心城区按照行政区规划避难场所,各区避难场地规模差别较大,可容纳人口与总人口差距较大,人均避难场地规模差别也较大。各区规划的避难场所容纳人数较少,除南开区、河北区、红桥区外都在 10 万人以下,而各区域人口较多,规划的避难场地无法满足需求。天津市中心城区人均避难面积如图 3-12 所示,各区域差距较大,红桥区最高,但不足 $1m^2/$人,东丽区最低,在 $0.1m^2/$人以下。

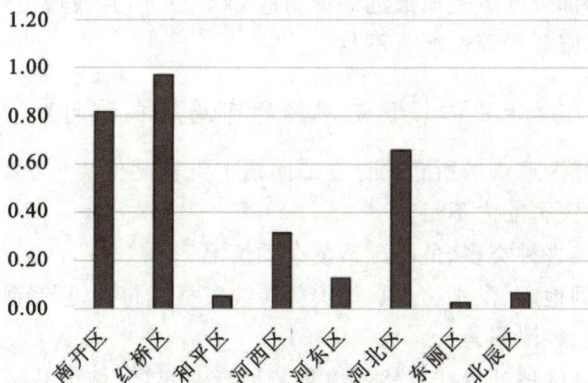

图3-12　天津市中心城区人均避难场所面积(单位:$m^2/$人)

(3)避难场所用地及场所类型。

规划避难场所用地均为公园和广场,其中被纳入规划的广场有东丽广场和银河广场,其他 12 处均为城市公园。规划避难场所均为地震紧急避难场所。

(4)避难场所服务范围。

天津市中心城区依据行政管理范围划分避难场所服务范围,服务范围不均且存在较大缺口(图 3-13)。西青区和津南区未规划避难场所,该区域居民受到影响最

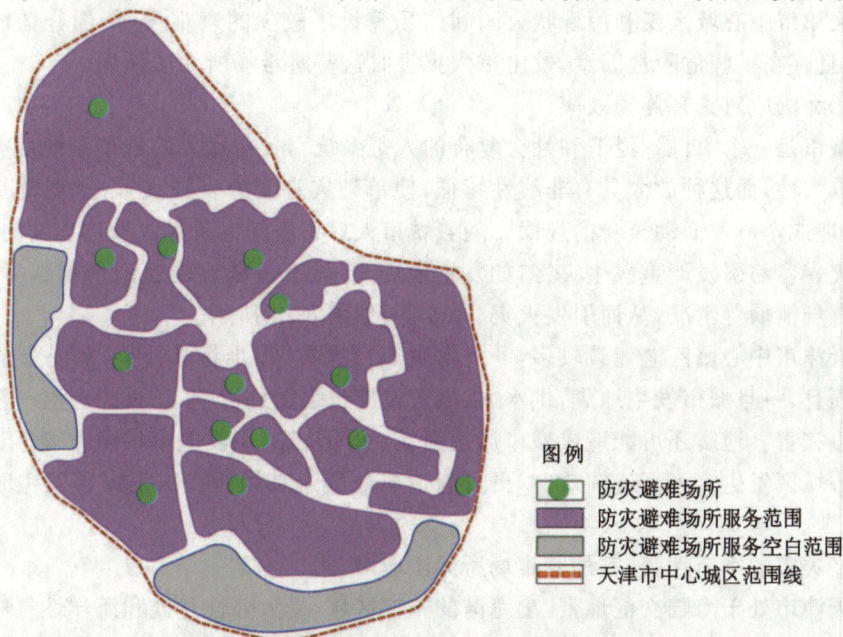

图例
- 🟢 防灾避难场所
- 防灾避难场所服务范围
- 防灾避难场所服务空白范围
- 天津市中心城区范围线

图 3-13　天津市中心城区防灾避难场所服务范围

大。东丽区仅有1处避难场所,服务范围被海河分隔;河西区有2处避难场所,均位于黑牛城道北侧,部分区域距离最近避难场地7km以上,且被城市快速路分隔,存在较大服务空白区,服务均等性严重不足。

3.2.1.3　天津市中心城区避难场所布局存在的问题

天津市中心城区避难场所布局存在的问题主要表现在以下方面。

(1)应对多种灾害能力不足。

①无法应对灾害种类多、危险因素复杂的情况。

城市除了受到地震、洪水、台风、火灾等传统灾害威胁外,还受到多种灾害的综合威胁,如温室效应、核泄漏等。

天津市中心城区地处特殊自然环境且各种产业集聚,城市基础设施建设中也存在一些致灾因素,使灾害的形成机理和影响机制更加复杂,城市灾害呈现出多样性和复杂性。

同时,天津市中心城区内建筑密度和建筑高度不断增加,各项设施建设和用地开发使天津市中心城区内的灾害类型和数量都在不断增加,特别是工业企业爆炸、燃气泄漏及爆炸、电力设施以及建筑破坏、地面沉降等多种因素都会引发城市灾害。

随着城市建设的快速推进,天津市中心城区内原有坑塘、湿地等很多被填埋,内部原有生态环境被破坏及地面硬化面积增加等,造成城市内部洪涝灾害频发。

天津市中心城区仅利用现状公园和广场建设了较少的避难场所,部分场地地势较低,且存在一些危险性因素,发生重大灾害时这些避难场所无法使用。

②无法应对灾害连锁效应。

城市是一个"自然、经济和社会复合的人工系统",日益庞大的城市系统使灾害呈现出放大性,而这种放大具有非线性特征,使单种灾害变为多种灾害,呈现链状发展状态,造成牵一发而动全身的局面。随着城市人口密度增大及经济发达程度的提高,重大灾害容易引发严重次生灾害,如发生地震时,城市基础设施遭到严重破坏,可能出现燃气泄漏等情况,从而引发火灾、爆炸等,如图3-14所示。

天津市中心城区老建筑较多,一旦发生震后火灾,很难将其扑灭,容易形成大灾难。而且,一旦城市发生地震,供水、供电等设施也会受到影响,还可能产生一系列连锁次生灾害。地震还可能造成城市周边河流、水库决口,引发城市洪涝灾害。若天津市中心城区发生灾害高连锁效应,更可能造成地震避难场所在次生灾害发生时无法使用。

③灾害的季节性强,室外避难场所无法应对。

天津市处于海陆交汇地带,渤海湾的中部区域,受大陆性气候和海洋性气候双重影响,使天津市灾害具有明显的季节性特征。天津市全年降水分布不均,降水主要分布在夏、秋季,春、冬季偏少,夏、秋季降水量占全年的80%左右,年降水量在550~

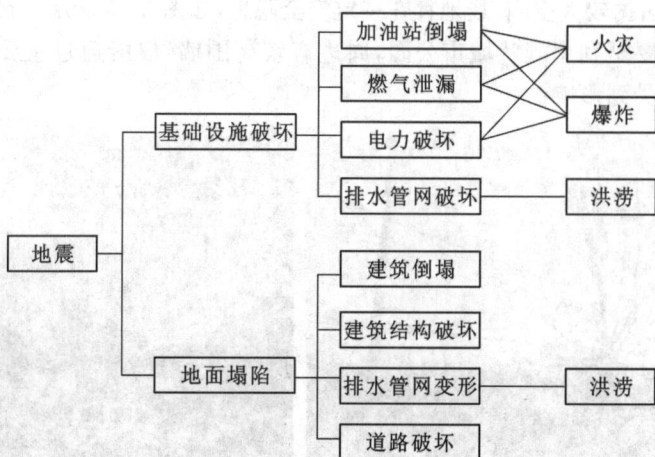

图3-14 中心城区发生地震时的连锁效应

970mm。近年来,随着城市的快速建设和城市内部环境的变化,城市内部温室效应使天津市中心城区内的气象灾害呈现出更强的季节性,出现几十年一遇甚至百年一遇的降雨,较强的降雨和较为集中的降水量使城市内涝灾害频发。同时受海洋性气候的影响,风暴潮在夏季也成为高发灾害,带来大量降雨,造成水位暴涨,使中心城区每年夏季均出现严重积水,发生城市内涝。而天津市春、冬季较为寒冷、干燥,降雨和降雪较少,风速较大,使春、冬季城市各类火灾事故高发,由于气候较为干燥,火灾蔓延较快,易造成较为严重的损失。在重大灾害与极端天气的双重夹击下,天津市仅靠室外避难场地无法满足防灾避难需求,特别是在夏、冬季极端天气环境条件下,急需建设室内避难疏散空间。

(2)避难场所数量少,人均避难面积和服务均等性不足。

天津市中心城区内仅规划14个应急避难场所,分布较为不均,服务人口数量较少,各区域避难场所服务均等性相对较差,存在较大的避难服务空白区,重大灾害发生时大部分区域居民无法避难。特别是人口较多、流动性相对较大的和平区,规划避难场所仅能满足0.5万人的避难需求;但南开区避难场所能满足30万人的避难需求;而西青区和津南区无避难场所,居民避难受到极大影响,无法保证重大灾害发生时居民的安全。

(3)避难场所与周边联系不畅,存在安全隐患,可达性不足。

部分避难场所位于地块内部,与城市支路连接,而支路两侧建筑较高,同时一些避难场所受河流、铁路、城市快速路影响,与周边居民聚集区分隔较为严重,避难场所与周边联系不畅,可达性不足。根据对城市限制性因素的分析,部分场地存在一定安全隐患,特别是东丽广场和河东公园位于地面沉降区范围内,重大灾害发生时可能产生地面塌陷,使避难场所无法使用。红桥公园和高峰公园内有多条高压线穿过,对场地分隔较为严重且占据较大空间,场地存在一定安全隐患,如图 3-15 所示。目前,规划的部分避难场所主要是利用现状城市公园,周边有较高围墙,仅能通过主要出入口进入,场地可进入性受到影响。

图 3-15　避难场所安全隐患

(a)红桥公园;(b)高峰公园

(4)避难场所服务范围过大,场所之间相互联系缺乏。

规划避难场所根据行政范围划分其服务范围,而避难场所数量较少,导致避难场所实际服务范围过大,部分区域距避难场所 5.0km 以上,而多个区内避难场所之间距离 3.0km 以上,南开区两个避难场所距离 5.5km 左右。由于津南区、西青区无避难场所,而东丽区和北辰区均只有一个避难场所,避难场所实际服务范围相对较大。当多种灾害同时发生或者某一避难场所出现问题时,由于避难场所之间距离过远,不能快速地进行人员转移、物资及信息的交流,易造成避难秩序混乱。

3.2.2　部分省会城市中心城区防灾避难场所布局情况

省会城市作为地区中心,人口数量较多,各项设施较为齐全,代表了一个地区避难场所建设的最高水平。这些城市中既有人口规模 100 万～500 万的大城市,也有人口 100 万以下的城市,能够代表不同规模城市避难场所布局水平;这些城市位于我国不同气候区,也能反映不同类型气候及地理环境下的防灾避难场所布局特征。本书研究的部分省会城市是不属于特大、超大城市的省会城市。

(1)部分省会城市中心城区避难场所情况。

我国部分省会城市中心城区避难场所总体情况如表 3-3 所示。

表 3-3　　　　　我国部分省会城市中心城区避难场所总体情况

省会城市	避难场所规模/ha	服务人口/万人	常住人口/万人	防灾避难场所分布特点
昆明	800	137	430	避难场所数量较多，分布较为分散，主要结合人口布局； 对避难场所可达性、安全性等考虑不足； 避难场所与周边联系也相对不足
贵阳	481	58	285	利用现状公园、广场建设； 各区域均有避难场所，根据数量均等原则进行设置，每个区数量较为均等； 场地数量和规模明显不能满足避难需求，场地安全性、可达性不足
南昌	71	23	277	利用现状开敞空间建设，数量较少，分布不均，无法满足避难需求
石家庄	118	40	490	分布相对不均，部分区域无避难场所
太原	230	47	340	数量相对较少，结合已有设施建设； 避难场所与人口分布不相匹配，部分区域存在较大避难缺口
济南	192	120	365	数量较多，避难场所主要结合人口分布进行设置； 对避难场所的可利用性及安全性考虑相对较少
福州	279	29	250	场地安全性、与周边联系度相对较高； 避难场所数量不足，能够服务避难人员数量较少，无法满足避难需求
长沙	261	70	340	分布相对分散，各区域均有分布； 场地安全性、与周边联系相对较好； 数量相对较少，不能满足避难需求
合肥	24	15	251	主要利用现状公园、广场、绿地等室外空间建设； 分布相对不均，部分区域无避难场所； 数量较少，不能满足避难需求； 场地安全性、可达性等也受到影响
乌鲁木齐	342	75	295	场地安全性、与周边联系度相对较高； 避难场所数量相对不足，能够服务避难人员数量较少，无法满足避难需求

续表

省会城市	避难场所规模/ha	服务人口/万人	常住人口/万人	防灾避难场所分布特点
西宁	85	21	133	城市各区域均等分布,每个区域均有一个避难场所; 各区避难场所规模差别较大,能够服务人口数量差别也较大
呼和浩特	142	44	205	避难场所分布不均,城市中心区域无避难场所,主要集中在外围区域; 避难场所数量相对较少,服务半径相对较大; 场地安全性、可达性也存在一定问题
长春	435	95	438	主要利用现状公园、体育场、中学等建设,避难场所分布不均,中心区域数量较少,主要集中在中心区域的外围; 部分场地安全性、可达性存在一定问题; 服务半径相对较大
哈尔滨	210	82	470	主要利用现状公园、广场、高等院校等建设,避难场地数量相对较少,各区内均有避难场所分布,但部分区域避难场所较为集中,能够服务避难人员数量有限
海口	71	4.6	175	利用现状公园建设,数量较少,无法满足避难需求
西安	465	123	489	各区域均有避难场所分布,场地的安全性、可利用性较高; 数量相对较少,不能满足避难需求
兰州	45	35	252	利用现状公园、广场等建设,数量相对较少; 各区均有分布,能够服务避难人员数量有限
银川	522	83	157	避难场地分布相对较为均衡,各区域均有避难场所分布; 能够服务避难人员数量较多; 避难场地安全性、可达性等不足
拉萨	2.5	1.8	26	分布不均,服务距离过远; 场地安全性和可利用性较低,可达性存在一定问题

资料来源:2017—2019 年各城市统计年鉴。

我国省会城市中心城区避难场所(图 3-16)建设水平参差不齐,济南、昆明避难场所数量较多,其他城市基本在 30 处及以下,南昌和拉萨 2 处,海口仅 1 处。各省会城市中心城区避难场所规模差别较大,昆明避难场地规模达800ha,而避难场所数量较多的济南规模仅192ha;西安、银川、乌鲁木齐、长春等有避难场所30处左右,规模均在300ha以上;而贵阳仅有12处避难场所,规模达481ha。部分省会城市中心城区避难场所服务人口、避难场所规模及避难场所数量如图3-17所示。总体而言,各省会城市避难场地规模均较大,能够满足长期、中长期避难需求,但短期避难场所数量不足。

图 3-16 省会城市中心城区避难场所

我国部分省会城市中心城区避难场所服务人口与避难场所规模成正相关,避难场所数量较多、规模较大的城市,服务人口也较多,能够保证多数人的避难需求。部分城市避难场所规模较大,但数量相对较少。而一些城市避难场所数量较少,规模较大,多作为中长期和长期避难场所,但短期避难场所数量不足。

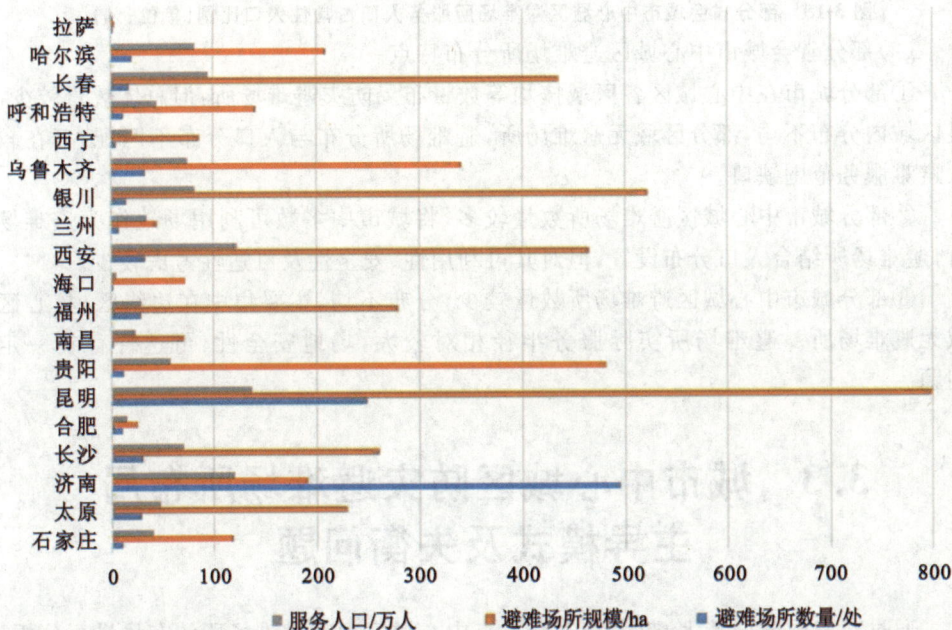

图 3-17 部分省会城市中心城区避难场所服务人口、避难场所规模及避难场所数量情况

通过对部分省会城市中心城区避难场所服务人口占常住人口的比例进行计算可知,各城市避难场所服务人口占常住人口比例差别较大,如图 3-18 所示。其中,济南、昆明、银川避难场所服务人口占常住人口比例在 30％以上,且银川市达 50％以上;而石家庄、合肥、南昌、海口及拉萨避难场所服务人口占常住人口比例在 9％以下,避难场所服务均等性和公平性相对较差。由于避难场所数量较少,故各避难场所分布较为分散,其实际服务范围相对较大,各避难场所联系性相对较差,也缺乏分等级布局。

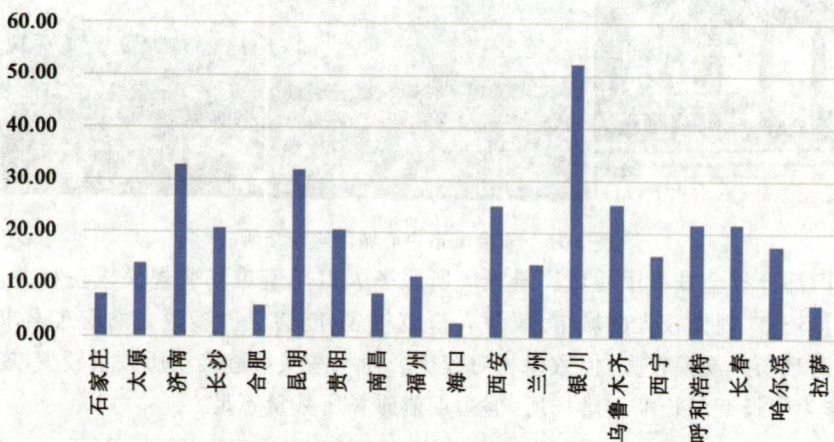

图 3-18　部分省会城市中心城区避难场所服务人口占常住人口比例(单位:％)

(2)部分省会城市中心城区避难场所分布特点。

①部分城市在中心城区各区域按均等数量布局防灾避难场所,但总体数量较少,且区域内分布不均,部分区域无避难场所,避难场所分布与人口分布不匹配,存在较大避难服务范围缺口。

②部分城市中心城区避难场所数量较多,将城市中多数可利用场地作为避难场所,避难场所结合人口分布设置,但对其可利用性、安全性及可达性考虑较少。

③部分城市中心城区避难场所数量较少,分布不均,主要集中在边缘区,核心区域无避难场所。避难场所实际服务半径相对较大,场地安全性、可达性存在一定问题。

3.3　城市中心城区防灾避难场所布局主导模式及失衡问题

通过对我国部分特大、超大和省会城市中心城区现有避难场所的布局进行分析,发现各城市避难场所布局存在较多共性。本节根据各城市避难场所布局共性,提炼出其布局人口需求型、数量均衡型和场地综合评价值决定型的主导模式,同时总结其布局失衡原因。

3.3.1 城市中心城区防灾避难场所布局主导模式研究

通过对我国各城市中心城区避难场所布局的研究发现,避难场所建设参差不齐,数量、规模和服务人口差别较大,可以分为人口需求型、数量均衡型和场地综合评价值决定型三种布局模式。

3.3.1.1 人口需求型布局模式

该类城市注重避难场所数量与人口分布之间的匹配性,尽可能将城市内部现状可利用空间作为防灾避难场所使用,对场地安全性、可达性等考虑较少。由于人口数量较多,灾害发生时需要大量避难场所,根据避难人口分布建设防灾避难场所,使各区域均分布有防灾避难场所,基本能够满足人们的避难需求。根据人口分布对防灾避难场所服务范围进行划分,强调其互斥性,而对联系性考虑不足。

3.3.1.2 数量均衡型布局模式

该类城市防灾避难场所发展缓慢,数量较少但总体分布数量相对均衡。利用城市现状公园、广场、绿地等建设避难场所,仅提供室外避难场地。建设防灾避难场所时不仅注重各区域数量的均等,还注重空间布局上的平衡,每区均有少量建设。但由于总体数量较少,因而各区避难场所在数量上差别较小,各区域之间避难场地规模、服务人数差别较大,较少考虑各区人口分布情况,对避难场地的非邻避性考虑不足。

3.3.1.3 场地综合评价值决定型布局模式

该类城市防灾避难场所与周边联系度较高,场地安全性也较高,通过对不同场地进行筛选,最终所选择场地可利用程度及居民满意度均较高。避难场所数量较多,但避难场所布局与人口分布具有一定差异。避难场所类型多样,既有室外避难场地,也有室内避难场所。该类型防灾避难场布局更多考虑其内部情况,注重人员在防灾避难场所内的需求,但由于其实际服务范围相对较大,居民避难疏散过程受到一定影响,场地联系仍相对不足。

3.3.2 城市中心城区防灾避难场所布局失衡问题探究

对我国部分特大、超大和省会城市中心城区避难场所布局的研究发现,各城市都建设了一些避难场所,但不同城市之间存在一定差距,因此根据各城市避难场所布局,明确其布局失衡问题,同时对导致布局失衡的原因进行分析,溯本求源,为防灾避难场所布局优化路径选择及策略制订奠定基础。

3.3.2.1 城市中心城区避难场所布局问题梳理

对城市中心城区避难场所布局的研究发现,我国各城市中心城市避难场所布局模式多为人口需求型、数量均衡型或场地综合评价值决定型等单一模式,具有单目标、阶段化和独立化等特点,使布局存在以下问题:场地数量较少,人均避难规模差别较大;布局体系不完善,部分等级避难场所无法满足需求;受较多限制性因素影响,安全性及可达性不足;分布不均,实际服务范围较大,各要素联系缺乏等。这些问题导致避难场所需求与供给不平衡,实际需求与布局之间存在较大差异,使人与场地、场地与场地相互割裂,各要素缺乏协同,也使布局问题不断加剧。

(1)避难场所数量过少,各区域人均避难规模差别较大。

城市作为地区发展中心,各项设施相对较为完备,较多的就业岗位和较优质的公共服务使中心城区人口流动性较大。目前,许多城市在建设避难场所时,仅注重常住人口避难需求,根据人口静态分布进行避难场所需求规模预测,造成避难场所数量少,场地规模不足。灾害发生的不确定性,使避难场所无法满足人口的动态变化需求,实际需求与供给存在较大差异。根据各城市中心城区避难场所布局及建设情况,避难场所整体差距较大,部分城市达几百处,而部分城市在 30 处以下,由于城市规模较大且人口数量较多,避难场所无法满足居民避难需求。部分城市利用现状公园、广场等建设避难场所,但中心城区部分区域建设较早,特别是城市核心区内公园、广场数量较少且规模相对较小。天津市中心城区在各区域均等布局避难场所,总体数量少,服务范围过大,人均避难规模严重不足,远达不到国家标准。

(2)避难场所布局体系不完善,部分等级避难场所需求难以满足。

一些特大、超大城市虽分等级进行了避难场所建设,且各区域数量均等,从而使不同等级避难场所分布具有重合性,也使一些区域部分等级避难场所缺失,灾害不同时段居民避难需求得不到满足。如广州市规划 8 处避难场所,分为Ⅰ类、Ⅱ类和Ⅲ类,不同等级避难场所零散分布在不同区域,不仅无法满足居民避难需求,也使各避难场所之间缺乏联系,无法形成网络,区域之间协同困难。

(3)避难场所布局受较多限制性因素影响,场地安全性及可达性不足。

目前,单目标、阶段化和独立化的避难场所布局,仅满足系统某一方面需求,一些城市利用现状开敞空间进行避难场所建设,受限制性因素影响较大,未考虑其安全性、可达性及不同灾害发生时的综合性安全需求,居民在避难场所内部及避难疏散过程中的安全得不到保证。许多城市利用现状公园、广场进行避难场所建设,一些公园在建设之初即存在安全隐患,特别是一些地势相对较低的公园,内部水体空间较大,随着周边区域建设,周边地形发生变化,在降雨时成为城市蓄排水空间。如天津市水上公园,内部水体空间相对较大,成为周边雨水蓄滞空间;红桥公园紧邻城市变电站,内部也有多条高压线穿过,同时紧邻城市河流,灾害发生时极易受多种灾害影响,使避难场所无法使用。

一些城市规划避难场所多为室外场地,而室外避难场所无法满足不同气候条件下的避难需求,特别是极端天气。不同类型灾害也需要不同类型避难场所,为应对多种灾害,需要根据相关标准及规划,利用多类型场地建设综合性防灾避难场所,满足灾害不同时段综合避难需求,提高场地可达性和可利用水平。

(4)避难场所分布不均,实际服务范围较大,多要素联系缺乏。

一些城市避难场所数量较少,且分布较为分散,实际服务范围较大,但被铁路、河流、城市快速路等分隔,部分地区无法快速联系防灾避难场所,可达性不足。且避难场所数量过少,使同一等级避难场地之间距离过远,场地之间信息、物资、人员等联系缺乏。

3.3.2.2 城市中心城区防灾避难场所布局失衡的主要原因

针对防灾避难场所布局中存在的问题,对问题溯源,探寻防灾避难场所布局失衡问题产生的根本原因。通过梳理相关规划、建设标准,解读相关政策、法规,调查居民需求,得出导致布局失衡的原因主要集中在以下方面。

(1)相关规划、标准的弱指导性,导致布局失衡。

防灾避难场所布局是在相关规划指导下进行的,数量、规模等需与城市总体规划保持一致。我国在2003年才建成全国第一个防灾避难场所试点,汶川"5·12"大地震后对防灾避难场所的研究才得到快速发展。但避难场所规划起步相对较晚,而各城市总体规划开始较早,在规划防灾避难场所之前,各城市基本完成城市总体规划编制,对防灾避难场所布局指导性不强,而综合防灾专项规划仅为相关规划,对防灾避难场所布局缺乏强制性,使防灾避难场所布局无法满足居民需求且存在一定问题。

通过对天津市总体规划进行分析可知,其对避难场所布局指导性较弱,使防灾避难场所布局存在一定问题,我国其他城市避难场所布局受总体规划影响也较大。中华人民共和国成立以来,天津市编制了7版城市总体规划,1978年前编制的3版规划未涉及避难场所内容,该阶段我国也未制定任何避难场所建设标准及规范,避难场所建设处于空白阶段。唐山大地震使天津市受到严重破坏,1982版和1986版总体规划提出预留地震避难空间,同时期国家也开始关注地震灾害,并于1985年颁布了《城市抗震防灾规划编制工作暂行规定》,从国家层面加强了城市防灾避难规定。1996版规划提出结合绿地、公园、广场等建设地震避难地,但该规划实施过程中,未建设任何避难场所。

现行天津市总体规划为《天津市城市总体规划(2005—2020年)》,提出"平战结合,平灾结合,预防为主,反应快速,策略有效"的防灾规划原则,完善防灾减灾应急系统,建设防灾减灾体系,全面提升综合防灾减灾能力,为天津市综合防灾指明了方向。

但我国防灾避难场所建设标准及规范相对落后,该规划对防灾避难指导性仍不足。2005 年前我国仅关注地震防灾,2008 年才制定第一个避难场所标准《地震应急避难场所场址及配套设施》(GB 21734—2008)。2015 年颁布的《防灾避难场所设计规范》(GB 51143—2015)才提出建设综合性防灾避难场所,并进行等级划分,该规范于2021 年进行了更新。

由于相关标准及规范指导性不足,总体规划也仅提出结合广场、绿地、公园等建设 2.5~3.0 m²/人的地震应急避难场所,且未涉及任何避难场所布局要求,规划实施性不强。在《天津市城市总体规划(2005—2020 年)》指导下,2007 年天津市才利用公园、广场,规划和建设避难场所,截至 2019 年年底共规划避难场所 28 处,而中心城区仍为 2007 年规划的 14 处。

中心城区人口大幅提升,而避难场所发展较为缓慢,规划避难场所未发生变化,且规划初期避难场所总数量和总规模较小,无法满足各区域人员避难需求。2007 年应急避难场所规划之初,中心城区常住人口 420 万人,规划应急避难场所容纳人口占常住人口的 16.55%,《城镇防灾避难场所设计规范》(征求意见稿)中规定紧急避难场所服务人口不低于常住人口的 20%,而 2019 年底常住人口达 616 万人,规划避难场所未发生变化,容纳人口比例也降至 11.28%。规划避难场所不足也导致各区域人均避难面积差距较大,造成服务公平性、场地可达性及联系性缺乏等问题。

避难场所建设标准不完善,也使避难场所发展较为缓慢,2008 年建成长虹公园——第一个全市性避难场所试点。随后在中心公园、高峰公园、水上公园、红桥公园、睦南公园和河东公园周边设置避难场所标识牌,在高峰公园、中心公园设置了避难场所示意图,但未达到总体规划要求。

(2)相关政策及法规作用有限,导致布局失衡。

在规划各城市中心城区应急避难场所之前,缺乏防灾避难场所规划政策及法规,相关建设标准也主要针对地震避难场所,在综合防灾避难场所建设方面指导性较弱,导致布局失衡。

1)国家防灾避难场所建设法规及相关政策针对性不强。

为加强防灾避难场所建设,国家制定了相关法律、法规,但多针对地震灾害,我国综合防灾避难场所建设较为滞后。

①《"十一五"期间国家突发公共事件应急体系建设规划》。

该规划提出,加快城市应急避难场所建设,在省会和百万以上人口城市按照有关规划和标准建设应急避难场所。天津正是在该规划指导下在 2007 年开始应急避难场所规划和建设。

②《国家综合防灾减灾规划(2016—2020 年)》。

该规划提出,加强城市大型综合应急避难场所和多灾易灾县(市、区)应急避难场所建设。在京津冀、长三角、珠三角等国家重点城市群根据人口分布、城市布局、区域特点和灾害特征，建设若干覆盖一定范围，具备应急避险、应急指挥和救援功能的大型综合应急避难场所。

③《国家突发事件应急体系建设"十三五"规划》。

"十三五"时期，地震、地质灾害、洪涝、干旱、极端天气事件、海洋灾害、森林草原火灾等仍处于易发多发期，灾害分布地域广、造成损失重、救灾难度大，根据《防灾避难场所设计规范》（GB 51143—2015），应加快推进各级各类应急避难场所建设。

④《"十四五"国家应急体系规划》。

该规划提出，在重点城市群、都市圈和自然灾害多发地市及重点县区，依托现有设施建设集应急指挥、应急演练、物资储备、人员安置等功能于一体的综合性应急避难场所。

⑤《关于推进城市安全发展的意见》。

该意见提出，根据城市人口分布和规模，充分利用公园、广场、校园等宽阔地带，建立完善应急避难场所。

2）地方相关法规指导性不足，实施性相对较弱。

根据国家相关法律和规划，各地也制定了一系列避难场所建设相关条例和法规，但目前天津市制定的相关条例和法规也未对避难场所建设规模及布局作出相关规定，导致避难场所建设体系不完善，场地与人口、场地之间协同性不足，综合防灾避难场所建设指导性不强。

以天津市为例，其出台的与防灾避难相关的法规如下。

①《天津市防震减灾条例》。

该条例提出，利用城市广场、绿地、公园等空旷区域或选择符合国家标准的其他场所，设置应急疏散通道和建设地震应急避难场所，并完善配套基础设施。在避难场所及周围设置明显标识。未纳入应急避难场所规划，但具备抵御地震风险能力的学校操场和公共体育场（馆），可作为临时地震应急避难场所。

②《天津市综合防灾减灾规划（2016—2020 年）》。

该规划提出，结合人口和灾害隐患点，充分利用现有公园、广场和人防工程等，建设若干设施完善、功能齐全的城乡应急避难场所，满足灾害高风险区居民灾害应急避险救援和较长时间避难需求。加强城市大型综合应急避难场所建设，促进区域防灾减灾救灾协同发展。

③《天津市突发事件应急体系建设"十三五"规划》。

该规划提出，加快应急避难场所建设，并纳入本级城乡建设规划。充分利用现有公园、广场等市政设施和人防工程，建设一批布局合理、设施完善、功能齐全的应急避难场所。

④《关于进一步加强全市地震灾害防治重点工作的实施意见》。

该意见提出,利用公园、广场、学校、体育场馆和人防工程等公共服务设施,开展应急避难场所建设。

⑤《天津市地震应急预案》。

该预案提出,利用广场、绿地、公园、学校、体育场馆等因地制宜设立应急避难场所,统筹安排必需的交通、通信、供水、供电、排污、环保、物资储备等设施,在灾害发生时开放应急避难场所,筹调各类救灾物资。

(3)规划避难场所防灾类型与实际灾害差距较大,综合防灾能力不足,导致布局失衡。

城市中心城区灾害类型较为多样,对中心城区造成影响的灾害类型主要有地震、火灾、爆炸、地面沉降及洪涝等直接灾害和风暴潮引起的间接灾害。各城市中心城区规划避难场所多为地震应急避难场所,由于各城市中心城区多种灾害的综合性和高连锁效应,地震灾害发生时容易引发洪涝、火灾及地面沉降等次生灾害,防灾避难场所的综合性功能不足,无法满足灾害发生时居民的避难需求,因此必须建设综合性防灾避难场所,增强多种灾害发生时的综合服务能力。

(4)避难场所布局与居民需求差异较大,导致布局失衡。

通过采用现场和互联网问卷调查相结合的方法,从居民对避难场地类型、周边道路、城市灾害了解情况、避难场所了解程度、避难场所分布满意度、与避难场所距离等方面,对居民需求与避难场所布局差异进行调研,发现当前避难场所布局与居民需求存在差异,避难场所无法满足需求。

为了对部分特大、超大、省会城市中心城区避难场所布局与居民需求进行分析,选取北京、上海、南京、郑州4个特大、超大城市,以及石家庄、长沙、西安、济南、呼和浩特5个省会城市,向每个城市中心城区核心区及边缘区居民现场发放300份调查问卷。

另外,再在全国其他城市中发放调查问卷4000份,收回3928份,回收率98.2%,其中有效问卷3844份,有效率97.9%。通过问卷调查结果明确各城市中心城区避难场所布局与居民需求差异,在优化布局时尽量满足居民需求,以实现避难场所合理布局。问卷调查情况如下。

1)居民认为可能发生灾害的类型。

居民对城市灾害认识较为模糊,普遍认为地面沉降、风暴潮、雷电、大雾、暴雨等发生可能性及影响较小。

如图3-19所示,98%的被调查者认为城市经常发生洪涝、火灾,97%的被调查者认为城市会发生小规模爆炸,95%的被调查者认为城市可能发生大规模爆炸、地震等,65%的被调查者认为城市会受到风暴潮影响,63%的被调查者认为暴雨可能造成城市灾害,10%左右的被调查者认为雷电、大风、泥石流会造成城市灾害。

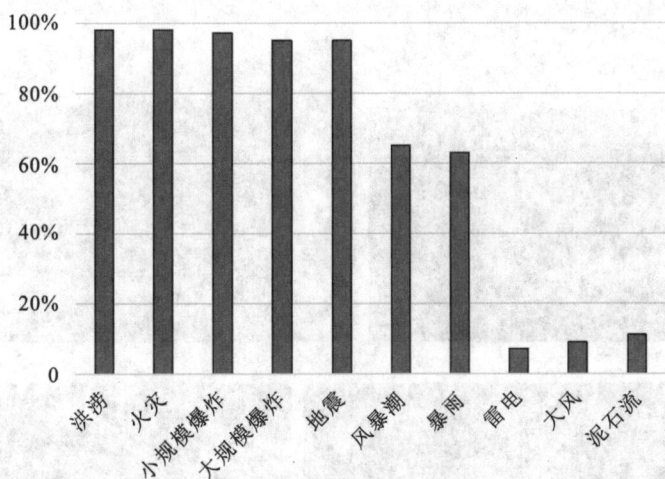

图 3-19　居民认为可能发生灾害的情况

2) 灾害发生时居民希望前往的场地。

避难场地类型影响着居民的避难行为,大部分被调查者希望前往自己较为熟悉的场所避难,如与其所在区域较近的公园、广场、绿地、中小学、停车场等,他们认为这些场地受次生灾害影响较小,安全性较高(图 3-20)。

调查结果显示,希望去公园和中小学避难的被调查者均达 95%,他们对中小学环境较为熟悉且认为那里有室内、室外场地,可满足恶劣气候条件下的避难需求;93% 的被调查者希望去广场避难,认为其内部及周边较为开敞,受其他灾害威胁较小;83% 的被调查者希望去停车场避难,认为较为熟悉且便利;希望去绿地避难的占 70%,但部分被调查者认为绿地可利用空间有限且存在一定安全隐患;20% 以下被调查者希望灾害发生时留在家中或去其他空地避难,其中一些新建建筑区域居民希望留在家中避难,他们认为建筑抗灾能力较强,该类居民占 15%,仅有 10% 的被调查者希望去其他空地避难。居民希望前往避难场所情况如图 3-21 所示。

(a)

(b)

(c)

(d)

图 3-20　居民认为安全性高的场地
(a)公园、绿地；(b)广场；(c)停车场；(d)中小学

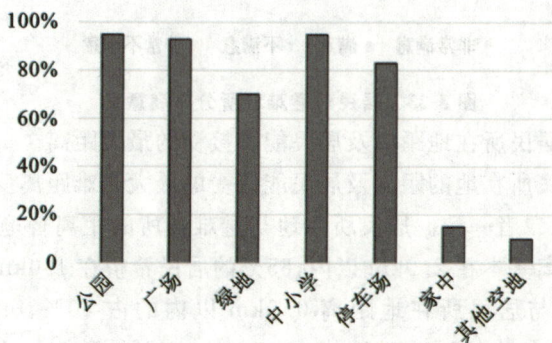

图 3-21　居民希望前往的避难场所

3）居民对避难场所了解程度。

居民对避难场地了解程度反映了灾害发生时能否快速前往及对避难场所设置的认同程度。一些高学历人员平时较为关注城市灾害，对避难场所较为熟悉，该类被调查者仅占 5%；对避难场所一般熟悉的占 17%、一般了解的占 45%，这些被调查者只是偶尔看到过周边避难场所标识，但不了解避难场所具体位置；完全不了解的占33%（图 3-22）。较低的避难场所了解程度使居民在灾害发生时无法快速避难，从而造成避难场所使用程度和对避难场所的满意度大大降低。

4）居民对避难场所分布满意度。

居民对避难场所分布满意度相对较低，普遍认为避难场所数量不足，避难场所距居民所在地过远。

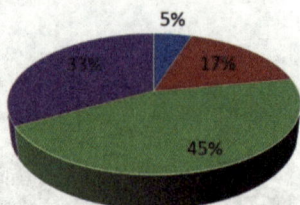

非常熟悉　一般熟悉　一般了解　完全不了解

图 3-22　居民对避难场所了解情况

被调查者对避难场所分布非常满意的占 8％、满意的占 13％、不满意的占 65％、非常不满意的占 14％，如图 3-23 所示。

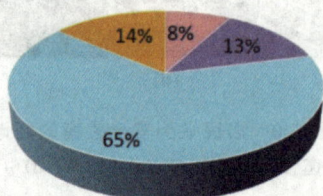

非常满意　满意　不满意　非常不满意

图 3-23　居民对避难场所分布满意度

5）避难场地与居民所在地距离及居民能够接受的最大距离。

避难场所与居民所在地的距离及居民能接受的最大避难距离反映了避难场所分布是否合理，应确保二者一致。居民所在地与避难场所的距离普遍在 2.0～5.0km，而居民能接受的距离基本在 2.0km 以内，65％的居民希望在 1.0km 以内。

现状避难场所与居民所在地距离 0.5km 以内的占 10％、0.5～1.0km 的占 16％、1.0～2.0km 的占 27％、2.0～5.0km 的占 42％、5.0km 以上的占 5％，如图 3-24 所示。

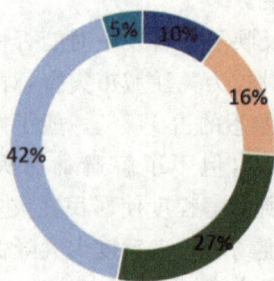

0.5km以内　0.5～1.0km　1.0～2.0km
2.0～5.0km　5.0km以上

图 3-24　现状避难场地与居民所在地距离

对于能接受与避难场所的最大距离,12%的居民能接受最大距离在 0.5km 以内,53%的居民能接受 0.5～1.0km,22%的居民能接受 1.0～2.0km,11%的居民能接受2.0～5.0km,2%的居民能接受 5.0km 以上,如图 3-25 所示。

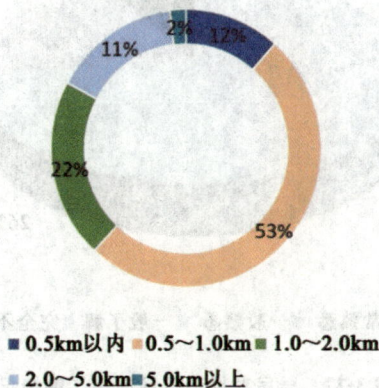

图 3-25　居民可以接受与避难场所的最大距离

根据调查数据分析,居民普遍认为要选择一些与居民所在地较近的避难场所,同时进行分等级布局,提高避难场所与居民分布非邻避性,缩小服务范围,使所有居民均能享受均等避难服务。

6)居民对避难场所周边道路满意度及疏散道路了解情况。

避难场所周边道路情况反映了灾害发生时居民能否快速前往避难场所,也反映了避难场地的可达性,疏散道路对居民安全避难影响较大,居民只有正确选择避难疏散道路才能在灾害发生时安全、快速疏散。

一些道路较窄且车辆乱停乱放堵塞道路,导致居民对避难场所周边道路满意度较低。居民对避难场所周边道路非常满意的仅占 15%,满意的占 25%,不满意的占37%,非常不满意的占 23%,如图 3-26 所示。

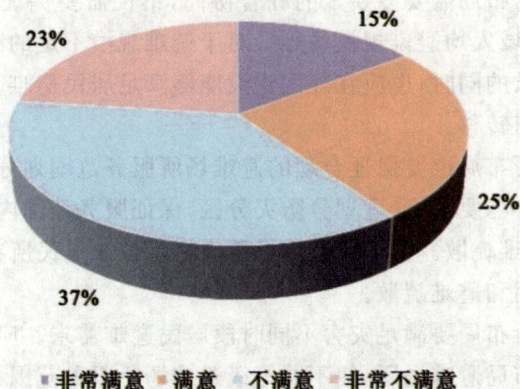

图 3-26　居民对避难场所周边道路满意度

从居民对周边疏散道路熟悉度来看,非常熟悉的占 8%,一般熟悉的占 19%,一般了解的占 26%,完全不了解的占 47%,如图 3-27 所示。

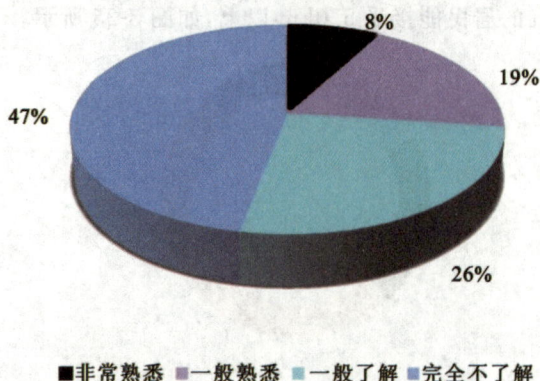

■非常熟悉 ■一般熟悉 ■一般了解 ■完全不了解

图 3-27　居民对周边疏散道路了解情况

居民对避难场所周边道路的满意程度和对疏散道路了解程度较低,使避难场所可达性不足,必须提高道路通畅性和居民对疏散道路的熟悉程度,保证避难场地的快速可达。

3.4　本章小结

本章主要是对城市中心城区避难场所布局原则、情况、主导模式及失衡问题进行梳理。对不同城市避难场所布局的研究发现,防灾避难场所布局需要对多要素进行综合分析,不仅要满足居民避难场所需求,也要实现避难场地的安全、快速且可达,同时加强不同场地之间的联系,使不同等级避难场所形成网络。

①防灾避难场所布局需要多要素的综合协同,不仅需要保证避难场所的一体化布局,也要保证各区域人均避难规模均等。对于避难规模不足的区域,在满足居民最低避难疏散场地需求的同时,也应在外围建设能够满足居民避难需求的空间,待灾害稳定后实现人员快速转移。

②防灾避难场所布局也要保证合理的避难场所服务范围划分。应根据不同等级避难场所使用时的影响要素,合理划分防灾分区,保证服务范围内不受其他抗阻性要素影响,实现快速避难疏散。低等级避难场所应尽量位于居民所在地周边,方便灾害发生时居民快速使用和避难疏散。

③防灾避难场所布局要满足灾害不同时段居民避难需求。应根据不同等级避难场所服务范围合理布局避难场所,使不同等级避难场所服务范围相融合,同时加强不同等级避难场所之间的联系性和服务的协同性,并保证同一等级避难场所的相互联

系,防止突发事件造成避难秩序混乱和避难场所系统失衡。

目前,我国各城市中心城区都建设有一定数量和规模的防灾避难场所,但各城市建设的偏向差异较大,形成了人口需求型、数量均衡型和场地综合评价值决定型三种布局模式,呈现出明显的单目标、阶段化和独立化特征。部分城市防灾避难场所存在着数量少,规模不足;各等级场地规模和数量不均等,不同等级避难场地无法满足需求;避难场所类型单一,无法满足综合避难需求;避难场所布局分散,服务范围较大,可达性及联系不足等问题。而相关规划、标准的弱指导性、相关政策及法规作用有限、避难场所布局与居民需求差异较大等原因导致其布局失衡。

我国部分城市中心城区防灾避难场所布局模式及失衡问题的梳理,以及前文相关理论及国内外研究的启示,为后面章节防灾避难场所布局优化综合协同系统重构及路径选择提供支撑。

4 防灾避难场所布局优化综合协同系统重构及路径选择

通过对我国部分特大、超大和省会城市中心城区防灾避难场所布局分析发现,现有防灾避难场所布局模式及主导要素的选择造成布局失衡,无法满足防灾避难需求。通过借鉴国内外防灾避难场所布局经验发现,要实现其合理布局,需要根据防灾避难场所布局优化综合协同系统特性,从重构模式确立、机制建立及布局模式重构和综合协同系统构建等方面重构防灾避难场所布局优化综合协同系统,并进行布局优化综合协同路径选择,提炼出"量""场""址"三条路径。为确保各路径可行,从各路径构成要素、对系统的影响及系统对各路径反馈等方面对系统形成作用进行分析,为根据各路径对防灾避难场所布局进行优化、实现合理的防灾避难场所布局提供依据。

4.1 防灾避难场所布局优化综合协同系统特性

防灾避难场所作为完整系统,构成要素较多,为了实现防灾避难场所合理化布局,需要对各要素协同思考,并进行综合性、系统性分析,加强各要素非线性联系,因此需要根据系统协同特点、系统协同性特征及系统协同演化等,对其布局优化综合协同特性进行研究,确保防灾避难场所自组织系统的形成。

4.1.1 防灾避难场所布局优化综合协同系统的协同特点

协同理论认为任何系统都由多种要素构成,且各要素联系较为复杂,这就决定了系统构成要素的复杂性。而不同要素间的复杂性联系,也决定了各子系统具有较强相互作用,使各要素相互协同产生整体或集体效应,实现系统结构在时间、空间和功能上的有序。协同理论揭示了物态变化的普遍程式,"旧结构由于不稳定形成新结构",因此在对事物进行研究时,应根据其共同特征及协同机理,探讨系统如何从无序向有序发展及各子系统如何协同形成有序结构。

　　由于防灾避难场所系统的形成是各要素综合协同的结果,要素之间具有较强的非线性联系,系统协同性决定了其较为适用于防灾避难场所布局优化。为了对防灾避难场所系统构成要素协同性关系进行分析,需要根据系统协同性理论的集聚、开放、非线性、流、多样性、层次性特点(表 4-1)对防灾避难场所布局进行研究。

　　(1)集聚:包括两方面含义,一方面指事物简单聚积,另一方面指事物通过某种作用相互联系而聚积起来。事物相互联系聚积使简单事物发展成具有非线性联系的系统,产生层次性组织。就防灾避难场所系统而言,其布局必须满足服务主体"人"的集聚需求,促进系统形成,单独的防灾避难场所建设及其简单叠加无法实现人的集聚。避难场所的聚积促进其布局均等性,也使各避难场地形成网络,实现非线性联系。

　　(2)开放:自组织系统结构的形成需要与外部进行人、物资、能量和信息交流,只有保证开放性才能形成自组织系统,使其向更有序状态发展。防灾避难场所构成要素较多,由于人的流动性,也决定了系统要素要具有较强协同性,以共同保证防灾避难场所自组织系统的形成。

　　(3)非线性:自组织系统各要素之间不是简单的单向联系,不同子系统及个体变化或相互作用使其呈现非线性变化,各要素间的协同性决定了系统的非线性。防灾避难场所作为自组织系统,其构成要素和不同子系统的非线性变化也决定了其布局过程是动态性的,且各阶段之间具有较强非线性联系。

　　(4)流:是协同理论中要素联系及系统形成的重要特性,也是同一层级及不同层级系统间人、物资、能量、信息等的传递,传递速度的快慢影响着系统的演化速度。

　　(5)多样性:外部要素的变化使主体发展存在较大差异,推动系统朝着不同方向发展,主体在不断适应外部环境变化的过程中引起系统分化,产生多样性。防灾避难场所构成主体的多元化也使系统具有不同特性,只有协同性布局能促进多元主体朝同一方向发展,实现防灾避难场所系统构建。避难场所规模、场地及选址等相互协同联系,共同决定着系统结构体系的形成。

　　(6)层次性:事物由若干部分组成,各部分具有一定独立性。贝塔朗菲认为,任何系统都是一个复杂有机体,也有着严格等级层次,每一层次作为一个整体都有其特定属性,不同属性把不同层次系统区别开来,低层次系统互动形成高层次系统。事物各组成部分会制约其整体系统的配置和结构复杂性,更高级别系统需要大量子系统的整合。避难选址、避难场地、避难规模等子系统都是防灾避难场所系统中的子系统。

表 4-1   系统协同特点

特点	具体体现
集聚	主体在空间中的集聚形成防灾避难场所系统,人的需求使防灾避难场所系统产生新的布局,人、物资、能量、信息等的集聚和流动加强各场地之间的联络,促进系统形成
开放	外部需求的变化及系统对物资、能量等的需求,系统与外部进行物资、能量和信息的交流要求其必须与外部协同,具有开放性
非线性	主体的行为模式及系统内不同构成要素之间相互作用的非线性,如人与防灾避难场所、不同防灾避难场所之间
流	人、物资、能量、信息等的交流与交换等
多样性	主体间及不同主体与外部环境相互交流并适应外部环境的结果
层次性	不同子系统间要素拆分和组合,形成更高层次的新系统,如避难人口、避难场地等都是防灾避难场所系统中的子系统

防灾避难场所是政府提供的公共服务,在建设时应考虑不同区域居民的合理避难需求,满足居民对避难服务的公平性和均等性要求,使其具有较强主动性、适应性及自组织性。防灾避难场所不同主体间的物资、信息等流动,需要运用协同理论对需求进行预测,使其适应外部多变环境。因此,在进行防灾避难场所布局时,应根据其自组织系统特性,充分考虑其系统具有的复杂特性及机制。

4.1.2 防灾避难场所布局优化综合协同系统的协同性特征

防灾避难场所布局作为自组织系统,不仅与外部要素有着较强联系,内部各要素也联系密切,使系统具有集聚、开放、非线性、流、多样性和层次性特点。防灾避难场所系统各构成要素及要素联系也随外部环境不断变化,构成主体通过不断学习逐渐适应新的状态,使系统主体不断完善,因此决定了系统具有以下协同性特征。

(1)系统开放性。

防灾避难场所作为自组织系统,与外界有着较强联系,特别是系统各构成要素与外部存在着物资、能量、信息等交流,使系统具有较强开放性,且使其从不稳定向稳定转变。系统开放性也是其空间布局形成的重要决定性因素,因此防灾避难场所布局研究不能仅依据其内部构成要素,也应注重其外部环境条件的变化及需求,综合协同内外部因素。

(2)系统非线性。

防灾避难场所系统形成及其发展过程是非线性的,内部诸多子系统相互作用保证了系统的形成,也决定着系统的多样性和发展的不确定性,使其具有较强复杂性,而非要素的简单综合。各子系统相互协同形成整体大于部分之和的效用,也出现"部分之和"所没有的新质。若不同系统内部各要素不能简单叠加,其非线性表现在其构成要素变化时,会引起一系列连锁效应,使整个系统发生改变,处于非平衡状态。

(3)系统突变性。

防灾避难场所在发展中存在较多不可控因素,可能引起其结构、过程等不连续,使系统发生突变,只有通过不断学习和转变发展方向,快速适应变化才能使其达到平衡。防灾避难场所布局及发展受较多外部因素影响,特别是突发重大灾害及政策变化都会引发系统突变,只有快速适应新的发展形势,防灾避难场所布局系统才能保持平衡和稳定。

(4)系统不平衡性。

由于外部环境条件、区域状况、资源分布不平衡,系统内、外部存在着较大不平衡,正是这种不平衡促使防灾避难场所系统不断向前发展。耗散结构理论认为,当系统内部不平衡状况出现时,系统会自动调整其内部要素构成比例,使其形成平衡有序结构。防灾避难场所布局的不平衡也成为其发展动力,加快其布局优化步伐。

(5)系统不确定性。

由于防灾避难场所系统发展的不确定性和内部要素的不稳定性,其发展受"蝴蝶效应"影响。在外部环境变化时,即使具有完全确定性的动力学方程也会出现类似随机的不确定演化,而防灾避难场所作为一个混沌动力学系统,也存在着空间发展和布局的不确定性,使其必须根据人口变化特征、场地自身条件、可达性、网络性等布局。

4.1.3 防灾避难场所布局优化综合协同系统的协同性演化

防灾避难场所系统形成之初,内部构成要素较为简单,结构不完善,其发展过程中各构成要素不断地渐变与突变,使系统内容不断丰富和完善。

(1)演化过程——渐变与突变的统一。

20世纪70年代托姆通过对事物不同状态变化过程的分析,提出了"突变论",并提出"突变是研究系统自组织形成的重要方法和途径"。渐变包括量和质的渐变,突变则指质的变化,是不通过任何过渡,从一种质态飞跃到另一种质态,如图4-1所示。根据薛定谔方程中系统状态随时间演进规律,任何系统的发展和形成都是渐变和质变共同作用的过程。根据现代生物学家对"生物进化系统"和社会学家对"社会前进"的研究,任何事物的发展都是"一连串渐变和突变的结果",没有渐变积累,就不会发生突变,没有突变作用,也不会有进化跃进。

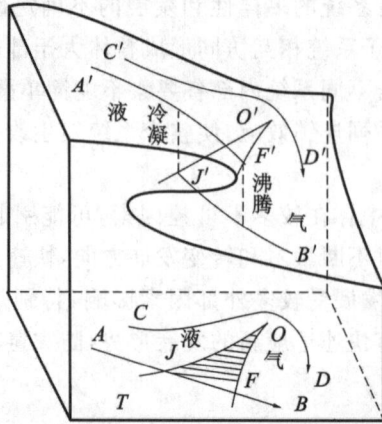

图 4-1 托姆"突变论":渐变和突变[①]

协同理论认为系统形成之初,各序参量处于平衡状态,而随着事物不断发展和外部环境变化,各序参量也在不断变化,但其发展具有较大差异,只有各序参量综合协同发展,系统才能呈现新的平衡。防灾避难场所构成要素及所处外部环境的开放性、构成要素的多样性综合协同促进系统形成,其系统也由于外部环境变化发生着渐变与突变。

防灾避难场所在规划之初,根据当时社会发展、城市人口、建成环境等布局,基本满足城市人口防灾避难需求。但随着社会发展,各区域人口数量、建成环境等发生变化,原有避难场所规模、数量、场地可达性等无法满足防灾避难需求,其服务水平和系统稳定性逐渐降低,各序参量变得混沌,只有根据新的城市环境进行防灾避难场所布局才能满足避难需求。各构成要素的不断变化使系统缓慢渐变,而城市突发状况、新政策制定、新标准出台使防灾避难场所系统发生质变,也使防灾避难场所布局方式、结构等发生变化,在新系统形成时需要使这些要素融合、协同,促进防灾避难场所合理布局。

(2)演化路径——从混沌分布到有序组合。

系统形成是内部各要素协同、各序参量有序组合,不断发展的过程。协同理论认为系统形成是由混沌、无序向有序、非线性发展的过程,系统的演化路径也是"混沌—有序—新的混沌—新的有序"不断变化的过程。1963年爱德华·诺顿·洛伦茨首次提出混沌理论,认为系统内部存在着某种貌似随机的不确定规律,其行为表现为不确定、不可预测性。从混沌理论可以看出,系统的无序和有序、确定性与不确定性之间存在着复杂关系,事物的发展就是寻求某种发展规律,使各要素综合协同发展。系统及构成要素的混沌发展也使其边界具有较强不确定性,当规模扩大时,会涌现大量需

---

① 田平.突变理论方法论意义初探[J].荆门大学学报(哲学社会科学版),1995(3):16-18,30.

求空间,使系统整体变得无序,因此需要进行要素调整,使系统达到新的平衡。

由于防灾避难场所系统的开放性,其构成要素的多样性和不稳定性,系统发展也是不断适应、调整的过程。所以建设与人口数量、分布相协调的防灾避难场所,提高其安全性和可达性,加强场地非线性联系,当这些参量均处于稳定状态时,防灾避难场所系统才能达到平衡。当某些区域发生变化或未达到需求时,系统不稳定,发生灾害时人们会自发寻找避难场地,造成避难秩序混乱。

(3)演化方式——循环与进化。

协同学认为,系统发展是各子系统协同及不断循环变化形成的,其循环变化促进系统不断进化。1960 年 Ross Ashby 提出系统超稳定性,描述系统在达到平衡前对环境的逐级适应。后来德国生物物理学家艾根又提出超循环理论,认为系统发展和进化是一个超循环过程,根据各要素协同性,依靠自我调节、组织,形成有序机制。超循环是一个可以自我复制、进化且具有突变性的非线性体系。系统超循环过程是自我反应、复制、选择、优化,向更复杂方向进化的过程。系统在循环、反应过程中需要各要素综合协同,共同发展,"木桶效应"短板要素被逐渐淘汰,形成新的突变体,促进新系统形成。在超循环过程中,系统不断进化,带动系统更快发展(图 4-2)。

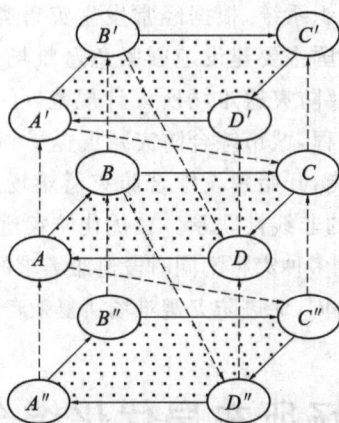

图 4-2 超循环示意图①

超循环理论也充分反映了在系统进化过程中各子系统协同作用得以充分发挥,产生整体大于部分之和的协同优势。协同理论认为超循环是系统进化的动力,各构成子系统协同作用促进其非线性发展,也促使系统向更高级、更复杂方向发展。

防灾避难场所作为复杂系统,包含着人口、场地等众多子系统,各子系统高度嵌套耦合及非线性协同,在自身演化中也参与其他系统进化,促进共同发展。不同系统的联系及系统间的互相催化,也使无数个彼此联系、相互作用、互为因果的系统共同

---

① 于华.基于超循环理论的组织学习研究[D].哈尔滨:哈尔滨工业大学,2007.

构成超循环结构。在防灾避难场所系统形成过程中,各子系统借助其超循环结构,在协同发展和竞合过程中实现其空间布局,而城市环境的开放性及不断发展,使防灾避难场所系统也需要通过原有布局—要素空间分布—新布局的不断循环来实现其空间系统的整体演进。在开放的子系统各构成要素的竞争、协作过程中,原有系统内过时的要素逐渐被淘汰,新要素逐渐占据主导,实现系统逐步进化。

(4)演化结果——从单一要素到复杂系统。

协同理论认为系统形成和发展是一个从不稳定向稳定、要素构成从不平衡向非线性平衡综合协同发展的过程。系统在形成之初,结构简单、类型单一,构成要素也较为简单,缺乏复杂性。霍金教授认为系统复杂性是解释系统形成和事物变化规律的根本因素,任何一个系统都不是各要素的简单叠加,子系统间存在着既相互影响又相互合作的关系。任何一个系统都会由于其构成要素参数、边界条件的不同及涨落作用,产生不同结果。20世纪30—50年代,贝塔朗菲提出系统应是一个有机整体,不能简单地对某些构成要素进行分析,应从整体入手。古希腊哲学家亚里士多德强调"离开人的手就不算人的手"的论断,充分强调内部各要素的非线性联系,既要注重部分也要注重整体,从内外上下、横纵前后进行综合性分析。

防灾避难场所作为自组织系统,根据经常发生灾害类型及紧迫的需求进行避难场所布局。在2015年前,我国主要建设地震紧急避难场所,无法满足多种灾害发生时的综合避难需求。但随着《防灾避难场所设计规范》(GB 51143—2015)出台,综合性防灾避难场所建设提上日程,城市综合防灾减灾也受到重视,充分考虑地震、洪涝、火灾、风暴潮等多种灾害影响,开始建设综合防灾避难场所系统,也更加注重各要素的协同及人员、场地等要素的非线性联系。在优化防灾避难场所布局时,协同居民需求及建设影响因素,建设满足多种灾害不同时段避难需求的综合性防灾避难场所系统,实现各要素的有序、非线性协同,促进防灾避难场所复杂自组织系统形成。

4.2 防灾避难场所布局优化综合协同系统重构

由于防灾避难场所的系统特性,各构成要素之间具有较强的集聚、开放、非线性、流、多样性、层次性等特点,同时也具有较强的不平衡性和不确定性等,因此要求在布局防灾避难场所时对各构成要素进行有序组合,实现其从混沌无序到有序、从单一要素到复杂系统的转变。通过综合分析发现,作为政府提供的公共服务,防灾避难场所布局受公平性理念影响较大,使其在规模、数量等方面存在一定问题,其布局具有的单目标、阶段化和独立化特点,严重影响着系统形成,也使其缺乏系统特性,因此需要进行防灾避难场所综合协同重构。在系统重构时,首先确立防灾避难场所空间布局系统重构模式,其次对其布局优化重构机制进行研究,最后构建防灾避难场所布局优化综合协同系统,为下一步对布局优化综合协同路径探讨提供基础。

4.2.1 防灾避难场所布局优化综合协同系统重构模式确立

目前避难场所布局存在一定问题,其布局模式也是分阶段、要素独立、分目标的,为构建合理的防灾避难场所布局系统,需要从根本上对其布局优化进行分析,根据系统形成的要素复杂性、系统网络性和场地空间协同性,合理确定重构模式,保证布局优化综合协同系统形成。

4.2.1.1 构成要素复杂性

由于防灾避难场所与使用主体"人"的联系较为密切,而人自身具有复杂性及多样性,因此需要根据要素复杂性进行防灾避难场所布局。

防灾避难场所构成要素也较为复杂,不仅包括场所自身条件,也包括其所处外部环境、与周边要素联系性以及场所之间联系等,这些都要求构建防灾避难场所系统时将所有场所与周边环境作为整体,使防灾避难场所布局既满足居民对场所规模、数量的需求,又满足居民对场所可达性及场所之间联系的需求,由仅考虑场所自身状况的点布局模式向综合协同系统方向转变,保证防灾避难场所构成要素的"五位一体"(图 4-3),确保系统的完整性。

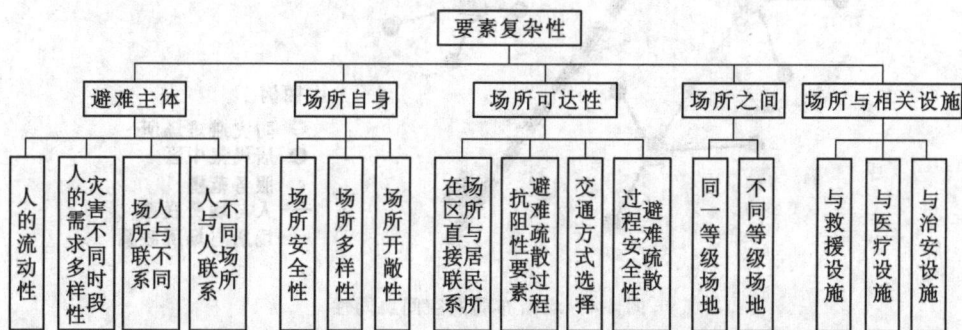

图 4-3 构成要素的"五位一体"

4.2.1.2 布局系统网络性

目前,防灾避难场所各要素缺乏联系,在布局时,存在部分子系统简单放大、其他子系统被遏制的问题。部分子系统功能被简单放大使其缺乏整体性,本应处于同等地位的子系统被当作从属。在布局防灾避难场所时,仅满足某一方面需求,各子系统联系不足,使人与场所、场所与场所无法形成联系,造成避难规模、场所可达性需求被割裂,降低了各场所之间联系。城市作为完整系统,只有增加防灾避难场所之间联系,保证各区域的多样交流,才能形成多等级防灾避难场所体系,使各场所形成网络。

4.2.1.3　场所布局的空间协同性

场所布局空间协同性不仅指各避难场所间的协同,也指避难场所与人口分布的协同。防灾避难场所作为城市最基础的服务设施,应保证居民享有避难服务机会和权利的公平,这就要求根据各区域实际情况进行均衡数量和均等规模的布局。规模均等的防灾避难场所布局,要求在人口数量较多、密度较大区域建设数量较多及规模较大的防灾避难场所,缩小单个避难场所服务范围,提高服务质量;在人口密度较小、人口数量相对较少区域,也应根据人口分布合理建设避难场所,保证所有居民享有避难场所规模的均等,并保证其服务范围全覆盖,不应出现避难需求缺口和避难服务空白区,如图 4-4 所示。

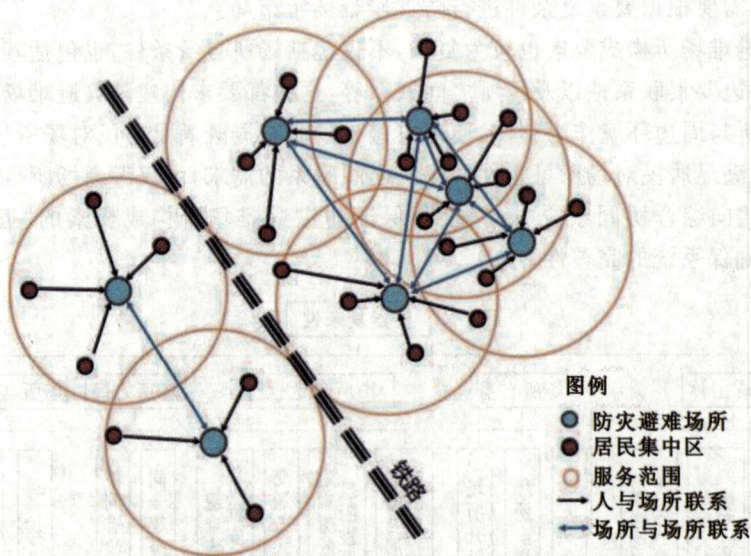

图例

- 防灾避难场所
- 居民集中区
- 服务范围
- 人与场所联系
- 场所与场所联系

图 4-4　场所布局的空间协同性

在布局防灾避难场所时,也要求不同等级防灾避难场所空间布局上的相互协同,根据灾害发生时影响交通的因素合理划分防灾分区,并在各防灾分区均等布局防灾避难场所,不仅保证各区域避难场所分布的均衡性,也要保证其可达性。

4.2.2　防灾避难场所布局优化综合协同系统重构机制建立

防灾避难场所布局优化综合协同系统重构模式的确立,保证系统构成的复杂性,使所有场所形成网络,确保"人与场所"及"场所与场所"之间的联系,满足居民避难需求,因此需要多要素综合协同布局防灾避难场所,使规模均等性、场所可达性和选址非线性诉求得到满足,同时提出防灾避难场所布局优化综合协同系统重构策略和重构保障,从不同空间构成和不同要素联系进行防灾避难场所布局。

4.2.2.1 防灾避难场所布局优化综合协同系统重构的必要性

防灾避难场所布局核心要点是在满足各区域避难规模和场所安全性需求的基础上进行合理选址,实现避难场所与人口分布的协同,同时满足各场所的非线性联系和灾害不同时段人员的防灾、避难和疏散需求,使其发挥综合性效益,满足人员对场所规模、可达性和非线性等的诉求。

(1)不同区域防灾避难场所规模均等性诉求。

城市作为开放系统,内部外部联系性较强,不同区域各时段人员分布和数量差异较大,基于居民生存权和生存机会的公平,要求根据灾害不同时段避难人数进行防灾避难场所布局。灾害发生时,不同区域居民所处环境及自身情况差别较大,为保证居民生命安全和基本生活需求,确保所有居民享有公平和均等的防灾避难空间,应根据居民所在区域情况合理布局短期防灾避难场所,使居民能够快速避难。而随着灾害发生后灾情的逐渐稳定,居民生命安全基本得到保障,归属感需求也应得到满足。在布局中长期和长期避难场所时,应确保居民能够回到居住地周边避难,这就要求在各区域建设满足灾害不同时段需求的防灾避难场所,实现居民避难规模均等。

(2)各区域防灾避难场所可达性诉求。

灾害具有突发性和难预测性,目前还很难被精准预测,重大灾害的瞬时破坏力较强,居民避难时效性也较强,这就要求防灾避难场所具有较高可达性。目前,一些城市规模较大,而建设的避难场所数量较少,避难场所服务范围也相对较大,但不同区域河流、铁路、高等级交通线路等分布不均,对避难场所服务范围分隔较为严重,部分区域可能受这些因素影响无法与避难场所快速联系,导致避难场所可达性不足。居民享有公共服务的均等性和公平性要求所有居民在灾害发生时能够快速、安全避难,保证避难疏散过程安全,因此需根据铁路、河流、城市快速路等合理划分防灾分区,在各防灾分区均衡布局防灾避难场所数量,使所有居民均能快速、安全到达防灾避难场所,保证各防灾避难场所的可达性。

(3)不同防灾避难场所之间非线性联系诉求。

重大灾害对社会影响较大、持续时间较长,要保证灾害发生时居民生命安全和基本生活需求得到满足,应建设不同等级防灾避难场所,构建合理的防灾避难场所系统。灾害发生时,居民合理有序和安全快速的避难疏散保证了城市内部稳定,但人员、信息、物资等交流也要求不同防灾避难场所具有较强非线性联系。特别是同一等级防灾避难场所,由于使用时间一致,要求不同防灾避难场所人员联系紧密,也要求多要素的综合协同。重大灾害使城市各项设施、部分建筑严重破坏,部分人员避难时间较长,而不同等级防灾避难场所的场所规模、避难疏散距离、内部人员数量、内部空间等存在差异,需要保证各场所的非线性联系,使所有防灾避难场所形成网络。

4.2.2.2 防灾避难场所布局优化综合协同系统重构策略

目前,防灾避难场所布局缺乏协同性,整体系统尚未形成,无法满足居民避难场所需求,也无法保证灾害发生时居民安全、快速避难,更无法确保灾害发生时居民避难疏散转移、各项信息交流及应急救援等顺利进行。为推动防灾避难场所综合协同系统的构建,确保防灾避难场所满足需求,提出以下布局系统重构策略。

(1)人与场所协同一体,各子系统联合一致。

防灾避难场所布局系统的形成需要多要素综合协同,"人"是系统中最主要要素,所有子系统均因"人"的需求而存在。

避难场所规模、场所安全性、人与场所联系以及不同场所之间联系都是为了确保"人"有足够安全的避难空间,同时根据防灾避难场所的公共属性和人员享有公共服务机会和权利的公平,所有人员均应享有规模均等的避难场所,确保灾害不同时段居民避难疏散的安全、快速、可达,将"人"和"场所"作为一个整体。

场所由于规模不同,分为同一等级场所和不同等级场所等子系统,根据灾害时人的生命权、生存机会的公平和防灾避难场所的公共服务属性,使"人"和"场所"等子系统综合协同,使各子系统协同一致,确保防灾避难场所合理布局,实现"人与场所"及"场所与场所"的联系,保证系统流动性、多样性、网络性和复杂性。

(2)系统内外部要素融合协同,人与场所多样联系。

防灾避难场具有开放性,其布局系统构建需要充分考虑各要素的融合协同。系统平衡性要求根据各区域人口分布,实现人均规模均等的防灾避难场所布局。只有满足各区域居民避难规模均等性要求,才能确保防灾避难场所使用机会和权利的公平,也才能保证所有人生命权的公平。

防灾避难场所系统的形成需要人和场所相互融合,而人口的流动性使同一区域不同时段人员数量具有差距,因此防灾避难场所系统重构应充分考虑人的流动性,根据不同时段人口分布,合理预测避难人口规模,为防灾避难场所布局提供基础。人的需求多样性及不同气候环境条件、灾害不同时段居民避难需求的差异性,要求防灾避难场所之间具有多样性联系。

人口流动性和避难场所多样性需求,使防灾避难场所系统构成具有较强的网络性和复杂性,只有建立人和场所的非线性联系,才能实现防灾避难场所综合协同系统构建,因此在重构其系统时,不仅要实现系统各要素协同,也要实现人与场所的多样联系。

(3)系统内部要素复合,各等级场所相互协同。

人与场所之间的非线性联系,保证了各区域规模均等的防灾避难场所布局。根据不同时段避难需求进行分等级防灾避难场所规模测算,确保存在满足人需求的避难空间。由于服务主体联系性和需求多样性,防灾避难场所布局不应是单个空间的简单叠加,而是相互联系、相互影响的复合系统,因此要求同一等级场所之间应相互联系,保证各场所人员联系和信息、物资等交流。

但随着灾害发生后时间增加,低等级防灾避难场所部分人员不再需要避难,避难人数逐渐减少,这也使多个低等级防灾避难场所的避难人员向同一高等级防灾避难场所转移。

防灾避难场所体系建设使灾害不同时段居民避难疏散需求得到满足,而不同等级防灾避难场所使用时间上的相互分离和人员从低等级向高等级防灾避难场所转移的需求,要求不同等级防灾避难场所形成网络,能够便捷联系。高等级防灾避难场具有较完善的设施配置及指挥、救援、医疗、应急物资储备等功能,也要求不同等级防灾避难场所具有复杂联系,且能协同配合,不会由于某一等级防灾避难场所缺陷,出现防灾避难服务满盘皆输的局面。

4.2.2.3 防灾避难场所布局优化综合协同系统重构保障

基于防灾避难场所布局存在的问题,为了实现防灾避难场所布局优化综合协同系统重构,需要破除原有行政范围内数量均等的布局模式,缩小防灾避难场所服务范围,加强不同防灾避难场所之间的联系,最终形成"人-场所"一体、等级层次分明和多区融合、上连下效的复合网络空间结构。

(1)架构"人-场所"一体的协同空间结构。

目前,部分城市在各行政区均衡布局防灾避难场所,未考虑各区域实际避难人数,防灾避难场所规模与实际需要避难人数差别较大,因此需要提高防灾避难场所与人口分布的协同性,进行不同等级防灾避难场所建设,满足灾害不同时段居民避难需求。在建设不同等级防灾避难场所时,根据避难居民数量及人均避难面积形成"人-场"协同的空间布局结构,如图 4-5 所示。

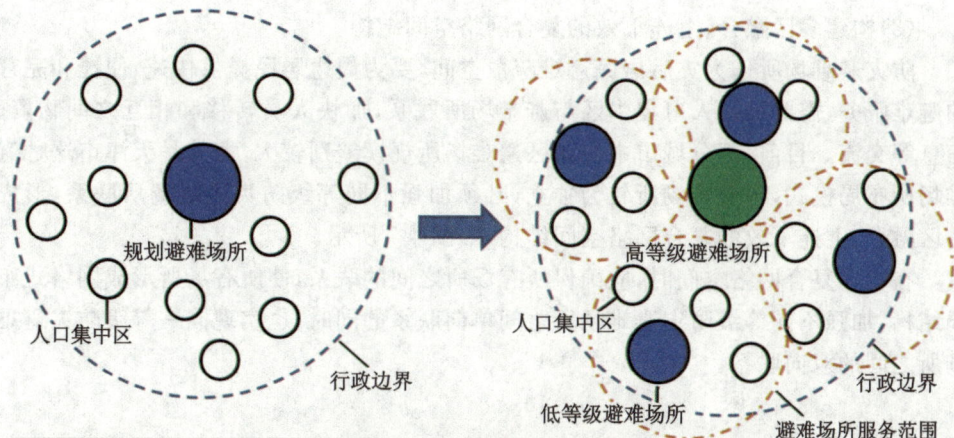

图 4-5 场所服务空间"人-场所"协同

（2）建立等级层次分明的多元服务空间结构。

目前,部分城市中心城区防灾避难场所数量过少,每个行政区仅 1～2 处,而灾害类型较多,级别较高,影响较为严重,但避难场所内部应急设施缺乏,仅能满足灾害发生较短时间内避难需求,较少的避难场所数量也无法实现分等级建设,中长期及长期避难需求得不到满足。因此,需要构建完整的防灾避难空间体系,形成等级层次分明的多元服务空间结构,如图 4-6 所示。在各区域布局不同等级防灾避难场所,并合理划分服务范围,可加快灾害发生时居民避难疏散速度、降低疏散过程拥堵程度。

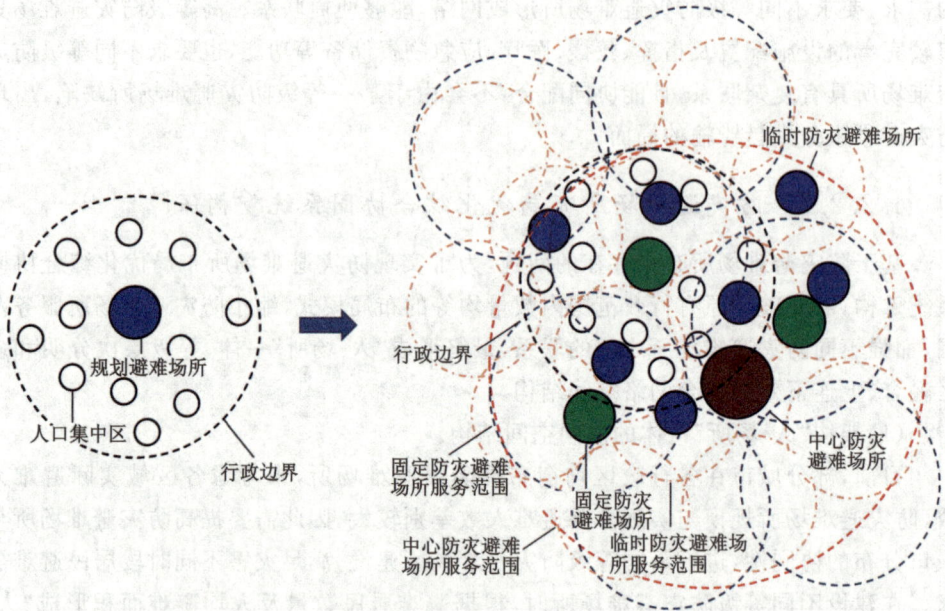

图 4-6　从单一等级到等级层次分明的多元服务空间结构

（3）构建多区融合、上连下效的复合网络空间结构。

防灾避难场所作为灾后居民避难疏散空间,要为周边居民提供快速、便捷和完善的避难服务,需要加强人口集中区与避难场所联系,加快人员转移和相互之间物资、信息等交流。目前,部分城市中心城区避难场所规模差别较大,尤其是天津市这种避难场所布局模式,各避难场所较为独立,必须加强不同等级防灾避难场所联系,形成多区融合、上连下效的复合网络空间结构,如图 4-7 所示。

在构建复合网络空间时,应确保所有场所之间的联系,使所有场所形成网络式布局结构,加强不同等级防灾避难场所之间单向联系的同时,也实现同一等级防灾避难场所之间的双向联系。

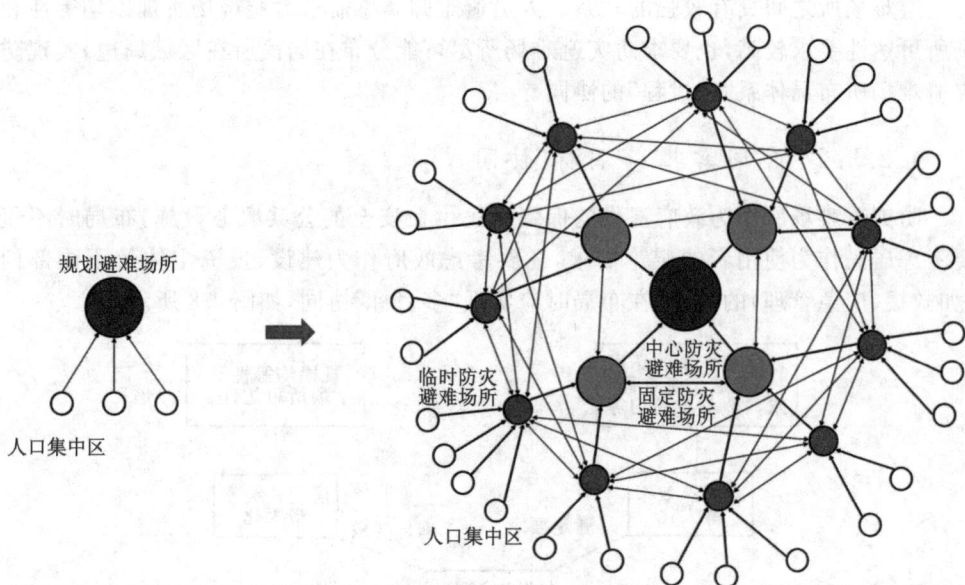

图 4-7　从单一空间结构到复合网络空间结构

4.2.3　协同理论指导下传统防灾避难场所布局模式重构

我国传统防灾避难场所布局模式存在着布局要素"单目标、阶段化和独立化"特点,使防灾避难场所无法满足灾害不同时段居民避难疏散需求。通过确立防灾避难场所布局优化综合协同系统模式和研究布局重构机制,在其空间布局模式重构中保证布局体系"全过程"、不同需求"多目标"和构成要素"系统链"的协同,为防灾避难场所布局优化综合协同系统重构提供支撑。

4.2.3.1　布局体系"全过程"协同

灾害发生时,部分基础设施及建筑损坏,部分居民避难时间较长,而灾害不同时段居民的避难场所需求具有一定差异,因此需要建设不同等级防灾避难场所,满足避难疏散全过程需求,保证布局体系"全过程"协同。灾害的突发性要求满足灾害发生时所有需要避难人员的避难需求,应进行数量均等的临时防灾避难场所建设,满足居民短期避难需求。灾害的突发性也对临时防灾避难场所可达性要求较高,必须满足灾害发生较短时间内避难需求,同时确保避难疏散过程安全。因此,不仅需要规模均等的防灾避难场所布局,还要求避难场所具有较高安全性、通畅性及与相关设施的联系性。随着灾害发生后时间增加,城市内部各项设施及道路恢复,部分流动人口向居住地转移,同时建筑未受影响的居民回到室内生活,而因灾害影响严重有长期避难需求的居民可以由临时防灾避难场所向高等级防灾避难场所转移,这就要求不同等级防灾避难场所之间具有较强的联系。人员避难归属感需求对避难场所规模均等性和场所可达性要求较高,也要求防灾避难场所尽可能分布在居民所在区域周边,实现防灾避难场所布局体系"全过程"的协同。

4.2.3.2 不同需求"多目标"协同

防灾避难场所作为政府提供的保障居民生命安全的公共服务设施,布局时不仅要考虑居民作为使用者的避难需求,还要考虑政府作为建设、投资主体及不同部门(如救援、应急管理)的需求,在布局时应实现"多目标"协同,如图4-8所示。

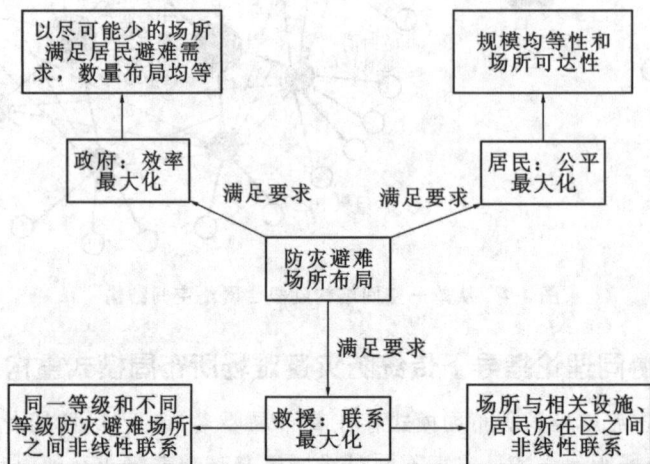

图4-8 不同需求"多目标"协同

防灾避难场所作为政府提供的公共服务,所有居民使用权利和机会是公平的,而政府作为投资主体,追求效率最大化,以尽可能少的场所满足最大需求。防灾避难场所作为居民生命安全保障空间,只有实现非邻避性,才能提高居民避难疏散效率,因此要求防灾避难场所布局与居民需求协同。防灾避难场所作为城市救灾的重要空间,应与城市救援和物资、应急用品等快速联系,不仅要与相关设施协调布局,提高匹配水平,也要求各场所快速联系,并加强与救援部门协同。

4.2.3.3 构成要素"系统链"协同

防灾避难场所布局系统包含要素较多,不仅需要合理的场所规模预测,也需要合理的场所评价,确保选择场所的安全性及可达性,同时也要确保场所相互联系,保证场所之间各项交流,这三部分作为防灾避难场所布局不可分割的组成部分,联系性较强,也是防灾避难场所布局的不同阶段。要实现防灾避难场所合理布局,必须确保三部分的协同一致且不可分割。

根据防灾避难场所布局过程需求,必须改变目前分阶段的防灾避难场所布局模式,向综合协同方向转变,避免每个阶段避难场所布局目标设置的单独性。系统链的防灾避难场所布局模式,不仅满足了防灾避难场所布局过程中居民对避难场所规模均等性需求,也满足了防灾避难场所可达性需求,同时确保不同避难场所的非线性联系,使所有防灾避难场所形成完整系统。

4.2.4 防灾避难场所布局优化综合协同系统构建

通过对防灾避难场所布局问题进行分类及总结得出,要实现其布局优化,必须满足规模均等性、场所可达性和选址非线性等需求。规模均等性是布局优化基础,只有实现各区域居民避难规模的均等性才能确保其系统形成;场所可达性为其布局提供了安全性、通畅性支撑,场所可达性的实现需要以规模均等性为前提;选址非线性保证了居民在不同等级防灾避难场所之间的转移,也确保其系统的平衡稳定。只有建立"量-场-址"三位一体的布局优化综合协同系统结构,才能使各要素形成整体。

4.2.4.1 防灾避难场所布局优化综合协同系统结构

防灾避难场所布局优化是为了满足居民避难疏散需求,为其提供合理的防灾、避难、疏散空间。由于灾害对城市影响较大,建筑损毁严重,部分居民避难时间较长,因此应形成多层级协同的防灾避难场所空间布局体系,充分考虑人与防灾避难场所的综合协同,满足灾害不同时段居民避难疏散需求,增强各场所联系,构建人与不同等级防灾避难场所协同的布局优化结构体系。

防灾避难场所是复杂自组织系统,在构建其布局优化综合协同系统时,需要充分考虑避难人口、避难场所和场所选址等要素,同时依据系统流动性、多样性、复杂性、网络性及构成要素特点对三要素协同关系进行分析,如图4-9所示。

避难人口作为避难主体,具有较强流动性;避难场所作为居民避难疏散主要空间节点,具有明显的类型多样性;避难场所选址作为避难疏散空间合理布局、确保避难人员安全、避难场所安全可达的重要保证,具有较强的网络连通性。要实现防灾避难场所布局优化综合协同系统构建必须保证三者协同,形成逐层递进的研究路径。首先是避难主体"人"的需求,其次是避难场所自身及避难疏散过程需求,最后根据三者相互关系进行布局优化。

(1)避难主体:避难人口流动性。

防灾避难场所为居民提供灾害发生时的避难服务和空间保障,其服务主体是"人"。避难主体是避难要素服务的主要内容,也是空间载体服务的核心。避难人口流动性决定了避难要素的空间分布,要求避难节点具有多样性、安全性及网络性,满足不同区域人员避难需求。由于人口具有流动性,灾害发生时形成大量疏散人口,这也导致人口从所在地向防灾避难场所单向流动。重大灾害对居住建筑、各类设施影

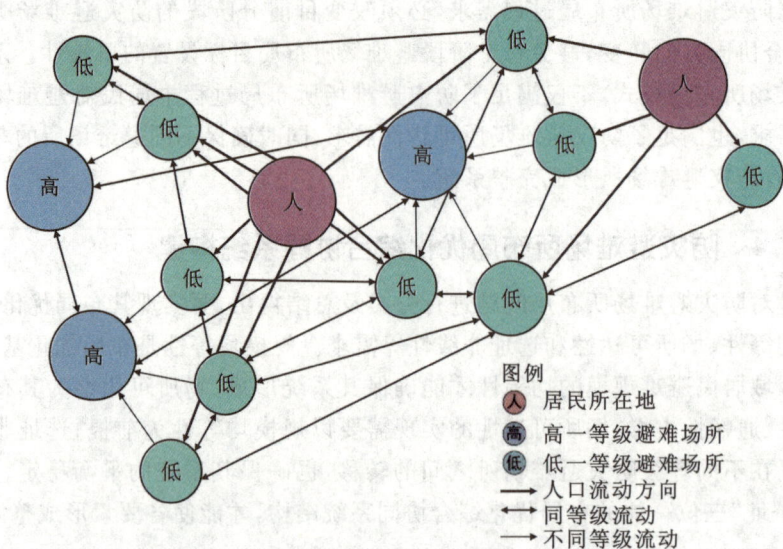

图例
人 居民所在地
高 高一等级避难场所
低 低一等级避难场所
⟶ 人口流动方向
⟷ 同等级流动
⟶ 不同等级流动

图 4-9 防灾避难场所布局优化结构体系

响各不相同,随着避难时间增加,部分人员离开避难场地,部分人员仍需从低等级避难场所向高等级避难场所转移。

(2)避难节点:避难场所多样性。

防灾避难场所系统以避难场所为节点,节点以其自身服务功能在其周围各方向上形成空间吸引面域,构成服务中心。防灾避难场所节点规模和等级的不同决定了其层级不同,服务功能、内部设施等也具有差异,同一等级防灾避难场所因其位置不同,服务人数也存在差别。由于灾害发生时间、灾害类型不同,对避难场所需求也不相同,这决定了避难场所的多样性,保证了不同类型灾害和不同气候条件的避难需求。避难场所的多样性及其联络性使其形成网络化空间体系,可以进行多样性联系。

(3)避难疏散空间载体:场所选址网络连通性。

防灾避难场所服务主体流动性和避难节点多样性,要求避难疏散空间载体应具有网络连通性,使所有场所成为一个整体。为了实现"人-地"联系,确保"人"的安全,实现"地"的通畅、可达和关联,要求防灾避难场所具有多向连接性,构成高效密集的流动空间网络,实现灾害发生时信息、物资和人员的交流。避难主体流动性决定了同级防灾避难场所的双向联系,同时不同等级防灾避难场所由于开放时间差异,其主体、信息、物资等单向流动,使避难主体从低等级避难场所向高等级避难场所流动,也决定了其具有较强的复杂性和网络性。

4.2.4.2 防灾避难场所布局优化综合协同系统架构

防灾避难服务主体"人"与避难要素"场所"及避难疏散空间载体综合协同布局优

化结构体系的建立,保证了防灾避难场所系统各要素的联系,实现了"主体、节点、载体"的完整体系构建,使不同布局优化路径综合协同。由于以规模均等性、场所可达性和选址非线性为准则建设的防灾避难场所的布局优化路径包含不同要素,要实现系统的平衡、稳定,需要各布局优化路径构成要素的协同一致,充分考虑系统各构成要素的流动性、多样性、网络连通性,因此需要构建"规模均等性、场所可达性和选址非线性"的防灾避难场所布局优化综合协同路径系统。

(1)防灾避难场所布局优化综合协同系统特性。

协同理论具有较强普适性,所有系统都可通过该理论进行研究。系统各要素间存在多种联系,根据相互关系,寻找系统发展规律,实现系统的和谐、稳定、平衡。协同理论包含着自组织和他组织两个系统。自组织系统具有开放性、平衡性和非线性特征,系统的开放性和平衡性使其具有流动性、多样性,系统的非线性使其具有网络连通性。防灾避难场所作为复杂自组织系统,开放性、平衡性和非线性特征也决定了系统内部各要素之间具有较强的流动性、多样性、网络连通性。防灾避难场所构成要素多样,因此在布局防灾避难场所时应注重系统各要素之间的关系,并对系统各构成要素进行综合分析,实现各要素协同。

借助协同理论提供的系统性思维和分析方法,结合防灾避难场所现状布局特征和存在的问题,将协同理论与防灾避难场所布局相结合,使各序参量相互融合。在研究协同特性与防灾避难场所布局要素时,需要保证人员流动性、场所需求多样性和选址的网络连通性,使"主体、节点、载体"形成整体,保证人与地及地与地之间协同。

在对避难主体"人"进行分析时,从避难规模出发,根据不同时段避难人员的动态分布特征,从主体需求层面对避难场所规模进行分析,重点解决人员"流动性、多样性、安全感"等需求;对避难节点"地"进行分析时,根据可利用场所分布情况,从节点供给层面对避难场所要素进行分析,解决场所"多样性、安全性、通畅性"需求;对避难"载体"进行分析时,根据避难场所与人口分布情况,从"人与场所、场所与场所"等载体要素互动层面进行分析,解决场所之间"关联性、网络性"及人与场所的"非邻避性"等需求,使这些序参量相互作用,达到协同平衡,如图 4-10 所示。在构建协同系统框架时,主要分析"量"(避难规模)、"场"(避难场所)、"址"(场所选址)间的平衡、协同对防灾避难场所布局优化的指导、支撑和引导作用,使各序参量从无序走向有序。

(2)防灾避难场所布局优化综合协同系统建立方法。

构建防灾避难场所布局优化综合协同系统须将各要素联系起来,确保布局优化各要素形成整体,只有对各要素进行优化,才能保证综合协同系统的建设,保证系统的平衡和稳定,也才能使防灾避难场所系统构成要素具有层次性、网络连通性。

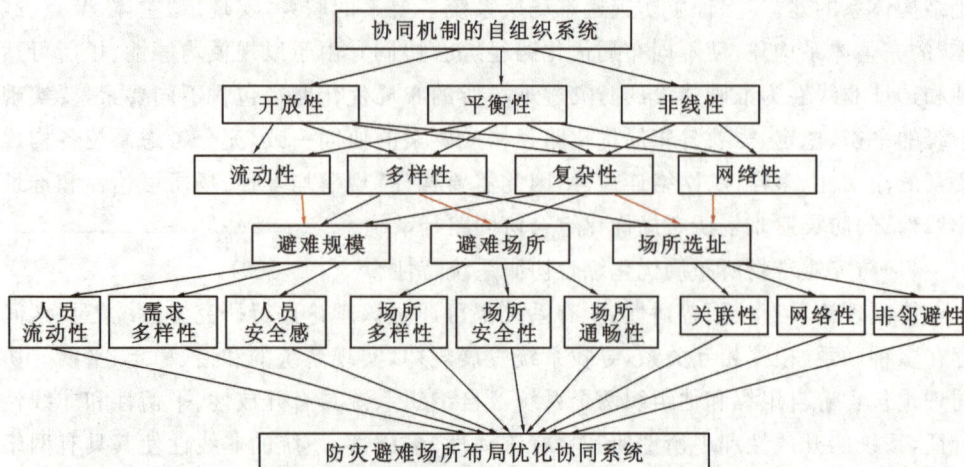

图 4-10　防灾避难场所布局优化综合协同系统

　　为了实现场所布局与避难人口需求协同,在优化防灾避难场所布局时,首先,应满足各区域避难规模需求,保证场所均等性;其次,应有可达性场所作为保证,使规模均等性得到落实,为其系统形成提供保障;最后,需要非线性场所选址作为支撑,使规模均等性和场所可达性保证居民享有均等且满足需求的防灾避难场所,实现其避难的安全可达。非线性选址是保证防灾避难场所系统建立的关键,使场所与居民分布相协同,实现灾害发生时居民快速避难。只有保证"量""场""址"布局优化路径构成要素的综合协同,才能既满足居民避难场所规模需求又安全可达,也使各场所及场所与人口分布区相互联系,实现防灾避难场所布局优化系统建设。

　　防灾避难场所"量""场""址"布局优化子系统的建立,满足各区域居民安全快速避难需求,同时使各场所相互联系,但构建防灾避难场所系统时,必须将"量""场""址"作为整体,各部分不可分割且缺一不可。在构建其布局优化体系时,应依托协同理念,将"量""场""址"作为防灾避难场所布局优化不同阶段,建立基于不同要素需求的防灾避难场所布局优化综合协同系统,提高灾害综合应对能力。

　　防灾避难场所布局的"量""场""址"子系统均由不同因子构成。规模均等性包含人员流动性、人员安全感、需求多样性等因子;场所可达性包含场所多样性、场所安全性、场所通畅性等因子;选址非线性包含关联性、网络性和非邻避性等因子。只有将"量""场""址"各因子综合协同,才能实现防灾避难场所的流动性、多样性、网络连通性,也才能促进防灾避难场所自组织系统形成(图 4-11),保证避难场所规模、内部及周边要素、选址均满足需求,使防灾避难场所建设更加科学合理。

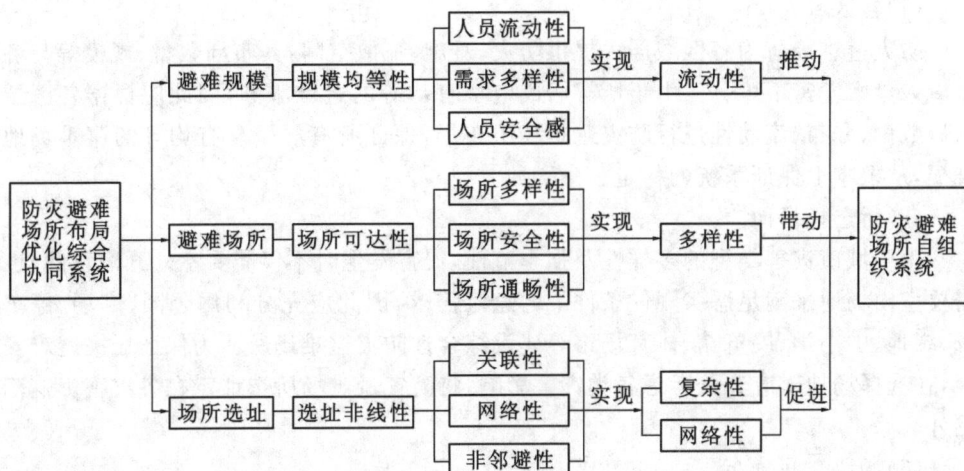

图 4-11 防灾避难场所布局优化综合协同系统关系图

4.3 防灾避难场所布局优化综合协同系统路径选择

目前,防灾避难场所布局系统不平衡、不稳定,缺乏层次性、整体性,各要素未形成非线性联系。防灾避难场所布局受较多内、外部因素影响,应根据其构成,明确系统各要素协同性关系,使各要素具有较强联系性、开放性、层次性及多样性,保证构成要素的平衡、稳定。在选择其布局优化路径时,根据防灾避难场所布局优化综合协同系统构成要素和外部影响要素等,形成"量""场""址"布局优化综合协同路径,满足居民避难疏散需求。

4.3.1 防灾避难场所布局优化综合协同系统构成要素和影响因素分析

防灾避难场所空间构成要素较为复杂,只有保证要素的网络连通性,才能促进其系统形成。防灾避难场所自身及其所处环境的开放性,使各要素对系统构成具有较强影响,要求充分把握系统内、外部要素之间的相互关系,构建超循环系统,实现由单一结构系统向复杂系统的转变。

4.3.1.1 系统内部空间构成要素

防灾避难场所要实现合理布局,必须加强系统内部各要素联系,实现综合协同,其内部构成要素主要包括以下方面。

(1)各区域人口。

防灾避难场所为各区域居民提供防灾、避难、疏散空间,其布局数量、规模等与各区域人口密度密不可分。由于所有居民应享有均等的避难服务,因此应根据各区域人口数量、分布、流动性进行防灾避难场所布局,保证所有居民享有均等的避难场地规模,从根本上保证系统的稳定。

(2)所选择场地。

由于城市灾害类型的多样性及强季节性,灾害发生时不仅需要室外开敞空间,也需要室内场地来满足恶劣气候条件下的避难需求,因此应充分利用公园、广场、停车场、绿地、中小学、展览馆、体育场馆等建设综合性防灾避难场所。为保证居民避难安全,在选择场地时应充分考虑各类灾害影响,将防灾避难场所选址定在各灾害影响范围外。

(3)场地空间分布。

合理的避难场地空间分布是其可达性和规模均等性的重要体现,只有充分考虑周边各类要素,在各区域选择满足需求的防灾避难场地,才能实现场地分布与人口避难需求的协同。场地空间分布要保证各区域根据不同空间类型特点、场地规模进行分等级防灾避难场所布局,并确保防灾避难场所超循环系统形成,使避难场所系统具有较强网络性和层次性,确保防灾避难场所与人口分布的协同,实现"人-场地"一体。

(4)场地可达性。

场地可达性保证了避难人口与场地的快速联系,根据其服务半径合理布局避难场所,缩短居民避难距离,确保灾害发生时居民快速避难、疏散,同时增加同一等级防灾避难场所联系,使不同等级防灾避难场所形成网络。场地可达性要求保证避难场所合理布局的同时合理划分防灾分区,使防灾避难场所服务范围不受铁路、河流等影响,保证避难疏散的快速进行。

(5)场地周边影响因素。

场地周边影响因素不仅对避难场所服务范围造成影响,也对场地安全性影响较大,因此在选择场地时应充分考虑地震断裂带、地面沉降区、易燃易爆企业、河流、高压线、高压燃气管线、城市易积水区域等影响,确保所选择场地安全,使防灾避难场所具有较强稳定性,使居民能够安全、快速地避难疏散,避难场地不会因周边因素影响而无法使用,避免灾害发生时避难疏散人员秩序混乱和避难场所系统混乱。

(6)场地之间非线性联系。

完整防灾避难场所系统的形成离不开各场地之间的联系,只有将各场地联系起来,才能保证人员、物资、信息等的交流。防灾避难场所系统的形成不仅需要同一等级场地建立非线性联系,还需要不同等级场地形成非线性联系,保证"人-场地""场地-场地"的协同及各子系统整体统一,实现系统平衡、稳定及层次性布局。

4.3.1.2 系统外部影响因素

防灾避难场所系统的形成受较多外部因素影响,这些因素影响着避难场所数量、位置、规模、层次等,在进行防灾避难场所布局时,也应考虑以下因素。

(1)新政策的颁布。

为保障灾害发生时居民生命财产安全,国家及各级政府制定了一系列促进防灾避难场所建设的政策、条例等,为防灾避难场所布局提供了支撑,也为其系统形成提供了指导,使其朝着预定方向发展。

2012年前,国家较为关注地震灾害,制定了较多地震防灾避难的相关政策,防灾避难场所建设也以地震避难场所为主。2015年以后,国家高度关注综合防灾减灾,相应政策也向综合防灾避难场所转变,使防灾避难场所布局模式、服务范围、等级划分、场地类型、建设影响因素等发生较大改变。因此,在建设防灾避难场所时应关注各级政策,根据政策开展建设。

(2)新建设标准的制定。

新建设标准更加适应居民需求,对城市整体发展和建设具有极大促进作用,防灾避难场所布局必须根据新标准,而新标准中一些新变化和新增要求也使原有布局发生变化,造成其系统变化,这些都属于超循环中的"突变"因素。防灾避难场所的场地选择、场地类型、等级、人均避难场地规模、分布等受新建设标准影响均较大,因此需要根据新建设标准进行调整,利用突变要素带动防灾避难场所系统快速向前发展。

(3)突发性事件的发生。

突发事件也会提高国家及地方政府对某些事件或问题的关注度,引起国家政策变化,促进新建设标准出台,使防灾避难场所关注点更新或引起新的需求,带动防灾避难场所系统变化。

城市灾害发生时,大量居民需要向防灾避难场所转移和疏散,由于避难空间和避难场地有限,人口大量集聚。如疫情防控期间城市又突发其他灾害,既要满足居民防灾避难需求又要防止疾病传播,因此对防灾避难场所的场地选择、规模分布、场地类型、人均避难面积等产生影响,使防灾避难场所系统也发生变化。

(4)城市规模变化。

城市规模变化带动城市边界变化,同时也带动各区域人口数量和分布变化,特别是新开发区域使原有防灾避难场所系统不稳定,各区域防灾避难场所与人口分布不平衡,推动防灾避难场所系统不断向前发展,形成新的超循环系统。为满足居民避难疏散需求,要求根据城市规模变化调整防灾避难场所布局,在新开发区域建设完整的防灾避难空间,与原有城市防灾避难场所形成完整系统,确保相互联系,满足人员、物资、信息交流的要求。

(5)新规划的实施。

新规划的实施使防灾避难场所布局发生改变,特别是城中村改造、城市功能区域调整等,使原来以低层居住为主要特点的区域转变为以高层居住及商业等为主要特点,使原有区域人口数量、类型等发生变化,也使不同等级防灾避难场所需求发生变化。

原有城中村和旧城区公园、绿地等空间较少,但开发和改造后,加强了内部绿地、开敞空间及学校等建设,使防灾避难场所可利用场地数量、规模、位置等发生变化,也使原有较为低洼、易积水地区发生变化,原本需要向外部转移的人口也可以在原本的区域内避难,缩短避难疏散距离,增加避难场所的非线性联系,增强各场地协同性,也使防灾避难场所系统发生变化。

4.3.2 防灾避难场所布局优化协同路径

我国各城市中心城区防灾避难场所布局过于注重解决单方面的需求问题,造成短板效应,使形成的系统不稳定,各子系统及构成要素之间缺乏有效联系。应对不同布局优化路径进行综合分析,从多个方面总体把握,综合解决防灾避难场所布局问题,保证形成系统的平衡性和稳定性。为确保防灾避难场所布局的合理优化,首先根据布局中存在的问题、防灾避难场所布局影响要素及系统特征进行协同关系构建,并选择布局优化综合协同路径,使防灾避难场所布局从单要素主导型向多子系统综合协同发展,实现所有要素协同前进。

4.3.2.1 防灾避难场所布局优化路径影响要素协同关系构建

防灾避难场所布局优化路径影响要素协同关系的构建,不仅需要总体把握布局问题,也需要对防灾避难场所系统特征及构成要素进行分析,从布局问题与系统要素、布局优化路径等方面提出布局优化综合协同路径,并利用主体需求、节点供给及载体互动等支撑子系统推进。

(1)防灾避难场所布局优化协同路径形成支撑条件。

防灾避难场所作为居民避难疏散重要空间,对保障灾害发生时居民生命安全具有重要作用,而目前防灾避难场所布局问题,究其根本是居民实际需求与避难场地未进行协同,导致供需不平衡;同时,根据各区域常住人口对避难人口静态分析可知,未根据人口流动性及时空变化特性进行避难人数和避难场地规模测算,导致规划避难人口与实际需要避难人口不协同,主体需求得不到满足;另外,场地选择时仅利用现状较少空间,且未进行场地评价,使规划避难场地与安全性、通畅性及多样性等要素未协同,导致场地供给不足。

防灾避难场所布局要形成完整系统,需要将各相关要素联系起来,使系统各要素相互协同,而不应是一个个单独、孤立的个体。避难人员作为需求主体,可利用场地作为供给节点,而避难场所选址作为联系需求与供给的重要载体,应将主体需求与供给节点联系起来,也应使不同节点相互联系,实现"人-场地""场地-场地"的协同。

(2)防灾避难场所布局优化协同路径形成要素保障。

防灾避难场所作为灾害发生时保障居民生命安全的空间,受较多要素影响,不仅包括各区域人口数量、分布等,也包括所选择场地、场地空间分布、场地可达性及场地周边影响因素,还包括场地与场地之间的非线性联系。

由于各要素对系统形成所起作用存在差别,对其进行归纳总结:各区域人口属于主体要素,防灾避难场所的布局、建设均是为了满足主体需求;所选择场地、场地空间分布、场地可达性及周边影响因素均属于节点要素,主要为了满足所选择场地的安全性,居民避难疏散过程的安全、避难场地的快速可达及与周边相关要素的协同布局;场地与场地之间的非线性联系属于空间载体服务范畴,不仅将各场地联系起来,也将主体与节点联系起来。因此要实现防灾避难场所的合理布局,主体、节点、载体缺一不可,只有各需求均得到满足,且实现相互协同,才能使形成的系统较为稳定,达到长期平衡,才能使避难场所布局满足防灾避难需求。

(3)防灾避难场所布局优化综合协同路径选择。

防灾避难场所完整系统构建,不仅需要"主体、节点及载体"构成要素的小协同,也需要"主体与节点""节点与载体""主体与载体"的大协同。只有保证不同层面综合协同的实现,才能使防灾避难场所布局既满足居民需求,又具有较高可达性,还保证了不同场地及场地与人口分布区域互相联系。

"主体与节点""节点与载体""主体与载体"大协同的实现,需要将主体、节点、载体自身特性与系统特性协同。在测算主体需求时必须满足系统流动性和人口时空变化特性,根据各区域人口昼夜变化对不同时段避难人口规模进行测算,以及依据居民避难规模均等性进行各等级避难场地规模测算,确保规划避难场地满足灾害不同时段所有居民避难需求,因此需要可达性场地作为支撑。

要保证居民快速避难,还需将避难场地与人口分布区域联系起来,使避难场地尽可能靠近人口较多区域,这也需要空间载体对主体需求进行反馈,建立相互联系及非邻避性的避难场所,使人和场地形成整体。在分析节点时,为满足气候环境及不同类型灾害的综合避难疏散需求,需要根据各避难场地自身情况、周边抗阻性因素和系统多样性进行场地选择,同时充分考虑场地多样性影响因素,确保所选择场地能在灾害发生时为居民所用。要使节点供给满足居民需求,需将节点与主体分布相互联系,满足主体对场地安全性、通畅性、多样性需求,同时需对主体进行反馈。场地之间各项交流需要不同节点的多样性联系,因此也需要节点支撑载体。

为确保系统要素的协同,仍需根据场地可达性进行防灾避难场所布局。空间载体作为联系系统各要素的中间媒介,其所具有的复杂性和网络性要求系统各要素通过多种联系形成整体,因此需要根据选址非线性对防灾避难场所及人口进行综合分析,使供给与需求主体相互联系,从不同方面为系统形成提供支撑。不同功能主体的联系性和需求的一致性,要求不同需求、功能和目标协同,形成满足主体、节点及载体等不同子系统需求的"规模均等性、场地可达性和选址非线性"布局优化路径,各子系统具体协同关系如图 4-12 所示。

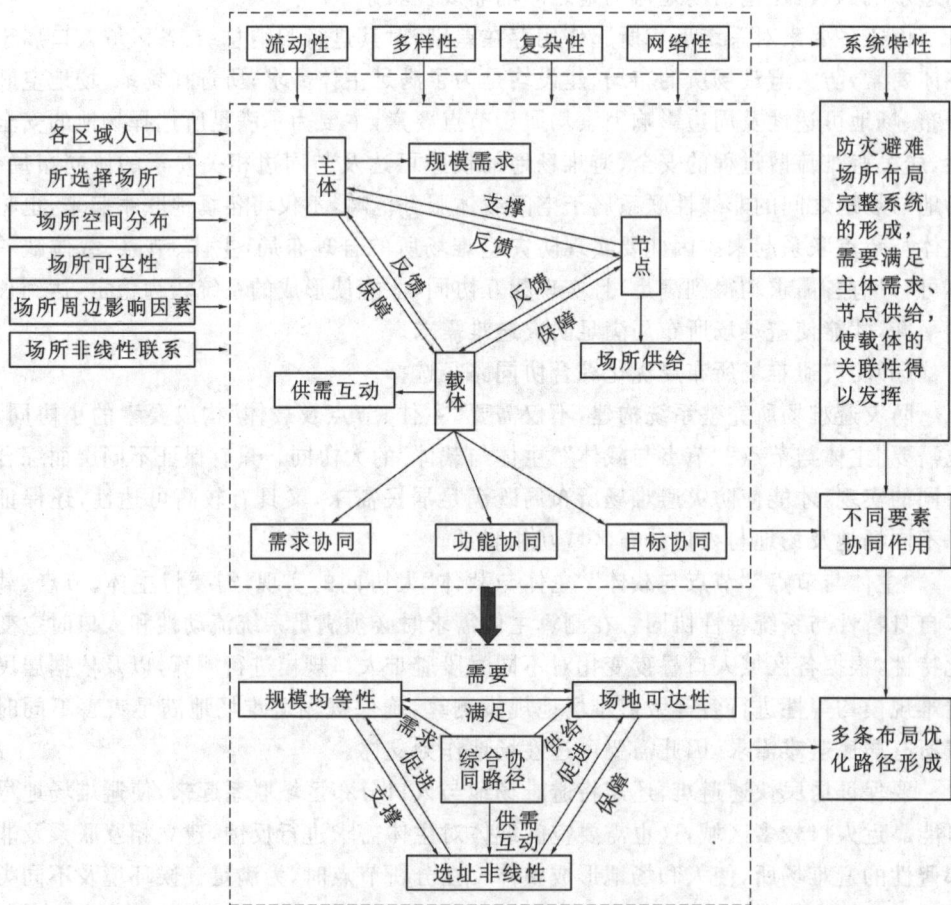

图 4-12　防灾避难场所布局优化路径影响要素协同关系图

防灾避难场所的合理布局优化,需要从主体、节点及载体的不同需求出发,满足各项需求的同时,也使之相互协同联系,因此需要规模均等性、场地可达性、选址非线性布局优化路径作为保障。规模均等性路径的实现需要可达性场地作为支撑,也需要选址非线性作为支撑,将主体和节点联系起来,使避难场地满足居民需求且能快速联系,为系统平衡提供支撑;场地可达性路径的实现也需要选址非线性作为保障,不仅需要提供满足居民需求的规模均等、安全、可达的避难场地,也需要将各场地联系起来,共同形成整体;场地选址非线性路径的实现需要规模均等的避难场地作为支撑,为避难场所系统形成提供前提,也需要可达性场地作为保障,实现不同场地的联系。不同布局优化路径的相互协同,促进着系统的形成,也只有通过不同布局优化路径的实施,才能推动系统的发展和前进。

4.3.2.2 防灾避难场所布局优化综合协同路径提出

防灾避难场所构成要素较多,其外部影响要素对系统形成具有较强指导作用,但这些要素变化无法使防灾避难场所布局发生改变,因此仅对影响防灾避难场所系统构成的内部要素进行分析。通过对内部影响要素归纳总结,同时根据避难主体、避难节点、空间载体的不同需求,最终提出"量-场-址"三位一体的防灾避难场所布局优化综合协同路径。

(1)"量"布局优化路径。

为实现防灾避难场所合理布局,保证系统完整、稳定,需要规模均等的防灾避难场所布局。在构建"量"布局优化路径时,首先要保证避难场所服务主体"人"的需求,因此需要根据各区域人口分布、人口数量、不同时段人口流动特征,对各区域灾害不同时段避难人数进行预测,实现人口动态分布、时空变化及建筑综合抗灾能力的协同。同时,也要协同不同等级人均避难场地规模与灾害不同时段避难人数,合理测算各区域对不同等级避难场地的需求量,保证各区域均有足够且分布均衡的空间作为防灾避难场所,从多个方面促进防灾避难场所规模测算与实际需求的一致,满足所有区域居民避难场地规模需求。

规模均等的防灾避难场所布局也形成了层次性系统结构,为各等级防灾避难场所布局提供基础。各区域人口分布情况、避难人口测算保证了防灾避难场所布局系统的形成,避免了防灾避难场所布局时避难场所数量、规模与人口分布不均衡,也避免了如天津市中心城区这种各区域数量均衡布局模式,为各城市防灾避难场所布局优化提供了规模需求基础,也为防灾避难场所系统的平衡和稳定提供了保障。

(2)"场"布局优化路径。

防灾避难场所系统的形成需要可达性场地作为保障,快速可达的场地能满足灾害发生时居民安全快速避难疏散的需求。可达性好的场地的形成需要城市内部场地作为支撑,这些场地必须为居民避难疏散提供基础。灾害使居民心理受到影响,居民避难时的归属感、安全感需求较为强烈,不具有可达性的场地也会使居民就近选择其他空间避难,使居民实际需求与规划不协同。

场地可达性包括所选择场地情况、场地可达情况、周边影响要素、避难疏散过程、周边相关设施等,场地可达性的实现需要这些要素的协同。所选择场地情况是可达性的重要影响因素,场地类型对可进入性影响较大,部分场地周边被围墙包围且出入口数量较少,可达性较差。场地周边道路及所处位置情况对场地可达性的影响也不容忽视,若场地位于地震断裂带、易积水区域及地面沉降区,则其可达性较为不足,不能作为防灾避难场所使用。避难疏散过程也对场地可达性具有重要影响,只有实现居民快速、安全的避难疏散,才能确保场地可达,也才能使避难场地具有使用意义。避难场地与周边相关设施的联系决定着灾害发生时能否快速进行救援、管理及人员疏散等。场地周边影响因素决定着服务范围,特别是河流、铁路、城市快速路等,当其位于服务范围内时,受影响区域居民无法到达防灾避难场所,因此需要通过"场"路径进行防灾避难场所布局优化,保证居民快速、可达,确保形成系统稳定。

(3)"址"布局优化路径。

防灾避难场所系统的形成需要将各场地联系起来,保证各构成要素的协调稳定。防灾避难场所选址非线性包括场地空间分布和场地非线性联系两方面。场地空间分布决定着场地之间的关联性,根据不同等级防灾避难场所服务半径进行场地选择,分析各场地空间之间的相互关系,确保合理布局。场地非线性选址作为联系主体与节点的媒介,需要实现人与场地、场地与场地之间的联系,保证不同主体协同。

在选择场地时必须充分考虑各区域人口分布,根据避难人数和场地规模需求选址,使所有居民均能快速避难,同时确保场地分布的均衡和人均避难规模的均等,实现防灾避难场所服务的公平。合理的场地空间分布也能保证各场地服务范围的合理划分,提高场地的可达性。场地非线性联系使所有场地形成整体,确保各区域避难疏散人员与各等级防灾避难场所之间的联系,实现必要时段避难人员从低等级向高等级防灾避难场所的有序转移。

4.4 防灾避难场所布局优化路径对综合协同系统形成作用分析

通过对防灾避难场所布局协同性特征及发展演化过程分析,进行布局优化路径选择,而各路径包含的不同要素对系统形成具有较强的促进作用,只有保证各要素的综合协同、平衡,才能实现防灾避难场所系统稳定。

4.4.1 规模均等性布局优化路径对防灾避难场所的焕化

防灾避难场所合理布局需要规模均等的避难场地作为支撑,满足各区域居民避难空间需求,推动和促进防灾避难场所布局系统形成,其对防灾避难场所表现出较强"焕化"作用。"量"布局优化路径的实施能够满足人员流动性、安全感及多样性避难需求,推动防灾避难场所自组织系统建设,因此不仅要对"量"路径构成要素进行分析,还要对其对系统形成的影响及系统形成对其的响应进行分析。

4.4.1.1 规模均等性构成要素

规模均等性布局优化路径的形成需要避难人口流动性、需求多样性、安全感等信息的支撑,因此要根据规模均等性子系统构成要素对避难场所布局进行优化。

(1)避难人口流动性。

由于城市建设的差异及城市功能分区,城市各区域的居住条件、就业岗位等差异性使城市各区域人口昼夜分布差异较大。中心城区作为区域核心,聚集较多公共服务设施、商业设施等,吸引较多其他区域人口来此购物、旅游、娱乐等,灾害的突发性及强破坏性使流动人口暂时无法回到居住地避难,因此需要根据人口流动性对不同时段避难人口和不同等级防灾避难场所规模进行预测。

(2)避难人口需求多样性。

灾害发生时城市部分建筑结构受损、倒塌等,部分基础设施也受到一定程度损坏,大量居民需要进入避难场所避难。但随着避难时间增加,避难人员对避难空间、内部设施、各项物品的需求发生较大变化,因此需要根据各阶段避难人员实际需求进行合理的避难场地规模预测,满足居民多样性避难需求,保证重大灾害发生时的社会稳定。

(3)避难人口安全感。

灾害发生后,城市各项设施(如建筑、道路、桥梁等)在短时间内受到损坏,社会秩序较为混乱,相对陌生的避难环境及对随时可能再次发生灾害的担忧使人们心理受到影响,精神较为脆弱,心理安全感需求增强。随着城市救灾的开展,各项设施功能慢慢恢复,避难人员回到居住地或居住地周边,与家人团聚,避难安全感和归属感需求得到满足。因此,需要在各区域均等布局防灾避难场所,保证灾害不同时段居民避难需求得到满足。

4.4.1.2 "量"布局优化路径对防灾避难场所系统形成的影响

规模均等性是防灾避难场所布局优化的基础,只有实现各区域防灾避难场所的均等化才能够实现合理的防灾避难场所布局,防灾避难场所的布局优化才具有实际意义。防灾避难场所的规模均等性主要体现在居民享有避难服务和避难场地布局的均等。我国防灾避难场所建设相对较晚,场地分布不均且无法满足避难人员需求,使居民避难行为受到影响。防灾避难场所的规模均等性布局优化,能为居民提供充足的避难场地,实现合理的避难场所布局。

只有居民享有公平、均等的避难服务,才能确保防灾避难场所布局优化真正有效,因此需要对各区域避难场地规模进行测算。避难规模均等性要求满足所有居民避难需求,且使避难场地服务范围覆盖所有居民分布区域。城市避难人员不仅包括常住人口,也包括流动人口,为保证居民享有均等的避难服务,必须平等对待所有居民,根据人口流动性对防灾避难场所布局进行优化。

只有建设分布均衡的避难场所,才能够使各区域内居民享有公平避难机会,缩短避难疏散距离,保证重大灾害发生时居民能够快速避难,真正满足所有居民的避难需求。目前,防灾避难场所分布不均,居民享有人均避难场所面积差别也较大,灾害发生时部分居民无法快速避难,只有实现防灾避难场所的均衡布局,才能确保居民真正享有均等的避难服务。

4.4.1.3 防灾避难场所系统形成对"量"布局优化路径的响应

防灾避难场所"量"布局优化路径使各要素形成整体,系统功能得到整体提升,而防灾避难场所系统对"量"路径也具有较强适应性,不仅能保证避难场所分布的均衡,也能实现避难服务的均等,对实现防灾避难场所布局优化路径具有较强带动作用。

(1)保证避难场所分布均衡性,提高场地服务水平。

为实现防灾避难场所布局优化,首先应均衡地建设防灾避难场所,使各区域均有避难场所,确保居民享有避难服务的均等性,扩大避难场所服务范围,填补服务缺口。由于城市内部限制性因素较多,特别是一些城市内部大型河流、铁路、城市快速路对城市分隔较为明显,重大灾害发生时居民很难跨越受限制性因素影响的区域避难。但目前我国一些城市在建设防灾避难场所时,未考虑限制性因素的影响,而是根据行政管理范围划分服务范围,避难人员受限制性因素影响较大,因此在优化防灾避难场所布局时,应根据限制性因素等划分防灾分区,在各防灾分区均衡布局防灾避难场所,保证居民避难过程安全。

(2)实现避难服务均等性,使所有居民享有公平避难服务。

防灾避难场所布局优化不仅要使各区域居民享有均等的避难服务,也要使各等级防灾避难场所均提供满足需求的防灾避难空间,确保灾害不同时段所有需要避难居民享有规模均衡的避难空间,提高防灾避难场所均等化分布水平,使全体居民享有均等的避难服务。我国一些城市防灾避难场所数量较少且分布不均,造成部分地区居民避难困难,只有增加城市防灾避难场所数量和规模,才能有助于实现避难场所的均等化布局。

4.4.2 场地可达性布局优化路径对防灾避难场所的带动

城市灾害发生时间不确定性、灾害高连锁性及类型多样性要求防灾避难场所具有较高场地可达性,保证灾害发生时居民快速避难疏散。防灾避难场所只有能够保证居民避难疏散过程中的生命安全才具有使用意义。场地可达性布局优化路径不仅使所有场地满足防灾避难需求,保证居民避难疏散安全,也使所形成的防灾避难场所系统较为平衡、稳定,带动防灾避难场所合理布局。场地可达性需要通过场地多样性、安全性和通畅性体现,要使防灾避难场所在灾害发生时真正为居民所使用,需要对各要素进行分析,通过可达性场地建设带动防灾避难场所自组织系统形成,因此"场"布局优化路径分析不仅要对其构成要素分析,也要对"场"路径对系统形成的影响及系统形成对"场"路径的响应进行研究。

4.4.2.1 场地可达性构成要素

由于灾害的不确定性,要实现居民快速避难疏散,需要高可达性场地作为支撑,而要实现科学合理的防灾避难场所选址,满足多种灾害发生时的综合避难疏散需求,保证系统的平衡和稳定,还需对场地可达性构成要素进行分析。

(1)场所多样性。

场所多样性需要多样空间作为保障,并满足多种灾害发生时的避难疏散需求。因此,在选择场地时不仅应利用公园、绿地等室外场地,也应利用一些中小学、体育场馆、展览馆、高等院校等室内空间。

目前,我国各城市都建设了相对完善的绿地、公园、广场及公共服务设施,大型公共服务设施建设为防灾避难场所提供了新的选择。随着生态城市、韧性城市及"城市双修"(生态修复、城市修补)的发展,城市内部绿地、广场、公园等数量进一步增加,为防灾避难场所的建设提供了基础。同时,抗灾性能相对较好的中小学、大型室内空间如体育场馆、展览馆等也应作为防灾避难场所使用,这些场地满足了多种气候环境下的防灾避难需求,为可达性场地建设提供了多样化选择。防灾避难场所多样性如图 4-13 所示。

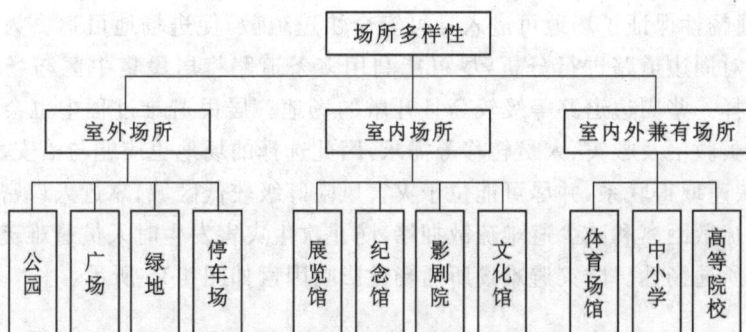

图 4-13 防灾避难场所多样性

(2)场所安全性。

场地安全性不仅要确保场地内部安全,也要保证避难疏散过程安全,因此需要对场地限制性因素进行分析,使选择场地不受限制性因素影响。同时,根据限制性因素进行防灾分区划分,使选择场地的服务范围不跨越限制性因素,避免人员避难疏散过程安全受到威胁。

在对场地限制性因素进行分析时,不仅要分析灾害发生时对避难场所服务范围造成分隔的河流、铁路、高速公路和城市快速路,也要对地震断裂带、地面沉降区、变电站及高压线、加油加气站、燃气管线与储气站、洪水淹没线、易燃易爆工业企业、地形、湖泊和坑塘等进行分析,保证避难场地位于这些要素影响范围外。天津市中心城区河流、地面沉降区、高压线及燃气管线、老旧企业、危险品仓库和加油站等较多,且高层和超高层建筑也较多,在选择场地时应根据各类限制性因素进行综合评价。防灾避难场所安全性影响因素如图 4-14 所示。

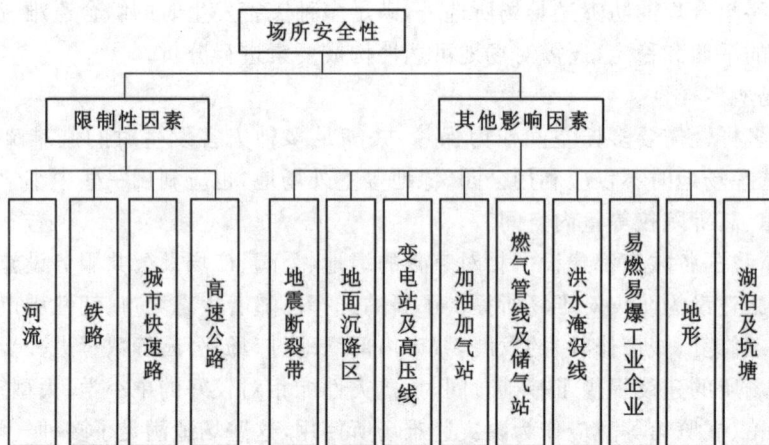

图 4-14 防灾避难场所安全性影响因素

(3)场所通畅性。

场所通畅性保证了场地可进入且可安全快速疏散,促进场地可达。为保证场地通畅,首先对周边道路进行分析,尽可能利用多条道路将居民集中区与场地联系起来,同时选择一些周边道路等级较高且开敞的场地。居民避难过程中也会出现治安维护、伤病员救治及救灾、人员转移等需求,因此选择的场地也应能与治安、医疗和消防设施等快速取得联系,并尽可能位于灾害风险等级较低区域、靠近人口密度较高的区域,缩短疏散距离和减少避难疏散拥堵,防止次生灾害发生时人员避难疏散受到影响,提高场所通畅性。防灾避难场所通畅性影响因素如图 4-15 所示。

4.4.2.2 "场"布局优化路径对防灾避难场所系统形成的影响

场地可达性提升了场地可进入性及居民避难疏散过程的安全性,加快了防灾避难场所布局优化进程,提高了防灾避难场所合理布局水平,使所有防灾避难场所均能满足灾害发生时居民安全、快速、通畅的避难需求,保证系统平衡、稳定。

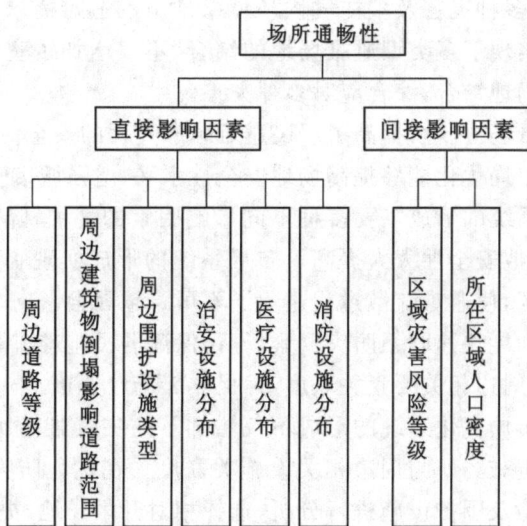

图 4-15　防灾避难场所通畅性影响因素

（1）加快防灾避难场所布局优化进程。

可达性场地能够应对多种灾害影响，满足不同类型灾害发生时的避难疏散需求，为居民提供多样的避难疏散空间，保证极端环境下防灾避难场所使用能力，降低灾害对居民避难影响。可达性场地的选择，为防灾避难场所布局优化提供了场地支撑，加快了其布局优化进程。

（2）提高防灾避难场所合理布局水平。

可达性场地选择实现了避难场地利用多样性，增加了可利用场地数量，促进了防灾避难场所的布局优化，提高了防灾避难场所合理布局水平。可达性场地不仅为居民提供充足的避难空间，也缩小了防灾避难场所服务范围，使人们就近避难，提高了避难疏散过程中的安全性。

4.4.2.3　防灾避难场所系统形成对"场"布局优化路径的影响

防灾避难场所系统为居民提供了充足的避难疏散空间，增加了可利用场地空间，满足了多种灾害发生时的避难需求，同时缩短了居民避难疏散距离，保证了避难场地及避难疏散过程安全，也大幅提升防灾避难场所与周边相关要素关联度，保证各场地之间的联系，确保避难人口与避难场所分布的非邻避性，提高居民快速避难疏散水平。

（1）确保多样性场地选择，增加了可利用场地空间。

防灾避难场所系统的形成保证了用地类型的多样性，满足了多种灾害发生时的综合避难疏散需求。城市灾害多样性及形成机理的复杂性，使居民避难疏散较为困难且受多种因素影响。目前，天津市中心城区的防灾避难场所主要是以公园、广场为主要类型,无法满足多种灾害及多样气候环境条件下的避难需求。防灾避难场所布局优化系统的形成实现了多类型避难场地的结合,不仅增加了室外防灾避难场所数量,也使室内、室外场地结合,综合应对多种灾害。

(2)保证避难场地安全性,提高了居民避难疏散过程的安全性。

防灾避难场所布局优化能够提高场地安全性水平,增强城市整体防灾避难能力。防灾避难场所布局系统的形成需要多种不同影响因素的叠加,降低了内部及周边限制性因素影响,使场地安全性大大提高。布局系统的形成实现了根据灾害时不可跨越因素划分防灾分区,使避难疏散过程避免了不可跨越因素影响,使防灾避难场所服务范围内所有区域均能快速联系防灾避难场所,保证居民避难疏散全过程的安全。

(3)提升场地与周边相关要素关联度,确保非邻避性分布。

防灾避难场所布局优化系统的形成不仅增加了防灾避难场所的数量,而且极大程度上提高了防灾避难场所与周边相关设施关联度。在优化防灾避难场所布局时,对避难场所周边道路及围护设施进行分析,选择相对开敞场地,提升与周边相关设施联系,缩短避难疏散距离,增加避难场所的非邻避性,也使防灾避难场所与周边医疗、治安管理及消防救援设施联系更加紧密。

4.4.3 选址非线性布局优化路径对防灾避难场所的提升

防灾避难场所系统要实现其复杂性和网络性,需要将各场地之间、场地与人口分布区联系起来。选址非线性能够确保各场地形成整体,实现各要素协同布局,使所有防灾避难场所相互联系,对其系统形成具有较大提升和推进作用。

选址非线性包含着关联性、网络性和非邻避性等,因此不仅要对系统构成要素进行分析,也要根据"址"布局优化路径对系统形成的影响及系统形成对"址"布局优化路径的响应进行研究。

4.4.3.1 选址非线性构成要素

防灾避难场所平衡、稳定系统的形成,不仅需要规模均等的避难场地作为基础,也需要可达性场地作为保障,更需要相互联系的场地作为支撑,因此需要对选址非线性构成要素进行分析,提高避难疏散效率及各场地协同能力。

(1)选址关联性(图 4-16)。

防灾避难场所作为复杂系统,构成要素较多,而各防灾避难场所与周边居民、相关设施都具有一定联系,只有将各要素联系起来才能满足居民避难需求,加快信息、人员、物资等的流动。选址关联性要求各防灾避难场所场地间相互联系。部分城市中心城区避难场所数量较少,各避难场所服务范围较大,相互无联系,非线性选址能使各避难场所服务范围相互融合,增强其相互联系,提高场地关联性水平。

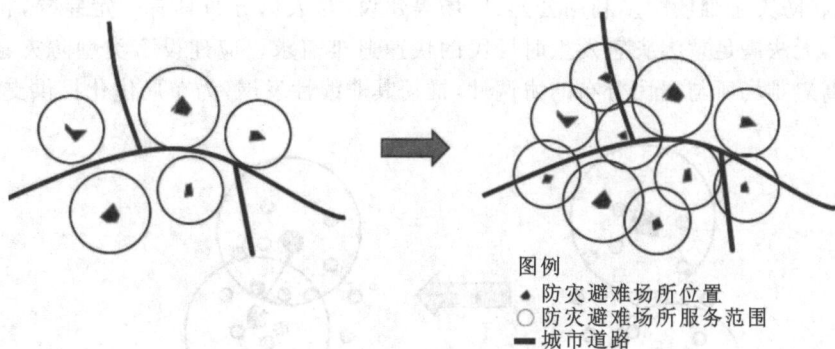

图例
- ▲ 防灾避难场所位置
- ○ 防灾避难场所服务范围
- ━ 城市道路

图 4-16　场地选址关联性

(2)选址网络性(图 4-17)。

防灾避难场所系统由不同等级场地组成,相互之间具有较强联系。防灾避难场所只有形成网络才能更好地为居民提供服务,因此应结合选址非线性使防灾避难场所形成整体,加强各场地联络水平。部分城市中心城区规划避难场所数量较少,等级单一,相互无联系,因此需要多等级防灾避难场所综合协同,形成网络性的防灾避难场所布局,使单中心、独立性防灾避难场所布局模式向复杂性、网络性系统转变。

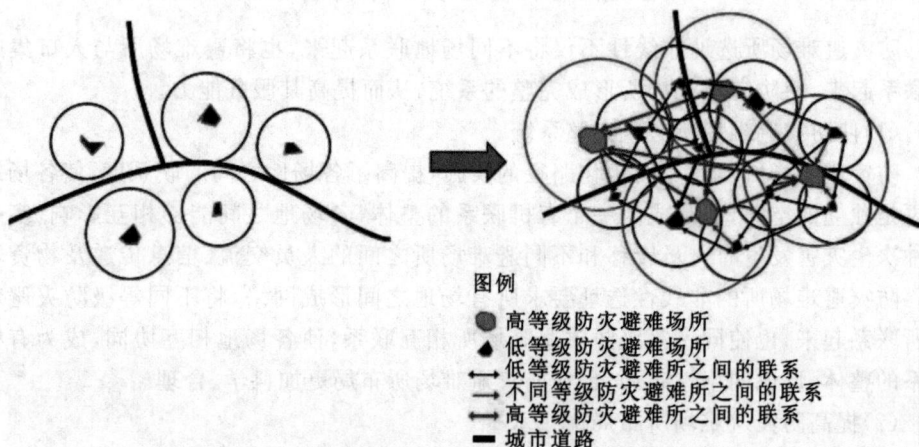

图例
- ⬣ 高等级防灾避难场所
- ▲ 低等级防灾避难场所
- ⟷ 低等级防灾避难所之间的联系
- ⟶ 不同等级防灾避难所之间的联系
- ⟷ 高等级防灾避难所之间的联系
- ━ 城市道路

图 4-17　场地选址网络性

(3)选址非邻避性(图 4-18)。

防灾避难场所建设的目的是在重大灾害发生时为居民提供充足的避难疏散空间,保证居民快速避难疏散,因此在进行防灾避难场所选址时,应与人口集中分布区结合,提高避难人员与防灾避难场所的联系度,增强避难场所选址非邻避性,为居民快速避难疏散提供条件。非邻避性的防灾避难场所选址缩小了服务范围,减少了避难疏散拥堵,提高了避难疏散效率。

现状防灾避难场所多利用公园、广场等建设,与人口分布具有一定差异,相互联系不足,无法满足重大灾害发生时居民的快速避难需求。应建设多类型防灾避难场所,提高避难场所与居民分布的协调性,推动其非线性发展,为布局优化提供支撑。

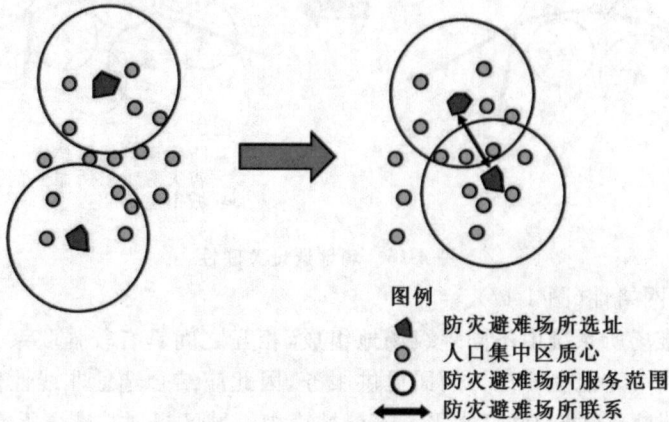

图例
- ◆ 防灾避难场所选址
- ● 人口集中区质心
- ○ 防灾避难场所服务范围
- ↔ 防灾避难场所联系

图 4-18　场地选址非邻避性

4.4.3.2 "址"布局优化路径对防灾避难场所系统形成的影响

防灾避难场所选址非线性不仅将不同场地联系起来,也将避难场所与人口集中区联系起来,使防灾避难场所形成完整的系统,从而提高其服务能力。

（1）使防灾避难场所形成完整系统。

防灾避难场所"址"布局优化路径的实施,提高了各场地之间的联系度,使各场地不再是独立的空间,而是成为一个有机联系的整体,各场地之间能够相互影响,实现多种次生灾害发生时人员转移和不同避难场所之间的人员交流、信息传递及物资转移。防灾避难场所的非线性选址要求所有场地之间形成网络,将不同等级防灾避难场所联系起来,也使同一等级防灾避难场所相互联系,使各场地相互协同,成为有机联系的整体,形成网络性布局,也使防灾避难场所布局更加科学、合理。

（2）提高防灾避难场所布局优化水平。

防灾避难场所"址"布局优化路径的实施,使防灾避难场所之间形成了关联性、网络性和非邻避性联系,促进系统复杂性和网络性的实现,加强不同场地之间及场地与人口之间的联系,使居民在重大灾害发生时能够快速避难,保证了居民避难疏散过程的安全。保证防灾避难场所实现合理的布局优化,使各场地之间相互协同。

4.4.3.3 防灾避难场所系统对"址"布局优化路径的反馈

防灾避难场所系统具有复杂性和网络性,这提升了各场地之间的联系,保证了系统各要素联系的复杂性,提高了场地非邻避性。

(1)加强了各场地联系,提升相互之间联系度。

防灾避难场所作为复杂自组织系统,内部各要素联系较强,"址"布局优化路径避免了传统防灾避难场所布局中同一等级场地相互隔离的布局模式,特别是低等级防灾避难场所由于服务范围较小且数量较少,相互之间无联系,场地协同能力差的问题。不仅增强了同一等级场地间的关联性,也提高了不同等级场地网络性和居民避难疏散能力,同时方便了不同避难场所之间人员、物资、信息等的交流。

(2)保证了系统各要素联系复杂化,实现系统网络化建设。

防灾避难场所系统的形成需要不同场地之间形成网络,这使人与不同等级场地联系起来,增强了灾害发生时人员转移能力,保证了灾害不同时段居民疏散转移的一致性及稳定性,使人员从低等级防灾避难场所向高等级防灾避难场所逐渐转移,方便了灾害发生时居民的长期避难疏散。防灾避难场所系统的形成也避免了灾害发生时部分避难场所人满为患,而部分避难场所人员稀少,避难秩序混乱,给城市救援及避难管理等工作带来不便,确保了城市内部秩序及环境的和谐、有序。

(3)确保了避难场所建设的非邻避性,实现人口快速避难。

防灾避难场所的布局优化不仅实现了均等化防灾避难场所规模建设,也提高了场地的安全性水平。防灾避难场所系统的形成,加强了人与场地之间联系,提升了居民与避难场地分布的集中度和协调度,使防灾避难场所选址在人口较多、密度较大区域,缩小其服务范围,缩短居民避难疏散距离。防灾避难场所系统的形成,实现了各区域均等的防灾避难场所布局及避难场地的安全性、通畅性、可达性,降低了限制性因素对居民避难疏散过程的影响和避难疏散过程中拥堵、踩踏等事件发生的概率,增加了避难场地的非邻避性,增强了不同场地之间人员的相互联系,提高了居民避难疏散效率。

4.5　本　章　小　结

本章对防灾避难场所布局优化综合协同系统重构及路径选择展开探讨。首先根据防灾避难场所布局优化综合协同的协同特征,确定防灾避难场所布局优化综合协同系统重构要素,并对其重构机制进行分析,提出基于协同理论的防灾避难场所空间布局模式重构目标,并构建防灾避难场所布局优化综合协同系统。为确保综合协同系统的实现,对防灾避难场所布局优化综合协同路径进行选择,并根据防灾避难场所布局优化各路径对综合协同系统形成的作用进行分析。

为实现防灾避难场所合理布局,根据系统构成要素复杂性、系统网络性及场地空间协同性,合理确定重构模式。为确保布局优化系统的可行性和可实施性,从不同区域防灾避难场所规模均等性、各区域防灾避难场所场地可达性及不同防灾避难场所非线性联系等诉求出发,对其布局系统重构的必要性进行分析,并提出提高各区域避难场所建设协同能力,提高避难场地可达性及相互联系水平,加强防灾避难场所场地之间、场地与人口布局协调性,划分合理的防灾避难场所服务范围,优化城市各类型交通与避难场所协同水平的布局策略,加强重构保障。

提出全过程、多目标和系统链的重构方法,保证人与场地、场地与场地之间综合协同布局优化结构体系的形成,同时构建"量""场""址"多要素综合协同系统,并与系统流动性、多样性、复杂性和网络性特征融合。在选择防灾避难场所布局优化路径时,根据其系统内、外部构成要素分析,形成"量""场""址"综合协同的防灾避难场所布局优化路径,同时从多个方面对"量""场""址"构成要素进行分析,保证综合协同系统的形成,实现防灾避难场所的合理布局,满足居民避难疏散的规模均等性、场地可达性及选址非线性需求。

防灾避难场所布局优化综合协同路径系统的构建,不仅为下文分析各布局优化路径、建立布局优化模型和提出不同实施策略提供指导,也确保了从根本上实现防灾避难场所合理布局,同时为全书理论与实践研究的结合奠定基础。

5 主体需求决定的防灾避难场所规模均等性布局优化路径

基于防灾避难场所构成中的"人""场地"等要素及系统流动性、多样性、复杂性和网络性的特征,在进行防灾避难场所布局优化时,首先保证系统流动性,而系统流动性通过避难主体"人"的流动性来体现,因此需要根据人口流动性进行规模预测,这就要求通过"量"路径对防灾避难场所布局进行优化。

"量"作为系统形成的基础,只有满足居民对避难场地规模的需求,才能实现防灾避难场所合理布局,保证居民享有公平的避难服务。因此,首先从"量"的角度对规模均等性布局优化路径对系统构成的作用机制进行分析;然后构建基于"时间-空间-规模"的布局优化路径模型,提出"量"布局优化路径实施策略;最后根据其模型和实施策略对天津市中心城区防灾避难场所规模均等性布局优化路径进行研究。

5.1 规模均等性布局优化路径对防灾避难场所系统构成的作用

防灾避难场所布局中存在着"场地规模不足、分布不均及各区域规模差别较大,无法形成系统"等问题,因此需要利用"量"路径对其进行优化,促进防灾避难场所系统形成,确保各区域人均避难规模均等性和服务公平性,提升防灾避难场所服务的均等化水平,建立多等级协同的防灾避难场所空间结构,促进其服务范围合理划分。

5.1.1 有利于提升防灾避难场所服务均等化水平

防灾避难场所是政府提供的公共服务,居民享有避难服务的公平需要以规模均等和场地均衡为保障。

目前,我国一些城市防灾避难场所数量、规模不均,规划避难人口占常住人口比例较小,服务缺口较大,服务能力相对较低,灾害发生时居民生命安全受到严重威胁。防灾避难场所分布不均,灾害发生时大量居民涌向同一避难场地,造成避难秩序混乱,使避难场所内居民生命安全受到威胁。防灾避难场所"量"布局优化路径的实施,要求在各区域均衡布局,并在各区域建设人均规模均等的防灾避难场所,缩小服务范围,提高避难服务公平性,使防灾避难场所布局与人口的动态分布相平衡,满足居民避难需求。

5.1.2　确保建立防灾避难场所多等级协同结构

有些城市部分区域老旧建筑较多,重大灾害发生时,部分建筑损毁、倒塌、建筑结构破坏等情况较为严重,综合抗灾能力相对较差,居民需要进入防灾避难场所避难,而建筑损毁较严重的居民需要较长时间避难,损毁建筑需要恢复重建。但目前部分城市单一等级的防灾避难场所布局仅能满足居民临时避难需求,中长期和长期避难得不到保障。天津市中心城区也存在此类问题,因此需要通过"量"路径对灾害不同时段避难人口规模进行预测,形成多等级协同的空间布局结构,使人口需求与场地布局相协同,满足灾害不同时段居民避难场所需求,确保避难服务公平。

在优化防灾避难场所布局时,需要根据灾害不同时段避难人数进行多等级防灾避难场所建设,形成完整防灾避难场所体系,使多等级防灾避难场所布局与不同时段居民避难疏散需求相协同,确保防灾避难场所系统的稳定性和平衡性。

5.1.3　有助于防灾避难场所服务范围的合理划分

防灾避难场所"量"布局优化路径的实施,要求根据各区域避难居民数量均衡布局防灾避难场所,并合理划分避难场所等级及服务范围。在布局避难场所时还应充分考虑不同等级防灾避难场所服务影响因素,降低河流、铁路等对居民避难疏散的影响,因此也要求防灾避难场所布局与相关影响因素协同,使居民享有公平避难服务机会,确保各等级防灾避难场所服务范围的融合。

天津市中心城区规划避难场所模式单一,根据行政范围在数量上均等布局应急避难场所,规划避难人口与实际需要避难人口不协同,部分规划场地服务人数远小于实际需要避难人数,而一些区域则相反,使居民避难疏散安全受到较大威胁。由于避难场所数量分布不均且部分场地规模较大,而居民所在地周边区域缺乏防灾避难场所,故避难疏散距离过长。防灾避难场所"量"布局优化路径增加了场地数量和扩大了规模,满足了各区域所有居民避难需求。

"量"布局优化路径为防灾避难场所系统形成奠定了基础,提高了服务均等性,建立了多等级空间结构体系,实现了服务范围合理划分。但要保证"量"布局优化路径实施,仍需"时间-空间-规模"的布局优化路径模型作为支撑,并根据模型对各区域不同时段避难人口和各等级防灾避难场所规模进行测算。

5.2 "时间-空间-规模"布局优化路径模型

防灾避难场所"量"布局优化路径与其系统构成作用机制分析,明确了布局优化路径的实施需要各区域人均规模均等的防灾避难场所布局,也需要多等级空间结构体系构建。由于城市各区域人口流动性较强,不同区域不同时段人口数量、类型差别较大,因此很难对灾害不同时段人口进行精确计算,这导致一些城市中心城区避难场所布局存在问题。

要实现防灾避难场所的合理布局,需确保避难场地数量、规模与不同时段人口相协同,因此,本节首先根据国外经验对灾害不同时段避难人口类型、数量进行分析,然后构建"时间-空间-规模"三维空间面板布局优化路径模型,对不同时段避难人口及不同等级防灾避难场所规模进行预测。

5.2.1 了解避难人口情况,为"时间-空间-规模"布局优化路径模型构建提供基础

防灾避难场所是灾害发生时居民避难疏散的空间,为满足避难主体"人"的需求,在构建"时间-空间-规模"布局优化路径模型时,首先对避难人员类型、数量随时间变化情况进行分析,明确灾害不同时段避难人员类型,再进行合理的避难人口测算,保证所有居民享有均等且公平的避难机会。

根据《防灾避难场所设计规范(2021年版)》(GB 51143—2015),短期、中长期和长期避难人数的确定应充分考虑区域的建筑情况,对房屋建筑的综合抗灾能力进行评估。由于房屋建设年代、建筑结构等有差异,故重大灾害对不同建筑的破坏程度也有较大差别。目前,一般将建筑破坏等级分为基本完好、轻微破坏、中等破坏、严重破坏和毁坏五级。

基本完好和轻微破坏建筑在灾后均可很快恢复使用;中等破坏建筑需要进行一般修理,采用一定安全措施进行处理后才可以使用;严重破坏建筑需要进行大修,局部可能需要拆除,灾害发生后的恢复时间相对较长;而毁坏建筑必须拆除,不能再使用。在进行房屋建筑应急评估时,根据其是否可以再使用分为安全、待定和危险三类。其中,安全建筑在灾后可继续使用,待定和危险建筑存在一定的隐患,不能立即使用。因此房屋被毁坏和严重破坏的居民会全部进入避难场所;而房屋中等破坏的居民部分进入避难场所,一部分居民仍可能留守家中;房屋被轻微破坏和基本完好的居民会留在家中,不会因为房屋问题而进行避难。

由于不同等级和类型灾害对城市内部建筑物的毁坏程度具有较大差别,同时建筑破坏比例也不同,因此需要疏散安置的人口数量也有一定差别。而且灾害发生后,

城市内部自救及外部救援加入,对建筑进行修复,随着时间发展,需要避难的人口数量也会发生很大变化。

(1)灾害不同时段避难场所人员数量随时间变化。

目前,城市内部高层、中高层与多层建筑并存,在重大灾害发生时,城市内部各项设施、房屋建筑和生命线系统遭到不同程度破坏,在灾后不同阶段,避难人数也发生着变化。

日本作为世界上地震、海啸、火灾等灾害高发国家,在每次灾害发生后均对不同时段避难人数和人员类型进行深入研究,在避难人数及避难场地规模预测方面积累了丰富经验。

日本一些地区根据灾后不同时间段的建筑情况进行避难人口预测,在灾害初期和预警时期,对所有人员进行疏散,因此,避难场所必须满足全部人员的避难需求,在灾害稳定后,中长期避难人员主要为房屋全坏、半坏的人员,而灾害发生一个月后的避难人员主要为房屋倒塌、烧毁等无家可归人员。

根据新潟中越地震 24 天内避难场所人数变化(图 5-1)可知,灾害发生第 1 天避难人员最多;第 2 天部分人员被疏散,部分流动和常住人口进入临时避难场所;第 3 天避难场所人数仅次于第一天,随后降低;但第 6 天人口出现上升,随后逐渐减少。

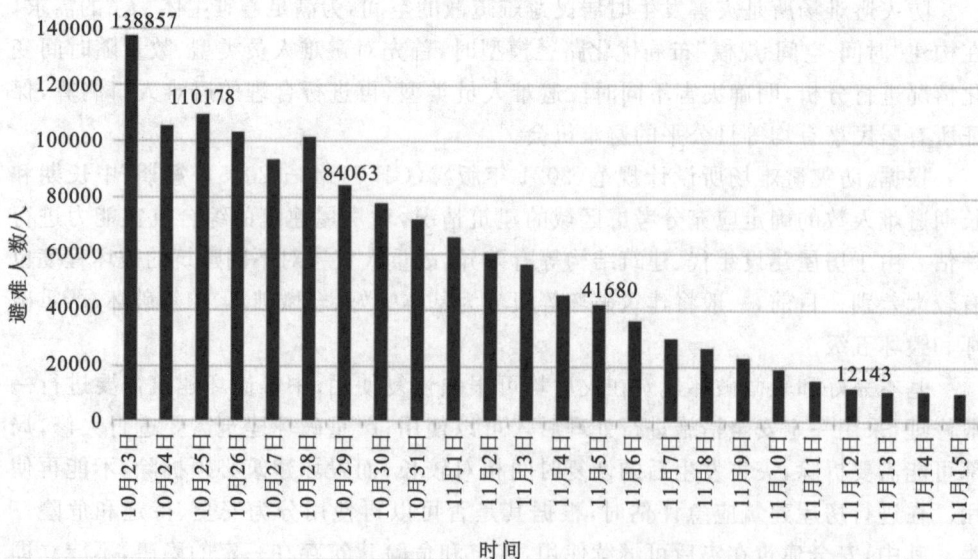

图 5-1　日本新潟中越地震中避难所内人员变化[①]

---

① 赵来军,王珂,汪建.城市应急避难场所规划建设理论与方法[M].北京:科学出版社,2014.

(2)灾害不同时段避难人员类型。

根据灾害发生时建筑及设施损毁、破坏情况,对灾害不同时段避难人员类型进行分析,确定短期、中长期和长期避难人员类型。

1)短期避难人员类型(图 5-2)。

灾害发生时建筑遭到破坏,居民需要到避难场所避难,而部分建筑质量相对较好,未受破坏或破坏较轻,在确定没有灾害再次发生的情况下,居民可回到家中生活。但目前城市中高层建筑较多,灾害造成停水、停电、电梯停运等,对居民生活造成极大不便,且因灾害产生的恐慌心理使一些建筑较完好居民也进入避难场所。这些居民包括常住人口中房屋建筑情况待定、危险两类人员,因停水、停电、食物短缺、谣言恐慌等避难的人员,以及外部流动人口、临时到来人员。

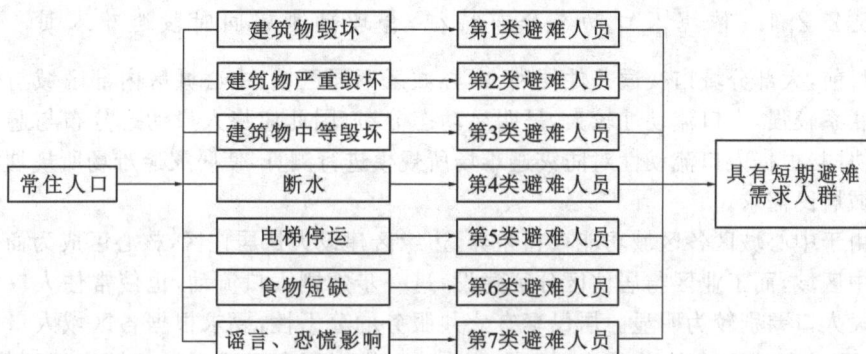

图 5-2 短期避难人员类型

2)中长期避难人员类型(图 5-3)。

随着灾害发生后时间的推移,城市开始自救,外部救援也加入进来,受灾居民情绪逐渐稳定。道路修复,供水、供电等生命线设施基本恢复正常,房屋较为安全的居民可以回家进行正常的生产和生活,不再需要避难。

而建筑内部墙体、屋顶脱落,门窗和家中设施被破坏的居民,在短期内无法回到家中正常生活,这些房屋修复及设施恢复需要一段时间,他们仍需在避难场所避难。这些居民主要包括常住人口中房屋建筑待定和危险两类受房屋影响人口。

图 5-3 中长期避难人员类型

3)长期避难人员类型。

长期避难人员主要为房屋倒塌及损毁较为严重的无家可归人员,这些人员需要在长期避难场所中等待房屋重建。

5.2.2 防灾避难场所规模均等性布局优化路径实施策略

在进行"量"路径分析时,从人口时空变化规律和各区域不同时段避难人口出发,根据"量"路径对防灾避难场所空间布局构成作用机制进行分析,提出依据人口动态分布特征、区域人口分布差异和时空变化,注重差异与融合,完善城市安全空间体系等布局优化策略,同时对各区域不同时段避难人口及不同等级防灾避难场所规模进行测算,为居民提供充足避难空间。

5.2.2.1 依据人口动态分布特征,合理预测不同时段避难人员

目前,大部分城市交通条件便利,中心城区不同区域、中心城区内部区域与外部区域联系较强,人口流动性较大,呈明显动态分布,因此应将人口动态分布与避难场地相协同,根据人口流动性对防灾避难场所规模进行测算,使防灾避难场所规划满足各区域居民需求。

由于中心城区各区域功能存在差异,边缘区建设大量居住区,核心区成为商业较为集中区域,而工业区与居住区分区建设,进一步加剧人口流动,也使常住人口与最高时段人口差别较为明显。居民享有公共服务的公平性,要求根据各区域人口昼夜分布,通过多时段对比,将最大瞬时人口作为基数对紧急避难人口规模进行测算,同时根据常住人口、流动人口及建筑综合抗灾能力进行临时避难人口测算,使常住人口及瞬时流动人口的短期避难需求均得到满足。在测算中长期和长期避难人口时,由于距灾害发生已过去较长时间,瞬时流动人口回到居住地周边避难或返回家中生活,仅需根据常住人口和建筑综合防灾能力进行测算,使建筑受损及毁坏的居民均能合理避难。

5.2.2.2 注重区域人口分布差异与融合,合理预测区域避难人口

我国许多城市不断向外扩张,形成多中心布局模式,使各区域联系加强,也加剧了不同区域人口流动,因此在进行避难人口测算时,根据人口时空变化规律和各区域特点,对各区域避难人口规模进行协同测算,注重区域人口分布差异与融合。如西安市不断向外扩张,在周边建设多个高新技术产业区和产业新城,中心城区与周边新城联系较为便捷,部分产业向周边新城转移,也增加了人口昼夜流动。北京市人口区域差异与融合分布较为明显,部分中心城区工作人员在燕郊、香河、昌平等区域居住,而灾害发生时间的不确定,要求在测算避难人口时将这些人员作为中心城区避难人员考虑,同时也应注重这些居民的夜间避难需求,因此应充分考虑人口昼夜变化,进行合理的避难人口规模测算。

5.2.2.3 确保防灾避难场所规模均等,完善城市安全空间体系

合理的防灾避难场所布局需要规模均等的避难场地作为支撑,不同等级防灾避难场所为灾害发生后不同时段居民避难疏散提供空间,而居民避难的公平性,也需要均衡的避难场地作为保障,因此在防灾避难场所"量"布局优化路径实施时,应注重不同等级防灾避难场所的协同,形成完善且合理的防灾避难场所布局,满足灾害不同时段居民避难疏散需求,并形成完整的城市安全空间布局体系,为安全城市及韧性城市建设提供基础。

目前,天津市中心城区已规划 14 个应急避难场所,各场地规模差距较大,除长虹公园外,其他应急避难场所内部设施均较少,仅为其所在行政区居民提供短暂避难服务,无法满足居民中长期避难需求,居民避难均等性和公平性得不到满足,因此需要通过"量"布局优化路径在各区域建设人均规模均等的不同等级避难场所,为居民提供满足需求的避难空间。

5.2.3 规模均等性"时间-空间-规模"三维空间面板模型构建

根据日本灾后经验,随着避难时间增加,避难人数逐渐减少。灾害发生较短时期内,居民在其所在地周边避难,但随着距灾害发生时间增加和城市救援开展,瞬时流动人口回到居住地周边避难,中长期和长期避难以常住人口为主。城市建筑综合防灾能力与避难人数密切相关。抗灾能力较强的建筑,灾害发生时受损较轻,经简单修理即可继续使用,进入避难场所居民数量相对较少;反之,避难人数较多。

灾害发生较短时期内,只需满足避难人员的坐、躺需求即可,人均空间需求较小,但随着避难时间增加,居民衣、食、住、行均需得到满足,不同时段居民对人均避难规模需求、避难场地内部各项设施需求差别较大,因此在构建防灾避难场所规模均等性布局优化模型时,应将人口的动态分布、建筑综合抗灾能力及人均避难场地规模相协同,建立基于"时间-空间-规模"的三维空间面板模型,对各区域不同时段避难人数及不同等级防灾避难场所规模进行预测。在构建模型时,以 X 轴表示避难人口数量,Y 轴表示人均避难场地规模,Z 轴表示建筑综合抗灾能力,根据各轴随时间变化规律,测算出各区域不同等级防灾避难场所规模,实现各区域避难场所规模均等性布局。

5.2.4 规模均等性"时间-空间-规模"三维空间面板模型算法

"时间-空间-规模"三维空间面板模型的确定为城市各区域不同时段避难人口和不同等级避难地规模测算提供了基础,但利用模型进行规模测算时,仍需根据不同时段避难人员测算标准,将各指标控制在合理范围。

为了对城市各区域不同时段避难人数及不同等级避难地规模进行测算,构建"时间-空间-规模"三维空间面板模型,算法计算公式如下:

$$R_x = (P_常 + P_流)Y$$
$$M_x = R_x N_x$$

式中：R_x 为不同时段避难人数；$P_常$ 为区域常住人数；$P_流$ 为区域内瞬时流动人数；Y 为不同建筑综合抗灾能力下不同时段避难人口占常住人口比重；M_x 为不同等级防灾避难场所需求规模；N_x 为不同等级避难场所人均避难场地规模。

不同建筑综合抗灾能力下各时段避难人口占常住人口比重如表 5-1 所示。

表 5-1　　　　不同建筑抗灾能力下各时段避难人口占常住人口比重

不同时段人口	抗灾能力低的建筑物面积比/%	避难人数占常住人口比例/%
短期避难人口	60	45
	40	35
	20	25
中长期避难人口	60	20
	40	15
	20	10

资料来源：《防灾避难场所设计规范(2021 年)》(GB 51143—2015)。

"时间-空间-规模"三维空间面板模型的建立,保证了各区域不同时段居民避难规模的均等,提高了各区域避难场所的服务能力,使"量"布局优化路径对防灾避难场所布局的作用进一步凸显,提高了居民避难服务均等性,形成了完整的防灾避难场所布局体系,从理论上实现了防灾避难场所规模均等性布局,满足了居民避难疏散空间需求。

5.3　天津市中心城区防灾避难场所规模均等性布局优化路径分析

防灾避难场所"量"布局优化路径为天津市中心城区防灾避难场所布局优化提供了方向,通过基于"时间-空间-规模"三维空间面板模型的构建,实现对各区域避难人口及避难场地规模的合理预测,为避难场地的均衡布局奠定了基础。"量"布局优化路径实施策略的制定也为天津市中心城区防灾避难场所布局优化提供了保障,解决了目前避难场所布局中存在的问题,实现了各区域人口分布情况、人口空间流动性及昼夜变化的协同,并根据协同性进行规模均等的防灾避难场所布局,满足灾害不同时段各区域避难场地需求。

5.3.1 规模均等性防灾避难场所布局优化协同路径机制

天津市中心城区应急避难场所布局中存在的问题给居民避难疏散造成较大困难,因此在优化防灾避难场所布局时,应以人的需求为出发点,根据人口流动性及需求多样性,利用规模均等性布局优化的"时间-空间-规模"三维空间面板模型分析预测不同时段避难人口数量和类型,为天津市中心城区防灾避难场所布局优化提供支撑。

5.3.1.1 人口区域流动性推动天津市中心城区防灾避难场所布局优化

中心城区周边建设较多居住建筑,而沿海河建设大量商业及公共服务设施,使居住与就业分离,造成大量人口昼夜流动,各区域不同时段避难人数和类型差异较大,因此需要对不同时段避难人员规模进行合理判定,根据不同时段各区域人口的分布合理预测避难人口规模和类型,推动防灾避难场所布局优化。

(1)城市双核发展加剧人口昼夜流动,各时段避难人口变化较大。

天津市中心城区快速发展,工业企业向滨海新区转移,滨海新区各项功能逐渐完善,促进中心城区和滨海新区协同发展,形成了"双心轴向"的城市群布局模式。中心城区作为天津市中心,以服务业为主,重点发展金融商贸、科教、信息、旅游等,适当发展都市型工业;滨海新区核心区作为天津市副中心,以科技研发转化为重点,大力发展高新技术产业和现代制造业,同时发展商务、金融、物流等。滨海新区快速发展,提供大量就业岗位,加速了天津市中心城区的人口昼夜流动;同时,京津城际铁路、地铁九号线和津滨高速、京津唐高速、津塘公路、天津大道等快速交通的建设,也加速了人口昼夜流动。因此,防灾避难场所布局应注重人口昼夜变化,保证灾害不同时段居民具有足够避难空间。

(2)周边新城开发带动人口昼夜流动,临时避难人口增加。

由于天津市中心城区为天津市的政治、经济、文化和商业中心,故各项设施分布较多,就业岗位也较多。天津市中心城区周边分布较多新城,特别是各区、镇政府所在地,随着交通功能的完善,地铁、公交等公共交通系统较为发达,人们出行较为方便,时空距离相对缩短,中心城区与周边新城联系加强,部分人员白天在中心城区工作,夜晚回到周边新城居住。中心城区周边的张家窝镇、中北镇、杨柳青镇、仁爱团泊湖及东丽湖等区域因良好的交通、环境及基础设施,吸引了较多中心城区工作人员在此居住,因此在建设防灾避难场所时也应注重这些人员昼夜所在地的差别,为居民提供满足需求的避难疏散空间。

(3)中心城区各区域人口流动,短期避难人口变化较大。

天津市中心城区各项设施及就业岗位较多,公共交通系统较为发达,各区昼夜人口差别较大,特别是工作日和周末的人口昼夜差别更加明显。天津市中心城区历史建筑较多,主要集中在和平区、河西区、河北区。新建居住建筑主要集中在外围,特别是东丽区、西青区和北辰区西部,这些区域居住人口较多,而就业岗位相对较少,居住人口一般在其他区域工作,也造成人口昼夜分布差异。因此,在测算避难人口时,应根据工作日和周末人口昼夜变化,选择最高时段人数作为短期避难人口测算依据。

5.3.1.2　人口需求多样性支撑天津市中心城区防灾避难场所布局优化

在对人口需求多样性支撑的天津市中心城区防灾避难场所进行布局优化时,不仅需要对各区域不同时段人口进行精确预测,也要根据不同时段人口变化情况及不同时段避难人口需求多样性进行合理的避难人口测算,以保证防灾避难场所合理布局优化,使其满足各区域避难疏散人口需求。

(1)避难人口的精准预测,为防灾避难场所合理布局优化提供基础。

由于天津市中心城区与周边区域及滨海新区人口双向流动,同时中心城区不同区域内人口流动性也较强,因此需要根据人口昼夜分布,对避难场所数量和规模进行精准预测。目前,手机使用较为普遍,手机在使用网页、查询信息及使用部分 App 时都需要定位,且准确性较高,这使人口预测更加方便且精准性高。近年来,利用手机信令数据进行人口预测的研究越来越多,避免了人工统计中由人口流动造成的不同区域人口重复统计的情况,避免了公安机关人口统计数据中仅包含有户籍和已登记暂住的人口,与实际人口差异较大的问题,也避免了城市人口普查时间间隔过长与实际人口不一致的情况。利用手机信令数据获取人口数量是以 GPS 为核心,通过手机定位及信号获取人口位置信息,并对人口进行跟踪定位,统计人口时空分布信息,准确了解人口真实分布,获取各区域人数。

部分学者利用手机信令数据对城市内的人口分布进行预测,即利用手机定位功能获取城市内的人口数据,提高了各区域实际人口数据统计的精确度。其中,钮心毅等利用多个工作日的手机信令数据记录同一手机用户在白天和夜间出现时间次数,总结规律并对上海市人口的职住关系进行预测,使各区域昼夜人口分布情况更加明朗,为城市不同类型公共设施建设提供了基础。

为了对各区域人口进行预测,随机选取任意一周工作日和周末 2 点、10 点和 16 点的人口数据①,利用微信宜出行和 Python 软件获取天津市中心城区实时人口数据,根据实时人口数据对人口变化进行研究。为了保证数据真实且能够反映天津市中心城区人口情况,所选取工作日和周末均不为节假日和重大事件发生日,避免由于节假日外来旅游、中转人数过多,人员预测规模过大,使防灾避难场所建设规模过大,

---

① 　10 点和 16 点各单位处于正常工作状态,商业及服务设施也正常工作,外部流动人口数量相对较为稳定,能够真实反映白天各区域人口情况;2 点人员基本在家休息,能够真实反映夜间居住人口情况。

造成资源浪费和资金投入过多。

（2）不同时段的人口变化，为各区域避难场所规模精准预测提供保证。

工作日 2 点、10 点和 16 点天津市中心城区各区人口对比图如图 5-4 所示。通过对三个时间数据进行对比发现，人口数量最高区域为南开区，昼降夜升较为明显。和平区、北辰区、西青区和河北区昼夜人口差异较大，和平区白天人数为夜间的 1.5 倍左右，而北辰区、西青区和河北区夜间人口明显高于白天。河西区、东丽区、津南区昼夜人口数量基本持平，差别不大。工作日天津市中心城区各区人口昼夜变化情况如表 5-2 所示。

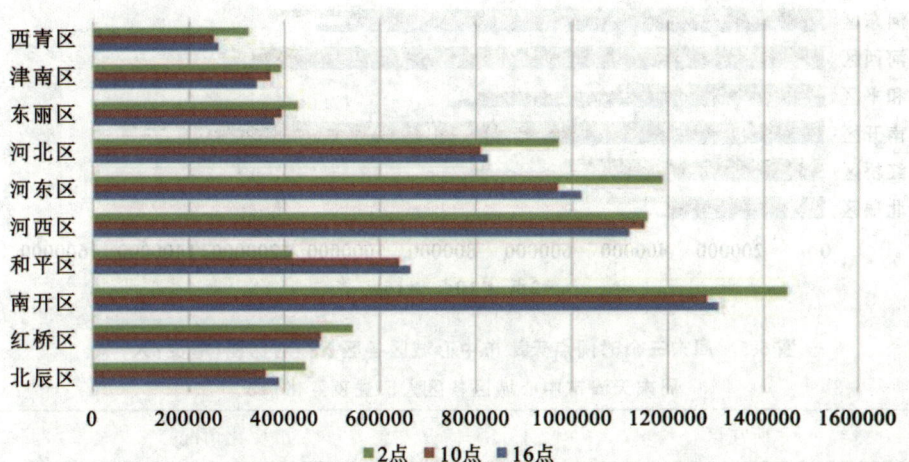

图 5-4　工作日三个时间点天津市中心城区各区人口对比图（单位：人）

表 5-2　　　　　　工作日天津市中心城区各区人口昼夜变化情况

所在区	人口变化情况
北辰区	昼降夜升
红桥区	昼降夜升
南开区	昼降夜升
和平区	昼升夜降
河西区	基本持平
河东区	昼降夜升
河北区	昼降夜升
东丽区	基本持平
津南区	基本持平
西青区	昼降夜升

周末 2 点、10 点和 16 点天津市中心城区各区人口对比图如图 5-5 所示。各区白天和夜间人口分布具有一定差异,红桥区、南开区、河东区、东丽区、河北区、津南区、北辰区及西青区夜间人口明显高于白天;和平区白天人口明显高于夜间;而河西区基本持平,变化不大。周末天津市中心城区各区人口昼夜变化情况如表 5-3 所示。

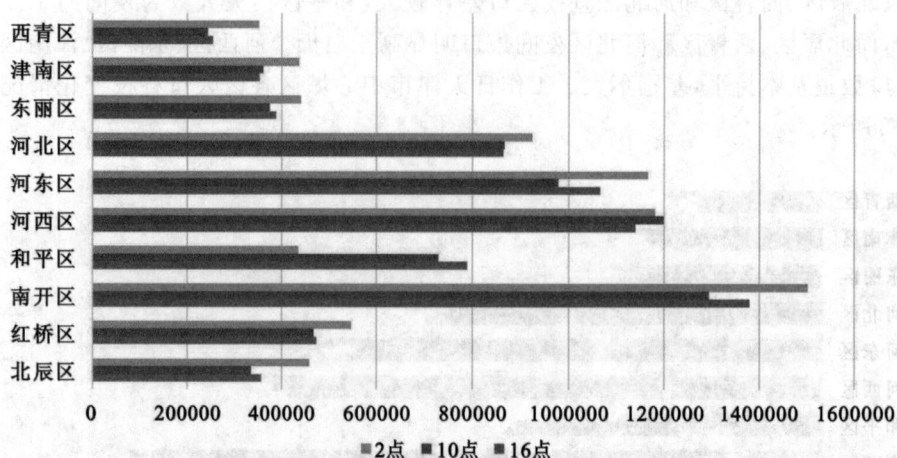

图 5-5　周末三个时间点天津市中心城区各区人口对比图(单位:人)

表 5-3　　　　　　周末天津市中心城区各区人口昼夜变化情况

所在区	人口变化情况
北辰区	昼降夜升
红桥区	昼降夜升
南开区	昼降夜升
和平区	昼升夜降
河西区	基本持平
河东区	昼降夜升
河北区	昼降夜升
东丽区	昼降夜升
津南区	昼降夜升
西青区	昼降夜升

根据天津市中心城区工作日和周末 2 点天津市中心城区人口数据对比,河东区和河北区工作日凌晨人口多于周末,其他区域周末人口比工作日人口多,如图 5-6 所

示。在进行 2 点人口数据统计时,河东区、河北区以工作日为主,北辰区、红桥区、和平区、东丽区、河西区、津南区、西青区和南开区以周末为主。

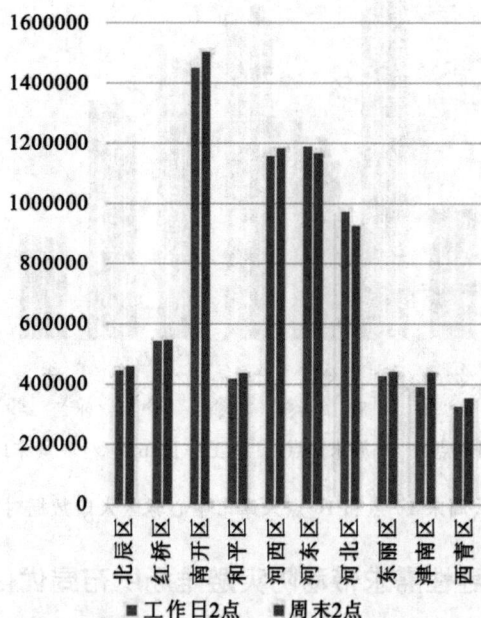

图 5-6 工作日和周末 2 点天津市中心城区人口数据对比(单位:人)

根据天津市中心城区工作日和周末 10 点、16 点人口数据对比(图 5-7),南开区、和平区、河东区人口差别较大,且周末 16 点人口数量高于其他三个时段;西青区、红桥区、东丽区和津南区白天人口四个时间段基本持平;北辰区工作日人口高于周末,工作日 16 点人数最多;河东区周末和工作日 16 点人口数量均高于 10 点,且周末 16 点人数最多。

(3)不同时段避难人口需求多样性,促进防灾避难场所布局优化。

根据以上分析,天津市中心城区可分为昼升夜降型、基本持平型和昼降夜升型三类。昼升夜降型区域多为一些商业、公共服务设施和就业岗位较为集中区域,白天人口数量明显高于常住人口数量;持平型区域为居住和商业混合区域,白天和夜间人数基本持平,以常住人口为主;夜升昼降型区域多为居住集中区,各项设施和就业岗位较少,人们"昼出晚归",夜间人口高于白天。其中,北辰区、红桥区、南开区、河东区、河北区、津南区、东丽区和西青区为昼降夜升型区域;河西区为持平型区域;和平区为昼升夜降型区域。

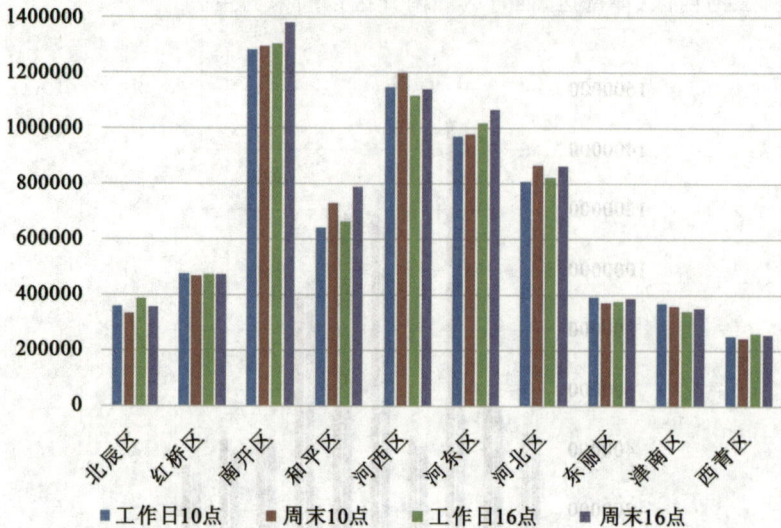

图 5-7　工作日、周末 10 点和 16 点天津市中心城区人口数据对比（单位：人）

5.3.2　规模均等性需求带动防灾避难场所布局优化路径形成

天津市中心城区大部分区域人口昼夜差别较大，不同时段人口分析为各区域避难疏散人口规模测算提供了基础。而各区域建筑综合抗灾能力的差异及与避难人口的协同性，要求利用"时间-空间-规模"三维空间面板模型对不同时段避难人口及不同等级防灾避难场所规模进行测算，使所有区域居民享有均等、公平的避难服务。

5.3.2.1　基于时空变化的各时段避难人口测算

由于灾害发生时间不确定，每天 24 小时之内均有可能发生，为了实现合理的防灾避难场所布局，根据天津市中心城区各区域常住和流动人口、建筑综合抗灾能力对灾害各阶段避难人口进行预测，为其布局提供依据。

（1）短期避难人口测算。

由于重大灾害发生后，道路交通中断，短期内流动人员无法疏散，而部分常住人员可以在综合抗灾能力较强的建筑内进行避难。综合抗灾性能较好的建筑，在重大灾害发生时基本无损坏或者损坏较小，在灾害发生后，简单修理即可入住，因此此类建筑内的常住人员不需要进入临时避难场所。流动人口主要为居住地和工作地分离的人员，短期内只能在临时避难场所避难。

为保证灾害发生时所有避难人员均能快速、安全避难，应根据人口变化对短期避难人口进行测算。在昼升夜降型区域以常住与流动人口总数为基数进行测算。在持平型区域,如果测算最高人口多于常住人口,则以测算人口为基数测算;如果测算人口少于常住人口或与常住人口差别较小,则以常住人口为基数测算。昼降夜升型区域以夜间人口为基数测算。

短期避难人口在测算时,分为短期常住避难人口和短期流动避难人口。

1)短期常住避难人口测算。

根据《防灾避难场所设计规范(2021年版)》(GB 51143—2015),研究区域内抗灾能力低的建筑物面积比例为60%时,短期避难人员可取常住人口的45%;抗灾能力低的建筑物面积比例为40%时,短期避难人员可取常住人口的35%;抗灾能力低的建筑物面积比例为20%时,短期避难人员可取常住人口的25%。

天津市中心城区内部分老建筑及城中村内建筑以砖木结构为主,抗震及抗灾性能较差;新建居住建筑以砖混结构和钢筋混凝土结构为主,商业、公共服务建筑以混凝土和钢结构建筑为主,抗灾能力较强;而工业及仓储等建筑以砖结构为主,部分建筑围护材料为彩钢,综合抗灾能力较弱。

在南开区、和平区和河东区沿海河区域、河西区部分区域和津南区、西青区的一些新开发地区,新建居住建筑及公共服务建筑较多,建筑抗灾能力较强,特别是抗震及消防水平都有明显提升。虽然近年来天津市对一些老旧建筑进行了综合抗灾能力改造,特别是五大道地区,使建筑综合抗灾能力得到增强,但已改造建筑仅占较小部分。城中村建筑、一些老旧居住区、工业厂房等的抗灾能力仍较弱,特别是一些建设年代较早的老旧小区,抗震及防火能力均较弱。

在对天津市中心城区各行政区常住避难人口进行测算时,根据建筑建设年代、结构、类型及性质等对所有建筑进行分类,并对其面积进行测算,得到抗灾能力弱的建筑物面积所占比例测算结果,为避难人口测算提供基础。各行政区抗灾能力弱建筑物面积及其所占比例如表5-4所示。综合抗灾能力弱的建筑包括简单建筑、棚房、1990年之前未经改造和加固的砖石结构建筑物、建筑物架空部分、工业建筑物。

表5-4　　　天津市中心城区各行政区抗灾能力弱建筑物面积及其所占比例

所在区	抗灾能力弱的建筑物					总建筑面积/万 m²	抗灾能力弱建筑物面积所占比例/%
	简单建筑/万 m²	棚房/万 m²	砖石结构建筑物/万 m²	建筑物架空部分/万 m²	工业建筑物/万 m²		
北辰区	27.40	78.46	833.73	13.45	67.03	2579.32	39.55
红桥区	15.47	21.79	281.78	13.0689	0.31	1632.42	20.36
南开区	19.23	37.10	525.28	26.7366	5.558	4375.59	14.03
和平区	2.82	6.95	273.52	104.79	0.03	1538.74	25.22

续表

所在区	抗灾能力弱的建筑物					总建筑面积/万 m²	抗灾能力弱建筑物面积所占比例/%
	简单建筑/万 m²	棚房/万 m²	砖石结构建筑物/万 m²	建筑物架空部分/万 m²	工业建筑物/万 m²		
河西区	18.17	34.71	491.76	79.40	11.51	3555.11	17.88
河东区	16.61	44.30	497.87	6.95	15.93	3354.05	17.34
河北区	15.23	27.57	317.36	37.38	6.48	2053.98	19.67
东丽区	16.70	36.05	501.00	15.20	4.91	1396.02	41.11
津南区	6.73	8.25	18.82	4.24	2.15	164.99	24.36
西青区	12.81	24.10	350.74	10.27	324.56	2091.99	34.54

根据天津市中心城区各行政区抗灾能力弱的建筑物面积所占比例,并结合抗灾能力弱的建筑物所占比例、短期避难人口占常住人口比例关系,对天津市中心城区内常住人口中短期避难人数进行测算,各行政区常住人口中短期避难人数如表 5-5 所示。

表 5-5　　　　天津市中心城区各行政区常住人口中短期避难人数

所在区	常住人口/万人	常住人口中短期避难人口/万人
北辰区	38.13	9.53
红桥区	56.15	14.04
南开区	113.57	22.71
和平区	34.90	8.73
河西区	98.30	19.66
河东区	96.69	19.34
河北区	88.51	17.70
东丽区	40.47	14.16
津南区	24.33	6.08
西青区	17.93	4.48

根据测算,天津市中心城区内短期避难常住人口为 136.43 万。

2)短期流动避难人口测算。

在对天津市中心城区短期避难流动人口进行测算时,不仅需要分析各区最高时段人数,也要将最高时段人口和常住人口进行对比,测算出短期流动避难人口。对于最高时段人口多于常住人口区域,将比常住人口多的部分作为短期流动人口;对于最高时段人口少于常住人口区域,则不再计算。天津市中心城区各行政区流动人口如表5-6所示。天津市中心城区各行政区最高时段人口与常住人口对比如图5-8所示。

表5-6 天津市中心城区各行政区流动人口

所在区	最高时段人口/万人	常住人口/万人	流动人口/万人
北辰区	45.92	38.13	7.79
红桥区	56.15	56.15	0
南开区	150.14	113.57	36.57
和平区	78.84	34.90	43.94
河西区	119.76	98.30	21.46
河东区	118.72	96.69	22.03
河北区	97.14	88.51	8.63
东丽区	44.12	40.47	3.65
津南区	43.72	24.33	19.39
西青区	35.12	17.93	17.19

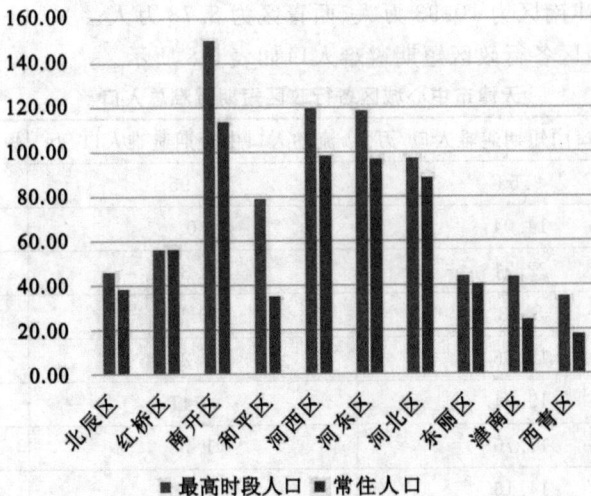

图5-8 天津市中心城区各行政区最高时段人口与常住人口对比(单位:万人)

根据天津市中心城区各行政区建筑综合抗灾能力,并结合短期避难流动人数进行计算,得出各行政区短期避难流动人口如表5-7所示。

表5-7　　　　　天津市中心城区各行政区流动人口中短期避难流动人口

所在区	流动人口/万人	流动人口中短期避难流动人口/万人	短期避难人口比例/%
北辰区	7.79	1.95	25
南开区	36.57	7.31	20
和平区	43.94	10.99	25
河西区	21.46	4.29	20
河东区	22.03	4.41	20
河北区	8.63	1.73	20
东丽区	3.65	1.28	35
津南区	19.39	4.85	25
西青区	17.19	4.30	25

根据测算,天津市中心城区内短期避难流动人口为41.11万。

3)短期避难总人口。

根据天津市中心城区各行政区常住和流动人口中需要短期避难人数,对短期避难总人口数进行计算,天津市中心城区内需要进行短期避难总人口数为177.54万。其中,北辰区为11.48万人、红桥区为14.04万人、南开区为30.02万人、和平区为19.72万人、河西区为23.95万人、河东区为23.75万人、河北区为19.43万人、东丽区为15.44万人、津南区为10.93万人、西青区为8.78万人。

天津市中心城区各行政区短期避难人口如表5-8所示。

表5-8　　　　　天津市中心城区各行政区短期避难总人口

所在区	常住人口中短期避难人口/万	流动人口中短期避难人口/万	短期避难总人口/万
北辰区	9.53	1.95	11.48
红桥区	14.04	0	14.04
南开区	22.71	7.31	30.02
和平区	8.73	10.99	19.72
河西区	19.66	4.29	23.95
河东区	19.34	4.41	23.75
河北区	17.70	1.73	19.43
东丽区	14.16	1.28	15.44
津南区	6.08	4.85	10.93
西青区	4.48	4.30	8.78

（2）中长期避难人口测算。

由于天津市中心城区规模较大，为了便于管理，灾害发生时中长期避难主要以各行政区为范围进行。在进行中长期避难人员测算时，主要以各行政区常住人口为基础，根据各行政区常住人数和抗灾能力弱的建筑物面积所占比例对需要中长期避难人数进行计算。

抗灾能力弱的建筑物面积占总建筑面积的比例 40%～60% 时，中长期避难人数可取常住人口的 20%；抗灾能力弱的建筑物面积占总建筑面积比例为 20%～40% 时，中长期避难人数可取常住人口的 15%；抗灾能力弱的建筑物面积占总建筑面积比例低于 20% 的区域，中长期避难人数可取常住人口的 10%。天津市中心城区内中长期避难人口总数为 73.52 万，其中北辰区 5.72 万人、红桥区 8.42 万人、南开区 11.36 万人、和平区 5.24 万人、河西区 9.83 万人、河东区 9.67 万人、河北区 8.85 万人、东丽区 8.09 万人、津南区 3.65 万人、西青区 2.69 万人。

天津市中心城区各行政区中长期避难人口如表 5-9 所示。

表 5-9　　　　　　　　　　**天津市中心城区各行政区中长期避难人口**

所在区	常住人口/万人	抗灾能力弱的建筑物面积所占比例/%	中长期避难人口/万人	中长期避难人口比例/%
北辰区	38.13	39.54	5.72	15
红桥区	56.15	20.36	8.42	15
南开区	113.57	14.03	11.36	10
和平区	34.90	25.22	5.24	15
河西区	98.30	17.88	9.83	10
河东区	96.69	17.34	9.67	10
河北区	88.51	19.67	8.85	10
东丽区	40.47	41.11	8.09	20
津南区	24.33	24.36	3.65	15
西青区	17.93	34.54	2.69	15

（3）长期避难人口测算。

长期避难人员为因房屋建筑严重破坏或毁坏而无法继续使用的人群。长期避难人数预测现主要采用尹之潜提出的基于建筑毁坏面积的预测方法，根据灾害严重程度，粗略地计算出房屋建筑损毁面积。

由于近年来城市灾害多发，我国对城市内部易发灾害的重视程度极大提升，新建建筑抗灾能力及抗灾标准普遍较高，然而老旧建筑的抗灾能力相对较弱，重大灾害发生时仍会出现倒塌等严重毁坏。由于重大灾害发生时，特别是地震灾害对建筑的破坏性较大，造成较为严重的建筑损失，长期避难人员数量也较多，因此以地震灾害对建筑造成的破坏情况为标准进行预测。

　　根据尹之潜对地震灾害发生时各类建筑的破坏情况研究,在预测长期避难人数时,通过毁坏和倒塌住宅建筑面积、严重破坏住宅建筑面积和中等破坏住宅建筑面积三部分进行综合测算。在测算时采用以下公式:

$$M = \frac{1}{a}\left(\frac{2}{3}A_1 + A_2 + \frac{1}{2}A_3\right)$$

式中:M 为预测长期避难人数;A_1 为毁坏和倒塌居住建筑面积;A_2 为严重破坏居住建筑面积;A_3 为中等破坏居住建筑面积;a 为人均居住面积。

　　根据《中国地震动参数区划图》(GB 18306—2015),天津市中心城区地震烈度为Ⅵ度。《天津市防震减灾条例》要求房屋建筑至少提高一档设防,则天津市中心城区地震抗震设防标准为Ⅶ度,在对天津市中心城区长期防灾避难人口进行计算时,应根据发生烈度为Ⅶ度地震时毁坏和倒塌、严重破坏和中等破坏建筑情况测算长期避难人数。

　　由于天津市中心城区建筑类型、结构及建设年代具有差别,灾害造成毁坏和倒塌、严重破坏和中等破坏建筑数量也有差别,在测算长期避难人口时,根据重大灾害发生时各行政区建筑实际受损和破坏情况进行各类建筑面积测算,同时根据《天津统计年鉴2020》中心城区人均居住面积 36.60m^2 的标准进行长期避难人口测算,各行政区建筑破坏情况及长期避难人数如表 5-10 所示。

表 5-10　　**天津市中心城区各行政区建筑破坏情况及长期避难人口**

	毁坏和倒塌民居类建筑面积/万 m²	严重破坏民居类建筑面积/万 m²	中等破坏民居类建筑面积/万 m²	人均居住面积/(m²/人)	长期避难人口/人
北辰区	99.06	116.17	122.56		66527
红桥区	32.54	20.30	34.97		16251
南开区	59.95	41.67	72.83		32255
和平区	28.74	27.13	62.26		21153
河西区	56.12	82.45	212.94		61840
河东区	58.65	90.10	284.36	36.60	74148
河北区	47.14	64.50	197.12		53138
东丽区	57.31	48.28	67.95		32913
津南区	15.35	20.83	24.94		11894
西青区	39.89	37.35	47.87		24010

　　注:倒塌和毁坏的为20世纪60年代之前建造且未经改造的老旧民居类建筑和城中村民居类建筑;严重破坏的为三层以下未经改造的砖石民居类建筑和20世纪80年代之前的三至六层砖民居类建筑;中等破坏的为2000年之前的三至六层砖石民居类建筑。

根据上述测算,天津市中心城区长期避难人数约为 39.41 万人。

5.3.2.2 基于规模均等性的各等级避难场地规模测算

根据天津市中心城区灾害不同时段避难人数和人均避难面积,对不同等级防灾避难场所需求面积进行测算。

(1)临时防灾避难场所面积需求。

根据天津市中心城区短期避难人数,对临时防灾避难场所面积进行测算,保证避难人员基本生活需求得到满足,各行政区临时避难场所面积如表 5-11 所示。

表 5-11 天津市中心城区各行政区临时避难场所面积

所在区	短期避难人数/万人	临时防灾避难场所面积/ha
北辰区	11.48	11.48~22.96
红桥区	14.04	14.04~28.08
南开区	30.02	30.02~60.04
和平区	19.72	19.72~39.44
河西区	23.95	23.95~47.90
河东区	23.75	23.75~47.50
河北区	19.43	19.43~38.86
东丽区	15.44	15.44~30.88
津南区	10.93	10.93~21.86
西青区	8.78	8.78~17.56
合计	177.52	177.52~355.04

注:临时防灾避难场所人均避难面积应为 $1\sim2m^2$。

(2)固定防灾避难场所面积需求。

根据天津市中心城区各行政区中长期避难人数和人均避难面积,依据人均 $2.0\sim4.0m^2$ 的标准计算,对固定防灾避难场所规模进行测算,满足基本的生活和坐卧、行走等需求,固定避难场所面积如表 5-12 所示。

表 5-12 天津市中心城区各行政区固定防灾避难场所面积

所在区	中长期避难人数/万人	固定防灾避难场所面积/ha
北辰区	5.72	11.44~22.88
红桥区	8.42	16.84~33.68

所在区	中长期避难人数/万人	固定防灾避难场所面积/ha
南开区	11.36	22.72~45.44
和平区	5.24	10.48~20.96
河西区	9.83	19.66~39.32
河东区	9.67	19.34~38.68
河北区	8.85	17.7~35.4
东丽区	8.09	16.18~32.36
津南区	3.65	7.3~14.6
西青区	2.69	5.38~10.76
合计	73.52	147.04~294.08

(3)中心防灾避难场所面积需求。

天津市中心城区长期避难人数为 39.41 万,依据人均不小于 4.5 m² 的避难空间需求进行计算,测算出天津市中心城区中心防灾避难场所需求量最低为 177.35ha。

5.4 本章小结

本章主要对防灾避难场所"量"布局优化路径进行分析。首先,对防灾避难场所布局中存在的规模需求问题进行分析,提出布局优化路径实施策略,然后构建基于"时间-空间-规模"三维空间面板的布局优化路径模型,同时对天津市中心城区防灾避难场所"量"布局优化路径进行分析。在对"量"布局优化路径进行分析时,根据各行政区居民昼夜分布及人口流动性和避难人员动态分布特征,对不同时段防灾避难人数进行测算,保证居民避难需求得到满足。居民对避难场地的需求应与人口流动性和不同时段避难人员的空间分布特征动态匹配,实现各区域居民避难规模的均等。

为保证居民享有公平的避难服务,也保证各区域居民避难疏散规模的均等,满足居民多样性避难疏散需求,应根据人口动态分布特征和人口流动性对防灾避难人员和避难场地进行预测。短期避难要满足常住人口和临时流动人口的避难需求,中长期和长期避难主要满足常住人口避难需求,为居民避难和灾后恢复重建提供基本保障。只有满足避难居民流动性、需求多样性和安全感等需求,实现避难需求序参量从无序到有序，才能使防灾避难场所综合协同系统达到协同平衡、和谐有序的状态，从而促进防灾避难场所规模均等化布局，为防灾避难场所布局优化提供新的路径。

防灾避难场所"量"布局优化路径作为其综合协同系统构成的基础要素，满足了人员避难对场地规模的需求。要保证防灾避难场所自组织系统的形成，还需可达性场地作为支撑，为居民提供多种灾害发生时满足多样性、安全性和通畅性需求的综合性避难疏散场地。要确保居民避难的安全性、可达性和通畅性，仍需对防灾避难场所"场"布局优化路径进行分析。

6 节点供给驱动的防灾避难场所场地可达性布局优化路径

防灾避难场所自组织系统的形成需要多要素综合协同,"量"布局优化路径的实施仅为其系统形成提供场地规模,保证系统流动性。场地是防灾避难场所自组织系统形成的重要节点,要实现自组织系统建设,还需要场地具有可达性,以确保合理的防灾避难场所布局落到实处。安全性、通畅性较强的场地,能够满足灾害发生时居民的快速、安全避难和疏散需求,提高防灾避难场所系统稳定性,因此"场"布局优化路径能够带动防灾避难场所布局优化,解决目前防灾避难场所布局中场地可达性不足的问题。在对"场"的路径进行分析时,首先分析其对系统发展的作用,其次提出基于多因子综合评价的布局优化路径模型和实施策略,最后对天津市中心城区防灾避难"场"布局优化路径进行研究,为居民提供快速、安全、可达的避难场地,实现防灾避难场所自组织系统的平衡和稳定。

6.1 场地可达性布局优化路径对防灾避难场所系统发展的作用

防灾避难场所可达性受自身开敞性、周边道路等各类限制性因素影响较大,避难场所布局存在着用地类型单一、场地开敞性不足、场地内部及周边限制性因素较多、安全性和通畅性不足等问题,使部分场地在灾害发生时无法使用,可达性受到严重影响,使得形成的系统不稳定。因此,在建设防灾避难场所时需要多类型场地支撑,同时对场地内部及周边限制性因素进行分析,并对通畅性影响因素及其周边相关要素进行关联性研究,提升防灾避难场所服务的可达性和安全服务能力,加强与周边相关要素的协同能力,满足场地多样性、安全性和通畅性需求。

6.1.1 提升防灾避难场所可达性水平

"场"布局优化路径的落实,不仅需要开敞性场地作为保障,也需要周边完善且合理的道路系统作为支撑,还要避免服务范围内铁路、河流等在灾害发生时对人员通行造成影响,因此需要对多种影响因素进行协同分析。首先,对可利用场地的规模进行分析;其次,对场地开敞性、周边道路情况及场地与周边道路联系进行分析,确保场地与道路的直接联系;最后,对场地周边的河流、铁路、不可穿行快速路等因素进行分析,选择距这些要素较远的场所,增强避难场所服务能力,防止这些因素对场地与周边联系造成影响。例如,天津市在中心城区各行政区以均衡数量模式布局避难场所,导致避难场所规模不均,且部分行政区内铁路、河流、城市快速路较多,受这些因素影响,规划的避难场所无法服务全部区域。部分避难场所周边建有较高的围墙、栅栏等,且部分场地与周边道路联系受两侧建筑物影响,自身缺乏可达性。通过"场"路径对天津市中心城区防灾避难场所布局进行优化,选择内部较为开敞、与周边道路联系较为方便且道路数量较多、等级较高的场地,实现居民快速、安全、通畅、可达的防灾避难需求。

6.1.2 提高防灾避难场所安全性服务能力

"场"路径的实施,需要安全性场地作为前提,只有选择安全性较高的场地,才能在灾害发生时为居民提供安全的避难疏散空间,确保防灾避难场所真正可用。"场"路径的实施,也需要对城市所有可作为防灾避难场所的场地进行安全性评价,因此要对河流、地震断裂带、地面沉降区、火灾及易爆工业企业、洪水淹没范围等进行协同分析,选择不受这些因素影响的场地,确保避难居民安全。我国一些城市在进行防灾避难场所规划时,常利用现状公园、广场等建设,但部分场地受限制性因素影响较大,场地自身安全性较差,居民在避难场所内的安全得不到保障。如长春市将伊通河河岸沿线滨河绿地公园作为防灾避难场所,沈阳市奥林匹克生态公园沿浑河建设,由于高程较低,较易受洪涝灾害影响;天津市地震灾害危险性及强度较高,天津市东丽广场位于地面沉降区范围内,地震发生时易造成地面沉降;南开区水上公园水体空间较大,地势相对较低,发生强降雨时周边区域向公园排水,较易受洪涝影响。为保证居民安全避难,必须对可利用场地进行安全性评价,加强各限制性因素协同分析,真正实现场地可达。

6.1.3 加强防灾避难场所与周边相关要素的协同能力

"场"路径的实施,要求避难场所与人口集中区、医院、消防站、治安设施等相协同,在灾害发生时能快速提供服务,使居民避难安全及各项需求得到满足。灾害发生时,大量居民涌进避难场所,对避难场所稳定性造成较大影响,特别是某些突发事件或恐慌、谣言等造成的秩序混乱,可能会导致治安事件。避难场所内可能存在部分受伤、突发疾病人员,这要求防灾避难场所能够与医院快速联系,实现人员转移及救治。另外,避难人员私拉电线及棚宿区内避难人员吸烟等易引发火灾,某些突发现象也会使防灾避难场所无法使用,此时需快速向外转移人员及内部救援,这些都要求防灾避难场所与消防设施快速联系,提高可达性。"场"路径的实施,保证了防灾避难场所与周边相关设施的联系,加强了与周边要素的协同,使周边相关设施能快速为防灾避难场所提供服务,保证避难人员安全,提高居民快速转移能力。

6.2 场地可达性多因子综合评价防灾避难场所布局优化路径模型

"场"路径对防灾避难场所自组织系统发展的作用机制,明确了防灾避难场所布局优化能够提升场地可达性水平和安全服务能力,也能加强场地与周边要素协同能力。为提高防灾避难场所的多样性、安全性、通畅性,增加其与周边相关设施布局的协同性,尚需构建场地可达性多因子综合评价布局优化路径模型,通过多因子对场地进行综合判定和评价。

6.2.1 多因子综合评价模型构建方法

多因子综合评价模型是利用不同要素和因子进行定性和定量分析,通过要素测算实现综合性评价。该模型在设施选址和比较选择方面应用较多,避免了主观选择的片面性。由于每个空间都由多个要素组成,因此必须将各场地与相关要素协同,运用多因子逐层分析,然后进行综合评价,反映各空间可利用程度。

在构建防灾避难场所多因子综合评价模型时,首先将指标体系分为目标层、准则层、要素层和因子层。目标层为所寻求能够作为防灾避难场所的空间;准则层是资源空间分析,使选择场地能够满足要求;要素层为评价空间满足需求的各项条件;因子层是构成避难场所及对其具有影响的各项因子,只有这些因子协同且均得到满足才能满足空间需求。

多因子综合评价模型构建过程也是其分析过程,通过对各因子进行分析,最后形成综合性评价指标体系,方便对所有场地对比分析。

(1)确定要素和因子。

先确定要素,再确定因子。因子是组成要素的下一级指标,因子的选取应综合、全面,具有对比性、差异性和不可替代性。

(2)确定各因子权重。

多因子综合评价模型的建立是对所有场地进行比选,将定性问题定量化处理,利用 MATLAB 软件进行权重值计算是较为常见的方法,且计算因子及权重较为客观。在确定各因子权重时,首先根据各要素和因子建立多个特征向量矩阵;其次利用 MATLAB 软件进行权重值计算,获得较为合理的权系数。

如下所示：

$$A = \begin{bmatrix} B1B1 & B1B2 & B1B3 \\ B2B1 & B2B2 & B2B3 \\ B3B1 & B3B2 & B3B3 \end{bmatrix}$$

(3)数据规范化。

在进行多因子综合评价模型分析时，通过对比计算求要素极小值，但由于选择因子与系统目标存在正或负相关关系。在对原始数据进行标准化处理时，对正相关指标采用公式①计算，负相关指标采用公式②计算。

指标标准化处理方法：

1)正相关指标处理。

标准化处理公式：

$$X_{ij} = \frac{x_{ij} - x_{ij,\min}}{x_{ij,\max} - x_{ij,\min}} \qquad ①$$

2)负相关指标处理。

标准化处理公式：

$$X_{ij} = \frac{x_{ij,\max} - x_{ij}}{x_{ij,\max} - x_{ij,\min}} \qquad ②$$

式中：X_{ij} 为标准化处理后的指标值；$x_{ij,\min}$ 为第 i 个要素中 j 因子最小值；$x_{ij,\max}$ 为第 i 个要素中 j 因子最大值；x_{ij} 为第 i 个要素中第 j 个因子的值。

(4)多因子综合评价模型分析方法。

在构建多因子综合评价模型时，根据各参评空间包含的所有要素和因子进行综合评价。由于参评空间包含不同等级要素，因此对各等级因子逐层进行分析，最后进行加权计算。

其计算方法如下：

$$F = a_1 b_1 + a_2 b_2 + \cdots + a_i b_i + \cdots + a_n b_n = \sum_{i=1}^{n} a_i b_i$$

$$b = e_1 d_1 + e_2 d_2 + \cdots + e_i d_i + \cdots + e_n d_n = \sum_{i=1}^{n} e_i d_i$$

式中：F 为每个参评空间的综合值；a_i 为该指标的权重值，$i = 1, 2, 3, \cdots, n$；b_i 为下一级因子的综合值，$i = 1, 2, 3, \cdots, n$；e_i 为下一级因子的权重值，$i = 1, 2, 3, \cdots, n$；d_i 为下一级因子的标准值，$i = 1, 2, 3, \cdots, n$。

6.2.2 多因子综合评价模型影响因子选择

防灾避难场所布局受较多要素影响，不仅包括自身要素，也包括周边道路、建筑、河流、铁路、高速公路、高压线、各项危险设施及企业，以及与之相联系的医院、消防设施和治安设施等。如防灾避难场所因河流、铁路等与居民区分隔，在灾害发生时居民未能及时抵达，或避难秩序混乱没有及时维护，或者受伤居民未得到及时救治和救援，防灾避难场所就失去了其作用。为了对备选场地进行分析，确保选择场地满足规模需求，且各项条件较好，并能与周边快速联系，使人们能够快速、安全到达避难场所，在对备选场地进行评价时，应充分考虑其有效性、合理性和通达性需求。

在进行场地评价模型要素选择时，应参考相关研究评价指标并进行完善。综合考虑天津市中心城区特点及各类场地周边情况，同时根据《防灾避难场所设计规范（2021年版）》（GB 51143—2015）、《地震应急避难场所场址及配套设施》（GB 21734—2008）、《危险化学品重大危险源辨识》（GB 18218—2018）、《电力设施保护条例》、《城市防洪工程设计规范》（GB/T 50805—2012）等规范及标准，选取对避难场地影响较大的5个要素，如图6-1所示。

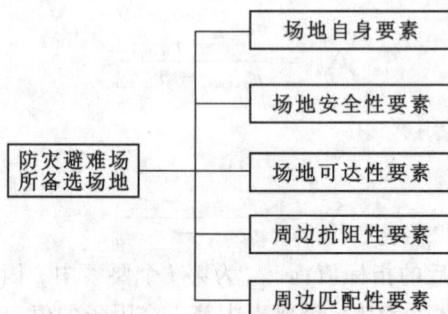

图 6-1　备选场地影响要素

在选择影响避难场所场地自身要素时，可从场地可利用面积比和地形方面进行研究。选择场地必须满足最低的用地要求，面积比越大的场地在人员安排、设施布置上相对更为方便，同时内部受其他要素影响较小，便于管理。地形变化过大的场地不宜作为避难场所使用，在重大灾害发生时易被破坏或因地形起伏过大造成内部交通不便。

场地安全性影响因子较多，主要为与高压线和燃气管线距离、与洪水淹没线距离等。使选择场地位于距易燃易爆企业或仓库较远区域、地下沉降区范围外，同时位于高压线和燃气管线防护距离外，也应位于洪水淹没线范围外。

场地可达性影响因子包括场地周边道路数量及等级、场地出入口数量和周边围护设施类型等。

周边抗阻性反映避难场所与外界连接便捷程度，包括周边建筑物倒塌覆盖道路范围、与铁路、河流、高速公路和城市快速路距离等。周边建筑物高度越高，灾害发生时建筑物倒塌覆盖道路范围越大，当道路被全部覆盖时，无法通行且存在较大安全威胁，因此周边建筑物高度应为考虑的主要因子。场地周边高速公路和城市快速路对区域分隔作用较强，严重影响场地的服务范围，使可达性明显降低。城市快速路、铁路与一般道路相交时部分路段常常采用地下通道,在地震、洪涝及强降雨发生时,会使联系避难场所与周边区域的道路中断,因此也是周边抗阻性的重要因子。

灾害发生时居民避难行为较为混乱,避难场所内各类事件发生的可能性均较大,避难人员重大伤病时有发生,也可能发生一些突发灾害事件。为了保证避难场所的安全使用,满足人员快速避难需求,避难场所选址也应与周边医院、治安及消防设施服务能力相匹配。避难场所还要与所在区域人口密度相匹配,并尽可能选择综合灾害风险等级较低区域。

6.2.3 多因子综合评价模型指标体系构建

由于各类资源的特殊性,其与周边多种要素具有一定相关性,只有满足一定条件的空间才可能被确定为防灾避难场所,根据可利用场地自身及其与周边要素的关系,建立防灾避难场所多因子综合评价模型指标体系,如图 6-2 和表 6-1 所示。

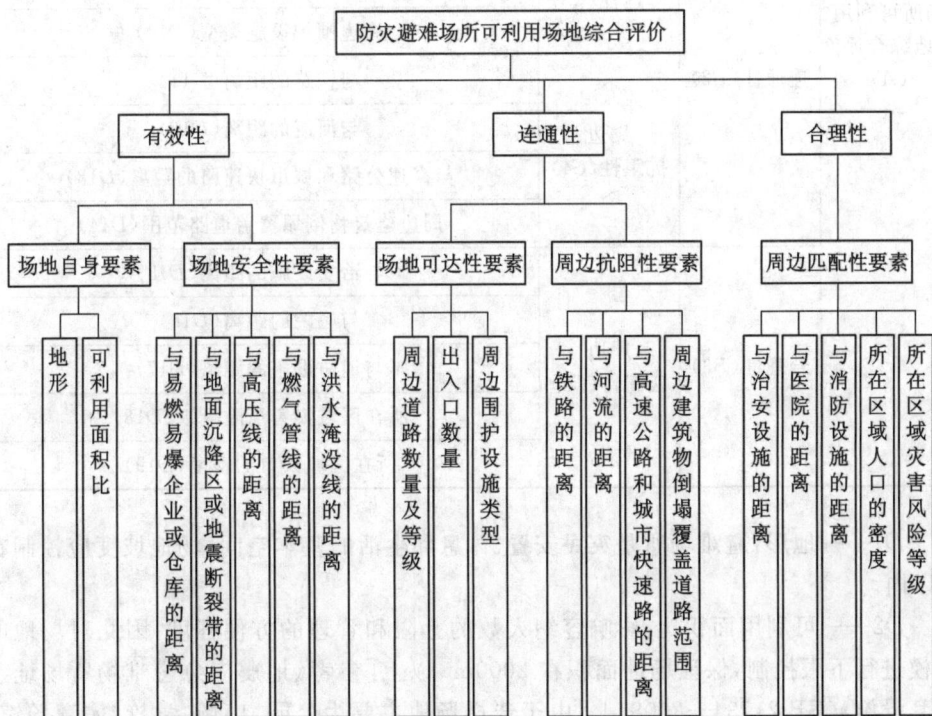

图 6-2 防灾避难场所可利用场地综合评价因子

选择评价指标,需要考虑备选场地自身及与周边要素的关系,通过对场地有效性、连通性和合理性协同研究,从这 3 个方面提取出场地自身要素、场地安全性要素、场地可达性要素、周边抗阻性要素和与周边匹配性要素等 5 个协同要素,最后从 5 个因素中选择出对避难场所影响较大的 19 个协同因子。

表 6-1 　　　　　　防灾避难场所可利用场地综合评价模型指标体系

目标层(A)	准则层(B)	要素层(C)	因子层(D)
防灾避难场所可利用场地综合评价(A)	有效性(B1)	场地自身(C1)	地形(D1)
			可利用面积比(D2)
		场地安全性(C2)	与易燃易爆企业或仓库的距离(D3)
			与地面沉降区或地震断裂带的距离(D4)
			与高压线的距离(D5)
			与燃气管线的距离(D6)
			与洪水淹没线的距离(D7)
	连通性(B2)	场地可达性(C3)	周边道路数量及等级(D8)
			出入口数量(D9)
			周边围护设施类型(D10)
		周边抗阻性(C4)	与铁路的距离(D11)
			与河流的距离(D12)
			与高速公路和城市快速路的距离(D13)
			周边建筑物倒塌覆盖道路范围(D14)
	合理性(B3)	周边匹配性(C5)	与治安设施的距离(D15)
			与医院的距离(D16)
			与消防设施的距离(D17)
			所在区域灾害风险等级(D18)
			所在区域人口的密度(D19)

　　D1——地形：避难场所是灾民安置、休息和生活的基本空间，场地坡度应控制在 7°以内。

　　D2——可利用面积比：影响容纳人数的上限和管理的方便程度，因此对场地的规模进行下限控制，保证场址面积在 2000m² 以上［参考《地震应急避难场所场址及配套设施》(GB 21734—2008)］。由于选择场地主要为公园、广场、学校、体育场馆、停车场等，这些场地内部可能有一些水体、假山、建筑物等，场地可利用空间会有一定程度的降低。一些规模相对较大的场地也可能因其可利用空间较小而不能作为避难场所。各类场地可利用面积比如表 6-2 所示。

表 6-2   各类场地可利用面积比

场地类型	类型描述	可利用面积比/%
中小学、大中专院校	可利用场地主要包括操场和教室,建筑抗震及防灾等级较高	80
公园、各类绿地	公园:大面积的绿地和较完备的基础设施。 各类绿地:主要包括街头绿地、社区内部和居住区的大型绿地,面积较大,能够容纳较多人口	60
广场、操场、体育场	大型的空旷场地,交通较为方便	100
停车场	大型的停车场,交通较为方便,内部较为空旷,但会停放大量车辆,特别是在夜间,可利用面积比会明显降低	75
体育馆、展览馆等各类大型室内空间	较大型的能够容纳较多人口的空间,建筑的抗震及抗灾能力较强,内部设施较好	50

$D3$——与易燃易爆企业或仓库的距离:场地与易燃易爆企业或仓库的距离越远,其内部所受影响越小。为保证场地内部安全,根据《城镇防灾避难场所设计规范》(征求意见稿)的规定,避难场地距离易燃易爆工厂仓库、供气站、储气站等重大次生火灾、爆炸危险源距离应不小于1000m。避难场所的应急功能区域与周围易燃建筑等一般次生火灾源之间应设置不少于30m的防火安全带。由于城市中加油、加气站数量较多,其在灾害发生时也存在火灾和爆炸的危险,且加油站油罐多为地埋,根据《汽车加油加气加氢站技术标准》(GB 50156—2021)要求,避难场所距离加油站不应小于50m。

$D4$——与地面沉降区或地震断裂带的距离:地面沉降区在灾害发生时易塌陷,导致设施被破坏,避难场所应避开地面沉降区和地震造成的地表破裂危险区,《防灾避难场所设计规范(2021年)》(GB 51143—2015)规定,通常地表破裂线15m以内划定为地表破裂危险区。

$D5$——与高压线的距离:目前城市内部许多高压线已经地埋,但部分区域高压线仍架空,在灾害发生时易造成触电、火灾或爆炸事故,因此避难场所可利用空间应在高压线的防护距离之外。《电力设施保护条例》规定:500kV及以上高压线最外侧边导线两侧各控制20m的防护距离,154～330kV高压线两侧控制15m的防护距离,35～110kV高压线两侧各控制10m的防护距离,1～10kV高压线两侧各控制5m的防护距离。

$D6$——与燃气管线的距离:地震等重大灾害会造成高压燃气管线破裂或泄露引发爆炸、火灾等,因此根据《城镇燃气设计规范(2020年版)》(GB 50028—2006),燃气管线两侧各控制15m安全控制区。

$D7$——与洪水淹没线的距离:城市内部及周边河流对城市影响较大,特别是洪涝灾害发生时城市内部严重积水。根据《城市防洪工程设计规范》(GB/T 50805—2012)和《天津城市防洪规划》,紧急和临时避难场所选址应不低于上述标准确定的淹没水位线,固定避难场所和中心避难场所距安全超高不低于0.5m。

D8——周边道路数量及等级:场地周边道路等级及数量与进入能力具有密切关系。周边道路数量多、等级高,场地进入性就强,灾害发生时受交通影响相对较轻。

D9——出入口数量:作为避难场所的场地应满足一定出入口数量要求,同时宜在不同方向分散设置,方便不同方向人员进入。《防灾避难场所设计规范(2021年版)》(GB 51143—2015)规定,中心和固定避难场所应至少设置4个不同方向出入口,中短期、临时和紧急避难场所应至少设置2个不同方向主要出入口。

D10——周边围护设施类型:目前,一些公园、体育设施等周边建设有围护设施,这些围护设施对进入性具有较大影响。较高的砖墙及铁栅栏进入性较差,避难疏散人群只能通过出入口进入;低矮的栅栏进入性相对较高,避难疏散人群能够轻松翻越进入内部;周边无维护设施空间进入性最高,避难疏散人群能够轻松进入。

D11——与铁路的距离:铁路对城市分隔较为严重,避难场所紧邻铁路会造成服务范围明显减小,避难场所与铁路的距离也是其可达性的重要因子,距离铁路越近,其可达性的程度越低。

D12——与河流的距离:根据宽度可将城市内部及周边河流分为一级河流、二级河流和其他河流。避难场所应尽可能远离河流,使避难场所距离一级河流200m以上,距离二级河流100m以上。

D13——与高速公路和城市快速路的距离:高等级道路两侧的分隔性较强,由于高速公路及城市快速路多为高架或封闭道路,周边区域的进入性较弱,与其他区域联系相对较为不便。

D14——周边建筑物倒塌覆盖道路范围:道路两侧建筑物高度越高,其倒塌覆盖道路范围越大,越有可能严重影响交通通行,因此覆盖道路情况也成为场地可达性重要因素。

D15——与治安设施的距离:重大灾害发生时,避难场所内聚集大量人员,避难场所与治安设施的距离越近,可以越快速、及时地进行人员疏散及管制。

D16——与医院的距离:重大灾害发生时,避难场所内部进入大量人员,包括大量的受伤人员,场所内部人员突发重大疾病可能性较大,这些受伤或患病人员都需要到医院接受救治。场地距离医院越近,越能快速进行救治。

D17——与消防设施的距离:场地自身、周边区域着火等可能引发火灾,以及在次生灾害发生时场地内部人员再次进行转移,均需要消防救援的参与,也要求场地与消防设施越近越好。

D18——所在区域灾害风险等级:由于城市的人员、建筑、设施及灾害环境等存在一定差别,不同区域之间灾害风险也存在一定差异,灾害风险等级越高区域,场地安全性越低。避难场所应尽量选择在灾害风险等级较低的区域。

$D19$——所在区域人口的密度:场地所在区域人口密度越高,对避难场所的需求越多,场地选择也尽可能靠近人口密度较大的区域,方便居民快速避难。

6.2.4 多因子综合评价模型指标影响因子权重确定

在进行多因子综合评价时,各项要素和因子权重设定,与科学合理的构建用地选址评价模型同样重要。科学、合理的权重设定能正确、客观地反映各场地是否适合作为防灾避难场所且能取得最大效益。

(1)要素和因子权重计算。

在对各要素和因子指标权重进行计算时,利用 MATLAB 软件建立特征向量矩阵,进行相似性判断和测算结构验证,确定各因子权重值。

1)建立特征向量矩阵。

将各评价因子利用 MATLAB 软件建立特征向量矩阵,进行权重值测算。

2)进行相似性判断。

为使各评价因子权重值与设想一致,通过查阅相关资料,结合以往专家、学者的经验进行各因子权重值计算,参考专家打分和以往其他相似研究分析判断。

3)对测算结果进行验证。

如果 MATLAB 软件测算的权重值与判断相一致,则对通过 MATLAB 软件计算得到的权重予以采纳;否则,对判断矩阵进行调整并重新计算权重。

在用多因子评价法计算各因子权重时,由于指标体系中因子数量较多,为防止判断标准前后不一致,可对检查结果进行随机一致性比率计算。随机一致性比率(CR)为判断矩阵一致性指标(CI)和平均随机一致性指标(RI)的比值。平均随机一致性指标如表 6-3 所示。

表 6-3   **平均随机一致性指标**

评价因子个数 n	1	2	3	4	5	6	7	8	9
RI	0	0	0.58	0.90	1.12	1.24	1.32	1.41	1.45

在计算 CI 指标时引入判断矩阵的最大特征值 λ_{max},将 λ_{max} 和评价因子个数 n 的差值与 $n-1$ 的比作为判断一致性的指标 CI。

MATLAB 软件运算方法:

```
A = [B1B1,B1B2,B1B3;B2B1,B2B2,B2B3;B3B1,B3B2,B3B3];
[m,n]=size(A);                    获取指标个数
RI=[0 0 0.58 0.90 1.12 1.24 1.32 1.41 1.45];
R=rank(A);                        进行判断矩阵秩计算
[V,D]=eig(A);                     计算判断矩阵特征值和特征向量,V 为特征值,
                                  D 为特征向量
```

```
tz＝max(D);
B＝max(tz);                              求出最大特征值
[row,col]＝find(D＝＝B);                 找出最大特征值所在位置
C＝V(:,col);                             计算出对应特征向量
CI＝(B−n)/(n−1);                        对一致性检验指标 CI 进行计算
CR＝CI/RI(1,n);
if CR＜0.10
    disp('CI＝');disp(CI);
    disp('CR＝');disp(CR);
    disp('对比矩阵 A 通过一致性检验,各向量权重向量 Q 为:');
    Q＝zeros(n,1);
    for i＝1:n
    Q(i,1)＝C(i,1)/sum(C(:,1));          对特征向量标准化计算
    end
    Q                                   输出权重向量
else
    disp('对比矩阵 A 未通过一致性检验,需对对比矩阵 A 重新构造')
end。
```

根据上述运算,如果 CR 在 10％左右,则认为一致性较高,符合要求。

4)要素和因子权重赋值。

对最后确定的各要素和因子权重值进行统计。

(2)一级指标权重计算。

1)建立特征向量矩阵。

根据指标的重要程度进行一级指标矩阵构建,其中一级指标矩阵包括 3 个元素,通过 3 个元素对目标层(A)防灾避难场所优化选址的评价指标(B1、B2 和 B3)进行分解,建立特征向量矩阵

$$A = \begin{bmatrix} B1B1 & B1B2 & B1B3 \\ B2B1 & B2B2 & B2B3 \\ B3B1 & B3B2 & B3B3 \end{bmatrix}$$

一级指标主要包括场地有效性(B1)、连通性(B2)和合理性(B3),建立三个元素特征向量矩阵表格,如表 6-4 所示。

表 6-4　一级指标

	B1	B2	B3
B1	1	2	5/2
B2	1/2	1	3/2
B3	2/5	2/3	1

2)利用 MATLAB 软件进行权重测算和一致性检验。

MATLAB 软件运算过程如图 6-3 所示。

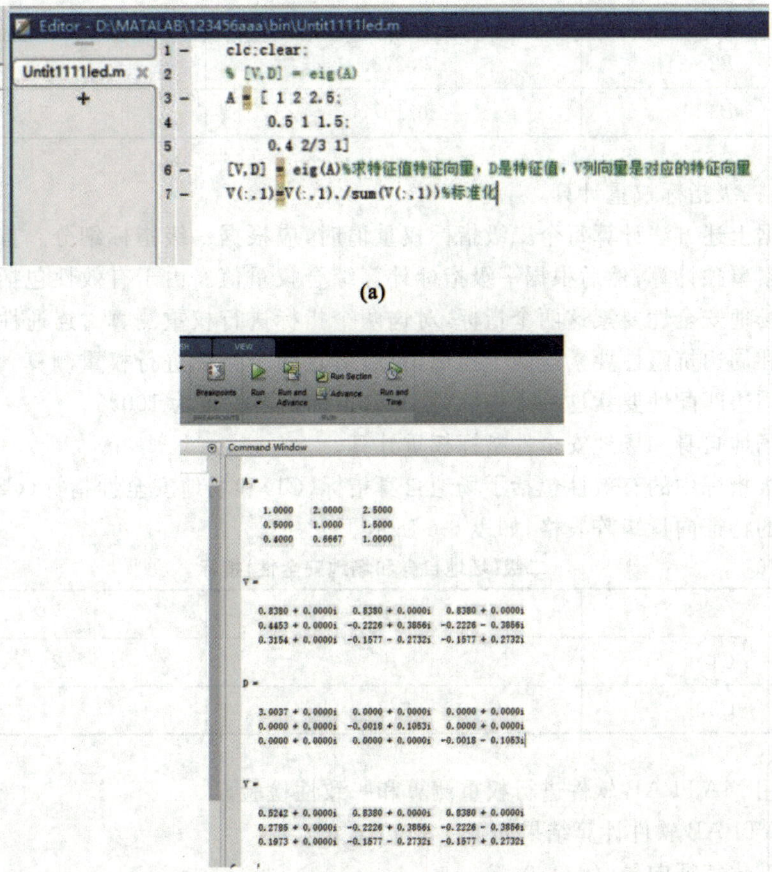

(a)

(b)

图 6-3 MATLAB 运算步骤

(a)MATLAB 运算步骤 1；(b)MATLAB 运算步骤 2

MATLAB 软件计算结果如下。

标准化特征向量：(0.5238,0.2785,0.1977)；

最大特征值：$\lambda_{max}=3.0037$；

CI=0.0019；

CR=0.0019/0.58=0.32%<10%。

说明一致性较高，符合要求。

3)指标权重确定。

一级指标权重如表 6-5 所示。

表 6-5	一级指标权重及排序	
指标	权重值	排序
B1	0.5238	1
B2	0.2785	2
B3	0.1977	3

(3)二级指标权重计算。

根据上述方法计算每个二级指标权重值时,应根据一级指标细分。首先对每一构成要素单独计算;然后根据一级指标计算综合权重值。由于有效性包括场地自身要素和场地安全性要素这两个指标,对这两个指标进行权重测算。连通性包括场地可达性和周边抗阻性要素这两个指标,也应对这两个指标进行权重测算。而合理性只包括周边匹配性要素这一个指标,因此该指标所占权重为100%。

1)场地自身和场地安全性指标权重计算。

二级指标中的有效性包括了场地自身指标(C1)和场地安全性指标(C2),建立两个元素的特征向量矩阵表格,如表 6-6 所示。

表 6-6	二级(场地自身和场地安全性)指标	
	C1	C2
C1	1	2/3
C2	3/2	1

利用 MATLAB 软件进行权重测算和一致性检验。

MATLAB 软件计算结果如下。

标准化特征向量:$(0.4,0.6)$;

最大特征值:$\lambda_{max}=2$;

$CI=0$;

$CR=0<10\%$。

说明一致性较高,符合要求。

指标权重确定如表 6-7 所示。

表 6-7	二级(场地自身和场地安全性)指标权重	
指标	权重值	排序
C1	0.4	2
C2	0.6	1

由表 6-7 可知,在有效性方面,场地安全性指标权重值高于场地自身指标。

2)场地可达性和周边抗阻性指标权重计算。

二级指标中的连通性包括了场地可达性指标($C3$)和周边抗阻性指标($C4$),建立两个元素的特征向量矩阵表格,如表 6-8 所示。

表 6-8　　　　　　　　　　**二级(场地可达性和周边抗阻性)指标**

	$C3$	$C4$
$C3$	1	2
$C4$	0.5	1

利用 MATLAB 软件进行权重测算和一致性检验。

MATLAB 软件计算结果如下。

标准化特征向量:(0.66,0.33);

最大特征值:$\lambda_{\max} = 2$;

CI=0;

CR=0<10%。

说明一致性较高,符合要求。

指标权重确定如表 6-9 所示。

表 6-9　　　　　　　**二级(场地可达性和周边抗阻性)指标权重**

指标	权重值	排序
$C3$	0.67	1
$C4$	0.33	2

由表 6-9 可知,在连通性方面,场地可达性权重值高于周边抗阻性。

3)二级指标综合权重。

指标综合权重如表 6-10 所示。

表 6-10　　　　　　　　　　　**二级指标综合权重**

目标层(A)	准则层(B)	权重值	要素层(C)	权重值	综合权重值
防灾避难场所优化选址评价(A)	有效性($B1$)	0.5238	场地自身($C1$)	0.4	0.2095
			场地安全性($C2$)	0.6	0.3143
	连通性($B2$)	0.2785	场地可达性($C3$)	0.67	0.1866
			周边抗阻性($C4$)	0.33	0.0920
	合理性($B3$)	0.1977	周边匹配性($C5$)	1	0.1977

(4)三级指标权重计算。

利用与一、二级指标相同计算方法,计算三级指标权重和综合权重值。

1)场地自身指标因子。

场地自身指标($C1$)包括地形($D1$)和可利用面积比($D2$)两个因子,如表6-11所示。

表6-11   场地自身指标下三级因子权重

二级指标	权重值	三级指标	权重值	综合权重值
场地自身($C1$)	0.2095	地形($D1$)	0.6	0.1257
		可利用面积比($D2$)	0.4	0.0838

2)场地安全性指标因子。

场地安全性指标($C2$)包括与易燃易爆企业或仓库的距离($D3$)、与地面沉降区及地震断裂带的距离($D4$)、与高压线的距离($D5$)、与燃气管线的距离($D6$)和与洪水淹没线的距离($D7$)五个因子,如表6-12所示。

表6-12   场地安全性指标下三级因子权重

二级指标	权重值	三级指标	权重值	综合权重值
场地安全性($C2$)	0.3143	与易燃易爆企业或仓库的距离($D3$)	0.27	0.0838
		与地面沉降区或地震断裂带的距离($D4$)	0.21	0.0645
		与高压线的距离($D5$)	0.14	0.0440
		与燃气管线的距离($D6$)	0.15	0.0470
		与洪水淹没线的距离($D7$)	0.24	0.0750

3)场地可达性指标因子。

场地可达性指标($C3$)包括周边道路数量及等级($D8$)、出入口数量($D9$)、周边围护设施类型($D10$)三个因子,如表6-13所示。

表6-13   场地可达性指标下三级因子权重

二级指标	权重值	三级指标	权重值	综合权重值
场地可达性($C3$)	0.1866	周边道路数量及等级($D8$)	0.4	0.07464
		出入口数量($D9$)	0.3	0.05598
		周边围护设施类型($D10$)	0.3	0.05598

4）周边抗阻性指标因子。

周边抗阻性指标($C4$)包括与铁路的距离($D11$)、与河流的距离($D12$)、与高速公路和城市快速路的距离($D13$)、周边建筑物倒塌覆盖道路范围($D14$)四个因子，如表 6-14 所示。

表 6-14 周边抗阻性指标下三级因子权重

二级指标	权重值	三级指标	权重值	综合权重值
周边抗阻性 （$C4$）	0.092	与铁路的距离（$D11$）	0.2	0.0184
		与河流的距离（$D12$）	0.2	0.0184
		与高速公路和城市快速路的 距离（$D13$）	0.2	0.0184
		周边建筑物倒塌覆盖道路范围 （$D14$）	0.4	0.0368

5）周边匹配性指标因子。

周边匹配性指标($C5$)包括与治安设施的距离($D15$)、与医院的距离($D16$)、与消防设施的距离($D17$)、所在区域灾害风险等级($D18$)和所在区域人口的密度($D19$)五个因子，如表 6-15 所示。

表 6-15 周边匹配性指标下三级因子权重

二级指标	权重值	三级指标	权重值	综合权重值
匹配性指标 （$C4$）	0.1977	与治安设施的距离（$D15$）	0.12	0.02372
		与医院的距离（$D16$）	0.08	0.01582
		与消防设施的距离（$D17$）	0.10	0.01977
		所在区域灾害风险等级（$D18$）	0.30	0.05931
		所在区域人口的密度（$D19$）	0.40	0.07908

6）三级指标因子权重及排序。

根据上面 5 个要素中 19 个影响因子权重计算，对各因子综合权重进行整理，得出表 6-16。

表 6-16 三级指标综合权重及排序

目标层 (A)	准则层 (B)	权重值	要素层 (C)	权重值	综合权重值	因子层 (D)	权重值	综合权重值
防灾避难场所可利用场地综合评价 (A)	有效性 (B1)	0.5238	场地自身 (C1)	0.4	0.2095	地形 (D1)	0.6	0.1257
						可利用面积比 (D2)	0.4	0.0838
			场地安全性 (C2)	0.6	0.3143	与易燃易爆企业或仓库的距离 (D3)	0.27	0.0838
						与地面沉降区或地震断裂带的距离 (D4)	0.21	0.0645
						与高压线的距离 (D5)	0.14	0.0440
						与燃气管线的距离 (D6)	0.15	0.0470
						与洪水淹没线的距离 (D7)	0.24	0.0750
	连通性 (B2)	0.2785	场地可达性 (C3)	0.67	0.1866	周边道路数量及等级 (D8)	0.4	0.07464
						出入口数量 (D9)	0.3	0.05598
						周边围护设施类型 (D10)	0.3	0.05598
			周边抗阻性 (C4)	0.33	0.092	与铁路的距离 (D11)	0.2	0.0184
						与河流的距离 (D12)	0.2	0.0184
						与高速公路和城市快速路的距离 (D13)	0.2	0.0184
						周边建筑物倒塌覆盖道路范围 (D14)	0.4	0.0368
	合理性 (B3)	0.1977	周边匹配性 (C5)	1	0.1977	与治安设施的距离 (D15)	0.12	0.02372
						与医院的距离 (D16)	0.08	0.01582
						与消防设施的距离 (D17)	0.10	0.01977
						所在区域灾害风险等级 (D18)	0.30	0.05931
						所在区域人口的密度 (D19)	0.40	0.07908

场地可达性多因子综合评价布局优化路径模型的建立,保证了场地可使用性及周边安全性,确保了场地自身及周边开敞性,使居民能够快速进入防灾避难场所,同时也确保了避难疏散过程中不受不可跨越因素影响,提高了与周边相关要素匹配性。

6.3 场地可达性防灾避难场所布局优化路径实施策略

"场"布局优化路径模型的构建,使防灾避难场所系统稳定性和平衡性得到极大提升,确保了居民快速安全避难,实现了场地与周边设施的协同。但要解决场地通畅性、安全性及多样性空间不足问题,保证"场"布局优化路径的实施,还需要加强多样性场地利用,对城市内部限制性因素进行分析,为提高场地与周边设施协同性的实施策略提供保障。

6.3.1 多样性场地利用,提高避难场所空间可利用水平

在规划防灾避难场所时,为确保城市内部有足够可利用空间,同时保证不同气候环境条件下居民正常避难疏散,使居民基本生活需求得到满足,首先应利用多样性场地建设室内外结合的避难场所,避免恶劣气候环境对居民避难造成的影响;其次充分利用不同规模和类型空间,根据场地规模分等级建设避难场所,应避免仅利用现状大型空间,使避难场所分布不均、服务距离过远,居民无法快速避难。

由于灾害发生时间及类型的不确定,故需建设满足多种灾害不同时段避难需求的防灾避难场所,特别是针对洪涝、爆炸、地震等影响范围广且破坏较严重的灾害。多样性场地的利用可以提高灾害发生时居民的避难疏散水平,增加居民对避难场所熟悉度、认知度及避难过程的归属感、安全感,因此需要充分利用街头绿地、社区公园、停车场、体育场馆、中小学、展览馆等,根据"场"路径进行防灾避难场地选择,增加避难场所数量和扩大其规模,以满足居民避难空间需求。

6.3.2 限制性因素分析,提高避难场所服务安全性

防灾避难场所作为灾害发生时居民避难空间,必须降低各类限制性因素影响,保证居民在避难场所内的安全,因此需要对可利用场地内部及周边限制性因素进行分析,提高避难场所安全性服务水平,真正实现居民避难可达。目前,我国一些城市在布局防灾避难场所时仅考虑场地分布及规模,利用现状公园、广场等建设,但城市内部河流、高压燃气管线、易燃易爆企业、地震断裂带、地面沉降区、易积水区域等较多,灾害发生时容易引发洪涝、火灾、爆炸及地面沉降等,使防灾避难场所无法使用。

我国一些公园和广场,特别是滨河公园、湿地公园等,内部及周边存在一定安全隐患,使居民无法安全进入防灾避难场所,灾害发生时居民避难安全性不足,导致避难过程受阻,场地可达性不足。通过"场"布局优化路径的实施,选择满足安全性要求的防灾避难场地,将其选址定在洪水淹没线以上,避开地面沉降区,远离易燃易爆企

业及危险品仓库等,与地震断裂带、高压燃气管线保持一定距离,同时避开高大建筑物倒塌影响范围。

6.3.3　提高场地与周边设施协同水平,保证避难服务快速、通畅

防灾避难场所要为居民提供快速、安全避难服务,不仅需要开敞性、安全性场地,也要与周边设施协同布局,保证避难疏散过程通畅,因此应将与周边设施协同布局作为场地选择的重要因素。

防灾避难场所主要为周边居民提供服务,在布局时应充分考虑所选择场地周边人口密度,将场地选择在人口密度较大区域,缩短居民避难疏散距离,在人口密度大、数量多的区域尽可能多设置一些避难场所,特别是城市商业区、公共服务区,保证灾害发生时居民能快速避难。医疗、消防及治安设施作为救援时的重要保障设施,不仅为避难疏散居民提供医疗、救治服务,也发挥为城市提供快速救援及避难疏散秩序维护作用,因此尽可能选择内部及四周较为开敞、道路等级较高且周边建筑物对道路通行影响较小的场地,保证居民避难疏散的安全、通畅及快速可达。

6.4　天津市中心城区防灾避难场所场地可达性布局优化路径分析

场地可达性多因子综合评价布局优化路径模型的构建及实施策略的制定,为防灾避难场所系统形成提供了保证,使其能够利用多样性场地进行防灾避难场所建设,同时提高场地安全性、可达性、通畅性及与周边设施的协同水平,保证系统的平衡及稳定。目前,天津市中心城区防灾避难场所布局存在着用地类型单一、避难场所安全性及通畅性不足等问题,给居民避难疏散造成较大困难,因此需要利用多因子综合评价布局优化路径模型及实施策略对防灾避难场所布局进行优化,以保证场地多样性、安全性及通畅性等,满足灾害发生时居民的快速、安全避难需求。

6.4.1　场地可达性防灾避难场所布局优化协同路径机制

天津市中心城区人口数量较多,规划避难场所数量少,居民避难疏散距离过远,避难疏散过程受较多限制性因素影响,长期避难需求得不到满足,需要利用"场"路径对防灾避难场所布局进行优化。因此,首先,对天津市中心城区场地多样性进行分析,选择可以作为防灾避难场所的场地;其次,根据限制性因素对场地安全性进行分析,确保居民避难疏散过程安全;最后,根据自身开敞性及周边相关设施分布对场地通畅性进行分析,确保能与周边设施快速联系,提高场地可达性,为防灾避难场所布局优化提供多样性、安全性和通畅性场地支撑。

6.4.1.1 场地"多样性"为防灾避难场所布局优化路径形成提供条件

合理的防灾避难场所布局需要多样性场地作为基础,场地多样性使防灾避难场所布局优化得以实现。为确保防灾避难场地的多样性,需要获取城市内部所有可利用场地资源。

天津市中心城区一些新开发和已改造区域各类绿地、中小学、停车场等数量相对较多且用地面积较大,能够满足灾害时的避难需求。但受自身及周边环境条件影响,并不是所有场地都可作为避难场所,因此需要对所有备选场地进行分析。根据天津市各类统计年鉴、各类规划、地形图、卫星地图及不同部门监测数据和天津市政府网站相关数据对可作为防灾避难场所的各类绿地、公园、广场、停车场、中小学、高等院校、体育场馆、展览馆、博物馆、纪念馆和文化馆等场地进行选择。

其中,将《天津统计年鉴 2015》中的人口数据作为天津市中心城区常住人口数量的统计依据。

根据天津市各项规划进行避难场地选择和限制性因素分析,如《天津市城市总体规划(2005—2020 年)》《天津市中心城区子牙河两岸地区城市设计》《天津市燃气专项规划(2021—2035 年)》《天津市能源发展"十四五"规划》《天津市电力空间布局规划(2022—2035 年)》《天津市电力发展"十四五"规划》《天津市排水专项规划(2020—2035 年)》、天津市中心城区地形图、天津市中心城区卫星航拍图、天津市水准测量点监测数据等对影响防灾避难场所安全及布局的电力设施、燃气管线、燃气站、地震断裂带、地面沉降区、易燃易爆工业企业、河流防护带、洪涝淹没范围、地形条件、河流坑塘及各项设施等进行统计和矢量化。

对于天津市中心城区建成区,根据天津市中心城区地形图、卫星航拍图、《天津市绿地系统规划(2021—2035 年)》《天津市公共体育设施布局规划(2021—2035)》《天津市机动车停车设施专项规划(2021—2035 年)》和各区的教育专项规划等,对天津市中心城区内可以用作避难场所的公园、广场、街头绿地、防护绿地、停车场、体育场馆、中小学、展览馆等在内的可以利用的空间资源进行基础数据统计。

对道路、河流、建筑物根据地形图进行矢量化。对所有数据采用统一的空间坐标系统进行配准,保证所有数据兼容。

天津市中心城区内分布有较多的军事用地,内部建筑物较少;部分区域也有一定的消防队等用地,具有大量的绿地、广场等空间。这些用地规模较大,但由于这些地区管理较为严格,是国家的特殊管理单位,在灾害发生时不宜作为避难场所,因此不再考虑。

(1)各类型绿地。

天津市中心城区内共有各类型绿地 55786 个。其中面积在 2000m² 及以上可作为避难场所的绿地共计 4525 个,主要为街头绿地、居住区内部绿地、城中村内部绿

地、建筑物之间绿地、滨河绿地以及各类道路防护绿地,天津市中心城区防灾避难备
选绿地分布图如图 6-4 所示。

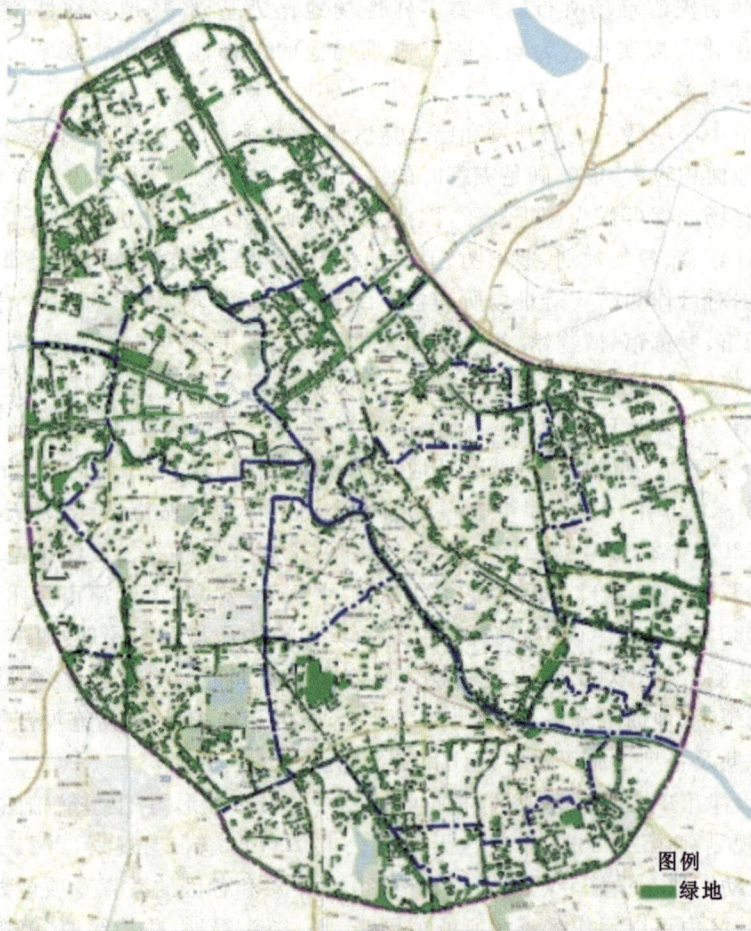

图例
绿地

图 6-4　天津市中心城区防灾避难备选绿地分布图

(2)公园。

目前,天津市中心城区内部分面积在 $2000m^2$ 及以上可作为避难场所的公园的
可利用面积规模情况如表 6-17 所示,主要为目前已经建设完成的城市公园。部分公
园面积较大,内部设施较为完善,具有供电、供水、监控等设施,通过对现状规模较大
的公园进行改造,可以将其作为中长期的避难场所使用。天津市中心城区防灾避难
备选公园如图 6-5 所示。

表 6-17　　　　　天津市中心城区部分公园可利用面积规模(≥2000m²)

所在区	编号	公园面积/m²	可利用面积/m²	编号	公园面积/m²	可利用面积/m²
北辰区	1	36968	22181	20	4046	2428
	2	3492	2095	21	42642	25585
	3	7158	4295	22	106909	64145
	8	23397	14038	23	151275	90765
	9	23008	13805	24	20179	12107
	13	54390	32634	26	16543	9926
	14	10116	6070	27	12470	7482
	17	5504	3302	28	102063	61238
	18	29389	17633			
红桥区	30	10208	6125	32	3390	2034
	31	35309	21185	33	243656	146194
南开区	35	138037	82822	46	410322	246193
	39	129163	77498	47	274305	164583
	40	7596	4558	48	60785	36471
	41	7234	4340	49	51300	30780
	43	17911	10747	50	59174	35504
	44	44386	26632	51	18710	11226
	45	376552	225931			
和平区	52	4420	2652	58	8634	5180
	54	13148	7889	59	7187	4312
	55	15543	9326	60	10175	6105
河西区	61	7985	4791	76	190792	114475
	62	7860	4716	78	32349	19409
	63	11665	6999	79	4823	2894
	64	7425	4455	80	5855	3513
	65	79999	47999	81	10851	6511
	68	8136	4882	83	27406	16444
	69	36785	22071	84	3629	2177
	70	33320	19992	85	72957	43774
	71	25145	15087			

所在区	编号	公园面积/m²	可利用面积/m²	编号	公园面积/m²	可利用面积/m²
河东区	87	6294	3776	96	22647	13588
	89	168463	101078	97	19110	11466
	92	6945	4167	98	5157	3094
	95	126452	75871	99	17603	10562
河北区	100	63173	37904	109	5164	3098
	101	22837	13702	111	21711	13027
	102	5557	3334	113	9330	5598
	103	3755	2253	115	44212	26527
	104	8496	5098	118	10986	6592
	106	186600	111960	119	14514	8708
	107	8582	5149	120	4429	2657
东丽区	125	13655	8193	129	43132	25879
	126	12172	7303	130	29302	17581
	127	59141	35485	135	142605	85563
	128	34372	20623			
津南区	138	11973	7184	139	89544	53726
西青区	140	18667	11200	146	1253888	752333
	141	25091	15055	147	7089	4253
	142	683007	409804			

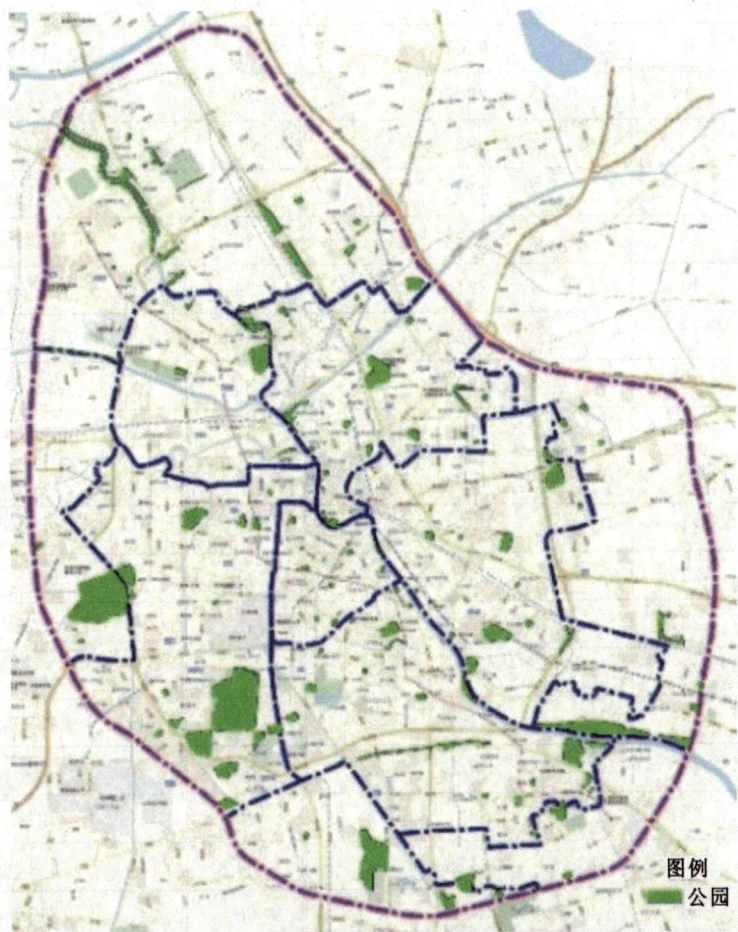

图例
公园

图 6-5 天津市中心城区防灾避难备选公园分布图

（3）广场。

天津市中心城区部分面积在 2000m² 及以上可作为避难场所的广场可利用面积规模情况如表 6-18 所示，主要为城市公共广场、居住区周边广场。天津市中心城区防灾避难备选广场分布图如图 6-6 所示。

表 6-18　　　天津市中心城区部分广场可利用面积规模(≥2000m²)

所在区	编号	可利用面积/m²	编号	可利用面积/m²
北辰区	2	3709	25	2284
	5	4477	26	7327
	8	9207	28	21819
	9	2806	29	5708
	10	6035	30	3524
	12	4142	31	9484
	13	2574	33	2541
	14	2212	34	10626
	15	3023	35	5690
	17	3908	36	3066
	19	3147	37	7300
	20	4508	38	2376
	21	7256	40	2032
	22	22870	41	6618
	23	4752	46	2879
	24	4478		
红桥区	48	2432	53	4290
	49	14026		
南开区	58	8625	65	4247
	59	3175	67	5813
	60	3444	68	3130
	61	4546	78	6717
	62	3643	70	2772
	63	2132	71	6047
和平区	73	2510	78	6717
	77	6862		

续表

所在区	编号	可利用面积/m²	编号	可利用面积/m²
河东区	79	12567	90	5369
	80	4937	91	2335
	81	4268	92	2415
	84	2567	93	4308
	85	5366	96	2430
	86	2755	102	15792
	88	3840	104	3908
河北区	106	3598	118	2257
	108	4114	121	2926
	111	4294	122	18037
	116	5814		
东丽区	125	2201	133	3223
	126	2393	134	10530
	127	9381	135	4788
	128	3860	138	7512
	129	21066	139	2594
	131	7486	140	2888
	132	3721	141	10799
津南区	142	7896	148	9709
	143	8205	149	5110
	146	10041	150	8180
	147	4998	151	6481
河西区	153	5275	166	3407
	155	11351	167	13572
	157	2234	168	3001
	159	66839	169	2457
	164	2816	172	2725
	165	5460	176	5791

所在区	编号	可利用面积/m²	编号	可利用面积/m²
西青区	177	23846	190	6634
	178	8957	191	2037
	179	7619	195	2053
	180	2906	196	3557
	186	3972	198	2552
	187	2221	199	5435
	188	2156	200	2570

注：广场面积与可利用面积一致。

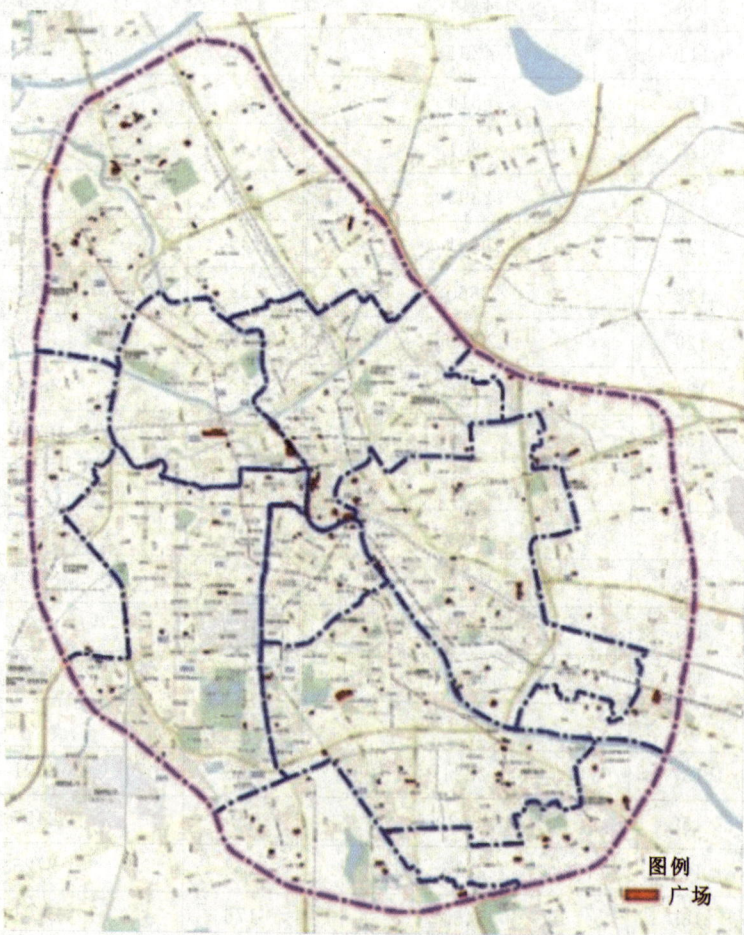

图 6-6　天津市中心城区防灾避难备选广场分布图

（4）停车场。

随着城市的建设步伐的加快,小汽车数量日益增多,城市内部公共停车场、居住区内部及沿道路建设的停车场的数量也在不断增加。一些大型停车场规模较大,内部较为空旷,周边较为开敞,停车场周边交通较为便利,可进入性较强。天津市中心城区内面积在 $2000m^2$ 及以上可作为避难场所的停车场共计 1400 多个,如图 6-7 所示。

图例
停车场

图 6-7 天津市中心城区防灾避难备选停车场分布图

（5）中学和小学。

天津市中心城区内中、小学数量较多,内部开敞空间较大,供水、供电、排污等设施完善,建筑抗震级别较高,教学楼等能作为室内避难场所使用。同时,每个学校均建有运动场,也能满足不同季节避难需求。天津市中心城区部分面积在 $2000m^2$ 及以上的中学可利用面积规模如表 6-19 所示;天津市中心城区内部分面积在 $2000m^2$

及以上能够作为避难场所的小学可利用面积规模如表 6-20 所示。天津市中心城区防灾避难备选中、小学分布图如图 6-8 所示。

表 6-19　　　天津市中心城区部分中学可利用面积规模（≥2000m²）

所在区	编号	中学面积/m²	可利用面积/m²	编号	中学面积/m²	可利用面积/m²
北辰区	1	5205	4164	6	24714	19771
	2	68518	54814	7	57306	45845
	3	17193	13754	8	7034	5627
	4	45040	36032	10	20827	16662
	5	11486	9189	12	27086	21669
红桥区	13	12163	9730	21	11334	9067
	14	39503	31602	22	9362	7490
	15	65017	52014	23	9190	7352
	16	12685	10148	24	2975	2380
	17	15792	12634	26	25572	20458
	18	39389	31511	27	7997	6398
	19	8183	6546	28	7856	6285
	20	23404	18723	29	13599	10879
南开区	30	16648	13318	43	9471	7577
	34	35229	28183	44	80786	64629
	35	5860	4688	45	17115	13692
	36	6525	5220	46	14825	11860
	40	18124	14499	48	10486	8389
	41	17360	13888	50	17986	14389
	42	22019	17615	51	12500	10000
和平区	52	44586	35669	58	25508	20406
	53	9710	7768	59	37516	30013
	54	27260	21808	60	9123	7298
	55	21437	17150	61	6153	4922
	56	60287	48230	62	11154	8923
	57	4387	3510	63	28679	22943

续表

所在区	编号	中学面积/m²	可利用面积/m²	编号	中学面积/m²	可利用面积/m²
河西区	65	20540	16432	79	18996	15197
	66	29894	23915	80	36016	28813
	68	37967	30374	81	4426	3541
	70	6180	4944	82	47045	37636
	71	5705	4564	83	93252	74602
	72	17300	13840	84	14348	11478
	73	15619	12495	85	14260	11408
	76	29890	23912	86	25918	20734
	78	14436	11549			
河东区	88	15165	12132	98	34329	27463
	89	14591	11673	103	12251	9801
	90	16776	13421	104	27028	21622
	91	13522	10818	105	13332	10666
	92	21356	17085	106	23054	18443
	93	4916	3933	107	40459	32367
	94	47036	37629	108	16159	12927
	95	14185	11348	109	9535	7628
	96	42910	34328	110	21836	17469
	97	6718	5374			
河北区	111	26642	21314	120	40620	32496
	112	5638	4510	121	65342	52274
	113	16099	12879	123	11484	9187
	114	15561	12449	124	52803	42242
	115	7938	6350	125	11574	9259
	116	8885	7108	126	8847	7078
	117	8370	6696	127	7146	5717
	118	17706	14165	128	18488	14790
	119	4118	3294	129	3870	3096

续表

所在区	编号	中学面积/m²	可利用面积/m²	编号	中学面积/m²	可利用面积/m²
东丽区	131	26462	21170	133	93875	75100
	132	9079	7263	134	6500	5200
津南区	135	37935	30348	136	12627	10102
西青区	137	32201	25761	140	30452	24362
	138	21932	17546	141	12523	10018
	139	39220	31376			

表 6-20　　　　天津市中心城区部分小学可利用面积规模(≥2000m²)

所在区	编号	小学面积/m²	可利用面积/m²	编号	小学面积/m²	可利用面积/m²
北辰区	1	6690	5352	10	13928	11142
	2	16376	13101	12	18161	14529
	3	18354	14683	13	16505	13204
	4	20337	16270	14	7538	6030
	5	12415	9932	16	7762	6210
	6	11774	9419	17	3301	2641
	9	15345	12276			
红桥区	20	3614	2891	29	22542	18034
	21	12630	10104	30	5892	4714
	23	10020	8016	31	5182	4146
	24	14576	11661	32	3575	2860
	25	6888	5510	33	12730	10184
	26	5765	4612	34	2947	2358
	27	5823	4658	37	11557	9246
	28	18890	15112			
南开区	47	5956	4765	53	7561	6049
	48	29258	23406	54	12516	10013
	51	6223	4978	55	7813	6250
	52	11286	9029	56	7335	5868

续表

所在区	编号	小学面积/m²	可利用面积/m²	编号	小学面积/m²	可利用面积/m²
南开区	57	11129	8903	68	3320	2656
	58	7399	5919	69	5516	4413
	59	7153	5722	70	8358	6686
	61	8500	6800	72	10671	8537
	62	5296	4237	74	7964	6371
	63	7134	5707	77	7304	5843
	64	15292	12234	78	7353	5882
	66	6677	5342	79	9356	7485
	67	8181	6545			
和平区	80	14358	11486	96	6572	5258
	82	2618	2094	97	2592	2074
	84	2956	2365	98	2571	2057
	88	4587	3670	99	9298	7438
	89	3484	2787	100	5140	4112
	90	24000	19200	101	6350	5080
	92	3016	2413	102	2732	2186
	95	2970	2376			
河西区	103	8920	7136	131	7517	6014
	104	6789	5431	132	10234	8187
	106	4889	3911	134	10298	8238
	108	4283	3426	135	13322	10658
	109	7854	6283	136	16843	13474
	112	4756	3805	137	7491	5993
	115	4375	3500	138	5886	4709
	117	11860	9488	139	4037	3230
	118	4618	3694	140	6620	5296
	119	13204	10563	141	9462	7570
	124	8023	6418	142	8856	7085
	125	6312	5050	143	5179	4143
	127	5900	4720	144	6473	5178
	128	6708	5366	145	8902	7122
	129	5105	4084	146	2664	2131
	130	9553	7642			

续表

所在区	编号	小学面积/m²	可利用面积/m²	编号	小学面积/m²	可利用面积/m²
河东区	147	4972	3978	161	16049	12839
	150	4503	3602	162	4189	3351
	151	27884	22307	163	12858	10286
	152	7102	5682	166	7470	5976
	153	10212	8170	167	8338	6670
	154	11378	9102	168	13159	10527
	155	10827	8662	169	8193	6554
	156	10290	8232	170	9137	7310
	157	8299	6639	171	3397	2718
	158	14626	11701	172	8967	7174
	160	11104	8883			
河北区	173	13673	10938	189	11965	9572
	174	14527	11622	190	21140	16912
	178	17288	13830	191	6794	5435
	179	9618	7694	192	2636	2109
	180	5940	4752	196	10359	8287
	181	14270	11416	197	5885	4708
	182	2949	2359	198	9721	7777
	184	3497	2798	199	3341	2673
	185	10978	8782	200	3595	2876
	186	7036	5629	202	9600	7680
	187	14450	11560	203	9528	7622
东丽区	204	6525	5220	208	7740	6192
	205	19501	15601	209	3453	2762
	206	9417	7534	213	15139	12111
	207	7493	5994	214	5423	4338
津南区	216	32880	26304	217	13006	10405

续表

所在区	编号	小学面积/m²	可利用面积/m²	编号	小学面积/m²	可利用面积/m²
	218	13553	10842	224	16231	12985
	219	15413	12330	225	12069	9655
西青区	220	13658	10926	226	26780	21424
	222	17582	14066	227	6286	5029
	223	6841	5473			

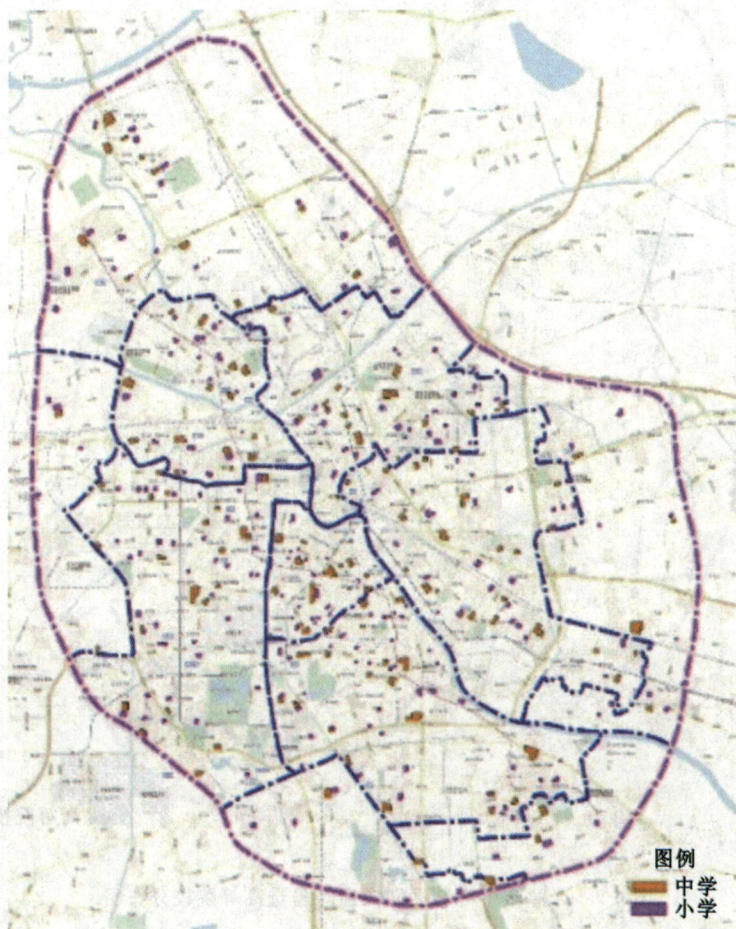

图例
中学
小学

图 6-8 天津市中心城区防灾避难备选中、小学分布图

（6）高等院校。

天津市中心城区内拥有天津大学、南开大学、天津工业大学、河北工业大学等 29 所高等院校。高等院校占地规模较大，内部有大量绿地和广场，同时也有室外及室内体育场馆，在灾害发生时能够容纳大量避难人口。高等院校内部各项设施较为完善且有一定的备用资源，周边交通相对较为便利，因此能够作为长期避难场所使用。天津市中心城区防灾避难备选高等院校分布图如图 6-9 所示。天津市中心城区部分面积在 2000m² 及以上的高等院校可利用面积规模如表 6-21 所示。

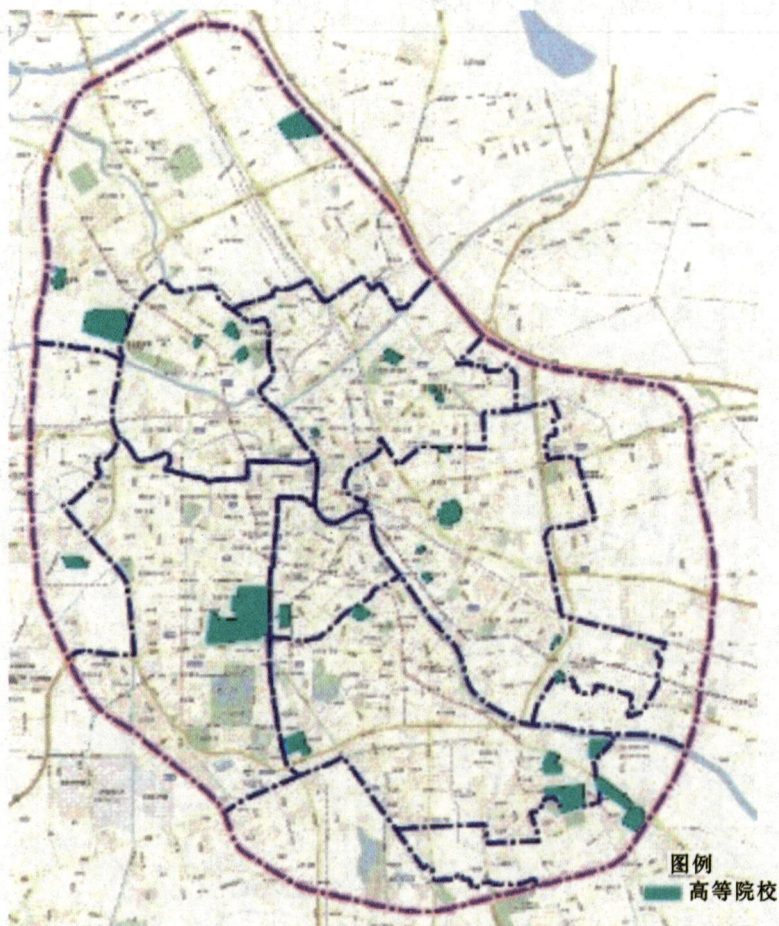

图例
■ 高等院校

图 6-9　天津市中心城区防灾避难备选高等院校分布图

表 6-21   天津市中心城区部分高等院校可利用面积规模(≥2000m²)

所在区	编号	高等院校面积/m²	可利用面积/m²	编号	高等院校面积/m²	可利用面积/m²
北辰区	2	601685	481348	3	441553	353242
红桥区	4	36038	28830	6	179782	143826
	5	112336	89869	7	82194	65755
和平区	8	128807	103046			
南开区	9	88765	71012	11	841781	673425
	10	660457	528366			
河西区	12	78465	62772	15	419445	335556
	13	270740	216592	16	89791	71833
	14	172938	138350			
河东区	18	288640	230912	21	34016	27213
	19	24019	19215	22	24543	19634
	20	39686	31749			
河北区	23	106171	84937	25	10339	8271
	24	25715	20572	26	41467	33174
津南区	27	261125	208900	28	136714	109371
西青区	29	148419	118735			

(7)体育场馆、展览馆等设施。

天津市中心城区内部分面积在 2000m² 及以上可作为避难场所的体育场馆、展览馆可利用面积规模分别如表 6-22、表 6-23 所示。

表 6-22   天津市中心城区部分体育场馆可利用面积规模(≥2000m²)

所在区	编号	体育场馆面积/m²	可利用面积/m²	编号	体育场馆面积/m²	可利用面积/m²
北辰区	1	15782	15782	4	8969	8969
	2	3906	3906	5	10885	10885
	3	4186	4186			

所在区	编号	体育场馆面积/m²	可利用面积/m²	编号	体育场馆面积/m²	可利用面积/m²
红桥区	6	13994	13994	10	5346	5346
	7	21258	21258	11	4989	4989
	8	6769	6769			
南开区	13	4795	4795	16	365537	182769
	14	4220	4220	17	2854	2854
	15	7940	7940			
和平区	20	14966	7483	21	26423	13212
河西区	23	3090	3090	29	6764	6764
	25	70101	70101	30	3836	3836
	26	4696	4696	31	11746	11746
	28	2804	2804			
河东区	33	2743	2743	44	3084	3084
	34	15351	15351	45	9712	9712
	35	3685	3685	46	16900	16900
	38	11220	5610	47	3722	3722
	39	31340	15670	61	11682	11682
	40	8217	8217	48	4282	4282
	41	3697	3697			
河北区	49	7479	7479	55	2196	2196
	50	3391	3391	58	4139	4139
	52	43340	21670	59	3789	3789
	53	7268	7268	60	2320	2320
	54	6459	6459			
东丽区	62	9757	9757	65	6105	6105
	63	13122	13122	66	14585	7293
	64	21215	21215	67	22959	22959
津南区	70	5372	5372	71	11907	11907

所在区	编号	体育场馆面积/m²	可利用面积/m²	编号	体育场馆面积/m²	可利用面积/m²
	72	12155	12155	80	5725	5725
	73	3108	3108	81	2965	2965
西青区	76	9035	9035	82	5122	5122
	77	5037	5037	83	7187	7187
	79	10845	10845			

表 6-23　　　天津市中心城区部分展览馆可利用面积规模(≥2000m²)

所在区	编号	展览馆面积/m²	可利用面积/m²	编号	展览馆面积/m²	可利用面积/m²
红桥区	2	39653	19827			
南开区	4	19517	9759	6	56886	28443
	5	10260	5130	7	8762	4381
和平区	8	6273	3137	9	5312	2656
	10	22729	11365	16	456853	228427
	12	9332	4666	17	12967	6484
河西区	13	18908	9454	18	8619	4310
	14	27315	13658	19	10497	5249
	15	41565	20783			
河东区	22	8030	4015	23	4820	2410
西青区	25	177240	88620	27	11560	5780
	26	177522	88761			

6.4.1.2　场地"安全性"为防灾避难场所布局优化路径形成提供保障

为满足场地可达性需求,考虑对场地造成影响的所有因素,对分析场地"多样性"后选择的所有备选场地进行安全性评价。需要对场地安全性影响较大的河流,铁路、高速公路及城市快速路,地面沉降区及地震断裂带,变电站及高压线,加油加气站、燃气管道及储气站,洪水淹没区,易燃易爆工业企业及地形等因素进行安全性评价。

(1)河流。

天津市中心城区河流众多,河流两侧地势较低,一级河道主要有海河、子牙河、北运河、南运河及新开河等5条河流,二级河道有卫津河、月牙河、津河、污水河、北塘排污河、新仓库护库河、四化河、丰产河(北辰区)和丰产河(西青区)等11条河流,在强降雨时主要通过这些河道排水。

由于海河上游支流众多,强降雨季节上游大量泄洪造成中心城区河流水位暴涨,而河流两侧地势较低,一、二级河道及其周边成为主要泄洪区域。由于从河流向两侧地势逐渐升高,为防止洪涝灾害对防灾避难场所产生影响,防灾避难场所应距一级河道200m以上、二级河道100m以上。

子牙河、北运河、新开河两侧建有防洪堤,可适当缩短防灾避难场所与河流的距离,但须保证其位于防洪堤安全防护范围内。子牙河两侧防洪堤高度约3m,全部为土堤;北运河防洪堤北部为土堤,南部为砖、石堤,堤高多为2~2.5m,堤顶高度均在6m以上,最高处达到6.5m;新开河防洪堤高1.5m,依托道路而建,堤顶高度在5.0m左右。南运河和海河两侧无防洪堤,因此防灾避难场所应设置在距离河道200m以外处。由于二级河道两侧均无防洪堤,因此防灾避难场所应距离河流100m以上。

天津市中心城区河流及其影响范围如图6-10所示。

(2)铁路、高速公路及城市快速路。

天津市作为我国北方地区交通枢纽,铁路系统较为发达,高速铁路、普通铁路、城际专线等多类型铁路从市中心城区穿过(图6-11)。其中,京沪高速铁路和京哈高速铁路在天津市中心城区交会,京津城际快速铁路和京秦城际快速铁路也从天津市中心城区北部穿过,还有京山铁路、津浦铁路、津霸铁路、津蓟铁路、南曹线等多条普通铁路从市中心城区穿过。天津市中心城区内建设有天津站、天津西站和天津北站等客运火车站,张贵庄站、西营门站等货运站和南仓站铁路编组站。

高速铁路、城际铁路最外侧铁轨两侧40m为城市建设控制范围,国铁Ⅰ级铁路轨两侧各32m为城市建设控制范围,铁路进场线、到发线、专用线轨两侧各15m为城市建设控制范围。由于多条及多类型铁路线从市中心城区穿过,而高速铁路和城际快速铁路作为高架铁路,周边被围墙和栅栏分成不同区域,在其控制范围内应禁止建设防灾避难场所,以免灾害发生时无法使用。

天津市中心城区内有津滨、津静、津蓟、津保等多条高速公路,也有由黑牛城道、密云路、南仓道、西横堤路、简阳路、昆仑路组成的内环线和京津路等城市快速路。城市快速路和高速公路部分路段有较宽、较高的绿化带及隔离带,阻碍了两侧的联系,也成为分隔防灾避难场所服务范围的主要因素。为提高场地可达性,划分防灾避难场所服务范围时应避免跨越这些道路。

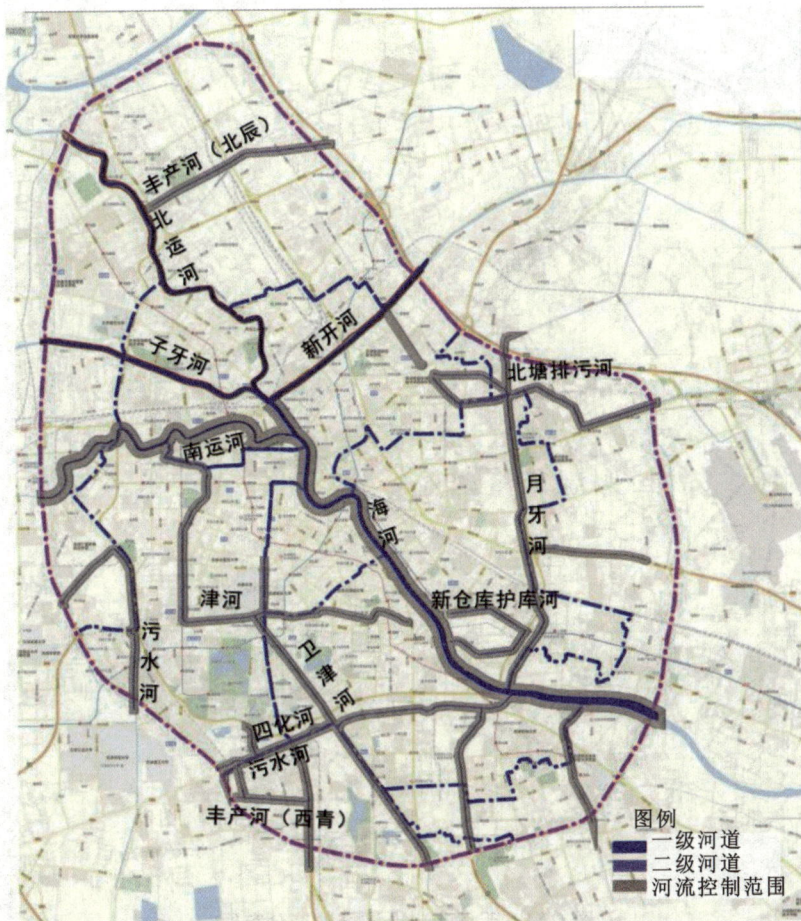

图 6-10　天津市中心城区河流及其影响范围

（3）地面沉降区及地震断裂带。

天津市中心城区有文化中心区域、李七庄、宜兴埠、天穆、华苑、张贵庄、劝业场、芥园道和芥园西道部分区域等 9 个地面沉降区，总沉降面积为 23.12km²，每个区年沉降量均在 15mm 以上。为防止重大灾害发生时地面沉降造成地面塌陷、变形、破坏建筑物及各类设施，在建设防灾避难场所时应尽可能远离地面沉降区域，必须排除位于地面沉降范围内的备选场地。

根据《防灾避难场所设计规范（2021 年版）》（GB 51143—2015）的规定，天津市中心城区划定的地面沉降区如图 6-12 所示。防灾避难场所应位于地面沉降区及地震断裂带外，防止避难居民生命安全受到影响。

天津市中心城区内分布有多条地震断裂带，其中海河断裂为三级断裂，天津北断裂、天津南断裂和大寺断裂为四级断裂。为避免地震灾害引起防灾避难场所内人员

图 6-11　天津市中心城区铁路分布图

伤亡,防灾避难场所必须远离地震断裂带。

(4)变电站及高压线。

天津市中心城区内有220kV、110kV 和35kV 高压线及多所变电站和陈塘庄热电厂。随着城市建设,城市内部许多高压线已经入地,但仍存在部分架空高压线。而架空高压线在重大灾害发生时会对居民安全造成一定影响,也可能引发严重事故。如2016年,台湾一处高压线被雷电击中,电线断落引发爆炸,周边建筑物被引燃;2019年7月,河南省漯河市遭强降雨和大风袭击,多处高压线出现短路,火花四溅,附近树木被引燃,对周边安全造成较大影响。《电力设施保护条例》规定:500kV 高压线最外侧边导线两侧各控制20m,154~330kV 高压线两侧各控制15m,35~110kV 高压线两侧各控制10m,1~10kV 高压线两侧各控制5m。

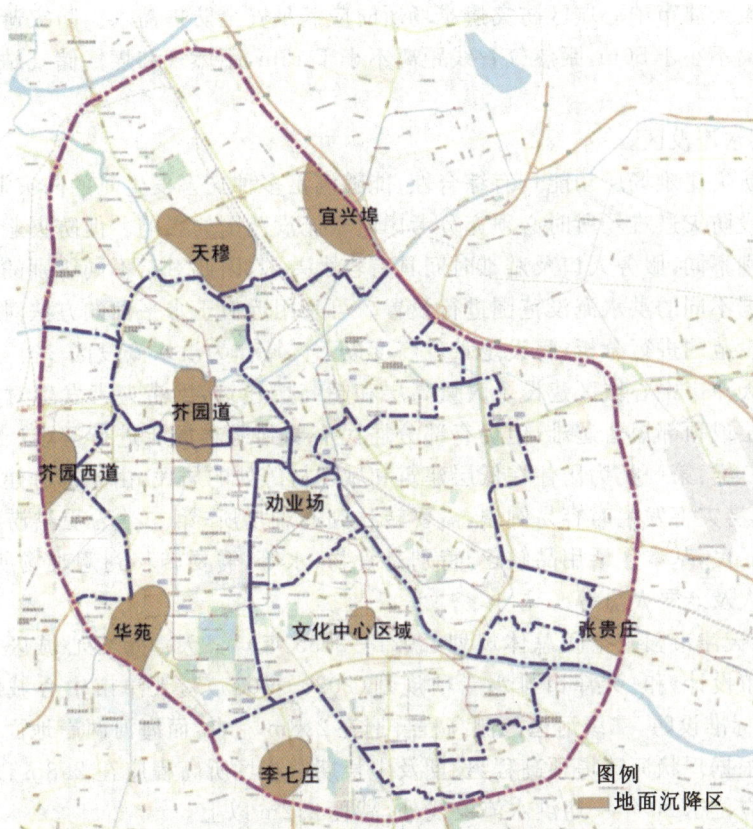

图6-12 天津市中心城区地面沉降区分布图

（5）加油加气站、燃气管道及储气站。

天津市中心城区建有116个加油加气站，其爆炸及造成火灾风险相对较大且灾害影响较为严重。

天津市中心城区有杨嘴煤制气储配站和陕津、万新庄及津沽天然气储配站，外环线北半环（中北大道—卫国道）建设有燃气管道，天津市中心城区燃气储配气设施达到了较完备水平。近年来加快了天然气高、中压管网和高、中压输配设施的建设，天津市中心城区和近郊各区形成了 10 亿 m³/a 的接气能力，天然气利用能力达到 20 亿 m³/a。其中，杨嘴煤制气储配站总配气能力 2×10^4 m³/h，规模为 2×10^5 m³ 低压湿式柜；外环西路西陕津天然气储配站设计储气能力 3×10^5 m³，规模为 5×5000 m³ 高压球罐；外环路南侧津沽天然气储配站设计储气能力 3×10^5 m³，规模为 8×5000 m³ 高压球罐；河东区万新庄天然气储配站设计储气能力 2×10^5 m³，规模为 2×10^5 m³ 低压湿式柜。目前，天津市已建设的燃气管道主要为外环线北半环管道，通过该管道与其他地区相连。

在建设天津市中心城区防灾避难场所时应满足安全防护需求。防灾避难场所距加油站距离不小于50m,距燃气管线距离不小于15m,距燃气和煤气储气站距离不小于1000m。

(6)洪水淹没区。

由于防灾避难场所功能具有综合性,能够满足多种灾害发生时的防灾避难需求,因此在建设防灾避难场所时必须充分考虑洪水淹没范围的影响。但防灾避难场所的类型和级别不同,服务人口及避难时间具有较大差别,因此对于不同级别的防灾避难场所应根据不同的洪水淹没范围进行设置。可采用近似于水平面的方法对不同级别的洪水淹没范围进行分析,将设定水位高度以下区域作为洪水淹没区。

由于天津市中心城区建设了大量高层和超高层建筑,洪涝灾害发生时人们可以到建筑高层或顶部短暂避难,但仍有部分居民需要到避难场所进行避难。这类居民大致分为三类:第一类为居住在低层建筑和城中村等处的居民,由于部分建筑建设时间久远,洪涝灾害发生时容易倒塌,需要转移到避难场所;第二类为受洪涝灾害影响较严重的居民,基本生活用品缺乏,特别是食物、水等,需要转移到避难场所;第三类为一些病人及老弱人员等。

根据《天津市国土空间总体规划(2021—2035年)》、《天津市中心城区子牙河两岸地区城市设计》和《天津市排水专项规划(2020—2035)》,天津市中心城区河流按50年一遇标准设防,二级河道两侧高程普遍在2.8m左右,而海河两岸地面高程多在2m以下,根据现状河流堤顶高程,长期及中长期避难场所高程应在2.8m以上,临时避难场所应位于20年一遇洪水淹没线外,高程2.2m以上。

天津市中心城区仍然存在一定的地面沉降区和排水管网空白区域,易积水片区14处,面积约15km²,为了保证城市居民安全,各等级避难场所均不能位于城市易积水区域。

(7)易燃易爆工业企业。

天津市中心城区内保留有大量工业企业、仓库及批发市场,特别是北辰区工业园、李明庄工业园、中欣工业园等,部分工业园以化工企业、食品加工企业、粮食加工企业、家具加工企业、防水材料企业、塑料制品企业等为主,且部分企业拥有一定油罐设施。这些企业均为易燃企业。为防止火灾、爆炸对防灾避难场所内居民安全造成影响,防灾避难场所应距易燃易爆工业企业100m以上。天津市中心城区易燃易爆工业企业及其控制范围如图6-13所示。

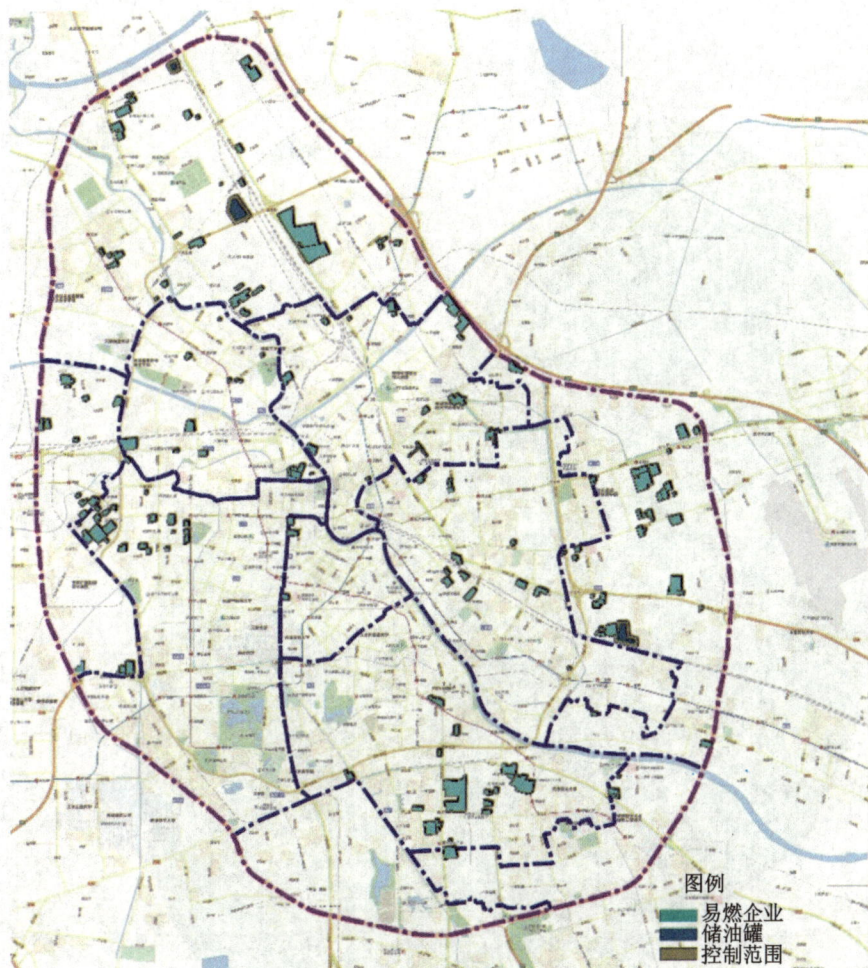

图 6-13   天津市中心城区易燃易爆工业企业及其控制范围

（8）地形。

地形条件对防灾避难场所影响较大。当坡度大于 7°，灾害发生时，容易同时导致滑坡等灾害，因此应尽可能避开地形坡度高差较大的区域。天津市中心城区地形坡度多在 7°以下（图 6-14），地形对避难场所建设影响较小。

在城市建设过程中为了保持良好的城市生态环境，创造良好的人居空间，在公园、居住区内部等依托绿地、广场等建设了一些水体空间，特别是水上公园、人民公园、西沽公园及梅江等。但这些湖泊、坑塘（图 6-15）对避难场地的使用具有一定影响，特别是备选场地内部的湖泊及坑塘，必须将其从场地可利用面积中除去，避免对居民使用造成影响，减弱灾害发生时洪涝、积水等对居民安全的威胁。

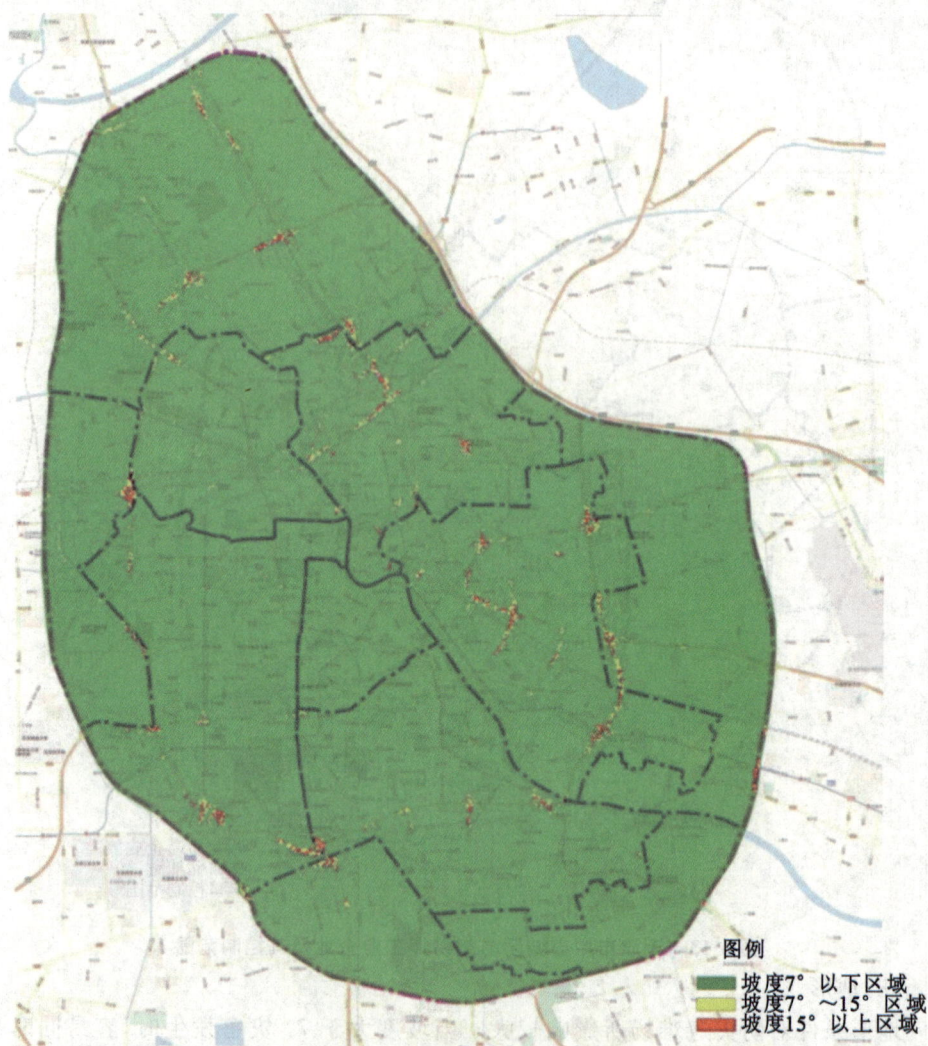

图例

坡度7° 以下区域
坡度7° ～15° 区域
坡度15° 以上区域

图 6-14　天津市中心城区坡度

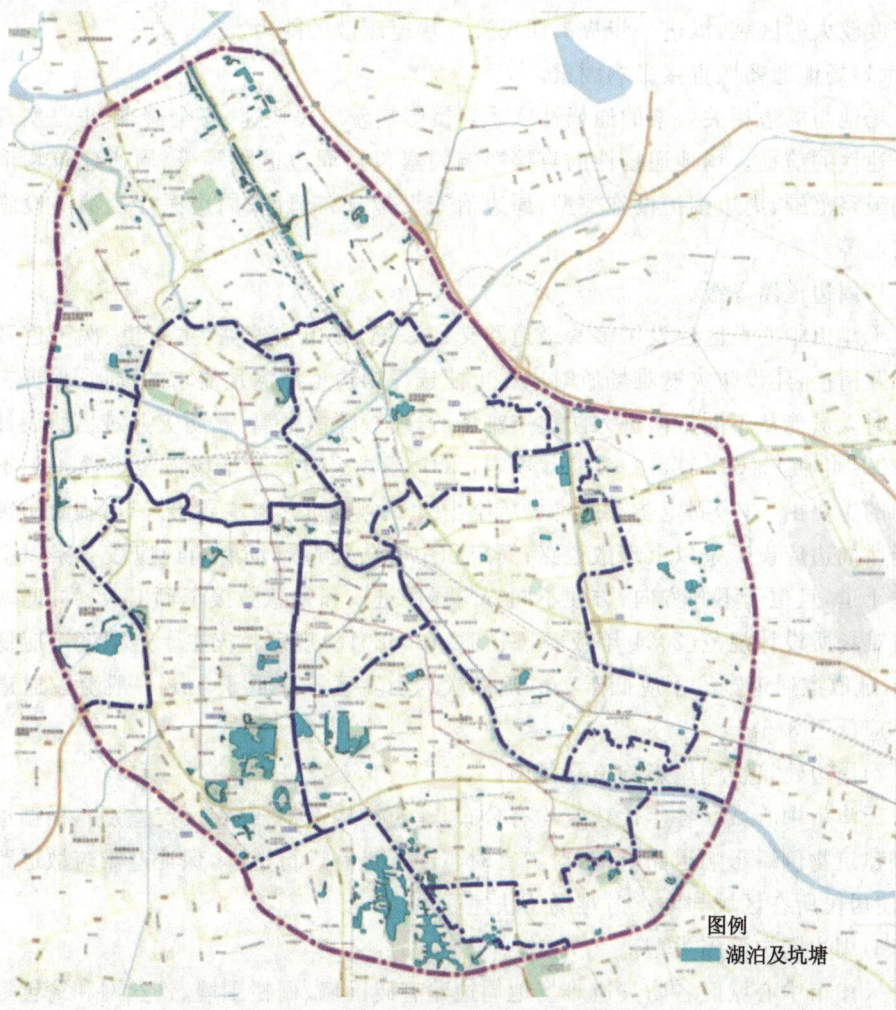

图例

湖泊及坑塘

图 6-15　天津市中心城区湖泊及坑塘

6.4.1.3　场地"通畅性"为防灾避难场所布局优化路径形成提供动力

场地安全性因素分析保证了所有场地内部安全,使居民避难不受安全性因素影响,为防灾避难场所系统的平衡、稳定提供条件,保证多种灾害发生时所有防灾避难场地均能使用。安全性场地的使用还需要以与周边的通畅联系为基础,场地的通畅性不仅保证避难所的可进入性,也影响着避难场所与周边设施联系的方便程度。只有保证场地周边道路等级较高,不受建筑物影响,场地开敞,周边围护设施能够使人员快速通行且与周边治安、医疗、消防等设施快速联系,才能实现居民快速安全疏散,并顺利到达避难所。另外,还要保证场地尽可能选址在灾害风险等级较低及人口密度较大的区域,以进一步提高居民安全快速疏散的能力。

(1)场地通畅性直接影响因素。

场地与周边相关要素的通畅性联系直接影响着居民快速、安全避难,也是实现场地可达性的前提。场地通畅性的直接影响因素包括周边道路等级、周边建筑物倒塌影响道路范围、周边围护设施类型、周边治安设施分布情况、周边医疗及消防设施分布情况等。

1)周边道路等级。

天津市中心城区建设了多等级道路交通系统,城市快速路、主干道、次干道及支路相互衔接,建设防灾避难场所时应尽可能选择周边道路满足需求的场地,保证灾害发生时人员能从不同方向进入防灾避难场所,缩短疏散距离。《防灾避难场所设计规范(2021年版)》(GB 51143—2015)规定,市中心城区防灾避难场所至少设4个不同方向的主要出入口,固定防灾避难场所至少设2个不同方向主要出入口;临时防灾避难场所周边应设2条以上疏散道路;固定和中心防灾避难场所周边应设2条以上疏散主干道,且位于不同方向,方便不同方向居民进入和紧急救援车辆出入。同时,《防灾避难场所设计规范(2021年版)》(GB 51143—2015)规定救灾主干道宽度不应低于15m,疏散主通道宽度不应低于7m,疏散次通道宽度不应低于4m,一般疏散通道宽度不应低于3.5m。

2)周边建筑物倒塌影响道路范围。

天津市中心城区各年代建筑均有分布,建筑结构、材料存在一定差别。根据道路两侧建筑物倒塌影响道路范围,对灾害时可通行道路进行选择,保证避难疏散道路畅通,使居民所在区域与防灾避难场所快速联系。

3)周边围护设施类型。

天津市中心城区各防灾避难场地周边建有砖围墙、栅栏围墙、铁丝网和篱笆等围护设施。

根据各类围护设施高度及材料类型对其通畅性进行分析。其中,砖围墙较为封闭,高度较高,人们只能通过出入口进入;栅栏围墙分为两种,一种高度2m左右,一种高度1m左右,2m栅栏进入性较差,1m栅栏可直接通行,为开放性设置;铁丝网类型的围墙高度较高,进入性较差;篱笆高度较低,进入性较好。

4）周边治安设施分布情况。

治安设施对社会安定、避难场所内部管理，保护居民人身和财产安全作用重大。由于重大灾害发生时社会治安较为混乱，各类事件发生的可能性均较大，避难场所聚集大量避难人员，人们情绪不安，容易引发治安事件。避难场所与治安设施的距离越近，越能够保证灾害发生时快速处理治安问题，避免引发恐慌，也有利于避难场所内部管理。天津市中心城区内公安（含派出所）111 个（图 6-16），与人口分布较为一致，交通较为便利，能够快速为周边提供服务。

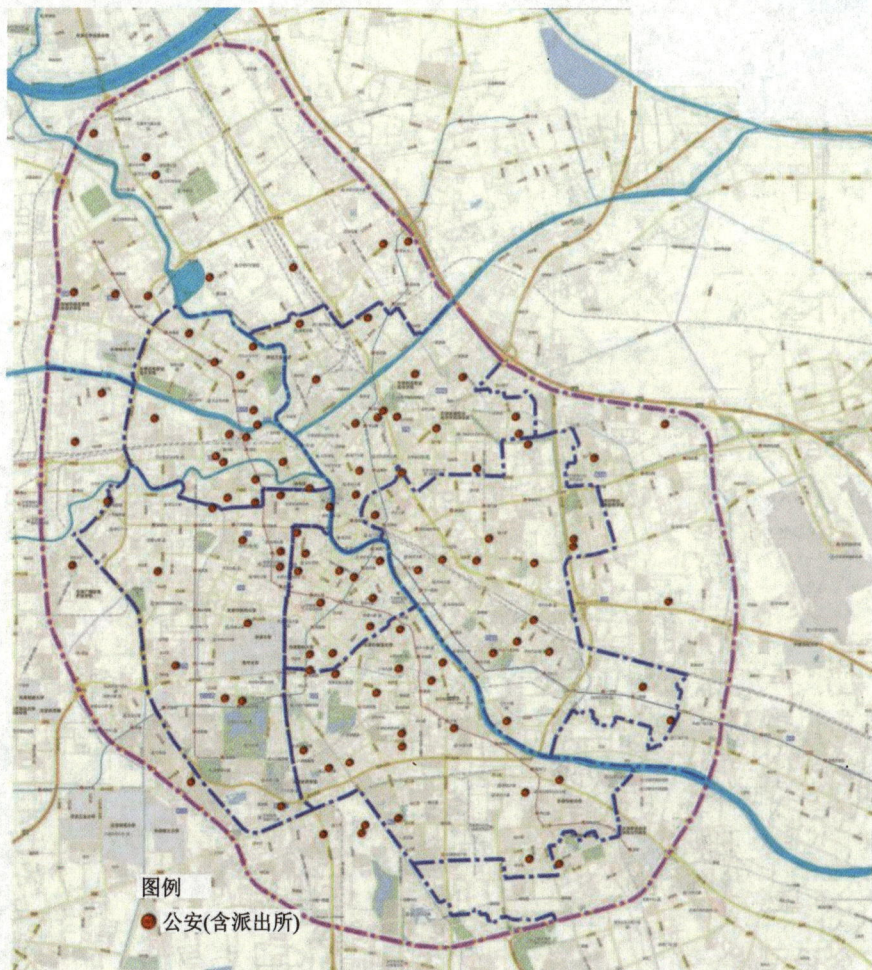

图 6-16　天津市中心城区部分治安设施分布图

5)周边医疗设施分布情况。

天津市中心城区各类医院较多,有二级乙等以上资质的综合性医院 55 所(图 6-17),主要分布在红桥区、和平区、南开区、河东区、河北区和河西区北部,其他区域较少,在伤员救治上有一定影响,因此应尽可能选择与医院较近,方便人员救治和向医院转移的场地。

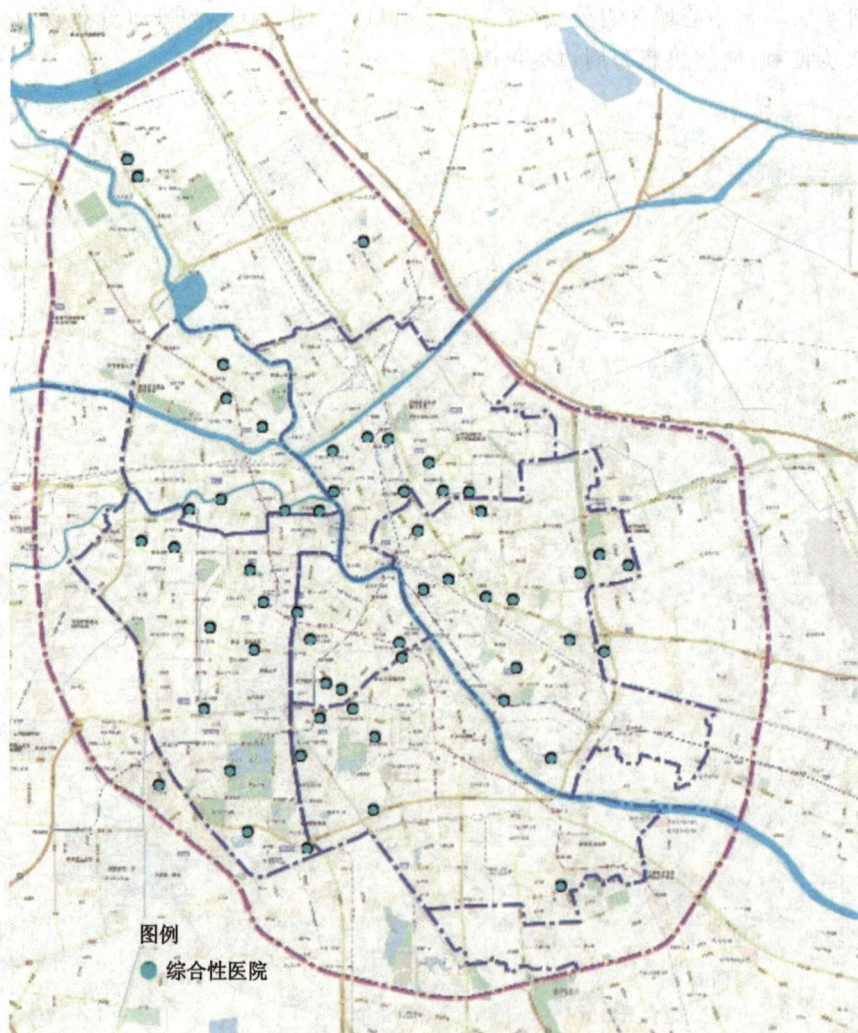

图例
● 综合性医院

图 6-17　天津市中心城区部分医疗设施分布图

6)周边消防设施分布情况。

灾害发生时快速救援至关重要,天津市中心城区共设消防站 23 处(图 6-18),主要集中在和平区及其周边。一些区域距离消防设施较远,在建设防灾避难场所时应充分考虑与周边消防设施的距离,防止因救援不及时造成人员二次伤害。

图例
● 消防站

图 6-18 天津市中心城区部分消防设施分布图

(2)场地通畅性的其他影响因素。

场地通畅性也受场地所在区域灾害风险等级及人口密度等的影响。所在区域灾害风险等级越高,灾害发生时所受影响越大;所在区域人口密度越大,越能快速为多数居民提供避难服务,因此应缩短大部分居民避难距离,提高场地可达性。

1)灾害风险等级。

由于天津市中心城区受各区域地形、与河流的距离、周边建筑物高度、建筑建设年代、建筑结构等因素影响,灾害隐患差异较大,灾害风险等级也具有较大差异。在建设防灾避难场所时,应尽量选择在灾害风险等级较低、灾害风险因子少的区域。但大部分区域仍具有一定灾害风险,因此在进行防灾避难场所选址时,尽可能选择在灾害风险等级较低区域,降低对居民避难疏散过程的影响。

2)人口密度。

天津市中心城区各区域发展和建设不均衡,各项设施建设、开发强度都对人口分布具有较大影响。城市人口密度较大地区往往也是城市的核心区域,人口的数量也较多,重大灾害对该区域造成的影响也较为严重,需要防灾避难的人口数量也相对较多。其中,和平区、红桥区、南开区、河西区北部、河东区西部及河北区人口密度较大,其他区域人口密度较小。

建设防灾避难场所时应充分考虑各区域人口密度,使避难场所数量、规模与区域人口密度相协调,保证灾害发生时所有区域内的居民都能快速避难且享有均等的人均避难空间,实现均等避难。

6.4.2 场地可达性防灾避难场所布局优化路径补偿机制

场地多样性、安全性和通畅性,保证了中心城区有足够空间建设防灾避难场所。为了确保场地可达性,仍需将场地与其安全性因素叠加进行分析,根据场地与其布局优化的"互斥性"及"同构性"对其可使用性进行研究,将场地分为受限制因素影响场地和可利用场地。

受限制性因素影响较大、规模不满足需求的备选场地,不能作为防灾避难场所使用。仅对受限制性因素影响较小且满足最低规模要求的场地进行"场"布局优化路径分析,保证所选择场地在灾害发生时真正能够使用,也保证防灾避难场所系统的平衡、稳定。

6.4.2.1 防灾避难场所备选场地资源与布局优化"互斥性"

防灾避难场所备选资源较多,部分场地受限制性因素影响较大,可利用规模不足,无法作为防灾避难场所使用。当所选择场地位于限制性因素影响范围内时,场地可能被洪水淹没,进而导致燃气管线泄露及爆炸、高压电线及变电站短路等次生灾害,同时造成避难人员触电,或者导致加油加气站爆炸或火灾等情况出现,使备选场地无法使用和受灾害影响的人数大大增加。因此,从限制性因素、场地可利用面积等方面对防灾避难布局优化的"互斥性"进行分析,将其分为"受限制性因素影响无法使用的备选场地"和"可利用面积无法满足要求的场地",排除受安全性影响较大且规模不足的场地,确保选择场地能够满足各等级防灾避难场所的要求。

（1）受限制因素影响无法使用的备选场地。

由于防灾避难场所对场地安全性要求较高，在对备选场地进行可利用性分析时，首先利用 GIS 软件对每个要素单独进行分析，最后综合叠加。

位于限制性影响因素范围内的备选场地在重大灾害发生时会受到一定影响，使位于这些因素影响范围内的用地不宜作为防灾避难场地使用，因此将这些备选场地从可利用范围内排除。

部分备选场地内部有湖泊、坑塘等，使可用面积大大缩减，因此，首先需要将水域从场地中除去，然后根据其他限制性因素进行分析。以高压线和二级河流为例，在对限制性因素进行分析时，将影响因素与备选场地关系分为 6 类，如图 6-19 所示。

但在对天津市中心城区防灾避难备选场地与限制性因素影响范围进行叠加分析时，限制性因素将同一用地划分为不同地块，是为了方便管理，避免重复建设。在统计用地范围时对部分用地进行调整，将同一用地内的不同空间作为整体考虑。在计算用地面积时，仍需将受影响的区域排除，受影响部分不作为避难场地使用。

（2）可利用面积不满足要求的场地。

由于备选避难场地受周边环境和内部条件影响较大，部分场地内有一定的建筑物、密林区等不可使用空间，使备选场地可利用面积缩小，部分备选防灾避难场所不能满足最小规模需求。对天津市中心城区各类备选防灾避难场所的可利用面积比进行计算，结果如下：中小学、大中专院校为 80%，公园、各类绿地及开敞空间为 60%，广场、操场为 100%，停车场为 75%，展览馆等各类大型室内空间为 50%。实际可利用面积 2000m² 以下备选场地不能满足防灾避难场所要求，因此，在对备选场所优化计算时，将其从备选场地中排除。

6.4.2.2 备选场地资源与防灾避难场所布局优化"同构性"

防灾避难场所与限制性因素的"同构性"，表现在备选场地通过限制性因素和可利用面积率分析后，可作为防灾避难场所使用。天津市中心城区内可利用面积在 2000m² 及以上的各类备选场地（图 6-20）共计 2485 处，其面积为 2321.55ha。其中，各类绿地 1344 处，可利用面积为 738.39ha；停车场 541 处，可利用面积为 234.27ha；广场 117 处，可利用面积为 73.52ha；公园 93 处，可利用面积为 382.16ha；体育场馆 63 处，可利用面积为 74.44ha；高等院校 27 处，可利用面积为 427.65ha；展览馆、纪念馆等 21 处，可利用面积为 56.73ha；中学 117 处，可利用面积为 211.27ha；小学 162 处，可利用面积为 123.12ha。

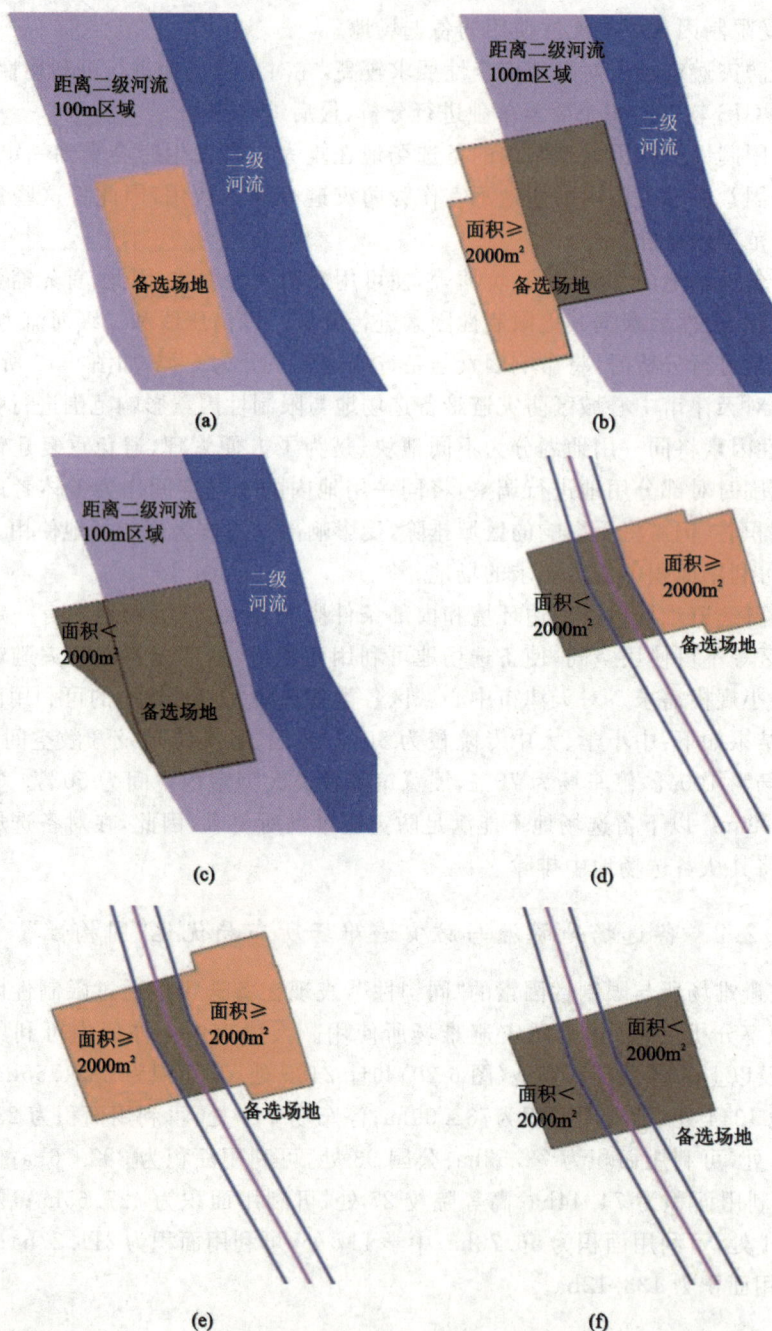

图 6-19　限制性因素与备选场地关系图

（a）类型一；（b）类型二；（c）类型三；（d）类型四；（e）类型五；（f）类型六

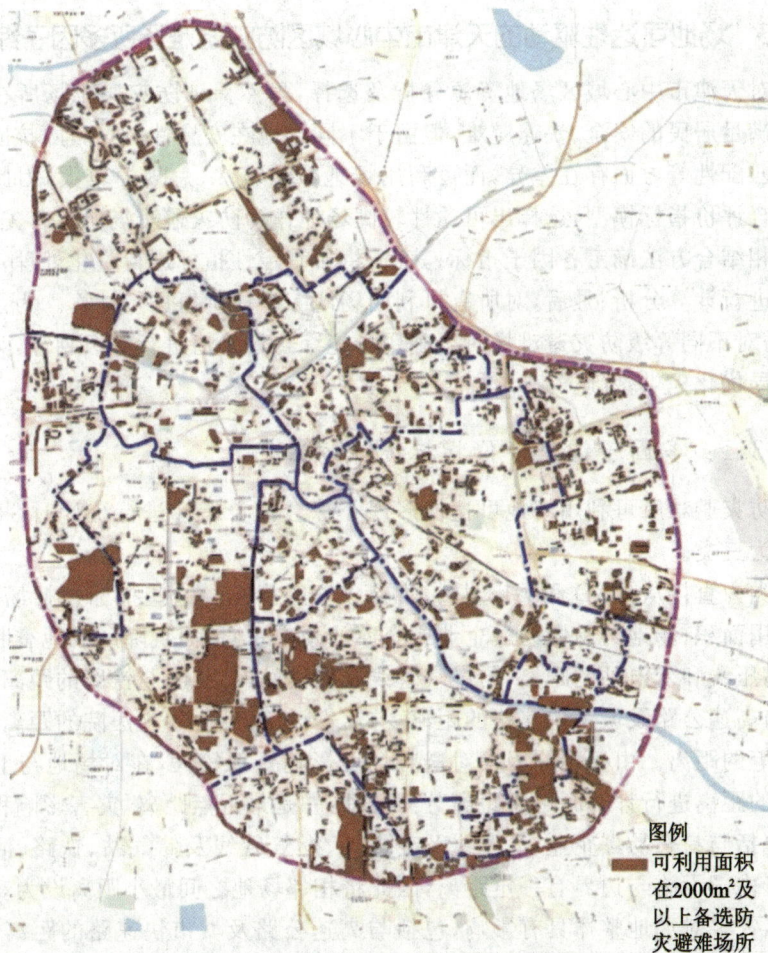

图例

可利用面积在2000m² 及以上备选防灾避难场所

图 6-20　天津市中心城区防灾避难可利用面积在 2000m² 及以上的场所

　　在将防灾避难场所备选场地与所有限制性因素叠加进行分析后,所有可利用场地均能满足多种灾害发生时的综合避难疏散需求。所有可利用场地均能满足烈度Ⅶ度地震、城市火灾、爆炸及地面沉降等灾害避难疏散需求;对洪涝灾害,临时防灾避难场地均能满足 5 年一遇洪水标准,固定避难场地均能满足 10 年一遇洪水标准,中心防灾避难场地均能满足 50 年一遇的洪水标准。

　　通过将天津市中心城区防灾避难场所所有备选场地与限制性因素叠加,进行"互斥性"与"同构性"分析,保证场地的多样性、安全性和通畅性,确保所选择场地能作为防灾避难场所使用。但要对防灾避难场所进行合理选择,仍需利用多因子综合评价模型对所有可利用场地进行综合评价,根据其综合评价值对不同等级防灾避难场所进行综合分析及选择。

6.4.3　场地可达性驱动的天津市中心城区防灾避难场所多因子综合评价

通过对天津市中心城区场地资源分析及选择,虽然保证防灾避难场所在灾害发生时能够满足居民的安全、快速避难,但由于不同场地在安全性、通畅性、抗阻性及与周边设施匹配性等方面存在差异,而可利用场地数量较多、总规模较大,因此需利用多因子综合评价指标模型,选择出可达性较高场地作为防灾避难场所。首先,根据定性与定量相结合方法确定各因子指标;其次,将所有定性指标进行量化处理;然后,对相关数据进行计算分析;最后,对所有可利用场地综合评价值进行计算。为了便于对比分析,需对不同等级防灾避难场所可利用场地综合评价值进行等级划分,为防灾避难场所布局优化提供基础。

6.4.3.1　多因子综合评价指标统计方法

在对防灾避难所可利用场地可达性多因子综合评价指标进行统计时,将所有影响因子分为三类。

第一类为直接从 CAD 和 GIS 中统计出数值的指标。这些指标包括场地规模;场地可利用面积;场地与易燃易爆企业或仓库的距离,与地面沉降区或地震断裂带的距离,与高压线和变电站的距离,与燃气管线及储气站的距离,与铁路的距离,与河流的距离,与高速公路及城市快速路的距离,与治安设施的距离,与医院的距离,以及与消防设施等的距离。由于不同因素对避难场所影响差别较大,在对场地与上述影响因子之间的距离进行计算时可将距离分为两种:一是最近点距离,灾害影响程度随距离降低,包括与易燃易爆企业、高压线及变电站、燃气管线及储气站、铁路、河流等的距离,由于内部设施与边界有一定距离,因此将相邻场地之间最小距离设为 5m;二是质心距离,灾害对场地整体具有影响,包括与高速公路及城市快速路的距离,与治安设施、医院、消防设施之间的距离。

第二类为根据现状数据计算出结果的指标。这些指标包括场地所在区域人口的密度、所在区域灾害风险等级。

第三类为根据备选场地情况打分的指标。这些指标包括地形、周边道路数量及等级、出入口数量、周边围护设施类型、位于洪水淹没线范围。

6.4.3.2　多因子综合评价指标统计及数据转换结果的运用

(1)可用作防灾避难场地指标统计。

根据防灾避难场所选址评价体系各指标因子,从有效性、连通性和合理性三方面对各可利用场地进行评价。

(2)可用作防灾避难场地指标数据转换。

在对所有可利用场地综合评价值进行计算时,将所有定性指标转为定量数据。

在对有效性因素进行定量化转换时,根据场地地形打分。其中,坡度小于 7°为 10 分,坡度 7°~15°为 5 分,坡度大于 15°为 0 分。

在对连通性指标进行定量化转换时,对周边道路数量及等级、出入口数量、周边围护设施类型、周边建筑物倒塌覆盖道路范围打分。对场地周边道路数量及等级打分时,快速路为 10 分,主干道为 6 分,次干道为 4 分,支路为 2 分。对出入口数量打分时,周边开敞为 10 分,其他每个出入口为 1 分。周边围护设施分为砖、栅栏、铁丝网、砖(高)、栅栏(高)和无围护设施六种,其中砖(高)指高度 1.5m 以上砖石围墙或四周均为建筑,栅栏(高)指围护设施以栅栏为主且其高度在 1.2m 以上。对于周边建筑物倒塌覆盖道路范围,周边道路均不受影响得 10 分,周边一条道路被覆盖得 8 分,两条道路被覆盖得 5 分,三条及以上道路被覆盖或仅一条道路不被覆盖得 2 分。

在对合理性指标进行定量化转换时,主要对洪水淹没线打分。其中,50 年一遇洪水淹没线以上为 10 分,20 年一遇洪水淹没线以上为 5 分,0m 高程线以下为 2 分。

(3)可用作防灾避难场地指标标准化。

为了对各指标进行计算,将可利用场地各影响因素数据进行标准化处理。

通过对所有定性指标的定量化转换,使所有指标均能定量计算,根据各影响因素与场地联系的正、负相关性,对所有指标进行标准化处理。一些因素对场地影响呈正相关,因为与设施距离越近、实际可利用面积越大、周边道路等级越高、道路数量越多、处于洪水淹没线的高程越高时,场地的安全性、可利用性、可进入性、可达性等越好。其中,地形、场地可利用面积、周边道路数量及等级、洪水淹没线、与治安设施距离、与医院距离、与消防设施距离、所在区域人口密度对场地影响呈正相关。而场地与易燃易爆企业、地面沉降区、地震断裂带、高压线及变电站、燃气管线及储气站、铁路、河流、高速公路和城市快速路距离越远,在重大灾害发生时越安全,这些因素对备选场地周边的分隔越小,影响也随距离的增加而减小,场地的可达性、安全性越高,服务范围越大,因此与这些因素呈负相关。

(4)各可利用场地综合值测算。

通过对防灾避难场所可利用场地各指标标准值进行计算,同时根据各指标因子权重,可对各场地综合值进行计算。在计算时,将所有因子标准值与各因子权重值相乘,然后将同一可利用场地的所有值相加,得到各可利用场地的综合值,为防灾避难场所各可利用场地综合分析提供基础。

6.4.3.3 各等级防灾避难场所可利用场地可达性多因子综合评价值

根据多因子综合评价模型对各场地综合评价值计算,结合各可利用场地面积,可对不同等级场地进行划分。通过各场地综合评价值对比,进行合理的场地选择。

首先,依据不同等级防灾避难场所规模对所有可利用场地进行划分。其中,临时防灾避难场所可利用面积 0.2~1.0ha,固定防灾避难场所可利用面积 1.0~20.0ha,

中心防灾避难场所可利用面积大于 20.0ha。然后，根据各可利用场地等级划分，对各等级防灾避难场所可利用场地综合评价值进行统计分析。

通过对天津市中心城区备选场地资源与防灾避难场所布局优化"同构性"分析，天津市中心城区可利用场地 2368 处。其中，规模大于 20.0ha，可作为中心防灾避难场所的场地的有 15 处；规模为 1.0～20.0ha，可作为固定防灾避难场所的场地的有 367 处；规模为 0.2～1.0ha，可作为临时防灾避难场所的场地的有 1986 处。天津市中心城区各等级防灾避难场所划分见图 6-21。

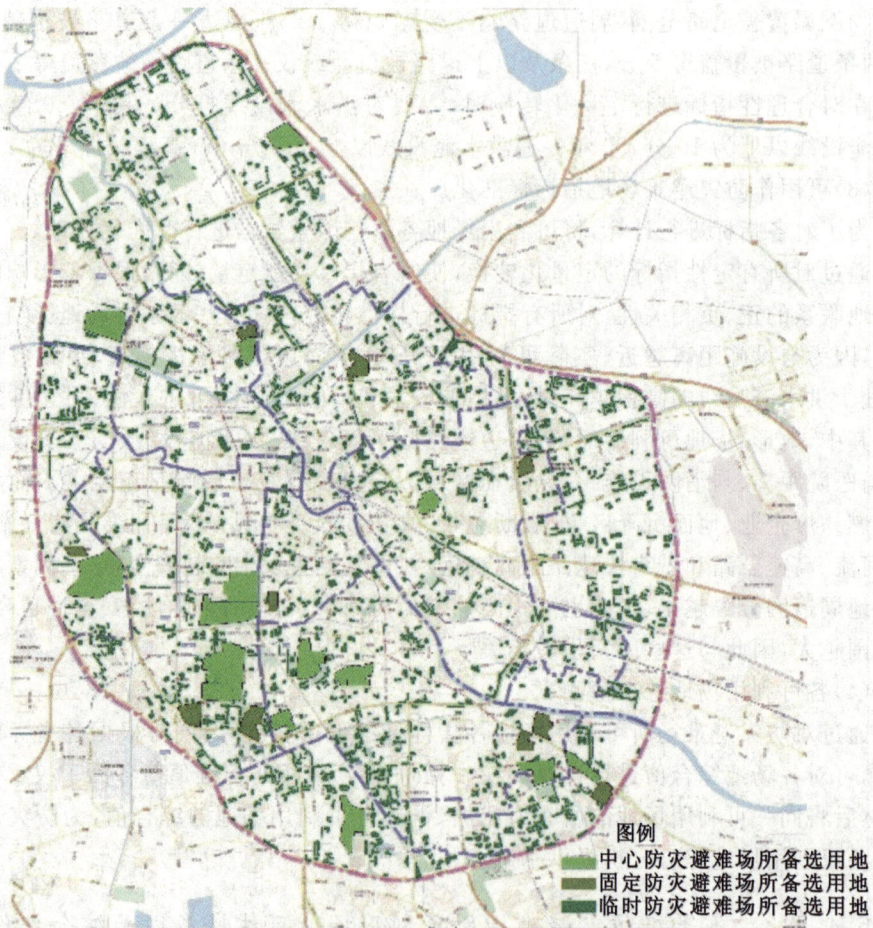

图例
■ 中心防灾避难场所备选用地
■ 固定防灾避难场所备选用地
■ 临时防灾避难场所备选用地

图 6-21 天津市中心城区各等级防灾避难场所划分

（1）中心防灾避难场所可利用场地划分及综合评价值统计。

天津市中心城区共有可作为中心防灾避难场所的场地 15 处，总规模 596.52ha。根据场地可达性多因子综合评价对各场地综合评价值进行计算，各场地综合评价值差别不大，分布相对较为集中，将其划分为五个等级。其中，综合评价值在 0.300～0.399 的 1 处，0.400～0.449 的 3 处，0.450～0.499 的 7 处，0.500～0.549 的 4 处。天津市中心城区中心防灾避难场所综合评价值见图 6-22。

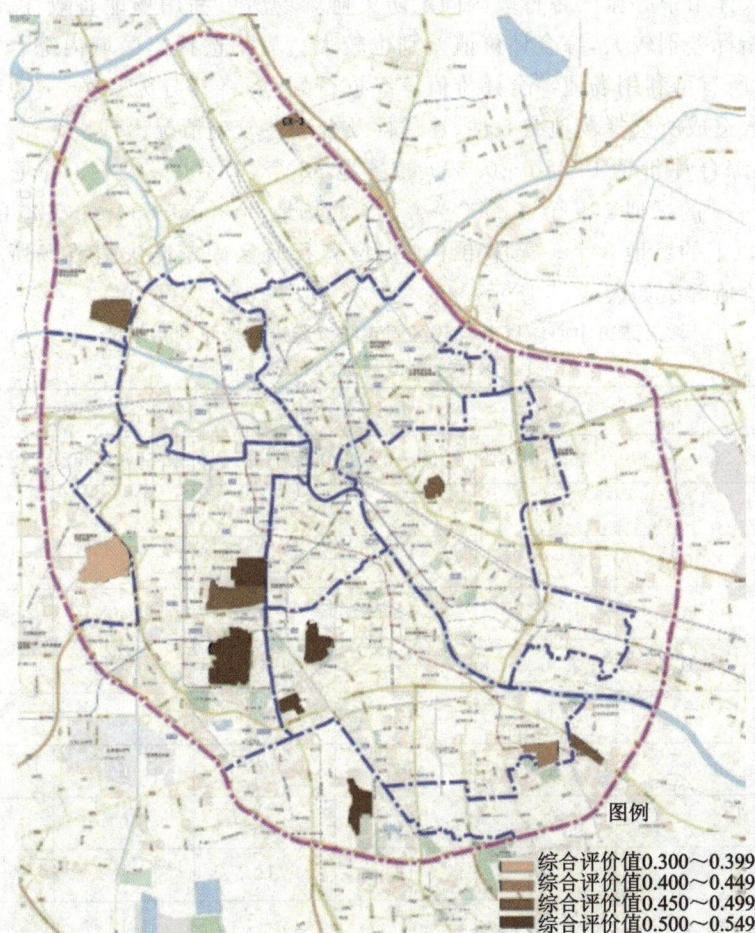

图例

综合评价值0.300～0.399
综合评价值0.400～0.449
综合评价值0.450～0.499
综合评价值0.500～0.549

图 6-22 天津市中心城区中心防灾避难场所综合评价值

（2）固定防灾避难场所可利用场地划分及综合评价值统计。

天津市中心城区共有可作为固定防灾避难场所的场地 367 处，总面积 939.81ha。根据综合评价值划分场地等级，各行政区固定防灾避难场所的场地数量及可利用面积如表 6-24 所示。

表 6-24　　天津市中心城区各行政区固定防灾避难场所可利用场地统计表

所在区	北辰区	红桥区	南开区	和平区	河西区	河东区	河北区	东丽区	津南区	西青区
数量/个	61	30	33	13	52	46	30	40	16	46
可利用面积/ha	139.86	82.51	114.04	36.42	145.14	92.58	74.55	89.99	54.18	110.54

由于天津市中心城区各行政区固定防灾避难场所可利用场地有效性、连通性及合理性等指标差别较大，综合评价值差别也较大。为了选择出区域内综合评价值较高场地，对所有可利用场地综合评价值等级进行划分，将其分为 6 类，避免综合评价值差别较大造成所选择场地有效性、连通性及合理性较差情况出现。

其中，综合评价值 0.350～0.399 的场地 33 个，0.400～0.449 的场地 76 个，0.450～0.499 的场地 139 个，0.500～0.549 的场地 80 个，0.550～0.600 的场地 31 个，0.600 以上的场地 8 个。天津市中心城区各行政区固定防灾避难场所可利用场地综合评价值等级如表 6-25 所示。

表 6-25　　　天津市中心城区各行政区固定防灾避难场所可利用场地
综合评价值等级分布表

所在区	综合评价值					
	0.350～0.399	0.400～0.449	0.450～0.499	0.500～0.549	0.550～0.600	0.600 以上
北辰区	12	16	22	9	2	0
红桥区	0	2	18	9	1	0
南开区	4	4	11	8	4	2
和平区	0	0	4	5	4	0
河西区	2	10	17	13	6	4
河东区	3	15	14	9	3	2
河北区	3	7	17	3	0	0
东丽区	5	10	15	10	0	0
津南区	0	3	7	5	1	0
西青区	4	9	14	9	10	0

（3）临时防灾避难场所可利用场地划分及综合评价值统计。

由于临时防灾避难场所服务半径较小，为了便于划分和管理服务范围，因此按行政区进行可利用场地选择。

天津市中心城区共有可作为临时防灾避难场所的场地 1986 处，实际可利用总面积 817.49ha,如表 6-26 所示。各场地综合评价值主要集中在 0.400～0.600。其中,综合评价值 0.400 以下的场地 168 处,0.400～0.449 的场地 389 处,0.450～0.499 场地 521 处,0.500～0.549 场地 375 处,0.550～0.600 场地 161 处,0.600 以上场地 28 处,如表 6-27 所示。

表 6-26　　　天津市中心城区各行政区临时避难场所可利用场地统计表

所在区	数量/个	可利用面积/ha
北辰区	382	153.71
红桥区	66	28.66
南开区	241	98.01
和平区	60	23.88
河西区	224	90.91
河东区	213	84.02
河北区	182	77.07
东丽区	277	115.51
津南区	121	53.81
西青区	220	91.91

由于天津市中心城区各行政区临时防灾避难场所各场地综合评价值存在差异,因此对各行政区临时防灾避难场所可利用场地综合评价值等级分布进行统计(表 6-27),布局时尽可能选择综合评价值等级较高的场地。但各场地综合评价值较高的部分场地分布较为集中,因此也要考虑场地的非线性联系,根据相互联系水平及综合评价值,进行合理的场地选择。

表 6-27　天津市中心城区各行政区临时防灾避难场所可利用场地综合评价值
等级分布表

所在区	综合评价值					
	0.400 以下	0.400～0.449	0.450～0.499	0.500～0.549	0.550～0.600	0.600 以上
北辰区	10	9	14	15	3	0
红桥区	1	10	22	18	12	2
南开区	7	36	82	66	42	7
和平区	0	3	16	22	20	8

续表

所在区	综合评价值					
	0.400 以下	0.400~0.449	0.450~0.499	0.500~0.549	0.550~0.600	0.600 以上
河西区	9	42	79	56	29	8
河东区	14	48	75	45	24	0
河北区	28	54	55	29	9	3
东丽区	61	98	69	45	2	0
津南区	6	34	44	32	5	0
西青区	32	55	65	47	15	0

6.5　本　章　小　结

本章主要对防灾避难场所"场"布局优化路径进行分析。目前防灾避难场所布局中存在着避难场地自身开敞性缺乏、受限制性因素影响较为严重、场地自身及周边安全性缺乏造成的防灾避难场所可达性不足的问题。为提高场地可达性,构建了基于多因子综合评价的布局优化路径模型,提出利用多类型空间建设多样性防灾避难场所,确保场地自身及避难疏散过程的安全性,保证疏散道路通畅性。并提出"加强多样场地利用,进行限制性因素分析,提高场地与周边设施协同性水平"的实施策略,保证防灾避难场所场地可达性。为了对天津市中心城区防灾避难场所场地可达性路径进行分析,首先对城市内部场地资源进行选择,同时对防灾避难场所备选资源与其布局优化的"互斥性""同构性"进行分析,选择出防灾避难场所的可利用场地,同时根据基于"同构性"的多因子综合评价模型对所有可利用场地综合评价值进行计算,为防灾避难场所布局优化提供场地保证。

场地多样性是防灾避难场所建设的重要保障,能够保障不同气候条件下多类型灾害的综合避难需求,因此在建设防灾避难场所时不仅需要开敞的公园、广场等室外空间,还需要中小学、体育场馆、纪念馆、高等院校等室内场地。场地安全性也要求防灾避难场所具有较强的安全性,不仅要保证人员在避难场地的安全,也要保证避难疏散过程安全,因此在进行避难场地分析时应充分考虑避难全过程的安全,避免各类限制性因素对避难疏散居民产生威胁。场地通畅性不仅要求其与居民所在区域快速、方便联系,也要求其与周边救援设施、医疗设施和治安管理设施等快速联系,避免各类限制性因素对避难疏散场所使用造成影响。只有实现避难场地"多样性""安全性"

"通畅性"协同,才能提高避难疏散场地的可达性,满足多种灾害发生时的防灾避难需求,推动防灾避难场所合理的布局优化。

"场"布局优化路径的实施保证了防灾避难场所的多样性、安全性和通畅性,使灾害发生时所有场地均能为居民所用,保证了防灾避难场所系统的平衡和稳定。但灾害发生时避难场所之间的关联性相对较强,避难场所的系统构成较为复杂,为满足系统的复杂性和网络性,还需要对场地之间非线性联系进行分析,确保所有防灾避难场所形成整体,提高避难场所布局的非邻避性。

7 载体互动衍化的防灾避难场所选址非线性布局优化路径

防灾避难场所自组织系统具有的流动性和多样性,通过"量"和"场"布局优化路径实现,但其复杂性和网络性仍需通过"址"布局优化路径来实现。"衍化"是推进事物发展变化,使其从一种质态向另一种质态飞跃发展的过程,可实现事物平衡、稳定、多样的联系。防灾避难场所选址非线性布局优化路径可以避免布局中存在的单要素、无联系等问题。防灾避难场所选址非线性不仅包括同一等级场地及不同等级场地之间的联系,也包括场地与人口集中区联系,实现"场地-场地""人-场地"的协同分布,加强场地相互之间关联性、网络性和非邻避性。基于此,本章提出了选址非线性的复杂网络布局优化路径模型和实施策略,并对天津市中心城区防灾避难场所"址"布局优化路径进行研究。

7.1 选址非线性布局优化路径对防灾避难场所系统形成的作用

选址非线性复杂网络布局优化路径模型的构建,为防灾避难场所系统的形成提供了基础,加强了各等级防灾避难场所的网络联系,保证了复杂网络体系的构建,提高了布局的非邻避性,加强了各场地之间人员、信息、物资等的联系。

7.1.1 加快各等级防灾避难场所服务网络建立

防灾避难场所等级体系的建立使灾害不同时段居民避难需求得到满足,"量"布局优化路径的实施确保了各区域人均避难规模的一致,增强了系统的平衡性、稳定性。为加强同一等级防灾避难场所协同联系,保证其服务范围重叠,各防灾避难场所之间最短路径距离应小于其服务半径范围之和。不同等级防灾避难场所服务半径随其等级增加而增大,也使一个高等级防灾避难场所能服务多个低等级防灾避难场所,因此也需要不同等级场地的协同。"址"布局优化路径使所有防灾避难场所形成整体,将同一等级和不同等级防灾避难场所,根据其构成要素形成非线性联系,满足灾害不同时段居民的避难需求,使居民快速从低等级防灾避难场所向高等级防灾避难场所转移。

"址"布局优化路径的实施确保了各等级防灾避难场所之间服务网络的形成,加强了不同等级防灾避难场所联系的同时,实现同一低等级防灾避难场所内所有需要向高等级避难场所转移的人员,能够及时转移到同一个高等级防灾避难场所,避免人员转移过程混乱,方便对避难疏散过程进行管理。防灾避难场所空间布局结构模式见图7-1。

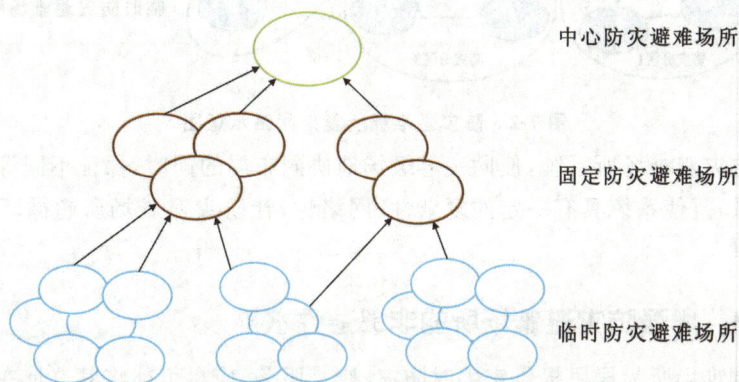

图7-1 防灾避难场所空间布局结构模式

天津市中心城区避难场所类型单一,避难场所之间缺乏联系,未形成网络。为实现防灾避难场所合理布局,必须加强各防灾避难场所的非线性联系,使同一防灾分区内同一等级防灾避难场所服务范围具有一定重叠,并确保同一高等级防灾避难场所服务范围能够覆盖多个低等级防灾避难场所服务范围,使所有场地形成网络。

7.1.2 保证防灾避难场所复杂网络体系构建

防灾避难场所各构成要素及各场地联系将同一等级场地作为整体,不同等级场地的非线性联系带动了多层次布局结构的形成,实现了不同等级场地的协同,使整个城市防灾避难场所形成完整系统(图7-2),确保了系统的复杂性和网络性,实现了各场地相互联系,使系统各要素联系加强。

目前,我国部分城市在进行防灾避难场所布局时,仅考虑同一等级场地之间的关系,系统构成要素较为简单,且同一等级防灾避难场所的联系也是区域性的。由于城市内部河流、铁路等对区域分隔较为严重,很多同一等级场地之间无法联系,只能通过高等级防灾避难场所实现间接联系。天津市中心城区应急避难场所布局系统尚不完善,由于避难场所数量较少,且部分场地之间受铁路、河流等阻隔,相互无联系;由于规划应急避难场所缺乏层次性,需要通过"址"路径进行布局优化,构建多层次且相

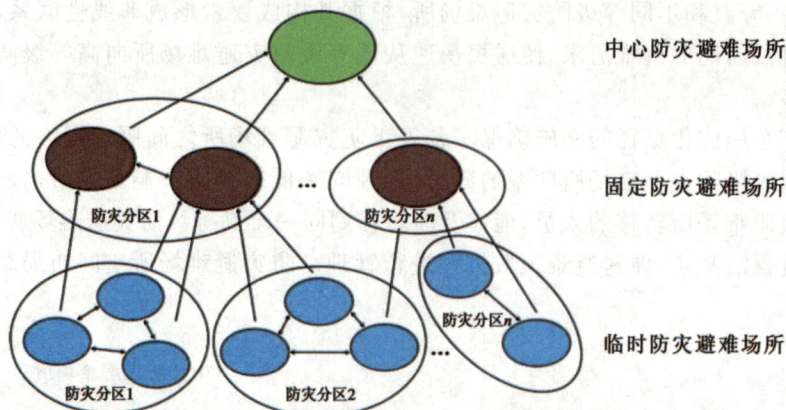

图7-2　防灾避难场所复杂网络示意图

互联系的防灾避难场所系统,使同一等级场地协同布局的同时,保证不同等级场地的非线性联系,且使系统具有一定的复杂性、网络性,让防灾避难场所超循环系统得以形成。

7.1.3　增强防灾避难场所的非邻避性水平

防灾避难场所为居民提供灾害时防灾、避难服务,应尽可能将其选址在人口密度较高区域,缩短大部分居民避难疏散距离。"址"布局优化路径使居民在居住地周边避难,也使居民与防灾避难场所布局协同,方便灾害发生时居民快速转移,加强与各场地联系,提高防灾避难场所服务水平,满足居民避难归属感和安全感需求。

我国防灾避难场所建设起步相对较晚,但发展较为迅速。一些城市为追求建设数量和规模,城市中可利用场地均被利用,建设了数百甚至上千处防灾避难场所,特别是将距城市较远的生态公园、森林公园等作为防灾避难场所,导致布局水平较低。如哈尔滨市将太阳岛、黑龙江省森林植物园等作为防灾避难场所,而太阳岛与城市被河流隔阻,且距离较远,灾害发生时居民无法快速到达。天津市中心城区避难场所与人口分布非邻避性也较差,特别是北辰区高峰园位于城市原工业区内,周边企业大多已停产,人口数量较少,而北运河西侧建设了大量居住区,人口数量较多、密度较大,但该区域无避难场所,因此需要通过"址"布局优化路径进行避难场所选址。

7.2　选址非线性防灾避难场所复杂网络路径模型

通过"址"布局优化路径对防灾避难场所自组织系统形成的作用机制进行分析,明确了防灾避难场所布局优化能够加快各等级防灾避难场所服务网络建立,保证了系统的复杂性和网络性,提高了布局的非邻避性。系统复杂性和网络性决定了各构成要素间较强的复杂性联系,因此提出构建选址非线性的复杂网络布局优化路径模型。在模型构建时,首先对复杂网络与其选址非线性耦合关系进行分析,然后根据"同一等级场地、不同等级场地、场地与人口"协同关系进行防灾避难场所选址和布局。

7.2.1 复杂网络模型与选址非线性布局优化路径耦合

我国部分城市防灾避难场所可利用场地数量及规模均较大,可作为各等级防灾避难场所的场地面积远大于实际需求,虽然进行了多因子综合评价,但各场地综合评价值相差较小,且同一区域存在多个相邻场地,其服务范围较为相近,仅通过综合评价值选择可能造成场地分布较为集中。为实现防灾避难场所的均衡布局,需与所在区域人口协同布局,因此利用复杂网络模型对防灾避难场所进行研究。

7.2.1.1 复杂网络的概念及起源

复杂网络是各种大规模网络的总称,由于每个系统均由多个个体组成,不同个体之间既对立又联系,每个个体既受其他个体影响,又影响着其他个体。每个个体均可被看作不同节点,不同节点之间连接形成边,边表示不同个体之间的相互作用。由于复杂网络是一个复杂巨系统,其复杂性主要表现为网络规模大、节点错综复杂、连接结构复杂、网络节点有稀有疏。

复杂网络理论来源于复杂系统和图论。20 世纪 50 年代末,匈牙利数学家 Erdos 和 Renyi 建立了 ER 随机网络模型,在其后 40 年间,ER 随机网络模型一直被认为是对真实系统最适宜的网络描述。20 世纪末,美国康奈尔大学 Watts 和 Strogatz 建立了小世界网络模型,揭示了复杂网络的小世界特性。美国圣母大学的 Barabasi 和 Albert 建立了无标度网络模型,揭示了复杂网络的无标度性质,使复杂网络的研究进入新的阶段。

随着网络模型研究深入,全世界范围内引发了复杂网络研究的热潮,使复杂网络在多个学科得到广泛应用。目前,复杂网络已被应用到多个学科,并广泛应用于公共服务设施的布局中,但在防灾避难场所选址布局中应用相对较少。为了对防灾避难场所进行合理选址,应了解防灾避难场所可利用场地的重叠性、相互取代性及相邻场地关联性等。利用复杂网络模型对避难场所进行选址分析,可提高防灾避难场所非线性联系水平。

7.2.1.2 无标度网络模型概述

复杂网络包括规则网络、随机图、小世界网络、无标度网络和局域世界演化网络。其中无标度网络模型是连接度分布函数,无标度网络具有增长特性和优先连接性,随着规模扩大会产生一些新节点,但新节点更倾向于与具有较高连接度的节点相连接,使这些节点成为网络中枢点,如图7-3所示。

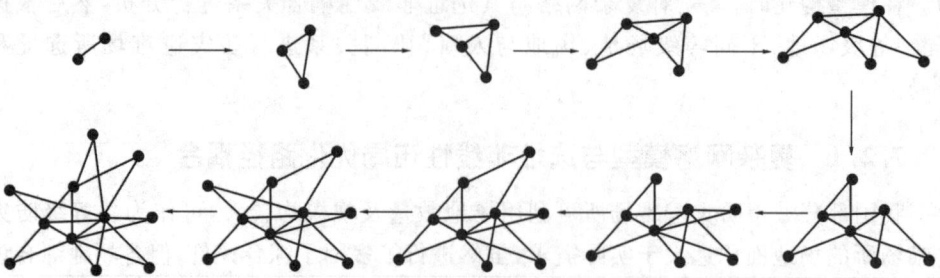

图7-3 无标度网络的增长和优先连接

防灾避难场所相互干扰较小,各场地之间相互影响,呈现出不规则的网络格局,各场地之间无明显特征长度,较符合无标度网络模型特点。因此,根据不同场地之间的联系,利用无标度网络模型对同一等级场地之间、不同等级场地之间及场地与人口集中区位置关系进行分析,根据模型分析数据对可利用场地进行筛选,实现避难场所布局优化。由于各可利用场地之间距离不确定,相邻场地服务范围可能存在较大重叠,通过无标度网络分析,将重叠部分的场地删除,利用最少空间满足最大需求。

7.2.1.3 无标度复杂网络模型的特点

网络中空间节点连接度较高的点在受到攻击时容易造成整体系统瘫痪,使复杂网络系统无法正常工作,而整个系统中具有较高网络度的节点数相对较少,使得无标度复杂网络具有较强的鲁棒性和脆弱性(图7-4)。图7-4中 f 代表网络连通性,S 代表鲁棒性,l 代表脆弱性。

(1)鲁棒性。

由于无标度复杂网络具有较强优先连接性和容错性,度分布具有重尾部特性,绝大多数点只有少数连接边,极少数点具有大量连接边,成为网络中枢点,也使无标度网络对随机节点具有较高鲁棒性。

其鲁棒性表现为:如果从网络中移除一个点,该点与所有节点连接的边均被移走,有可能造成网络中其他节点之间联系中断。若两个节点之间所有路径都被中断,这两个节点则不再连通。

去除节点对网络连通性的影响如图7-5所示。

(a)

(b)

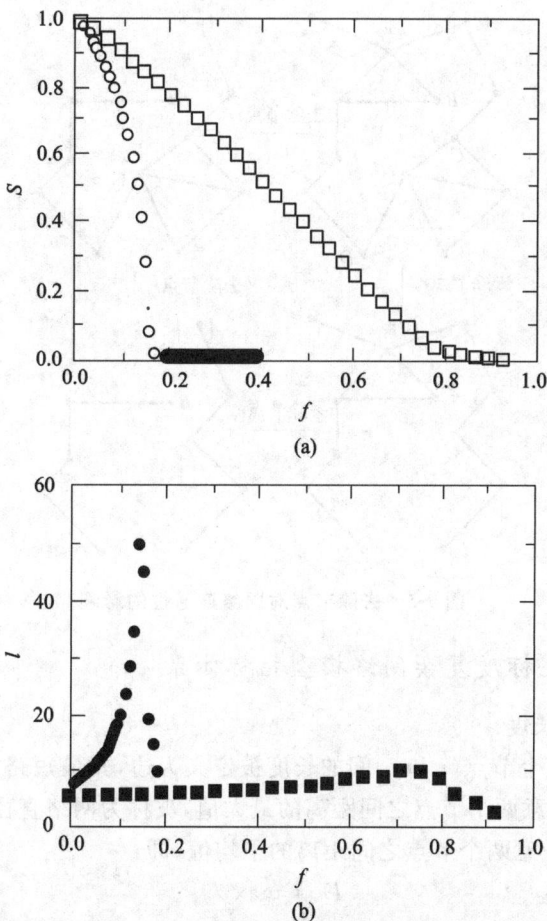

图 7-4 无标度网络鲁棒性和脆弱性

(a)无标度网络鲁棒性；(b)无标度网络脆弱性

（2）脆弱性。

网络中包含拥有大量连接边的中枢点，当这些节点受到攻击时，中枢点与周边各节点联系中断，将会造成无标度网络瘫痪，使其表现出较强脆弱性，这进一步证明了无标度网络中所有节点联系度均较强，所有节点必须均被保留才能使网络正常运行。

由于无标度网络模型的鲁棒性和脆弱性，各点具有较强独立性。根据防灾避难场所的公共福利属性，在布局中追求效率和公平最大化，尽可能以较少数量满足最大需求，因此可以将无标度网络用于防灾避难场所场地选择，利用最少场地满足最大规模需求，防止防灾避难场所重复建设和服务范围大量重叠而造成资源浪费。

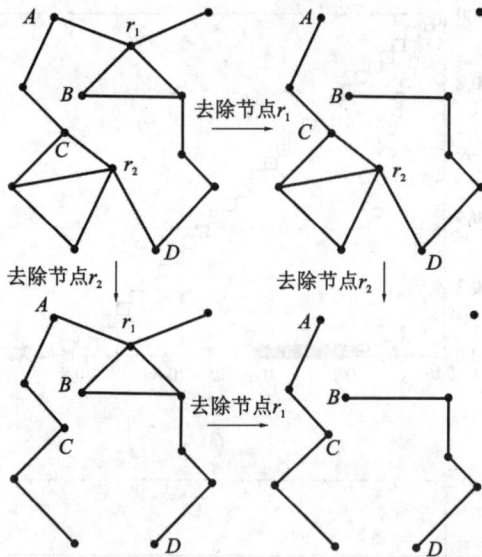

图 7-5　去除节点对网络连通性的影响

7.2.1.4　无标度复杂网络模型指标体系

(1)平均路径长度。

网络中任意两个节点(i 和 j)间的长度被定义为边,其最短路径边的长度定义为距离 d_{ij};网络中任意两个节点之间距离的最大值,被称为网络直径 D;网络中平均路径长度 L 定义为任意两个节点之间距离的平均值,即:

$$D = \max d_{ij}$$

$$L = \frac{2}{N(N+1)} \sum d_{ij}$$

式中:N 为网络节点数。

(2)度与度分布。

度(k_i)是网络中与节点 i 连接的其他节点数目。度越大意味着与该节点连接的节点数越多,该节点越重要。由于有些网络具有一定方向性,将度分为出度和入度,出度为该节点指向其他节点的边的数目,而入度为其他节点指向该节点的边的数目。

(3)聚类系数。

网络中任意一个节点 i 均有 k_i 条边将它和其他节点相连。k_i 个节点之间最多可能有 $k_i(k_i-1)/2$ 条边,而这 k_i 个节点之间实际存在边数 E_i 和总的可能边数 $k_i(k_i-1)/2$ 之比就是节点 i 的聚类系数。

7.2.2　无标度复杂网络选址模型构建

在防灾避难场所无标度复杂网络选址模型构建时,首先提出模型构建前提条件,然后构建无标度复杂网络系统,并根据构建模型,通过网络度和聚类系数构造无标度复杂网络模型算法,利用无标度复杂网络计算的各网络度和聚类系数,对所有可利用场地选址进行非线性分析。

7.2.2.1　无标度复杂网络模型构建前提

不同等级防灾避难场所服务范围具有较大差别,根据等级划分对场地进行研究。由于部分区域可利用场地分布较为集中,利用复杂网络分析,选择出中心能力较强且与周边场所联系度较高的场地。

(1)度与度分布:无标度复杂网络模型构建条件。

1)以所有可利用场地为节点,对各节点联系性进行分析,防止灾害发生时居民随意选择防灾避难场所,造成部分避难场所无人前往,而另一部分避难场所人满为患的情况。增强各场地之间的联系性,方便人口较多的避难场所的居民快速向人口较少场所转移。

2)同一等级所有可利用场地地位平等和服务半径相同。

3)由于防灾避难场所是从同一防灾分区内多个可利用场地中进行选择,相邻场地服务范围和内部服务人数差别较小,因此不再考虑各场地服务人数。

4)在分析各可利用场地连接度构成时,可根据防灾避难场所最短路径距离进行服务范围划分。两相邻场地最短路径距离小于服务半径之和,两场地服务范围存在重叠,两场地之间具有联系,形成连接度。

(2)无标度复杂网络系统的构建。

通过无标度复杂网络模型,可从同一等级多个可利用场地中选取若干最优场地作为防灾避难场所。在构建防灾避难场所布局优化无标度复杂网络模型时,节点代表可利用场地,节点之间的边代表各场地之间的影响关系。利用 Gephi 软件对所有节点进行处理,每个节点对应一个场地,两节点之间形成边,最后根据节点和边,得到网络拓扑结构图。

由于在选择防灾避难场所场地时根据其集中程度进行分析,选择出与周边相邻点联系较强的场地即可满足避难场所的用地需求,而每个场地的网络度和聚类系数即可反映出其在周边场地中的中心程度,因此只需考虑每个可利用场地的网络度和聚类系数即可。

7.2.2.2 无标度复杂网络模型构造算法

（1）度分布。

由于无标度复杂网络中所有节点联系都是相同的，不具有方向性，因此定义 p (k,t_i,t) 为在 t_i 时刻加入的节点 i 在 t 时刻的度恰好是 k 的概率。如图 7-6 所示为无标度网络模型的度分布，其中 n 代表节点数。

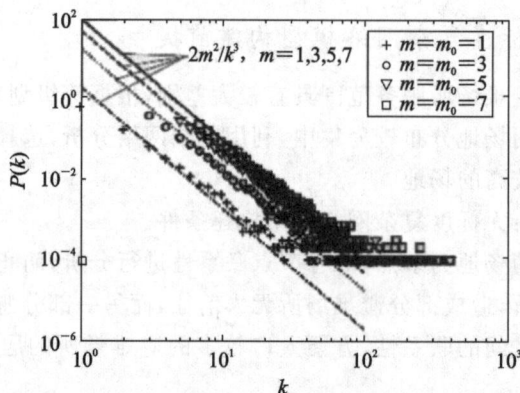

图 7-6 无标度网络模型的度分布（$n=10000$）

该网络度的分布为：

$$P(k) = \lim_{t \to \infty} \frac{1}{t} \sum p(k,t_i,t)$$

满足以下的递推方程：

$$P(k) = \begin{cases} \dfrac{k-1}{k+2} p(k-1), & k \geqslant m+1 \\ \dfrac{2}{m+2}, & k = m \end{cases}$$

无标度网络的度函数为：

$$P(k) = \frac{2m(m+1)}{k(k+1)(k+2)} \propto 2m^2 k^{-3}$$

（2）聚类系数。

无标度复杂网络模型与 ER 随机图有着较多相似之处。由于部分无标度复杂网络规模较大，当网络规模足够大时，无标度网络缺乏明显的聚类特征，无标度网络的聚类系数计算方法为：

$$C = \frac{m^2(m+1)^2}{4(m-1)} \left[\ln\left(\frac{m+1}{m}\right) - \frac{1}{m+1} \right] \frac{(\ln t)^2}{t}$$

7.2.3 无标度复杂网络选址布局优化路径模型构建

无标度复杂网络模型的应用增加了各防灾避难场所之间的网络性和复杂性,使所有场地形成整体,确保了各要素的非线性联系,实现了防灾避难场所布局由简单要素构成向复杂自组织系统转变。防灾避难场所布局受河流、铁路、城市快速路、高速公路等影响,而城市各区域交通环境、功能定位及建设环境存在差异,使各区域人口数量、密度与可利用场地差异较大。防灾避难场所作为居民生命安全保障空间,需要与居民所在区域协同布局,满足居民快速避难需求。可构建无标度复杂网络选址布局优化路径模型对各可利用场地与人口、同一等级及不同等级场地进行协同分析。

在构建模型时,将其分为四部分:一是防灾避难场所各可利用场地与人口集中区的非邻避性;二是同一等级防灾避难场所各可利用场地的关联性;三是不同等级防灾避难场所各可利用场地的网络性;四是通过综合协同前三个部分对各可利用场地进行非线性分析。在构建模型时,首先根据灾害发生时不可跨越要素对不同等级防灾避难场所防灾分区进行划分,然后对非邻避性、关联性、网络性进行协同分析。

其中,中心防灾避难场所不受任何因素影响,不划分防灾分区;固定防灾分区划分依据为一级河流、铁路、城市快速路和高速公路等;临时防灾分区划分依据为城市内部所有河流、铁路、城市快速路和高速公路等。

在分析可利用场地与人口集中区非邻避性时,首先,在 GIS 中将可利用场地、人口集中区(各居住区)转换为质心;其次,根据每一防灾分区内各可利用场地与周边人口集中区关系,依托灾害发生时可通行道路和不同等级防灾避难场所服务半径范围,根据各防灾避难场地与人口集中区最短路径建立非邻避性网络模型,分别对不同等级防灾避难场所各可利用场地非邻避性进行分析;最后,对各等级可利用场地非邻避性模型的网络度和聚类系数进行分析。

在分析同一等级防灾避难场所可利用场地关联性时,对每个防灾分区内所有可利用场地进行分析,根据灾害发生时道路通行情况选择其与相邻场地之间最短路径,依据最短路径距离小于服务半径之和的原则,构建所有同一等级场地关联性复杂网络模型,再对各可利用场地关联性的网络度和聚类系数进行分析。

在分析不同等级防灾避难场所可利用场地网络性时,由于避难人口从低等级防灾避难场所向高等级防灾避难场所转移,需要根据高等级防灾避难场所所划分的防灾分区,构建所有高等级防灾避难场所与低等级防灾避难场所复杂网络模型。同时根据其复杂网络模型,对各防灾避难场所可利用场地网络度和聚类系数进行分析。

在综合分析各防灾避难场所可利用场地非线性模型时,将其非邻避性、关联性和网络性模型叠加,形成综合性复杂网络模型,如图 7-7 所示,根据其非邻避性、关联性和网络性复杂网络模型计算的各网络度和聚类系数,综合平均分析,得出各点非线性要素的网络度和聚类系数指标,对非线性布局优化指标进行计算。

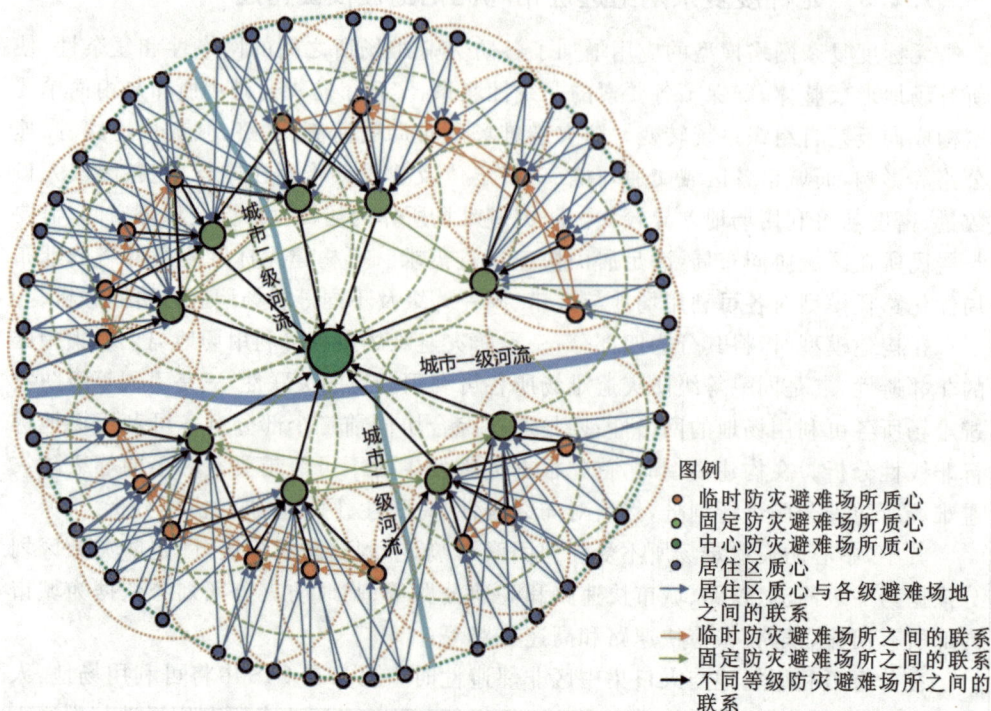

图 7-7　无标度复杂网络选址非线性布局优化路径模型

7.3　选址非线性防灾避难场所布局优化路径
实施策略

　　选址非线性复杂网络布局优化路径模型的构建,从理论上使各等级防灾避难场所形成网络,保证了复杂网络体系的形成,增强了防灾避难场所的非邻避性,实现了系统的层次性、网络性及复杂性,也实现了各要素的综合协同。为保证防灾避难场所"址"布局优化路径的实现,本节提出"合理划分防灾分区,减少长距离避难,增强其非邻避性""加强同一等级避难场所关联性,实现网络化布局""提高不同等级防灾避难场所之间网络性,形成复杂自组织系统"的布局优化实施策略。

7.3.1　合理划分防灾分区,减少长距离避难,增强非邻避性

　　重大灾害影响范围较大,各区域之间的人员具有流动性和复杂性。防灾避难场所作为灾害发生时居民避难疏散空间,只有保证居民避难疏散过程不受任何外部因

素影响,才能为居民提供快速安全的避难服务,这也要求在布局时应将避难场地与居民所在区相协同,提高其分布的非邻避性。防灾避难场所服务非邻避性主要通过避难场地与周边居住区的联系性来体现,避难场所与周边居住区联系性越强,其非邻避性越强。通过对不同等级防灾避难场所服务范围进行划分,利用各居住区与避难场地之间最短疏散距离进行复杂网络模型分析,在所选择场地不超其服务能力的前提下,尽可能服务多个居住区,提高与周边各居住区服务关联性水平的同时,减少防灾避难场所数量,避免居民长距离避难,避免避难疏散过程混乱。

7.3.2 加强同一等级防灾避难场所关联性,实现网络化布局

防灾避难场所是自组织系统,各场地是系统重要组成部分,根据系统网络性特征,应保证不同场地的关联性。目前,我国一些城市避难场地缺乏联系,防灾避难场所不成系统,给居民避难造成较大困难。为保证防灾避难场所系统形成,应通过"址"布局优化路径增加同一等级防灾避难场所的非线性联系。防灾避难场所"址"布局优化路径的实施,需要通过场地关联性、网络性、场地与人口分布的非邻避性来实现。由于各等级防灾避难场所的场地规模、服务范围、各区域避难人数、居民避难需求等差异均较大,在防灾避难场所布局时应根据其防灾分区进行划分,在各防灾分区内结合灾害发生时可通行道路情况,依据各场地之间最短路径距离选择出相邻场地中关联性最高的场地,根据服务半径对各场地关联性进行分析,使同一等级防灾避难场所形成一个完整子系统,保证同一等级防灾避难场所不同场地之间的联系,方便不同场地之间人员、物资转移及信息交流。

7.3.3 提高不同等级防灾避难场所之间的网络性,形成复杂自组织系统

重大灾害发生不同时段人员数量、需求发生变化,避难人员数量逐渐减少,避难场地数量也在逐渐减少,但避难场地的规模需求逐渐增加,避难场所服务区域范围也在逐渐增加,形成了以中心高等级避难场所为引领,低等级避难场所相互配合的防灾避难场所布局模式。而我国一些城市防灾避难场所类型及等级单一,未形成层次性布局,场地非线性缺乏联系,形成的系统不稳定,需要根据不同等级防灾避难场所的层次性及网络性使其形成完整系统。因此,不仅要加强同级避难场所之间联系,也要加强不同等级防灾避难场所之间联系,使所有场地相互配合,满足重大灾害发生时的人员转移和不同防灾避难场所间的信息交流、物资传输等需求,增强各防灾避难场所的网络性。只有实现多等级防灾避难场所的网络化,才能保证多层级避难场所之间的联系,提高防灾避难场所整体网络水平。

在构建网络体系时,根据不同等级防灾避难场所服务半径、不同等级场地最短路径距离对高等级防灾避难场所防灾分区内的所有场地进行网络性分析,最短路径距离应小于高等级防灾避难场所服务半径,不同等级防灾避难场所相互之间形成联系,

确保其系统的层次性和网络性,使单一等级避难场所布局向复杂自组织系统转变,满足灾害不同时段居民避难需求,如图 7-8 所示。

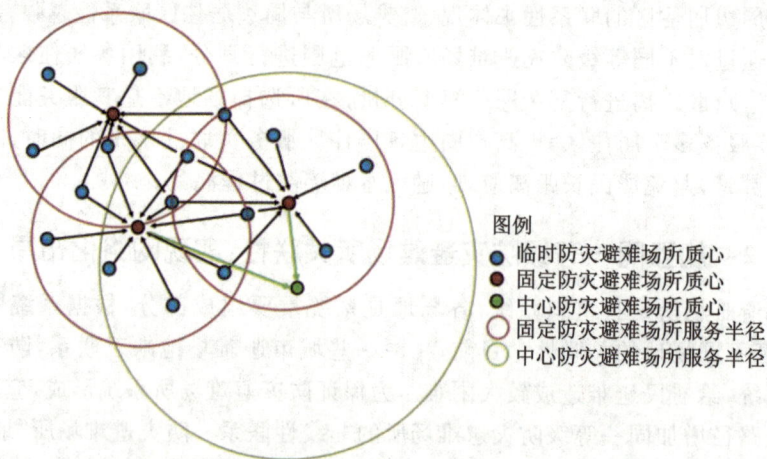

图例
- 临时防灾避难场所质心
- 固定防灾避难场所质心
- 中心防灾避难场所质心
- 固定防灾避难场所服务半径
- 中心防灾避难场所服务半径

图 7-8　不同等级防灾避难场所复杂网络示意图

7.4　天津市中心城区防灾避难场所选址非线性布局优化路径分析

选址非线性的复杂网络布局优化路径模型构建及实施策略制定,是将所有防灾避难场所作为整体,加强了各场地关联性和网络性,使系统稳定性、平衡性进一步提升。天津市中心城区防灾避难场所布局存在着等级类型单一、避难场地与人口集中区过远、避难场所之间无联系等问题,因此本节利用复杂网络模型对同一等级场地之间、不同等级场地之间及场地与人口分布区的联系性进行分析,并对非邻避性、网络性和非线性进行综合研究,保证"址"布局优化路径实施,实现合理布局优化。

7.4.1　网络复杂性带动同一等级防灾避难场所合理选址

天津市中心城区防灾避难场所布局中不同场地之间距离过远、相互无联系,不同场地之间人员、信息、物资交流困难,形成的系统不平衡、不稳定。而防灾避难场所复杂自组织系统的形成要求各场地具有较强联系性,因此利用复杂网络模型对天津市中心城区同一等级场地关联性进行分析,确保各构成要素的非线性联系,进行合理防灾避难场所选址,满足灾害发生时居民避难疏散需求。

在对同一等级场地进行选址时,首先根据"场"布局优化路径选择场地和划分场地等级,利用基于复杂网络的"址"布局优化路径模型对场地进行分析,根据各场地服务半径和不同场地之间最短路径距离,构建其关联性复杂网络模型,并利用 Gephi 软件对其网络度和聚类系数进行计算,然后对比分析,选择出合理的场地。在利用 Gephi 软件进行分析时,首先划分防灾分区;其次将各可利用场地转化为质心,并在 Gephi 软件中输入所有质心坐标;再根据各等级防灾避难场所服务半径范围,执行输入边操作,形成同一等级防灾避难场所复杂网络拓扑结构图,如图 7-9 所示;最后利用 Gephi 软件进行运算,输出各节点网络度和聚类系数,进行场地关联性分析。

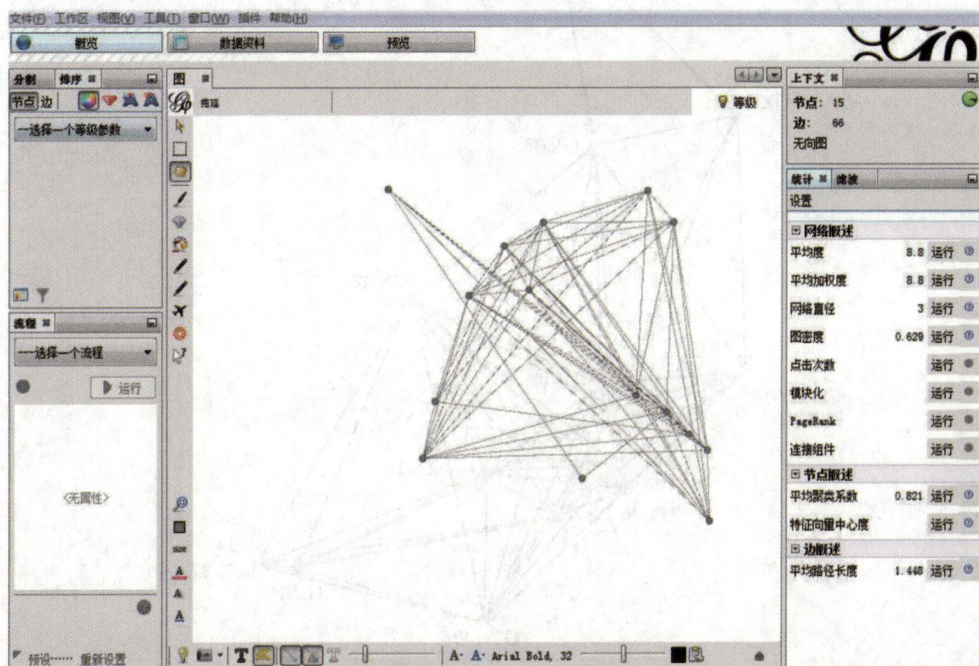

图 7-9 Gephi 工作界面

7.4.1.1 中心防灾避难场所关联性复杂网络选址

在对天津市中心城区可利用场地关联性进行分析时,首先对中心防灾避难场所可利用场地规模、数量进行分析,其实际需求面积 177.35ha,而可用作中心防灾避难场所的 15 处场地,可利用面积规模 596.52ha,远高于实际需求,因此需要构建场地关联性复杂网络模型,根据场地网络度和聚类系数进行合理场地选择。

(1)中心防灾避难场所关联性复杂网络构建。

在对中心防灾避难场所可利用场地关联性进行分析时,根据场地位置及相互之间的关系形成边,构建复杂网络拓扑结构图。通过处理天津市中心城区 15 个中心防灾避难场所可利用场地,将各场地质心坐标和相互之间具有影响的场地相互连接形成边,并输入 Gephi 软件。在执行边输入操作时,将中心防灾避难场所服务半径设定为 5000m,即如果两个点之间的直线距离不大于 10000m,则这两个点之间能够形成边,否则不能形成边。将所有数据输入 Gephi 软件后,得到一个中心防灾避难场所各可利用场地的网络拓扑结构图(图 7-10),可对各可利用场地的网络度与度分布、聚类系数等指标进行分析。

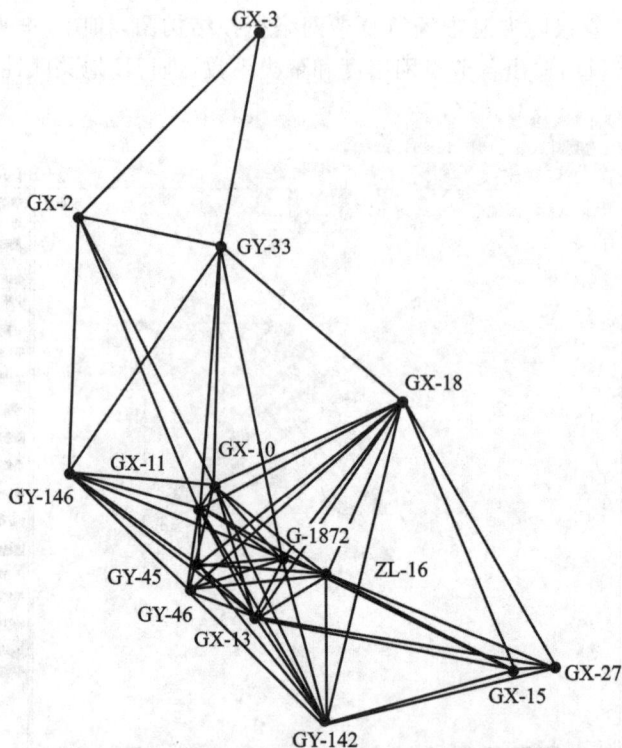

图 7-10　天津市中心城区可利用场地复杂网络拓扑图

(2)场地关联性复杂网络分析。

在对中心防灾避难场所可利用场地各点的中心性进行分析时,可用网络度进行表征,网络度值越大,该节点与周边的联系性越强,其中心性越突出,对周边区域的服务功能越强。在对中心防灾避难场所各可利用场地关联性复杂网络进行分析时,利用 Gephi 软件对各节点网络度和聚类系数进行计算和等级划分,并对各网络度与度分布、聚类系数进行分析,选择网络度和聚类系数较高节点。

1)中心防灾避难场所各场地复杂网络度及聚类系数。

根据各可利用场地节点网络度和聚类系数计算,中心防灾避难场所各可利用场地具有较强无标度和小世界特性。为了实现合理的场地选择,对各节点网络度和聚类系数进行等级划分,等级较高的节点可以被优先选作中心防灾避难场所。对各节点网络度等级进行划分时,分为三类,其中 5 以下场地 1 个,5~10 场地 8 个,10 以上场地 6 个。对聚类系数综合等级进行划分时,分为四类,其中 0.60~0.69 的节点 1

个,0.70~0.79 的节点 8 个,0.80~0.89 的节点 2 个,0.90~1.0 的节点 4 个。中心防灾避难场所所有场地复杂网络度及聚类系数如表 7-1 所示。天津市中心城区各节点网络度和聚类系数等级分类如图 7-11 所示。

表 7-1 　　　　　　　中心防灾避难场所所有场地复杂网络度及聚类系数

编号	网络度	聚类系数	编号	网络度	聚类系数	编号	网络度	聚类系数
GX-3	2	1.00	GX-11	11	0.76	GX-13	11	0.78
GX-2	5	0.70	GY-45	10	0.87	GY-142	10	0.82
GY-33	8	0.64	GY-46	9	0.94	GX-15	6	1.00
GY-146	9	0.78	G-1872	12	0.73	GX-27	6	1.00
GX-10	11	0.76	ZL-16	11	0.78	GX-18	11	0.75

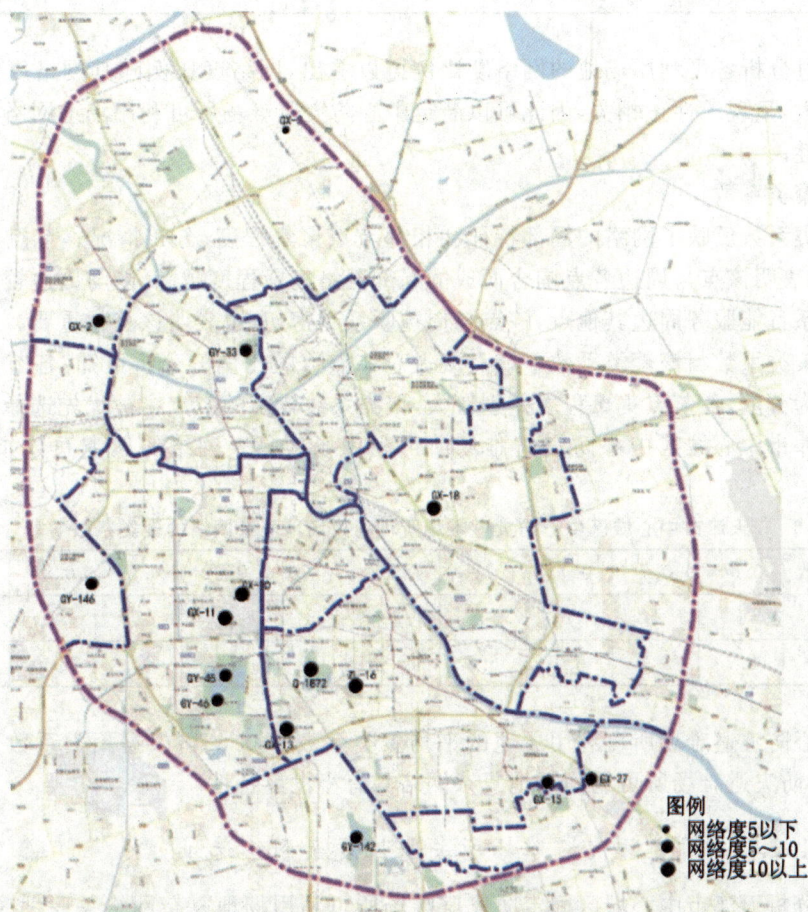

图 7-11　天津市中心城区可利用场地网络度等级分布

2)网络度与度分布。

在计算节点网络度时,得出的节点网络度越大表明该节点与周边联系越强,中心性越突出。防灾避难场所可利用场地数量、规模远大于实际需求,因此可利用节点网络度较高的场地代替周边场地,作为中心防灾避难场所使用。中心防灾避难场所可利用场地节点网络度较为分散,网络度较低,场地数量较少,节点数随网络度增加而增加。天津市中心城区中心防灾避难场所可利用场地平均网络度为8.8,超过平均数的节点有10个,表明各场地联系性较强。

天津市中心城区中心防灾避难场所可利用场地复杂网络度如表7-2所示。

表7-2 天津市中心城区中心防灾避难场所可利用场地复杂网络度

网络度	2	5	6	8	9	10	11	12
节点数	1	1	2	1	2	2	5	1
比例/%	6.7	6.7	13.3	6.7	13.3	13.3	33.3	6.7

通过分析各可利用场地的网络度比例可以看出,网络度比例随其网络度值的增大而增大,呈现线性正相关,因此可以断定中心防灾避难场所可利用场地网络具有无标度特性。

3)聚类系数。

聚类系数反映了网络的局部特征和相邻节点聚集程度、分布情况。节点聚类系数越大,表明该点与周边各点围合而成的局部网络集聚程度越高,能与周边较多场地形成联系且能服务周边其他点,该点与周边联系越密切,也表明该点越重要。根据对各节点聚类系数与该聚类系数下节点数占总节点数的比例的分析可知,各节点聚类系数较为分散,各节点集聚程度差别较大,聚类系数较高的节点应被优先选择。

天津市中心城区中心防灾避难场所可利用场地复杂网络的聚类系数如表7-3所示。

表7-3 天津市中心城区中心防灾避难场所可利用场地复杂网络的聚类系数

聚类系数	0.64	0.7	0.73	0.75	0.76	0.78	0.82	0.87	0.94	1
节点数	1	1	1	1	2	3	1	1	1	3
比例/%	6.7	6.7	6.7	6.7	13.3	19	6.7	6.7	6.7	19

中心防灾避难场所可利用场地的平均聚类系数为0.821,根据聚类系数分布情况,中心防灾避难场所可利用场地复杂网络具有小世界特性。

7.4.1.2 固定防灾避难场所关联性复杂网络选址

在分析天津市中心城区固定防灾避难场所可利用场地复杂网络关联性时,首先进行防灾分区划分,然后对各防灾分区内固定防灾避难场所可利用场地单独进行分析。在分析可利用场地关联性时,将可利用场地规模与需求对比,其中,可利用场地357 处,总面积 800.03ha,而按人均 4.0m² 标准,实际需求面积仅 294.08ha,可利用场地远高于实际需求,因此可根据无标度复杂网络模型对所有可利用场地进行分析,选择合理的场地作为固定防灾避难场所。

（1）固定防灾避难场所关联性复杂网络构建。

在构建可利用场地复杂网络模型时,将天津市中心城区划分为 23 个防灾分区,然后利用 Gephi 软件对 357 个可利用场地进行处理。

在 Gephi 软件中,对固定防灾避难场所可利用场地的 X、Y 坐标和固定防灾避难场所的影响范围进行综合分析。灾害发生后,城市部分道路无法通行,因此在执行边输入操作时,将两节点之间实际可通行道路最短路径与其服务半径对比,设定固定防灾避难场所服务半径为 2000m,当两节点之间最短路径距离不大于服务半径范围之和时,两节点之间形成边。

（2）固定防灾避难场所复杂网络分析。

根据 Gephi 软件计算的各节点网络度和聚类系数,对节点网络度和聚类系数等级进行划分,并对度与度分布、聚类系数进行分析,根据所有场地节点网络度和聚类系数对其关联性进行分析,为防灾避难场所非线性要素指标形成提供基础。

1）天津市中心城区各区固定防灾避难场所可利用场地网络度及聚类系数。

根据对天津市中心城区各区节点网络度和聚类系数的计算,将节点网络度分为四个等级,其中网络度 10 及 10 以下的节点 154 个,11～20 的节点 75 个,21～30 的节点 86 个,30 以上的节点 81 个。在选择固定防灾避难场所时,尽可能选择节点网络度较高的场地。网络度 30 以上场地主要分布在和平区、南开区、河西区和津南区,网络度较高的场地分布较为集中,因此在较多场地的节点网络度相等的情况下,根据聚类系数选择。在对节点聚类系数进行分析时,也将其分为四个等级,聚类系数 0.7 以下的场地 41 个,0.7～0.79 的场地 40 个,0.8～0.89 的场地 91 个,0.9～1.0 的场地 224 个。

2）度与度分布。

根据各节点网络度计算,天津市中心城区固定防灾避难场所可利用场地复杂网络网络度集中在 4～31,平均网络度 23,网络度与节点数之间存在明显的线性关系,网络度较高、节点数较少,如表 7-4 所示。部分防灾分区内可利用场地数量较少或其位置较为偏僻,部分场地与其他场地无联系,节点网络度为 0。为扩大防灾避难场所服务覆盖范围,虽然有的节点网络度较低,或与周边节点无联系,但这些节点也应被选作固定防灾避难场所。

表 7-4　　**天津市中心城区固定防灾避难场所可利用场地复杂网络网络度**

网络度	1	2	3	4	5	6	7	8	9
节点数	0	1	3	6	10	15	21	28	36
比例/%	0	0.01	0.03	0.05	0.08	0.13	0.18	0.23	0.30

网络度	10	11	12	13	14	15	17	18	19
节点数	42	48	64	66	77	91	119	153	167
比例/%	0.35	0.40	0.54	0.55	0.64	0.76	1.00	1.28	1.40
网络度	20	21	22	23	24	25	26	27	28
节点数	185	206	168	242	269	283	282	289	317
比例/%	1.55	1.72	1.41	2.02	2.25	2.37	2.36	2.42	2.65
网络度	29	30	31	32	33	34	35	36	37
节点数	336	396	404	432	439	464	442	464	489
比例/%	2.81	3.31	3.38	3.61	3.67	3.88	3.70	3.88	4.09
网络度	38	39	41	42	45	47	49	50	
节点数	509	529	568	585	633	665	697	716	
比例/%	4.26	4.42	4.75	4.89	5.29	5.56	5.83	5.99	

3)聚类系数。

通过对各可利用场地聚类系数计算,天津市中心城区固定防灾避难场所各节点聚类系数集中在 0.17~1,平均聚类系数为 0.756,不同区域可利用场地分布集中程度差异较大,节点聚类系数差别也较大,如表 7-5 所示。聚类系数为 0.59 的节点数所占比例最大,节点聚类系数较为分散,具有明显的小世界特性。部分聚类系数较高的场地中心性较强,与周边节点联系性也较强,其综合服务能力较为突出,因此应优先选为固定防灾避难场所。

表 7-5 天津市中心城区固定防灾避难场所复杂网络聚类系数

聚类系数	0.17	0.56	0.57	0.58	0.59	0.6	0.61	0.62	0.63
节点数	1	37	12	26	697	279	230	665	292
比例/%	0.01	0.31	0.10	0.22	5.90	2.36	1.95	5.63	2.47
聚类系数	0.64	0.65	0.66	0.67	0.69	0.71	0.72	0.73	0.74
节点数	360	36	309	498	568	529	509	256	442
比例/%	3.05	0.30	2.62	4.22	4.81	4.48	4.31	2.17	3.74
聚类系数	0.75	0.76	0.77	0.78	0.79	0.80	0.81	0.82	0.83
节点数	471	352	312	363	344	281	377	289	439
比例/%	3.99	2.98	2.64	3.07	2.91	2.38	3.19	2.45	3.72

续表

聚类系数	0.84	0.85	0.86	0.87	0.88	0.89	0.90	0.91	0.92
节点数	317	298	281	241	244	49	19	50	33
比例/%	2.68	2.52	2.38	2.04	2.07	0.41	0.16	0.42	0.28
聚类系数	0.93	0.94	0.95	0.96	0.97	0.98	0.99	1.00	
节点数	42	179	261	244	185	206	152	36	
比例/%	0.36	1.52	2.21	2.07	1.57	1.74	1.29	0.30	

7.4.1.3 临时防灾避难场所复杂网络选址

在对临时防灾避难场所关联性进行分析时,由于灾害发生时不可跨越因素较多,可依据不可跨越因素划分防灾分区。而临时防灾避难场所由各行政区管理,因此也将行政范围作为防灾分区划分依据之一。天津市中心城区各行政区除和平外,临时防灾避难场所需求面积均小于其可利用场地面积,且场地数量较多,因此可利用无标度复杂网络对各行政区可利用场地进行关联性分析。

(1)临时防灾避难场所关联性复杂网络构建。

和平区流动人口较多,临时防灾避难场所面积需求较大,而可利用场地数量较少且规模不足,无法满足居民避难需求,但周边南开区和河西区避难场地规模较大,三区之间无铁路、河流、快速路等阻隔,联系较为便利,因此可将三个区统筹考虑,进行复杂网络模型构建。

但由于和平区部分区域距离可利用场地仍较远,低等级避难场地数量、规模严重不足,且存在可利用场地不能满足最低避难规模需求区域,因此应对不同等级防灾避难场地进行综合考虑。当高等级防灾避难场所被选择后仍有可利用场地时,可将部分剩余场地作为低等级避难场所,以低等级防灾避难场所最小规模需求为基础布局。

利用 Gephi 软件对可利用场地进行处理。在 Gephi 软件中,对临时防灾避难场所可利用场地的 X、Y 坐标和临时防灾避难场所的影响范围进行综合分析,每个临时防灾避难场所的服务半径设定为 1000m。由于中心城区被铁路、河流、快速路和行政界线划分,各部分面积相对较小,如果按照相邻避难场地之间服务范围相交的节点作为其边,所选择临时防灾避难场地均位于各区域边缘,就会使实际服务能力明显降低。因此,根据铁路、快速路、行政界线和河流的分布情况将天津市中心城区划分为97 个防灾分区,其中北辰区 13 个,红桥区 5 个,南开区、和平区和河西区 20 个,河东区 20 个,河北区 12 个,东丽区 10 个,津南区 5 个,西青区 12 个。

为了更加合理地选择避难场地,对位于同一高等级避难场所服务范围内的两个相邻场地,将这两个相邻场地作为两个节点,则这两个点之间能够形成边,否则不能形成边。临时避难场所要求距离人口集中区域较近，能够快速避难，重大灾害发生时，一、二级河流在短期内穿越的可能性较小，同时铁路和快速路对其影响也较大，因此，可利用场地服务范围受铁路、快速路和一、二级河流的影响。

对于部分临时可利用场地不足的区域，当该区域在固定可利用场地被选择后仍有可利用场地，可以将这些场地作为临时避难场地，避免临时避难距离过远。和平区多为流动人口，而可利用场地与实际需求差距较大，因此将部分规模在1ha以上的场地作为临时避难场地，尽可能满足避难场地规模需求和就近避难的需求。

通过将点和边输入 Gephi 软件，对天津市中心城区各行政区范围内所有场地单独进行处理，根据各节点和边构建复杂网络模型。

（2）临时防灾避难场所关联性复杂网络分析。

在划分天津市中心城区临时防灾避难场所服务范围时，北辰区、红桥区、河东区、河北区、东丽区、津南区、西青区以各区为服务范围，南开区、和平区和河西区三个区划分为一个服务范围。根据 Gephi 软件的运算，对各节点网络度和聚类系数等级进行划分，并计算各网络度与度分布、聚类系数等，为临时防灾避难场所选择提供关联性支撑。

1）天津市中心城区各区临时防灾避难场所各可利用场地复杂网络度及聚类系数。

通过计算天津市中心城区临时防灾避难场所各可利用场地节点网络度和聚类系数可知，场地分布集中性较强。根据各节点网络度将临时防灾避难场所可利用场地分为四个等级，分别为 10 以下、11～20、21～30、30 以上。根据聚类系数也将临时防灾避难场所利用场地分为四个等级，0～0.6、0.61～0.75、0.76～0.9 和 0.91～1.0。

2）度与度分布。

通过对天津市中心城区临时防灾避难场所各网络度节点数所占总节点数的比例进行分析可知，网络度较高的场地相对较多，如表 7-6 所示。在对场地进行选择时可根据各节点网络度，选择网络度较高，即中心性较强、能够辐射周边其他相邻场地的节点。

表 7-6　天津市中心城区临时防灾避难场所可利用场地复杂网络网络度

网络度	2	3	4	5	6	7	8	9	10	11
节点数	1	3	6	8	15	21	22	25	39	45
比例/%	0.02	0.05	0.09	0.12	0.23	0.33	0.34	0.39	0.61	0.7
网络度	12	13	14	15	16	17	18	19	20	21
节点数	50	67	69	80	85	124	128	131	133	178
比例/%	0.78	1.04	1.08	1.25	1.32	1.93	2.00	2.04	2.07	2.77

续表

网络度	22	23	24	25	26	27	28	29	30	31
节点数	187	227	215	246	230	237	263	281	250	315
比例/%	2.91	3.54	3.35	3.83	3.58	3.69	4.10	4.38	3.90	4.91
网络度	32	33	35	36	38	39	40			
节点数	333	355	407	375	409	430	426			
比例/%	5.19	5.53	6.34	5.84	6.37	6.70	6.64			

天津市中心城区各区临时防灾避难场所可利用场地复杂网络平均网络度如表 7-7 所示。

表 7-7　天津市中心城区各区临时防灾避难场所可利用场地复杂网络平均网络度

区名	平均网络度	区名	平均网络度	区名	平均网络度	区名	平均网络度
北辰区	15.66	南开区、和平区和河西区	14.77	河北区	12.03	津南区	20.33
红桥区	7.03	河东区	11.02	东丽区	18.77	西青区	13.54

3)聚类系数。

通过对天津市中心城区各区临时防灾避难场所可利用场地聚类系数进行分析可知,各区域聚类系数均较高,如表 7-8 所示。聚类系数为 1 的节点占 0.32%,聚类系数 0.91～1.0 的节点数 1476 个,占总数的 22.76%。由于各节点集聚度较强,在选择场地时,应选择集聚性较强、能够服务周边较大区域的场地,以实现均等性临时防灾避难场所布局。

表 7-8　天津市中心城区临时防灾避难场所可利用场地复杂网络聚类系数

聚类系数	0	0.33	0.36	0.44	0.46	0.47	0.48	0.49	0.50	0.51
节点数	0	1	16	16	42	120	44	94	39	97
比例/%	0	0.02	0.25	0.25	0.65	1.85	0.68	1.45	0.60	1.50
聚类系数	0.52	0.53	0.54	0.55	0.56	0.57	0.58	0.59	0.60	0.61
节点数	71	24	136	116	142	144	99	91	81	140
比例/%	1.09	0.37	2.10	1.79	2.19	2.22	1.53	1.40	1.25	2.16
聚类系数	0.62	0.63	0.64	0.65	0.66	0.67	0.68	0.69	0.70	0.71
节点数	130	85	110	151	101	140	237	94	133	122
比例/%	2.00	1.31	1.70	2.33	1.56	2.16	3.65	1.45	2.05	1.88

续表

聚类系数	0.72	0.73	0.74	0.75	0.76	0.77	0.78	0.79	0.80	0.81
节点数	137	112	58	41	50	131	133	107	168	187
比例/%	2.11	1.73	0.89	0.63	0.77	2.02	2.05	1.65	2.59	2.88
聚类系数	0.82	0.83	0.84	0.85	0.86	0.87	0.88	0.89	0.90	0.91
节点数	246	5	128	102	147	39	69	107	227	172
比例/%	3.79	0.08	1.97	1.57	2.27	0.60	1.06	1.65	3.50	2.65
聚类系数	0.92	0.93	0.94	0.95	0.96	0.97	0.98	0.99	1	
节点数	141	112	161	162	182	204	133	188	21	
比例/%	2.17	1.73	2.48	2.50	2.81	3.15	2.05	2.90	0.32	

天津市中心城区各区临时防灾避难场所可利用场地复杂网络平均聚类系数如表 7-9 所示。

表 7-9　天津市中心城区各区临时防灾避难场所可利用场地复杂网络平均聚类系数

区名	平均聚类系数	区名	平均聚类系数	区名	平均聚类系数	区名	平均聚类系数
北辰区	0.803	南开区、和平区和河西区	0.759	河北区	0.828	津南区	0.839
红桥区	0.809	河东区	0.885	东丽区	0.773	西青区	0.845

7.4.2　选址网络性与防灾避难场所布局优化路径协同机制

场地关联性保证了同一等级防灾避难场所之间的联系,而系统网络性要求不同等级场地能够联系起来,实现所有场地综合协同。系统复杂性也要求不同等级场地具有多样性联系,保证信息、物资、人员交流,同时保证灾害不同时段避难人员能够逐级转移,因此利用复杂网络构建不同等级防灾避难场所网络关系模型,增加不同等级防灾避难场所的非线性联系。

7.4.2.1　不同等级防灾避难场所可利用场地复杂网络模型构建

在分析防灾避难场所网络性关系时,利用与场地关联性相同的分析方法,根据不同等级防灾避难场所网络性进行复杂网络模型构建。固定防灾避难场所起着"承上启下"的作用,因此建立天津市中心城区中心-固定防灾避难场所可利用场地复杂模型,建立固定-临时防灾避难场所可利用场地复杂模型,分别如图 7-12 和图 7-13 所示。

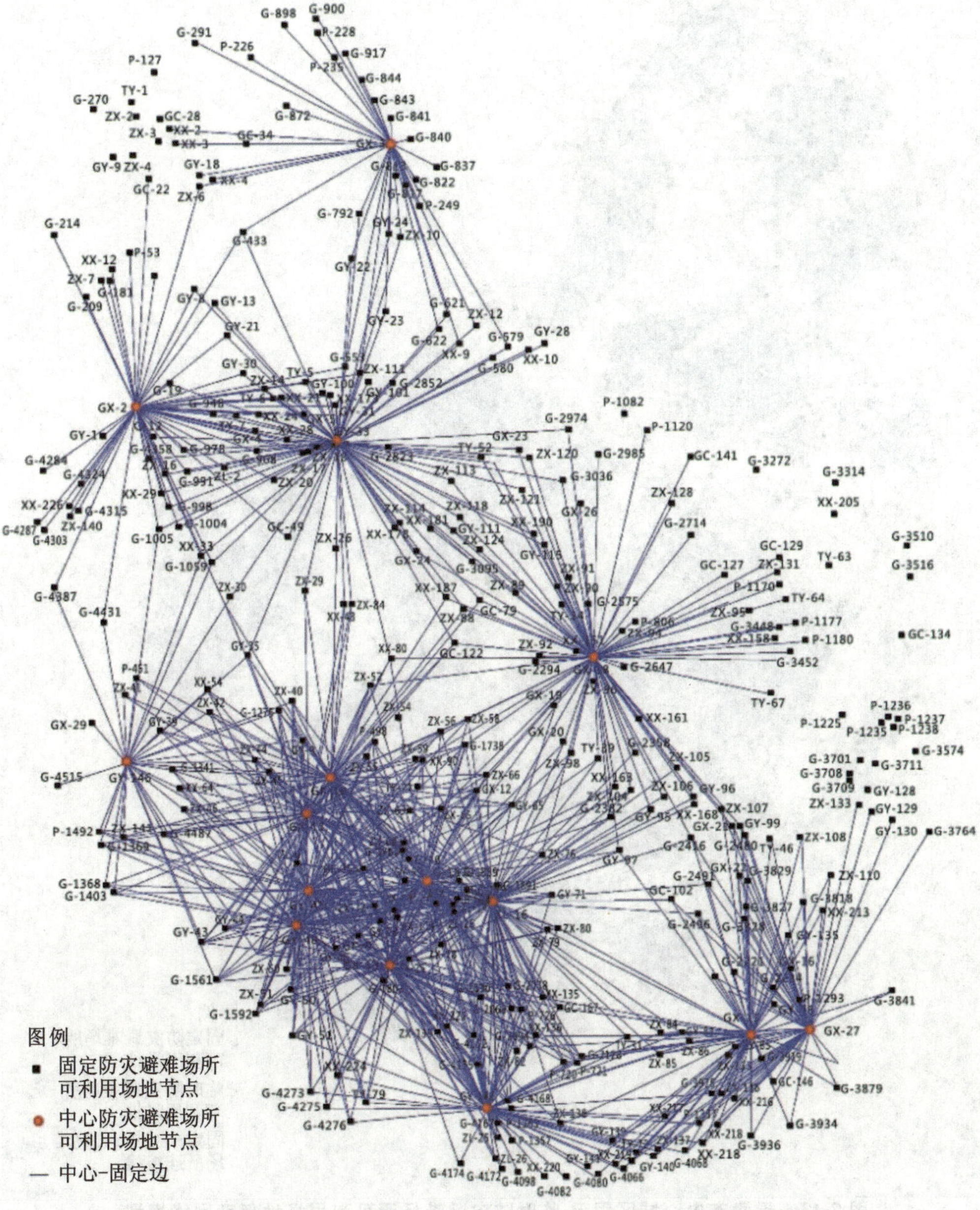

图 7-12　天津市中心城区中心-固定防灾避难场所可利用场地复杂网络模型

（GX 代表高等学校，GY 代表公园，G 代表绿地。后不再备注）

图例

■ 固定防灾避难场所
　可利用场地节点

● 中心防灾避难场所
　可利用场地节点

— 中心-固定边

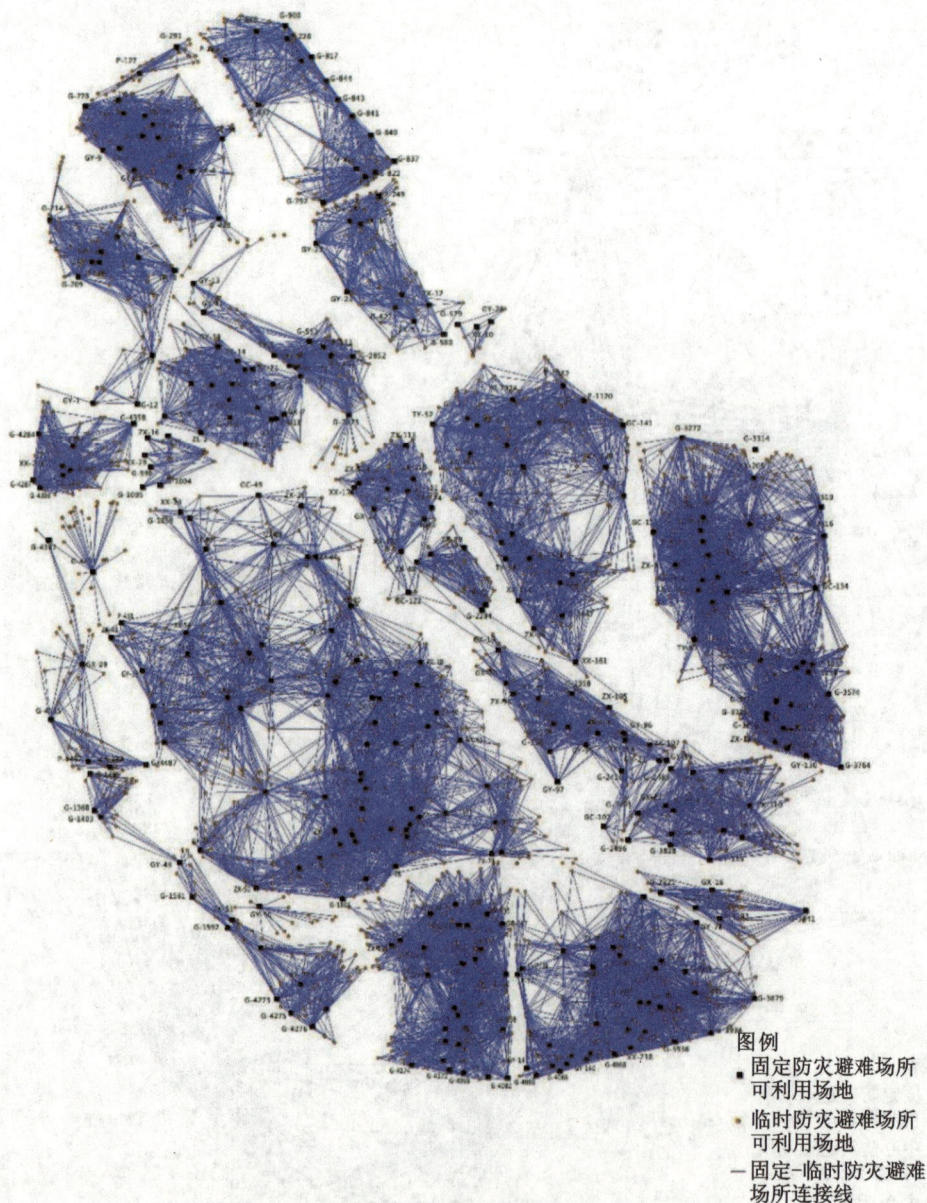

图例
■ 固定防灾避难场所
可利用场地
· 临时防灾避难场所
可利用场地
— 固定-临时防灾避难
场所连接线

图 7-13　天津市中心城区固定-临时防灾避难场所可利用场地复杂网络模型

（1）中心-固定防灾避难场所可利用场地复杂网络模型构建。

利用 Gephi 软件对所有中心防灾避难场所和固定防灾避难场所的可利用场地进行处理。在 Gephi 软件中，输入中心防灾避难场所和固定防灾避难场所的可利用场

地的 X、Y 坐标和中心防灾避难场所可利用场地与固定防灾避难场所的可利用场地之间具有影响的节点。将每个中心防灾避难场所可利用场地的服务半径设定为 5000m，若固定防灾避难场所可利用场地在其服务范围内，则说明相互之间能够形成边，否则不能。由于中心防灾避难场所主要为重大灾害发生后居民的长期避难和灾后恢复重建提供服务空间，其服务范围不受任何限制性因素影响。

输入所有节点和边数据后，得到一个由中心防灾避难场所各可利用场地与固定防灾避难场所各可利用场地之间形成的网络拓扑结构图。通过 Gephi 软件自动运算，得出所有点的网络度与度分布、聚类系数等数值。

（2）固定-临时防灾避难场所可利用场地复杂网络模型构建。

固定防灾避难场所服务范围受主要河流、城市快速路、铁路等影响较大，首先根据这些因素进行服务责任区划分，然后利用 Gephi 软件对所有固定防灾避难场所和临时防灾避难场所的可利用场地进行处理，构建固定-临时防灾避难可利用场地复杂网络模型。在 Gephi 软件中，输入固定防灾避难场所和临时防灾避难场所可利用场地的 X、Y 坐标与固定防灾避难场所和临时防灾避难场所可利用场地之间具有影响的节点。将固定防灾避难场所可利用场地的服务半径设定为 2000m，若临时防灾避难场所可利用场地在其服务范围内，则说明相互之间能够形成边，否则不能。

7.4.2.2 不同等级防灾避难场所可利用场地网络性关系分析

利用 Gephi 软件计算天津市中心城区不同等级防灾避难场所各可利用场地的节点网络度和聚类系数，通过网络度和聚类系数对场地网络性进行分析。

（1）中心防灾避难场所可利用场地网络性关系分析。

在分析中心防灾避难场所可利用场地网络性时，根据 Gephi 软件对节点网络度和聚类系数的计算，对其综合等级进行划分，并对节点网络度与度分布、聚类系数进行分析。

1）各可利用场地复杂网络度及聚类系数。

对各节点网络度和聚类系数进行计算后，为了合理地选择场地，对节点网络度和聚类系数划分等级，尽可能选择网络度和聚类系数等级较高的场地。根据各节点网络度将其分为 60 以下、60～80 和 80 以上三个等级，节点网络度等级分布如图 7-14 所示。网络度 60 以下的场地主要分布在西青区、北辰区、津南区，网络度 80 以上场地主要分布在红桥区和河西区。各节点集中分布程度较高。

图 7-14　天津市中心城区中心防灾避难场所可利用场地网络度

　　根据聚类系数,将其分为 0、0.01～0.1 和 0.1 以上三个等级,其等级分布如图 7-15 所示。其中 0.1 以上的场地仅 1 个,北辰区、西青区、红桥区内场地的聚集度相对较低,分布集聚性程度也较低。在选择场地时,网络性仅为其非线性的其中一个指标,仍需与其他要素综合考虑。

图例
■ 聚类系数为0.01以下
■ 聚类系数0.01～0.1
■ 聚类系数0.1以上

图7-15 天津市中心城区中心防灾避难场所可利用场地复杂网络聚类系数

2）度与度分布。

根据对各节点网络度的计算及综合等级划分可知,各节点平均网络度为5.323。网络度较为分散,各节点网络度差别较大,与周边固定防灾避难场所可利用场地联系性较强。在选择场地时尽可能选择节点网络度较高的场地,根据节点网络度分布,实现合理布局。

3)聚类系数。

根据对各可利用场地聚类系数的计算及综合等级分类可知,平均聚类系数为0.018。聚类系数分布较为分散,聚类系数为 0 的节点 7 个,节点分布具有较强小世界特性。

中心防灾避难场所所有场地网络度及聚类系数如表 7-10 所示。

表 7-10　中心防灾避难场所可利用场地复杂网络网络度及聚类系数

编号	网络度	聚类系数	编号	网络度	聚类系数	编号	网络度	聚类系数
GX-3	36	0	GX-11	69	0.02	GX-13	76	0.02
GX-2	58	0	GY-45	70	0.03	GY-142	77	0
GY-33	82	0	GY-46	70	0.11	GX-15	65	0.02
GY-146	31	0	G-1872	80	0.02	GX-27	54	0.03
GX-10	67	0.02	ZL-16	84	0	GX-18	79	0

(2)固定防灾避难场所可利用场地网络性关系分析。

在对固定防灾避难场所各可利用场地网络性进行分析时,采用与中心防灾避难场所相同的分析方法。综合考虑其与中心防灾避难场所、临时防灾避难场所的联系性,将 Gephi 软件对固定防灾避难场所各节点网络度及聚类系数的计算作为其网络性指标。在网络性分析时,根据各节点网络度和聚类系数,划分其综合等级,并分析节点网络度与度分布、聚类系数。

1)网络度及聚类系数等级划分。

天津市中心城区固定防灾避难场所节点网络度和聚类系数较为分散且平均,网络度和聚类系数较高的节点数相对较少。根据网络度对天津市中心城区固定防灾避难场所进行等级划分,将网络度分为 50 以下、50～89、90～120 和 120 以上四个等级。

其中,网络度 50 以下的场地 91 个,50～89 的场地 138 个,90～120 的场地 70个,120 以上的场地 58 个。而网络度 120 以上的场地,除和平区外各区域均有分布。在选择场地时应优先选择节点网络度较高的场地。

根据聚类系数对天津市中心城区固定防灾避难场所进行等级划分,将聚类系数分为 0～0.09、0.1～0.249、0.25～0.49、0.5～1 四个等级。聚类系数 0～0.09 的场地 168 个,0.1～0.249 的场地 61 个,0.25～0.49 的场地 74 个,0.5～1 的场地53 个。

等级较高的场地主要分布在各区域中心,与周边联系较为紧密,且周边场地数量也较多,集聚性和网络性均较强,因此也应结合聚类系数选择场地,但需满足场地服务范围全覆盖及各区域避难场地规模均等性和场地的可达性。

2)度与度分布。

根据对天津市中心城区固定防灾避难场所可利用场地节点进行的网络度计算和综合等级分类,可知平均网络度为 77.14,网络度在平均值以上节点数较多,节点数随网络度变化不大,节点整体中心性较强,因此尽可能选择区域内网络度较高的节点。

3)聚类系数。

根据聚类系数及综合等级分类分析,可知固定防灾避难场所可利用场地平均聚类系数为 0.215。聚类系数分布较为平均,聚类系数较高的节点数量较少,随着聚类系数增加,节点数减少,小世界特性较为明显,在网络度相同的情况下,应根据聚类系数进行场地选择。

(3)临时防灾避难场所可利用场地网络性关系分析。

由于临时防灾避难场所仅与固定防灾避难场所构成网络联系,因此根据临时-固定防灾避难场所可利用场地复杂网络,计算各节点网络度和聚类系数,并对其综合等级进行分类,同时对其网络度与度分布、聚类系数进行分析。

1)各可利用场地复杂网络度及聚类系数等级划分。

天津市中心城区临时防灾避难场所各可利用场地的网络度和聚类系数分布较为分散,网络度和聚类系数较高的场地数量较少。其中,节点网络度分为 6 以下、6~10、11~15、15 以上四个等级;聚类系数分为 0.01 以下、0.01~0.15、0.16~0.30 和 0.30 以上四个等级。

在各区选择临时防灾避难场所场地时,尽可能选择网络度 15 以上、聚类系数 0.30 以上的场地,利用高中心性和高集聚性,选择出能够服务周边较多区域的场地。

2)度与度分布。

根据对天津市中心城区临时防灾避难场所可利用场地进行的网络度计算及综合等级划分可知,节点数随网络度增加而逐渐减少,场地中心性较为突出。从整体趋势来看,网络度与节点数呈线性相关。根据节点网络度计算,其平均值为 9.39,多个网络度在平均值以上,且每个度节点数较少。

天津市中心城区临时防灾避难场所可利用场地复杂网络网络度分布比例如表 7-11 所示。

表 7-11　天津市中心城区临时防灾避难场所可利用场地复杂网络网络度分布比例

网络度	节点数	比例/%	网络度	节点数	比例/%	网络度	节点数	比例/%
1	2	0.85	14	4	1.7	28	7	2.98
2	4	1.7	15	7	2.98	29	4	1.7
3	7	2.98	16	8	3.4	30	4	1.7
4	6	2.55	18	7	2.98	31	7	2.98
5	7	2.98	19	6	2.55	32	4	1.7
6	8	3.4	20	8	3.4	33	7	2.98
7	9	3.83	21	9	3.83	34	6	2.55
8	7	2.98	22	7	2.98	38	8	3.4
9	8	3.4	23	7	2.98	44	6	2.55
10	4	1.7	24	7	2.98	50	7	2.98
11	6	2.55	25	4	1.7	65	3	1.28
12	4	1.7	26	6	2.55	74	7	2.98
13	9	3.83	27	4	1.7			

3）聚类系数。

根据各节点聚类系数可知,节点数随聚类系数的增加而减少,聚类系数较高的节点数量较少,所有节点的平均聚类系数为 0.1,所有节点中最高聚类系数为 0.52,表明较少场地呈现出较高的集聚性,避难场地的中心性较为明显。

天津市中心城区临时防灾避难场所可利用场地复杂网络聚类系数分布比例如表 7-12 所示。

表 7-12　　　天津市中心城区临时防灾避难场所可利用场地复杂
网络聚类系数分布比例

聚类系数	节点数	比例/%	聚类系数	节点数	比例/%	聚类系数	节点数	比例/%
0	2	0.65	0.04	8	2.6	0.08	7	2.27
0.01	6	1.95	0.05	5	1.62	0.09	6	1.95
0.02	2	0.65	0.06	3	0.97	0.1	5	1.62
0.03	6	1.95	0.07	4	1.3	0.11	7	2.27

聚类系数	节点数	比例/%	聚类系数	节点数	比例/%	聚类系数	节点数	比例/%
0.12	9	2.92	0.24	7	2.27	0.38	8	2.6
0.13	3	0.97	0.25	4	1.3	0.39	6	1.95
0.14	8	2.6	0.26	6	1.95	0.4	7	2.27
0.15	9	2.92	0.27	9	2.92	0.41	4	1.3
0.16	9	2.92	0.28	7	2.27	0.43	8	2.6
0.17	4	1.3	0.29	9	2.92	0.44	7	2.27
0.18	9	2.92	0.3	8	2.6	0.45	4	1.3
0.19	6	1.95	0.31	9	2.92	0.46	4	1.3
0.2	9	2.92	0.32	6	1.95	0.47	7	2.27
0.21	4	1.3	0.33	8	2.6	0.49	7	2.27
0.22	6	1.95	0.34	7	2.27	0.51	7	2.27
0.23	8	2.6	0.35	7	2.27	0.52	7	2.27

7.4.3 防灾避难场所可利用场地与人口分布非邻避性的关系

通过加强场地关联性和构建复杂网络模型,防灾避难场所系统的网络性和复杂性得以形成。但天津市中心城区防灾避难场所布局存在着避难场所与人口分布不相协同、部分避难场所与人口集中区过远以及避难场所与居民集中区受铁路、河流、城市快速路等隔阻等问题,而防灾避难场所主要为"人"所使用,必须加强人与场地联系,因此利用复杂网络模型对场地非邻避性进行分析,将各可利用场地与人口集中区联系起来,保证防灾避难场所系统的平衡、稳定。

7.4.3.1 防灾避难场所可利用场地与人口分布非邻避性复杂网络模型构建

在构建非邻避性复杂网络模型时,根据各等级防灾避难场所可利用场地与人口分布情况,以防灾避难场所可利用场地与居住区质心和灾害发生时可通行道路作为模型构建基础。

依据与关联性、网络性相同的分析方法和服务半径范围,对各等级防灾避难场所可利用场地和居住区联系性进行分析,将各节点和边输入 Gephi 软件。在执行边输入操作时,根据各等级防灾避难场所服务范围,依据与居住区质心最短路径距离进行边的输入。最短路径距离不大于服务范围,则形成边。

在分析中心和固定防灾避难场所可利用场地非邻避性时,主要对各居住区人口进行分析;在分析临时防灾避难场所可利用场地非邻避性时,不仅要对各居住区人口进行分析,也要对工业企业等人口集中区进行分析。为保证同一居住区居民在同一防灾避难场所避难,根据城市所有区域居住区和工业区人口分布情况和各街道常住人数,对各居住区避难人数进行人口集中区划分,将每个居住区和工业企业分别作为一个人口集中区,将居住区和工业企业质心作为人口集中区质心。

天津市中心城区共划分了 7068 个以居住区为功能的人口集中区和 397 个以工业企业等为主要功能的人口集中区,如图 7-16 所示。根据各人口集中区与各等级防灾避难场所可利用场地关系分别构建非邻避性复杂网络模型。

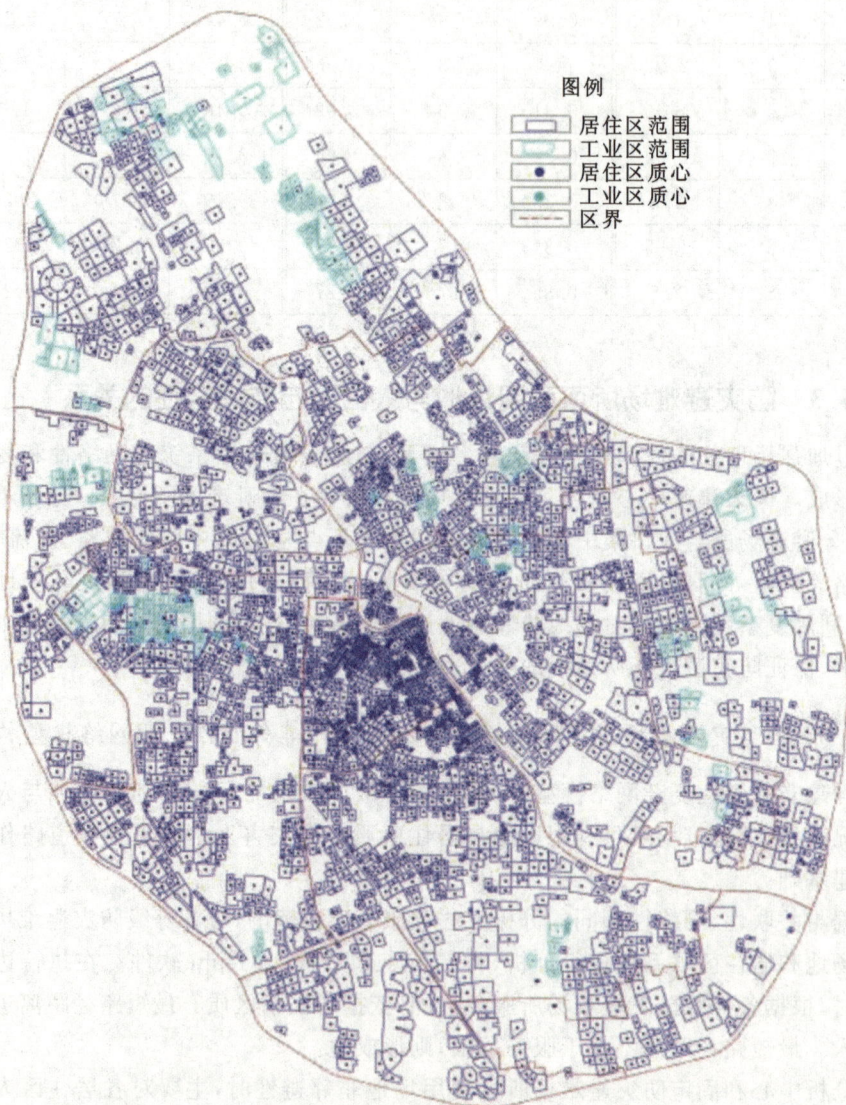

图 7-16　天津市中心城区人口集中区分布图

（1）中心、固定防灾避难场所可利用场地非邻避性复杂网络模型构建。

在构建中心、固定防灾避难场所可利用场地非邻避性复杂网络模型时，可通过各居住区质心与中心、固定防灾避难场所可利用场地的联系分别构建复杂网络模型。这两类防灾避难场所主要为城市常住居民服务。但在分析中心防灾避难场所人口非邻避性时，由于中心防灾避难场所服务半径大于 5000m，因此在构建模型时，以 5000m 为其服务范围的最小路径距离进行相互联系。天津市中心城区中心防灾避难场所和固定防灾避难场所与人口分布非邻避性网络拓扑结构如图 7-17 和图 7-18 所示。

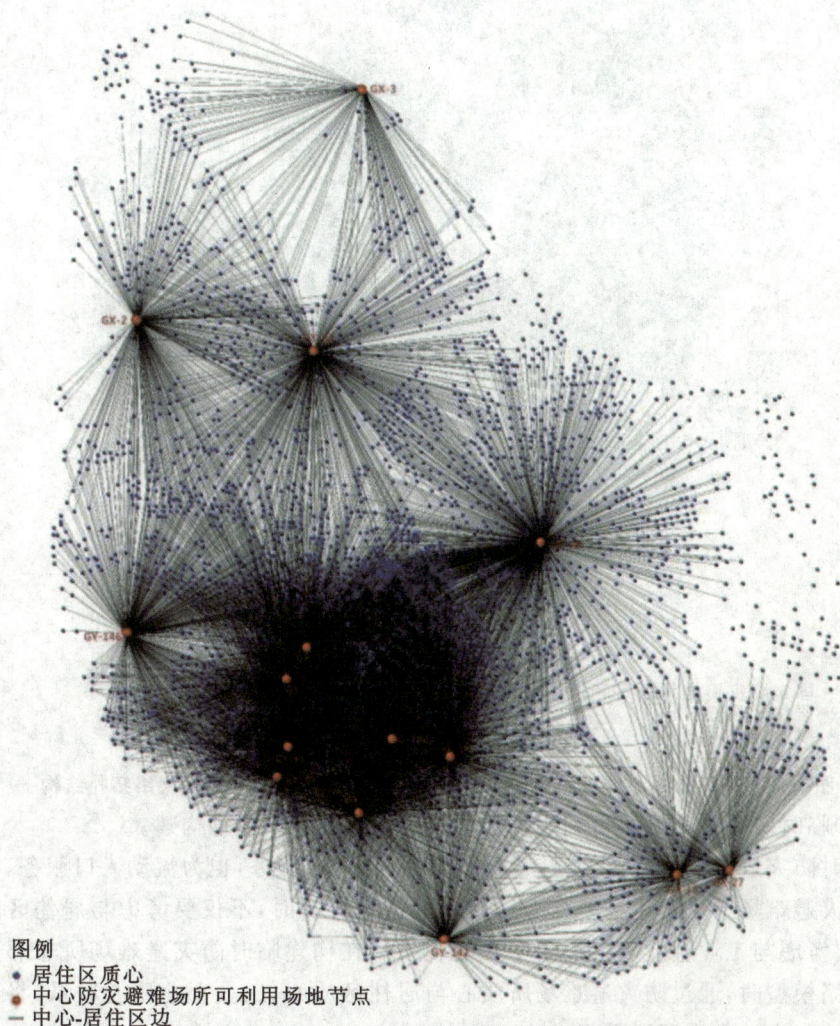

图例
· 居住区质心
· 中心防灾避难场所可利用场地节点
— 中心-居住区边

图 7-17　天津市中心城区中心防灾避难场所与人口分布非邻避性网络拓扑结构

图例
- 固定防灾避难场所可利用场地节点
- 居住区质心
— 中心-居住区边

图 7-18　天津市中心城区固定防灾避难场所与人口分布非邻避性网络拓扑结构

（2）临时防灾避难场所可利用场地非邻避性复杂网络模型构建。

临时防灾避难场所不仅为城市常住居民提供避难服务，也为流动人口服务，在对临时防灾避难场所可利用场地与人口集中区进行分析时，不仅要考虑与居住区的关系，也要考虑与工业企业等人口集中区的联系。在构建临时防灾避难场所非邻避性复杂网络模型时，通过防灾避难场所质心与居住区质心、工业企业质心联系，将各可利用场地与人口集中区联系起来。

7.4.3.2 防灾避难场所可利用场地与人口分布非邻避性关系分析

在分析各等级防灾避难场所可利用场地与人口分布非邻避性时,根据构建的各等级防灾避难场所可利用场地与人口分布的无标度复杂网络模型,利用 Gephi 软件对节点网络度和聚类系数进行计算,并对计算结果进行分析。

(1)中心防灾避难场所与人口分布非邻避性关系分析。

天津市中心城区中心防灾避难场所与人口分布非邻避性节点网络度和聚类系数如表 7-13 所示。天津市中心城区中心防灾避难场所每个节点对应一个网络度和聚类系数,节点网络度(图 7-19)和聚类系数(图 7-20)均较为分散,各场地与人口分布区联系差别较大,其周边人口集中区分布的集聚程度差别也较大。

表 7-13　天津市中心城区中心防灾避难场所可利用场地非邻避性的
节点网络度及聚类系数

编号	网络度	聚类系数	编号	网络度	聚类系数	编号	网络度	聚类系数
GX-3	142	0.02	GX-11	1514	0.95	GX-13	850	0.57
GX-2	441	0.09	GY-45	1167	0.78	GY-142	320	0.16
GY-33	729	0.17	GY-46	872	0.59	GX-15	361	0.11
GY-146	645	0.29	G-1872	1469	0.94	GX-27	294	0.09
GX-10	1626	1.00	ZL-16	1330	0.83	GX-18	1590	0.73

(2)固定防灾避难场所与人口分布非邻避性分析。

根据天津市中心城区固定防灾避难场所各节点网络度及聚类系数对固定防灾避难场所可利用场地非邻避性的分析可知,节点数随网络度和聚类系数的增加相对较小,节点网络度和聚类系数越高的场地节点数越少。天津市中心城区居住区数量较多,因此各节点网络度相对较大。在对天津市中心城区固定防灾避难场所节点网络度综合等级进行划分时,分为 50 以下、50～99、100～199 和 200 以上四个等级,如图 7-21 所示。

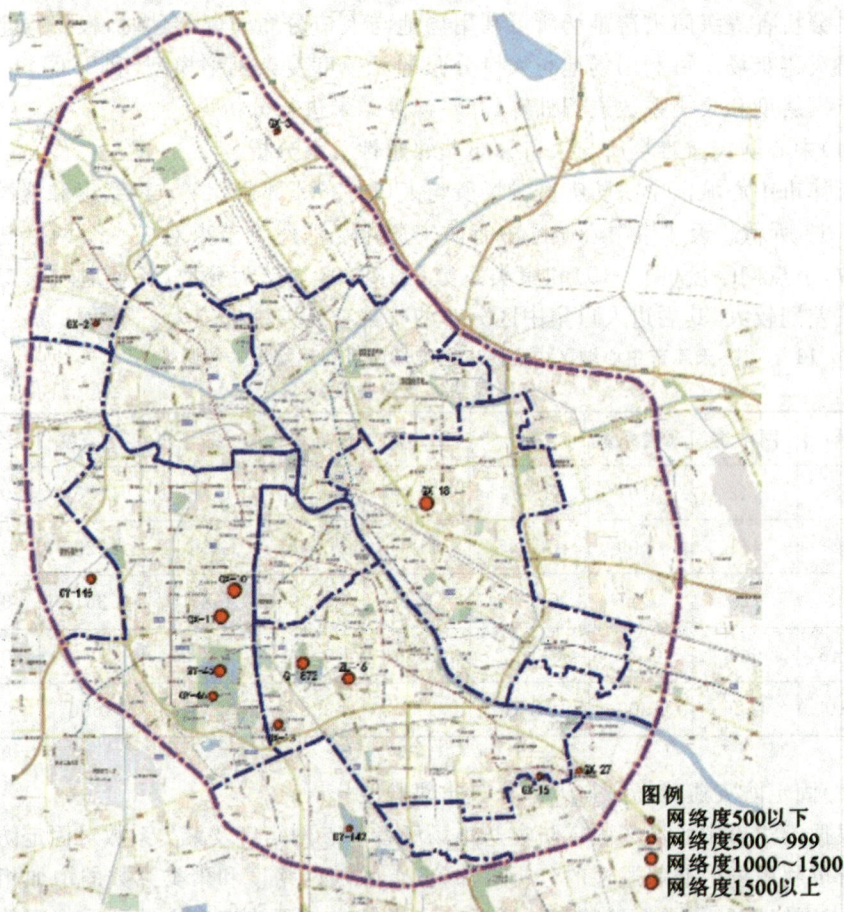

图7-19 天津市中心城区中心防灾避难场所可利用场地非邻避性网络度

由于和平区、红桥区、河西区、河东区、河北区和南开区建设相对较早,常住人口较多,居住区数量也较多,网络度200以上的场地也集中在这些区域,在选择场地时尽可能选择节点网络度较高的场地,增强避难场地与周边人口分布区的联系,提高快速避难水平。而周边北辰区、西青区、津南区和东丽区,目前仍在开发建设之中,部分区域仍有较多空地及废弃工业企业,居民数量较少,在这些区域应尽可能根据人口分布集中程度进行场地选择。

图例
■ 聚类系数0～0.09
■ 聚类系数0.1～0.49
■ 聚类系数0.5～0.89
■ 聚类系数0.9～1.0

图 7-20　天津市中心城区中心防灾避难场所可利用场地非邻避性聚类系数

在对天津市中心城区固定防灾避难场所可利用场地聚类系数综合等级进行划分时,将其分为 0～0.05、0.06～0.1、0.11～0.2 和 0.21～1 四个等级,如图 7-22 所示。其中,0～0.05 的节点 257 个,0.06～0.1 的节点 46 个,0.11～0.2 的节点 17 个,0.21～1 的节点 32 个。聚类系数等级分布与网络度等级分布较为相似,中心区域聚类系数较高,周边区域聚类系数相对较低,在选择场地时应充分考虑各场地聚类系数。

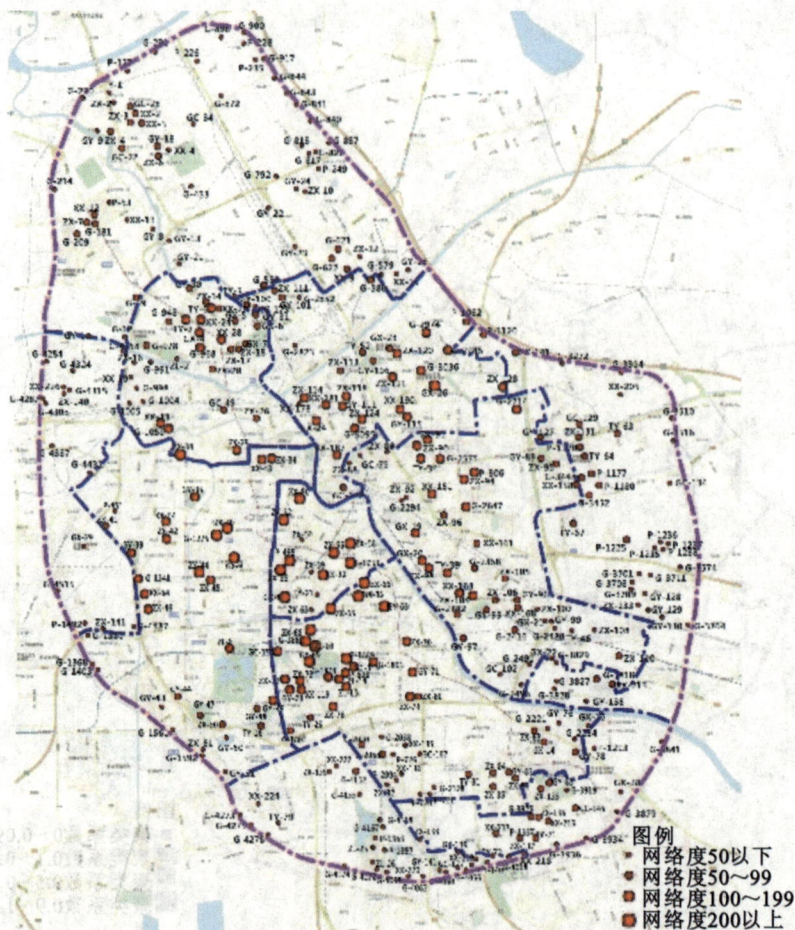

图 7-21　天津市中心城区固定防灾避难场所可利用场地非邻避性网络度

（3）临时防灾避难场所与人口分布非邻避性分析。

通过对天津市中心城区临时防灾避难场所各可利用场地与人口分布非邻避性进行分析可知，由于各场地周边人口集中区数量较多，随网络度和聚类系数增加，节点数数量逐渐减少。根据对各节点网络度进行分析，将网络度分为四级，其中 10 以下场地 531 个，10～20 场地 662 个，21～30 场地 391 个，30 以上场地 373 个。根据聚类系数分为 0～0.27、0.28～0.3、0.31～0.34 和 0.34 以上四个等级，聚类系数 0～0.27 节点 531 个，0.28～0.3 节点 535 个，0.31～0.34 节点 451 个，0.34 以上节点440 个。

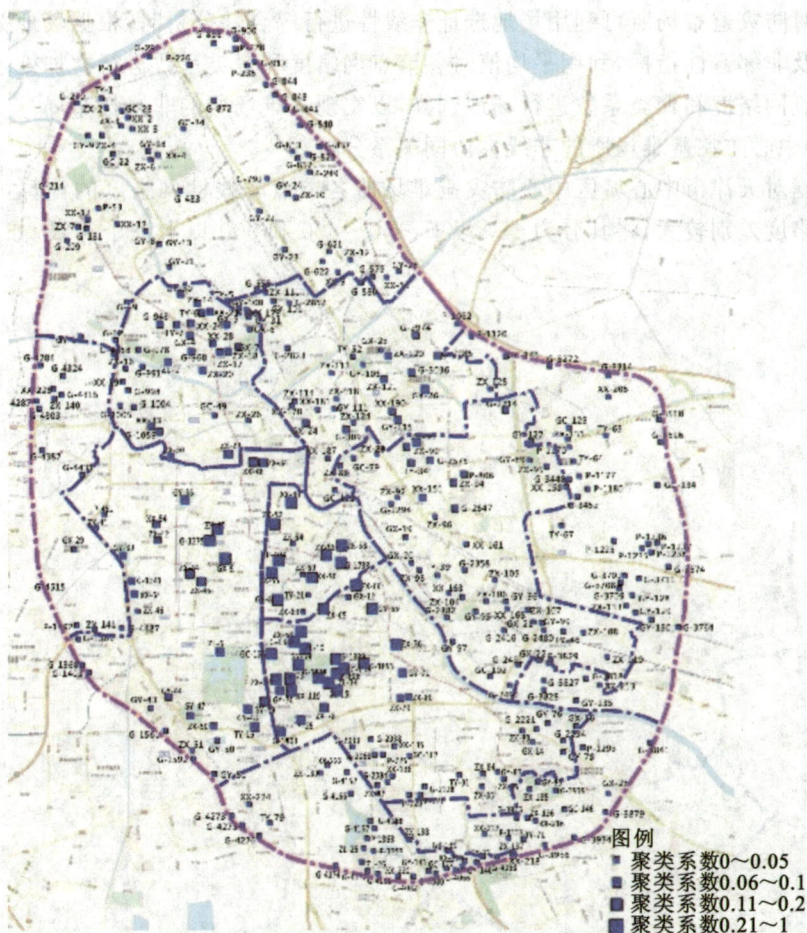

图例
■ 聚类系数0~0.05
■ 聚类系数0.06~0.1
■ 聚类系数0.11~0.2
■ 聚类系数0.21~1

图 7-22　天津市中心城区固定防灾避难场所可利用场地非邻避性聚类系数

7.4.4　防灾避难场所选址非线性构成要素间的复杂关系

在分析不同等级防灾避难场所的各可利用场地时,利用不同防灾避难场所可利用场地间的关联性、网络性和各可利用场地与人口集中区的非邻避性特征指标,形成基于复杂网络非线性选址的综合性指标,全面、综合地对所有场地进行选择。

通过分析防灾避难场所关联性、网络性及非邻避性复杂网络,系统复杂性及网络性得以实现。但要实现场地之间及场地与人口的协同分布,还需要根据"址"布局优化路径进行综合分析。首先,对防灾避难场所非线性选址方法进行研究;然后,根据选址方法对不同等级防灾避难场所复杂网络选址非线性协同关系进行分析,以确保防灾避难场所"址"布局优化路径的实现。

（1）防灾避难场所非线性选址方法。

在对防灾避难场所可利用场地选址非线性进行综合性分析时，根据场地关联性、网络性及非邻避性指标，利用平均值对各节点网络度和聚类系数进行叠加处理，根据平均节点网络度和聚类系数进行场地选择，以实现避难场所的非线性布局。

（2）中心防灾避难场所的非线性协同关系分析。

根据对天津市中心城区中心防灾避难场所各节点非线性网络度的计算可知，各场地网络度差别较大，将其分为 150 以下、150～500 和 500 以上三个等级，如图 7-23 所示。

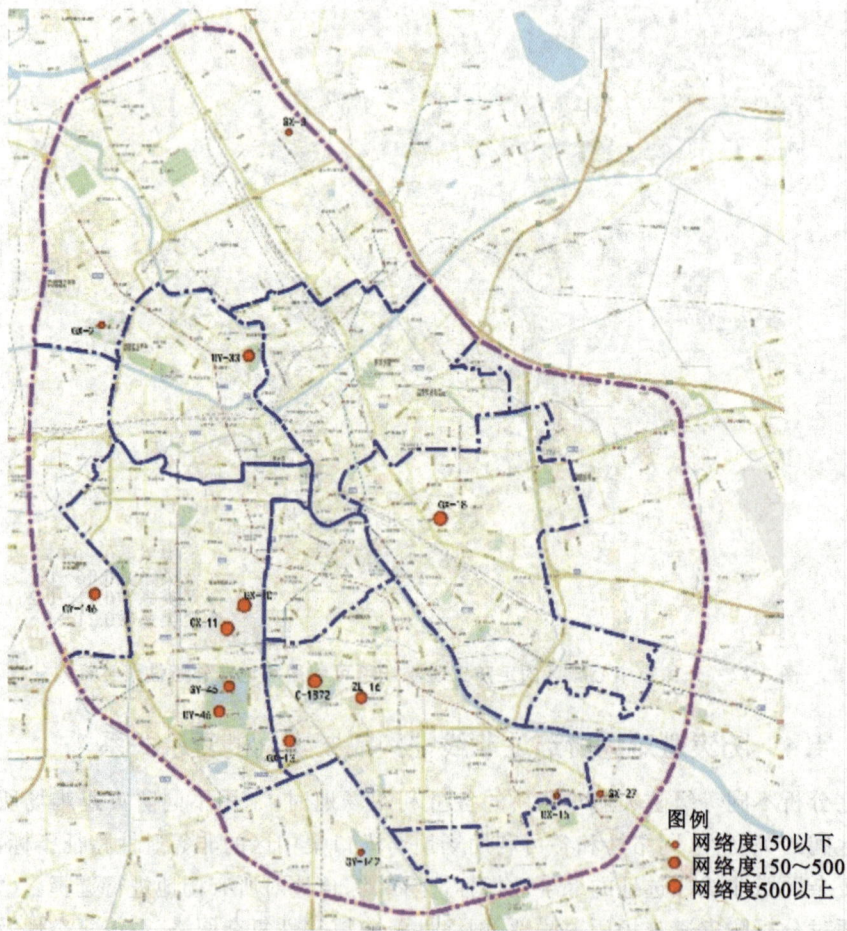

图 7-23　天津市中心城区中心避难场所非线性网络度

其中,网络度 150 以下的场地 5 个,主要分布在北辰区、西青区和津南区,这些区域人口及可利用场地均较少,各场地联系性较差,人口分布非邻避性也相对较弱,因此应根据防灾避难场所服务范围进行场地选择;网络度 500 以上的场地 5 个,主要分布在河东区、河西区和南开区,这些区域人口及各等级可利用场地数量均较多,相互联系较强,由于位于中心城区核心区,在选择场地时应重点考虑这些网络度较高的场地。

根据对天津市中心城区中心防灾避难场所聚类系数的分析可知,各区域聚类系数相对较为分散,可将其分为 0~0.3、0.31~0.6、0.61~1 三个等级,其中聚类系数0.61~1 的节点 3 个,0.31~0.6 的节点 7 个,0~0.3 的节点 5 个,如图 7-24 所示。节点网络度较高的场地,聚类系数也较高,因此在选择场地时应优先考虑其节点网络度,再根据聚类系数进行场地选择。

图 7-24 天津市中心城区中心防灾避难场所非线性聚类系数

天津市中心城区中心防灾避难场所可利用场地非线性网络度及聚类系数如表 7-14 所示。

表 7-14　天津市中心城区中心防灾避难场所可利用场地非线性网络度及
聚类系数

编号	网络度	聚类系数	编号	网络度	聚类系数
GX-3	60	0.04	GX-11	531	0.64
GX-13	312	0.51	GX-2	168	0.15
GY-45	416	0.57	GY-142	136	0.34
GY-33	273	0.26	GY-46	317	0.51
GX-15	144	0.22	GY-146	228	0.35
G-1872	520	0.65	GX-27	118	0.22
GX-10	568	0.65	ZL-16	475	0.59
GX-18	560	0.55			

(3)固定防灾避难场所的非线性协同关系分析。

根据对固定防灾避难场所可利用场地非线性三要素的复杂网络的分析,将同等级防灾避难场所可利用场地之间的网络度、聚类系数,固定防灾避难场所可利用场地与中心防灾避难场所可利用场地之间的网络度、聚类系数,固定防灾避难场所可利用场地与临时防灾避难场所可利用场地之间的网络度、聚类系数,固定防灾避难场所可利用场地与居住区质心间的网络度、聚类系数叠加。利用与中心防灾避难场所相同的方法对场地进行分析,尽可能选择节点网络度和聚类系数等级较高的场地。根据节点网络度,将天津市中心城区固定防灾避难场所分为 20 以下、20~30、31~50 和 50 以上四个等级,其中网络度 20 以下场地 79 个,20~30 场地 99 个,31~50 场地 128 个,50 以上场地 63 个。

根据聚类系数,将天津市中心城区固定防灾避难场所分为 0~0.25、0.26~ 0.35、0.36~0.5 和 0.50 以上四个等级,其中聚类系数 0~0.25 场地 91 个,0.26~ 0.35 场地 155 个,0.36~0.5 场地 89 个,0.50 以上 34 个。

天津市中心城区固定防灾避难场所网络度和聚类系数较高的场地主要集中在中心区域,周边区域网络度及聚类系数均相对较低。在选择场地时尽可能选择网络度 50 以上及聚类系数 0.50 以上、网络度和聚类系数均较高的场地。

天津市中心城区固定防灾避难场所可利用场地网络度及聚类系数如表 7-15 所示。

表 7-15　天津市中心城区固定防灾避难场所可利用场地网络度及聚类系数

编号	网络度	聚类系数	编号	网络度	聚类系数	编号	网络度	聚类系数
G-1004	10	0.25	G-291	8	0.00	G-4284	17	0.27
G-1005	9	0.25	G-2974	42	0.37	G-4287	19	0.27
G-1059	45	0.25	G-2985	59	0.43	G-4303	17	0.27
G-12	13	0.17	G-3036	61	0.37	G-4315	16	0.27
G-1275	74	0.38	G-3095	57	0.44	G-4324	23	0.30
G-1341	40	0.32	G-3272	25	0.40	G-433	21	0.21
G-1368	30	0.45	G-3314	15	0.26	G-4358	26	0.31
G-1369	18	0.34	G-3448	35	0.26	G-4387	28	0.06
G-1403	24	0.34	G-3452	32	0.26	G-4431	22	0.01
G-1561	17	0.21	G-3510	17	0.26	G-4487	17	0.41
G-1592	32	0.49	G-3516	19	0.25	G-4515	10	0.26
G-1738	170	0.42	G-3574	18	0.27	G-553	28	0.27
G-1803	42	0.37	G-3701	16	0.26	G-579	10	0.25
G-181	33	0.26	G-3708	28	0.29	G-580	21	0.21
G-1861	86	0.35	G-3709	27	0.28	G-621	30	0.27
G-1878	72	0.40	G-3711	23	0.27	G-622	28	0.27
G-1889	82	0.53	G-3764	16	0.26	G-792	14	0.25
G-1891	62	0.26	G-3818	24	0.52	G-813	15	0.24
G-19	21	0.26	G-3827	16	0.51	G-817	14	0.24
G-2030	42	0.46	G-3828	16	0.52	G-822	14	0.25
G-2038	42	0.47	G-3829	37	0.64	G-837	12	0.25
G-2068	24	0.35	G-3841	19	0.60	G-840	14	0.23
G-209	30	0.26	G-3879	30	0.61	G-841	15	0.23
G-2094	26	0.24	G-3919	28	0.26	G-843	15	0.23

续表

编号	网络度	聚类系数	编号	网络度	聚类系数	编号	网络度	聚类系数
G-2128	18	0.26	G-3934	32	0.59	G-844	11	0.23
G-214	18	0.27	G-3936	27	0.22	G-872	18	0.22
G-2221	18	0.54	G-3975	44	0.40	G-898	17	0.25
G-2234	16	0.52	G-4066	28	0.23	G-900	16	0.24
G-2294	25	0.29	G-4068	39	0.43	G-917	14	0.23
G-2358	31	0.26	G-4080	26	0.26	G-948	36	0.26
G-2382	44	0.35	G-4082	24	0.18	G-968	41	0.27
G-2416	43	0.43	G-4098	23	0.22	G-978	26	0.26
G-2480	28	0.64	G-4152	49	0.49	G-991	10	0.25
G-2491	18	0.37	G-4155	34	0.40	G-998	16	0.26
G-2496	17	0.38	G-4167	28	0.26	GC-102	31	0.44
G-2647	31	0.31	G-4172	23	0.25	GC-129	21	0.26
G-2575	61	0.33	G-4168	27	0.26	GC-122	30	0.18
G-270	18	0.29	G-4174	14	0.26	GC-134	18	0.25
G-2714	47	0.22	G-4273	29	0.47	GC-141	27	0.22
G-2823	26	0.29	G-4275	37	0.52	GC-146	32	0.50
G-2852	27	0.35	G-4276	30	0.48	GC-155	63	0.40
GC-159	69	0.24	GY-141	23	0.20	P-1236	33	0.38
GC-167	22	0.25	GY-18	35	0.30	P-1237	26	0.28
GC-177	41	0.41	GY-21	12	0.26	P-1238	34	0.38
GC-22	36	0.33	GY-22	21	0.23	P-127	9	0.01
GC-28	35	0.31	GY-23	25	0.27	P-1293	28	0.63
GC-34	24	0.29	GY-24	24	0.23	P-1337	47	0.45
GC-49	32	0.17	GY-28	9	0.04	P-1357	24	0.23

续表

编号	网络度	聚类系数	编号	网络度	聚类系数	编号	网络度	聚类系数
GC-79	32	0.37	GY-30	33	0.26	P-1363	36	0.30
GX-10	31	0.16	GY-31	28	0.26	P-1492	18	0.43
GX-12	136	0.49	GY-33	18	0.22	P-226	16	0.25
GX-14	26	0.24	GY-35	61	0.23	P-228	18	0.23
GX-16	13	0.51	GY-39	48	0.28	P-235	18	0.23
GX-19	45	0.22	GY-43	20	0.24	P-249	19	0.23
GX-20	35	0.21	GY-44	38	0.32	P-451	21	0.26
GX-21	34	0.48	GY-47	18	0.23	P-498	132	0.35
GX-22	30	0.64	GY-48	39	0.28	P-53	29	0.26
GX-23	45	0.47	GY-49	44	0.30	P-608	74	0.40
GX-24	47	0.35	GY-50	17	0.06	P-720	29	0.29
GX-26	66	0.47	GY-51	28	0.47	P-721	38	0.36
GX-28	21	0.25	GY-65	98	0.39	P-726	28	0.27
GX-29	5	0.15	GY-69	77	0.55	P-806	44	0.31
GX-4	42	0.28	GY-70	56	0.41	TY-1	29	0.29
GX-5	37	0.26	GY-71	57	0.26	TY-16	27	0.21
GX-6	5	0.25	GY-76	5	0.25	TY-21	35	0.25
GX-7	38	0.30	GY-78	28	0.51	TY-25	44	0.28
GX-8	27	0.18	GY-8	23	0.25	TY-31	36	0.32
GX-9	100	0.53	GY-83	36	0.28	TY-34	44	0.31
GY-1	12	0.25	GY-85	44	0.52	TY-39	44	0.27
GY-100	33	0.38	GY-89	14	0.25	TY-46	32	0.64
GY-101	36	0.46	GY-9	27	0.31	TY-5	24	0.27
GY-106	8	0.25	GY-95	46	0.32	TY-52	31	0.36

续表

编号	网络度	聚类系数	编号	网络度	聚类系数	编号	网络度	聚类系数
GY-111	55	0.51	GY-96	41	0.37	TY-6	34	0.26
GY-115	63	0.44	GY-97	42	0.33	TY-61	43	0.41
GY-127	20	0.27	GY-99	31	0.22	TY-63	27	0.26
GY-128	19	0.27	P-1082	38	0.36	TY-64	35	0.26
GY-129	21	0.27	P-1120	31	0.22	TY-67	28	0.26
GY-13	10	0.25	P-1170	26	0.25	TY-7	38	0.27
GY-130	17	0.27	P-1177	43	0.28	TY-71	45	0.62
GY-135	23	0.56	P-1180	37	0.28	TY-72	29	0.39
GY-139	29	0.32	P-1225	30	0.26	TY-79	30	0.48
GY-140	39	0.43	P-1235	26	0.27	XX-10	9	0.25
XX-119	55	0.29	ZL-15	66	0.38	ZX-4	33	0.34
XX-12	32	0.27	ZL-2	31	0.28	ZX-40	94	0.63
XX-13	22	0.25	ZL-25	29	0.29	ZX-41	30	0.23
XX-135	37	0.37	ZL-26	29	0.29	ZX-42	69	0.50
XX-136	33	0.31	ZL-6	58	0.31	ZX-44	77	0.60
XX-151	45	0.14	ZX-10	25	0.24	ZX-45	67	0.27
XX-158	42	0.39	ZX-104	36	0.25	ZX-46	57	0.54
XX-161	32	0.10	ZX-105	41	0.37	ZX-50	21	0.30
XX-163	52	0.43	ZX-106	50	0.44	ZX-51	24	0.43
XX-168	42	0.46	ZX-107	26	0.42	ZX-52	123	0.39
XX-173	38	0.42	ZX-108	28	0.52	ZX-54	15	0.19
XX-178	48	0.39	ZX-110	36	0.38	ZX-55	129	0.50
XX-181	53	0.44	ZX-111	30	0.32	ZX-56	156	0.40
XX-187	51	0.33	ZX-113	42	0.36	ZX-58	139	0.40

续表

编号	网络度	聚类系数	编号	网络度	聚类系数	编号	网络度	聚类系数
XX-190	57	0.40	ZX-114	38	0.33	ZX-59	32	0.27
XX-2	37	0.32	ZX-118	40	0.30	ZX-6	35	0.32
XX-205	18	0.26	ZX-12	26	0.27	ZX-63	17	0.19
XX-21	39	0.27	ZX-120	55	0.52	ZX-65	120	0.46
XX-213	30	0.54	ZX-121	49	0.34	ZX-66	120	0.27
XX-216	50	0.61	ZX-124	45	0.35	ZX-68	96	0.40
XX-217	45	0.45	ZX-128	44	0.34	ZX-7	32	0.27
XX-218	38	0.37	ZX-131	27	0.27	ZX-72	56	0.29
XX-219	25	0.21	ZX-133	24	0.29	ZX-73	51	0.31
XX-220	22	0.19	ZX-135	52	0.62	ZX-76	75	0.48
XX-222	27	0.36	ZX-136	47	0.60	ZX-78	39	0.35
XX-224	26	0.43	ZX-137	29	0.32	ZX-79	55	0.37
XX-226	15	0.27	ZX-138	25	0.19	ZX-80	52	0.31
XX-24	40	0.27	ZX-139	33	0.45	ZX-82	31	0.29
XX-28	40	0.28	ZX-14	56	0.44	ZX-83	29	0.51
XX-29	14	0.27	ZX-140	17	0.27	ZX-84	39	0.31
XX-3	40	0.32	ZX-141	15	0.27	ZX-85	38	0.33
XX-33	41	0.23	ZX-16	14	0.27	ZX-86	44	0.37
XX-4	34	0.31	ZX-17	37	0.27	ZX-88	34	0.48
XX-48	59	0.21	ZX-18	30	0.26	ZX-89	38	0.50
XX-54	58	0.21	ZX-2	33	0.26	ZX-90	47	0.34
XX-64	54	0.51	ZX-20	32	0.27	ZX-91	48	0.29
XX-80	117	0.30	ZX-26	30	0.17	ZX-92	19	0.26
XX-9	26	0.27	ZX-29	57	0.26	ZX-94	60	0.48
XX-90	155	0.28	ZX-3	37	0.32	ZX-95	37	0.36
ZL-10	94	0.45	ZX-30	66	0.32	ZX-96	42	0.23
ZL-14	71	0.41	ZX-34	56	0.22	ZX-98	53	0.39

(4)临时防灾避难场所的非线性协同关系分析。

根据与中心防灾避难场所相同的方法对天津市中心城区所有临时防灾避难场所可利用场地进行非线性协同关系分析。在对节点网络度等级进行划分时,分为 10 以下、10~15、16~20 和 20 以上四个等级。其中,网络度 20 以上的场地 389 个,16~20 的场地 488 个,10~15 的场地 541 个,10 以下场地 572 个。在对聚类系数进行划分时,分为 0~0.27、0.28~0.3、0.31~0.34 和 0.34 以上四个等级。其中,聚类系数 0.34 以上的场地 515 个,0.31~0.34 的场地 606 个,0.28~0.3 的场地 339 个,0~0.27 的场地 530 个。

根据对天津市中心城区临时防灾避难场所节点网络度和聚类系数的分析可知,临时防灾避难场所可利用场地数量较多,各区域均有较多场地分布,但各节点网络度和聚类系数均较低,在各区域应尽可能选择节点网络度及聚类系数均较高的场地。

7.5　本章小结

本章主要对防灾避难场所"址"布局优化路径进行分析,根据"址"布局优化路径对系统形成作用机制的分析,提出基于无标度复杂网络的非线性选址模型和布局优化路径实施策略,从同一等级防灾避难场所关联性、不同等级防灾避难场所网络性、防灾避难场所与人口分布的非邻避性及防灾避难场所选址非线性协同关系的角度进行分析,为天津市中心城区防灾避难场所布局优化提供保障。

防灾避难场所作为自组织系统,具有较强复杂性和网络性,使各场地相互联系、形成整体,呈现较强的关联性、网络性和非邻避性,为防灾避难场所布局优化提供基础。防灾避难场所作为完整系统,各场地较强的联系性不仅加强了场地之间的物资、信息流动,也加强了不同场地之间人员联系和相互交流,形成了关联性、网络性布局。合理的防灾避难场所布局不仅使同一等级防灾避难场所具有关联性,也使不同等级防灾避难场所形成网络,使不同等级防灾避难场所服务范围相互融合,形成以高等级防灾避难场所为引领,多个低等级防灾避难场所协同配合的布局模式。

为确保防灾避难场所"址"布局优化路径实施,根据复杂网络布局优化路径模型分析及实施策略制定,对防灾避难场所所有可利用场地进行分析,保证同一等级场地关联性、不同等级场地网络性和场地与人口分布的非邻避性,同时也保证防灾避难场所布局的层次性,实现了系统的复杂性和网络性,对防灾避难场所系统的平衡和稳定具有较大促进作用。但要使防灾避难场所布局满足灾害发生时居民的避难需求,还需要与防灾避难场所"量"及"场"布局优化路径结合,将"量、场、址"相互协同,综合分析,保证各要素非线性联系和系统的流动性、多样性、复杂性和网络性得以实现,也使所形成系统具有较强的层次性、开放性、平衡性和稳定性。

8 协同理论指导下的防灾避难场所布局优化空间响应

部分城市中心城区防灾避难场所布局存在着场地规模不足、等级类型单一、安全性缺乏、可达性和通畅性不足、与周边设施匹配度不高、与人口分布不相协调和相互联系缺乏等问题,需通过"量""场""址"路径实施使布局问题得以解决。但要实现防灾避难场所的合理布局优化,还需利用协同理论对各路径进行综合分析,因此,本章提出基于协同理论的多因子综合评价与复杂网络相结合的防灾避难场所布局优化方法和耦合多路径综合协同模型对各可利用场地进行分析,并构建"多空间耦合协同"的总体空间布局结构模式,将防灾避难场所与居民避难需求相结合,保证避难场地的安全、通畅和相互联系,还根据中心地理论与 Voronoi 多边形相结合的方法对防灾避难场所服务范围进行合理划分,同时构建合理的避难疏散道路系统。

8.1 协同理论指导下的天津市中心城区防灾避难场所空间布局优化方法及模型

为实现防灾避难场所的合理布局,以规模均等性为前提,利用多因子综合评价与复杂网络相结合的空间布局优化方法,保证防灾避难场所布局既满足避难规模均等性需求,又满足避难场地可达性及选址非线性需求,同时建立耦合多路径综合协同模型,实现防灾避难场所布局优化"量""场""址"路径的综合协同,保证防灾避难场所合理布局。为确保避难场所布局与城市空间发展一致,同时与居民需求相协调,构建了多空间耦合协同的总体空间布局结构模式,并提出综合协同的总体布局优化策略,为防灾避难场所布局优化提供指导。

8.1.1 基于协同理论的中心城区防灾避难场所空间布局优化方法

防灾避难场所空间布局优化应以满足居民避难需求为出发点,根据各区域不同等级防灾避难场所规模进行测算,满足各区域居民避难规模需求,为防灾避难场所布局优化提供基础。但要实现防灾避难场所的合理布局,还需相对安全且联系性较强的避难场地作为保障,因此采用多因子综合评价与复杂网络相结合的方法进行选址,实现防灾避难场所布局优化"量""场""址"的结合,保证其布局优化多路径综合协同。

8.1.1.1 多因子综合评价与复杂网络布局优化方法适用场景

目前,在对防灾避难场所进行布局时,多根据场地、人口集中区或场地综合评价值等单要素进行选择,过于强调同一等级避难场地的独立性及分隔性,会导致各场地联系不足,灾害发生时居民转移、交流较为困难。在优化防灾避难场所空间布局时,利用多因子综合评价与复杂网络相结合的方法对场地进行选择,可避免单一要素布局的局限性,也解决了在同一区域内多个场地综合评价值相同、场地规模远超需求规模等情况下如何选址的问题。

(1)同一区域存在多个可利用场地,其可利用场地规模大于需求,且能够服务所有区域时,此方法较为适用。当同一防灾分区内避难场所可利用规模小于需求,或可利用规模与实际需求基本持平,服务范围能覆盖所有区域时,不再利用此方法,可将所有可利用场地均作为防灾避难场所使用。

(2)在中心城区避难人口规模远大于可利用场地服务人口规模,且人口密度较大区域,可利用该方法选择场地。当高等级防灾避难场所可利用场地多于实际需求时,首先,选择高等级防灾避难场所;然后,将其他场地作为低等级防灾避难场所使用,并与周边其他场地进行复杂网络分析,同时根据各区域人口密度及数量选择场地,以满足大量人口避难需求。

(3)由于不同等级防灾避难场所可利用场地服务人口数量及场地规模差别较大,且不同等级防灾避难场所使用时间不一致,故该选址方法仅适用于对同一等级防灾避难场所进行场地选择。

(4)当某一区域仅存在一个可利用场地时,在区域规模相对较小,服务范围能够覆盖所有区域,防灾避难人口低于可利用场地服务人口的情况下,可直接对场地进行选择,不再利用此方法分析。

8.1.1.2 多因子综合评价与复杂网络布局优化方法构建

在优化防灾避难场所布局时,根据"量""场""址"路径分析,在满足场地规模需求前提下,利用多因子综合评价与复杂网络布局优化方法,对场地综合协同性进行分析,根据各场地网络度、聚类系数及多因子综合评价值进行场地选择,使所选择场地满足各等级避难场地规模需求。

多因子综合评价与复杂网络布局优化方法计算过程如下:

(1)计算"场"和"址"路径对同一等级防灾避难场所所有可利用场地的多因子综合评价值、网络度和聚类系数。

(2)根据灾害发生时对居民通行造成影响的因素进行防灾分区划分,并在每个防灾分区内单独选择场地。

(3)在每一防灾分区内,根据多因子综合评价值、网络度和聚类系数各指标的权重占比,即网络度＞聚类系数＞综合评价值的优先级进行对比分析,然后进行场地选择。

(4)根据选择的场地,将其总规模与需求规模对比,当选择场地总规模接近最大需求规模时,将这些场地作为防灾避难场所;当可利用场地数量较多,但选择场地总规模远小于居民避难最大需求规模时,对部分避难最大需求规模差别较大的区域进行合理集中区划分,重新选择场地。

天津市中心城区可作为防灾避难场所的场地数量较多且分布较为集中,居民避难需求远小于可利用场地总规模,因此利用多因子综合评价与复杂网络相结合的方法对所有区域防灾避难场所进行选择,不仅避免了避难场地安全隐患较大及居民避难疏散不畅的问题,还增加了各避难场地之间联系,同时满足了所有区域居民对避难场地的需求,避免了服务空白及避难人口缺口的存在。

8.1.2 防灾避难场所布局优化耦合多路径综合协同模型

通过构建防灾避难场所"量""场""址"布局优化路径模型和制定相应策略,防灾避难场所布局的规模均等性、场地可达性和选址非线性等得以落实。为了实现防灾避难场所总体布局优化,仍需采用基于协同理论的多因子综合评价与复杂网络相结合的方法对所有场地进行选择,保证各区域所选择避难场所既满足规模需求,又相对安全且相互联系。但要实现防灾避难场所的合理布局,还需构建基于"量""场""址"的多路径综合协同模型,因此提出防灾避难场所布局优化的耦合多路径综合协同模型,为防灾避难场所布局优化奠定基础。

8.1.2.1 多路径协同模型来源

在构建防灾避难场所"量""场""址"布局优化协同路径模型时,引入生物学系统研究的耦合多通道神经元群模型,以此进行防灾避难场所耦合多路径综合协同模型构建。

耦合多通道神经元群模型是根据"人体大脑活动的产生、传递、完成"过程建立的。大脑由多个不同分区组成,各分区又由数以万计的神经元组成,是一个复杂的协同工作系统,信息的传递需要众多神经元群共同协作,而大脑不同区域之间的活动具有明显非线性特征,信息传递需要各系统相互耦合,实现信息传输的相位同步、非线性相关等。

多通道信息系统是大脑不同区域之间信息的整合、传递、处理,因此在对大脑进行研究时,Lopes Da Slive 根据大脑不同区域的相关性建立了耦合多通道神经元群模型。该模型由相互连接的兴奋和抑制神经元共同组成,每一个兴奋性或抑制性子群都由一系列非线性相关系统构成,如图 8-1 所示。

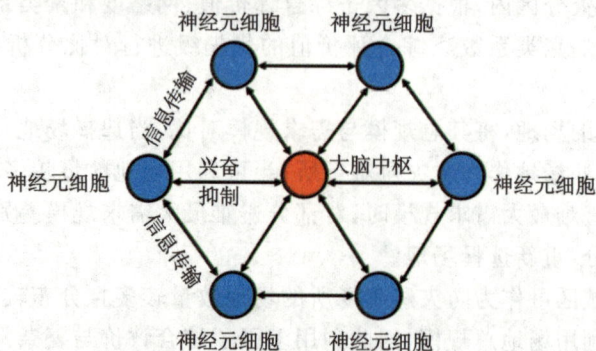

图 8-1　多通道耦合神经元群模型

在该模型中每个神经元系统均是整体信息联通协同的一部分,只有多个神经元细胞联合形成回路,才能确保信息传输的顺利完成,身体各部分才能完成相应活动。神经元信息传递包括兴奋和抑制两种功能,锥体细胞是兴奋性神经元,大脑不同区域之间锥体细胞耦合时,身体各部分的活动才能产生,而每个活动产生路径至少为三个细胞群的耦合,单个系统无法形成完整信息回路,因而也无法完成信息的完整传播和抑制。通过不同神经元形成的多通道系统进行信息传递,各通道耦合和内部信息融合才能产生规则信号并完整传输,因此形成耦合多通道神经元群模型,通过多通道耦合实现信息的完整传输,如图 8-2 所示。

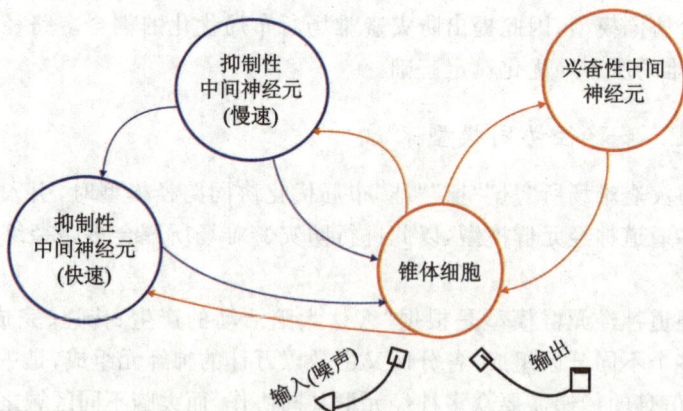

图 8-2　神经元群模型功能组织

防灾避难场所布局优化与人体大脑活动较为相似,人体大脑活动相当于防灾避难场所,各神经元之间信息传递所产生的规则信号相当于避难场所布局需求,各神经元相当于防灾避难场所布局优化的各路径,各神经元的耦合协同相当于防灾避难场所布局优化路径的综合协同。因此,可根据耦合多路径综合协同模型对防灾避难场所进行布局优化,实现多路径融合协同,以保证系统各部分的协同。

8.1.2.2 耦合多路径综合协同模型构建

在构建防灾避难场所耦合多路径综合协同模型时,为了使模型对问题研究更有针对性及较强普适性,首先提出模型建立的前提条件,然后对模型形成过程进行分析,最后构建模型。

(1)模型建立前提。

1)不同等级防灾避难场所服务范围有一定差别,同一等级所有场地服务半径均相等,高等级防灾避难场所服务范围包含低等级防灾避难场所服务范围。

2)“量”“场”“址”布局优化路径是一个互相融合、递进的过程,相互之间等级平等,不存在相互包含的关系或可取代因素。

3)高等级防灾避难场所与低等级防灾避难场所服务不具有同时性,避难人员由低等级向高等级防灾避难场所转移,同一等级防灾避难场所服务范围不具有重叠性。

4)所有防灾避难场所均具有独立性和排他性,任一避难需求区的避难人员仅在一处避难场所获得避难服务。

(2)模型形成过程。

防灾避难场所系统的形成需要规模充足、可达性较强且相互联系的场地作为支撑,只有三种需求均得到满足,才能实现防灾避难场所合理布局,因此需要“量”“场”“址”路径共同支撑,相互耦合协同。

“量”“场”“址”布局优化路径之间也具有较强的相互促进作用,规模均等性防灾避难场所布局需要可达性场地作为保证,只有足够的可达性场地才能满足居民避难规模需求,而可达性场地的选择也需要非线性选址支撑,独立场地无法满足各区域居民需求,也无法应对灾害发生时所有居民的避难疏散需求,也会由于某一场所功能失效造成整个区域避难场所服务系统崩溃,同时非线性选址的避难场所主要为“人”提供服务,只有建设满足规模需求的避难场所,才能真正实现人与避难场所的非线性联系。防灾避难场所布局优化路径耦合协同关系如图8-3所示。

(3)模型构建。

在分析防灾避难场所“量”布局优化路径时,已对各区域不同时段避难人口及场地规模进行测算,也根据多因子综合评价模型对所有可利用场地进行了综合评价值测算,并根据无标度复杂网络对所有可利用场地的网络度和聚类系数进行了测算,因此建立耦合多路径综合协同模型(图8-4),可实现防灾避难场所布局优化“量”“场”“址”路径综合协同。

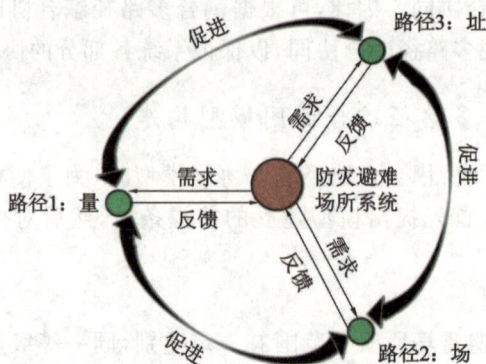

图 8-3　防灾避难场所布局优化路径耦合协同关系图

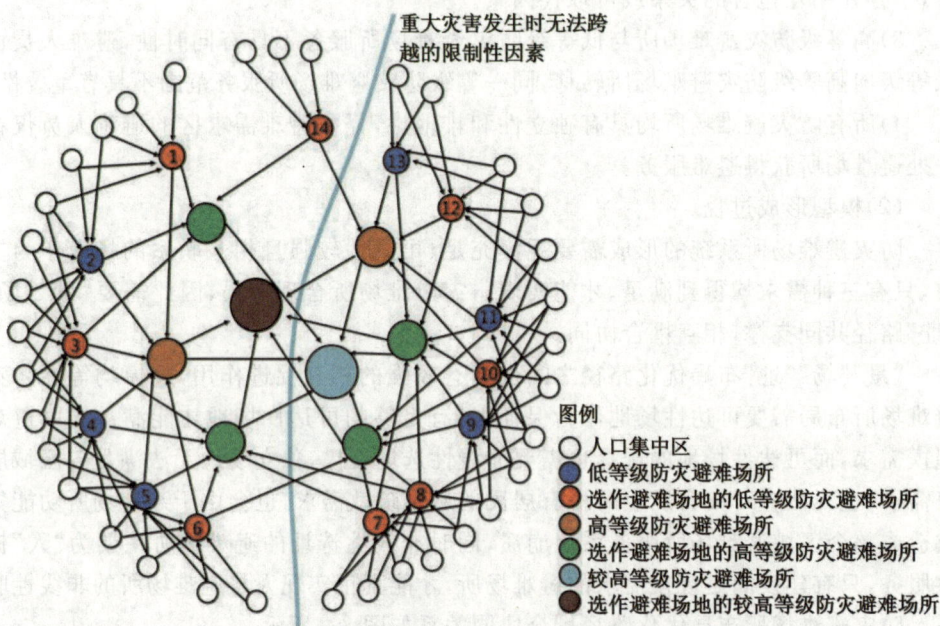

图 8-4　耦合多路径综合协同模型

通过耦合多路径综合协同模型构建,所选择场地既满足避难场地规模需求又实现人均规模均等,确保场地安全性、可达性及通畅性,实现各场地相互联系及场地分布非邻避性,满足防灾避难场所系统的复杂性和网络性。同时,避免了单一路径选择造成的防灾避难场所规模分布不均,居民避难服务的公平性无法体现,也避免所选择避难场地不安全造成的系统不稳定和避难场地无联系的情况。

1)模型构建方法。

在构建耦合多路径综合协同模型时,首先,根据可利用场地进行规模分级,在每一防灾分区进行同一等级防灾避难场所选择;然后,对同一等级防灾避难场所与人口集中区关系进行分析,根据人口集中区与避难场地最短路径距离以及所有场地服务半径对其进行范围划分;最后,基于各场地所能服务的人口集中区,对同一区域内所有场地与人口集中区进行模型构建,但由于不同等级防灾避难场所网络度不同,因此,再根据不同场地关系构建综合模型,保证长期避难时同一低等级防灾避难场所内避难人员被分配到同一高等级防灾避难场所。

2)天津市中心城区耦合多路径综合协同模型适用性。

天津市中心城区人口较多,核心区人口密度较大,而边缘区人口密度较小,各等级防灾避难场所可利用场地数量、规模均较大,由于部分场地分布相对较为集中,避难场所可利用场地分布也较为密集,其周边条件较为相似,仅根据综合评价值进行场地选择会造成所选择场地较为集中,无法使避难场地与人口分布相协调。

由于避难场地与周边联系具有差异,各节点网络度及聚类系数也具有一定差异,因此可以根据网络度及聚类系数进行场地选择。但防灾避难场所可利用场地的集中分布会导致出现多个网络度和聚类系数相同的场地,因此需根据各场地多因子综合评价值,尽可能选择综合评价值较高的场地,同时使选择避难的场地满足区域人口避难需求,也使防灾避难场所分布与人口密度、数量相协调。综上所述,耦合多路径综合协同模型较为适用于天津市中心城区防灾避难场所布局优化。

根据耦合多路径综合协同模型对天津市中心城区防灾避难场所布局优化进行场地选择时,在人口密度较高且避难人数较多区域,使避难场所服务范围满足其最低服务半径需求即可,尽可能多选择一些避难场地,满足人均避难场地需求的同时减少避难疏散距离。对于部分区域仅依靠某一场地避难或某一区域仅有一个避难场地的情况,将该场地选择为防灾避难场所。当区域内存在多个防灾避难场所,但仅存一个网络度较高场地,选择该场地的同时应注意该场地还要满足避难规模需求,以及合理划分该区域服务分区,在其周边选择其他场地作为防灾避难场所。

8.1.3 基于协同理论的总体空间布局结构模式构建

根据防灾避难场所布局优化规模均等性、场地可达性及选址非线性等协同要素分析及系统构建,明确防灾避难场所空间布局需要多要素综合协同。因此,应根据不同区域防灾避难场所规模及数量需求,构建空间布局结构模式。

我国一些城市根据可利用场地现状进行防灾避难场所选址,未考虑各区域居民实际需求,也未进行合理等级划分,形成了散点式布局模式,部分场地之间距离过远,其距离远超其服务范围,各场地缺乏联系,防灾避难场所不成系统且整体性不强。一些城市在布局防灾避难场所时,根据公共服务设施布局思路形成了点轴式和圈层式空间布局结构模式,围绕高等级防灾避难场所均衡布局低等级防灾避难场所,虽然增加了不同等级防灾避难场所之间的联系,但未考虑到各区域人口分布,造成防灾避难场所布局不合理。防灾避难场所传统布局模式如图 8-5 所示。

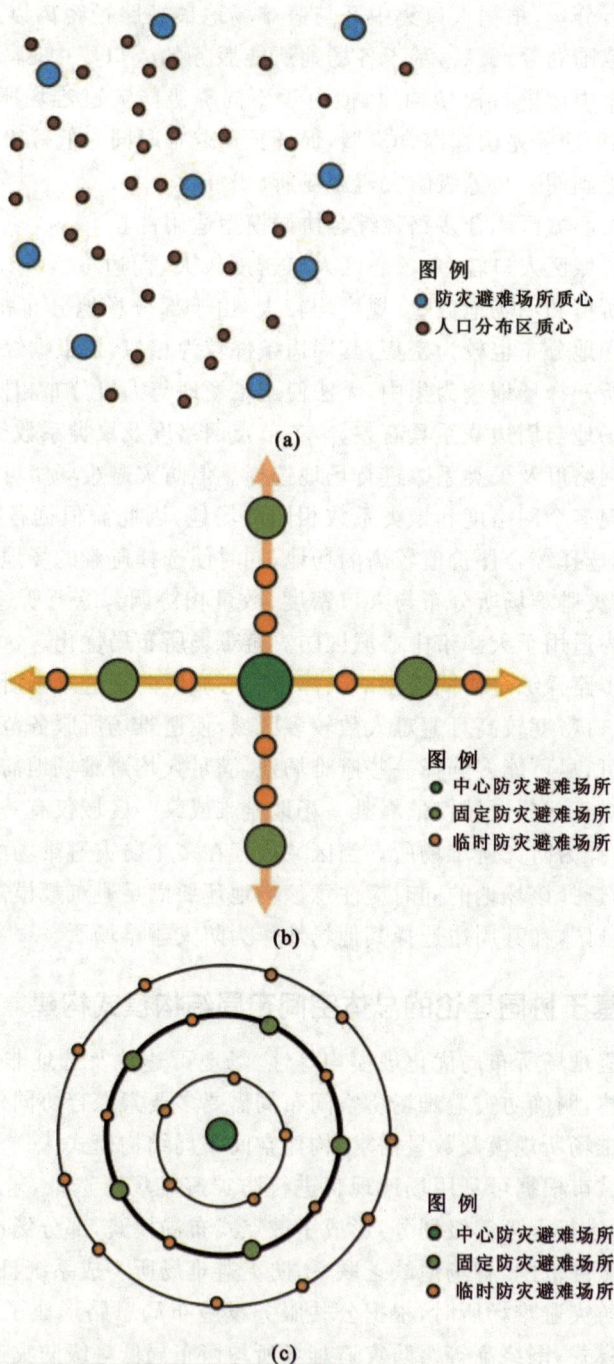

(a)

图 例
● 防灾避难场所质心
● 人口分布区质心

(b)

图 例
● 中心防灾避难场所
● 固定防灾避难场所
● 临时防灾避难场所

(c)

图 例
● 中心防灾避难场所
● 固定防灾避难场所
● 临时防灾避难场所

图 8-5　防灾避难场所传统布局模式

(a)散点式；(b)点轴式；(c)圈层式

　　由于各区域防灾避难场所可利用场地分布不均且避难人口分布具有差异,场地可达性、规模均等性不足,但各场地之间较强的联系需求,使其分布具有较大混合性,避难疏散较为混乱,因此需要建立合理的防灾避难场所空间布局结构模式,对其布局进行优化。

　　城市作为复杂自组织系统,各区域人口分布差异较大,城市内部组成要素的复杂性及不同区域城市功能不同,要求布局防灾避难场所时必须根据城市不同功能区特点及不同区域人口规模、分布情况,将不同类型空间布局结构模式相融合,保证各区域人均避难规模均等性、场地可达性和选址非线性的结合,因此提出多空间耦合协同的防灾避难场所布局结构模式,如图 8-6 所示。

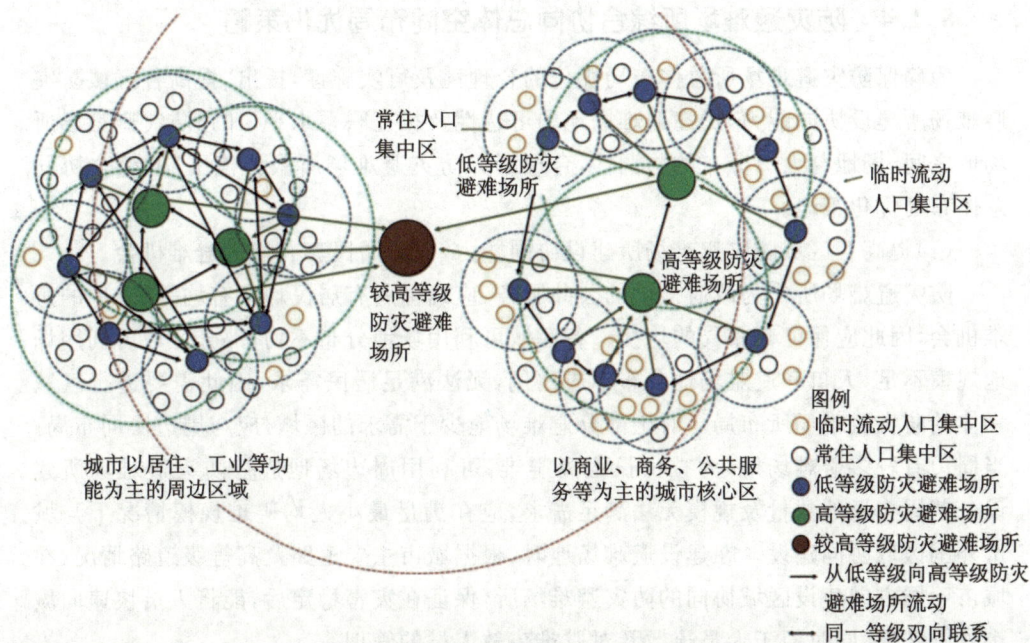

图 8-6　多空间耦合协同的防灾避难场所布局结构模式

　　在构建防灾避难场所多空间耦合协同布局结构模式时,根据各区域人口分布及功能定位,在人口较为集中、临时流动人口较多、常住人口相对较少的城市商业、公共服务设施分布区,尽可能建设较多临时防灾避难场所,根据常住人口中需要避难人口设置固定及中心防灾避难场所,整体呈现出"临时防灾避难场所数量多、固定和中心防灾避难场所数量较少"的格局,避难场所空间布局表现出"低等级防灾避难场所分布较为集中、数量较多,高等级防灾避难场所分布较为分散、数量相对较少"的特点。

在城市周边以居住及工业等功能为主的区域,临时流动人口数量较少,防灾避难场所应以常住人口避难需求为主,呈现出"各等级防灾避难场所数量较为平均,高等级防灾避难场所与低等级防灾避难场所数量适中,高等级防灾避难场所中心性较强"的特点,各等级防灾避难场所分布相对较为平均且数量相对均等。

在布局不同等级防灾避难场所时,越高等级防灾避难场所内避难设施越齐全,能够满足的避难时长越长、避难需求越大,避难人员也随避难时间的增加从低等级防灾避难场所向高等级防灾避难场所逐级转移,形成"常住人口集中区—低等级防灾避难场所—高等级防灾避难场所—较高等级防灾避难场所"的流动模式,实现人口与各等级防灾避难场所的融合协同布局。

8.1.4 防灾避难场所综合协同总体空间布局优化策略

为确保防灾避难场所总体布局优化的合理性及可实施性,提出"提高各区域防灾避难场所建设协同能力,提高避难场地的可达性及相互联系水平,加强防灾避难场所场地之间、场地与人口分布的协调性,合理划分防灾避难场所服务范围"的综合协同总体布局优化策略。

(1)提高各区域防灾避难场所建设协同能力,保证居民享有均等避难机会。

防灾避难场所作为政府提供的公共服务,应确保所有居民均享有均等、公平的避难机会,因此应保证其布局的均衡。各区域可利用场地分布不均,部分区域可利用场地规模不足,人口和避难场地分布不成比例,无法满足居民需求,因此需要进行区域一体的防灾避难场所布局。对于部分避难场地少于需求的区域,应与周边协同布局。当周边有较多避难场地,为减少长距离避难,可利用周边场地进行防灾避难场所建设。若周边场地数量及规模无法满足需求,应在满足最小人均避难规模情况下与城市外围区域协同建设。在建设避难场地时,根据城市主要道路及高等级道路情况,在城市不同方向建设区域协同的防灾避难场所,保证在灾害稳定后,能将人员快速向城市外围转移,同时便于人员疏散及对避难疏散人员的管理。

(2)提高避难场地的可达性及相互联系水平,确保居民快速安全避难。

防灾避难场所的合理布局需要可达性场地支撑,应确保所选择场地之间的快速联系,提高联系水平,使服务范围相互融合协同,不仅使所选择场地能够覆盖所有区域,也能实现避难场地的均等分布,保证各区域居民避难服务的公平性,避免出现避难服务空白及避难人口缺口。

(3)加强防灾避难场所场地之间、场地与人口分布的协调性,保证居民有序避难。

城市不同区域功能定位及建设存在差异,使不同区域人口密度及老年人口数量差别较大,因此在布局防灾避难场所时应与人口分布相匹配,避免大量居民长距离避难,满足所有居民避难需求,实现合理避难。在老年人较多区域,应充分考虑老年人的心理及生理情况,适当减少防灾避难场所服务半径,加强防灾避难场所与人口分布的协同,缩短避难疏散距离。而不同等级防灾避难场所的交流需求,也要求不同等级场地协同分布,因此应根据人口情况、可利用场地与周边人口联系及可利用场地之间联系进行场地选择,保证避难疏散过程和不同等级避难场所人员转移的稳定、有序。

(4)合理划分防灾避难场所服务范围,提高服务协调能力。

规模均等性、场地可达性及选址非线性的防灾避难场所布局,能够满足多种灾害发生时居民避难需求,但无法确保人员快速、有序避难疏散,因此需要根据各区域居民分布情况及城市道路、限制性因素进行合理的防灾避难场所服务范围划分,使各区域居民均对应唯一且距离较近的各等级防灾避难场所,实现防灾避难场所与人口集中区的"点对点"分布,保证灾害发生时居民有序疏散及快速前往,也能避免由于区域内存在多个防灾避难场所,造成居民避难混乱。为满足不同级别灾害及不同时段居民避难需求,应对不同级别防灾避难场所进行内部设施配置及服务范围划分,完善城市安全体系,使居民在灾害各时段均能快速、合理避难,为安全城市和韧性城市建设提供基础。

8.2 协同理论指导下的天津市中心城区防灾避难场所总体空间布局优化

基于协同理论的总体空间布局优化方法及模型构建,使防灾避难场所布局具有较强的联系性、网络性、可达性及规模均等性,从多个角度为防灾避难场所总体布局优化落实提供保证,实现理论与方法的高度结合。天津市中心城区避难场所布局存在的问题,需要利用协同理论方法、模型及总体布局构建对其进行优化,确保理论、方法和实践的高度统一。因此,根据防灾避难场所总体空间布局优化模型,以规模均等性为前提,利用多因子综合评价与复杂网络相结合的方法对各等级场地进行总体选址,并进行综合性布局优化,以实现合理的防灾避难场所布局。

8.2.1 天津市中心城区各等级防灾避难场所选址

天津市中心城区防灾避难场所布局存在较大不合理性,为实现其合理布局,利用多因子综合评价与复杂网络相结合的方法对各等级场地进行选址,同时根据各区域可利用场地与实际需求规模对比分析,选择出规模均等性、场地可达性和选址非线性均较高的场地。

8.2.1.1　中心防灾避难场所选址

由于中心防灾避难场所可利用场地分布集中度差别较大,为实现场地分布的均衡和避难服务的均等,缩短居民避难距离,实现避难服务全覆盖,根据可利用场地分布情况进行场地集中区划分,利用多因子综合评价与复杂网络相结合的方法,对集中区内所有可利用场地对比分析,选择合理的中心防灾避难场所。

(1)中心防灾避难场所可利用场地集中区划分。

在划分中心防灾避难场所可利用场地集中区时,首先根据中心防灾避难场所服务范围和场地分布集中程度对集中区进行划分;然后依据城市河流、铁路、快速路、主要道路等对避难疏散具有较强影响和对地块划分影响较大因素进行划分。

依据此方法将天津市中心城区中心防灾避难场所可利用场地划分为 4 个节点分布区,其中 2 个为节点集中分布区,如图 8-7 所示。

(2)中心防灾避难场所场地选择标准。

在为中心防灾避难场所选择场地时,根据划分的节点集中区,对仅有一个节点区域,将该点选为中心防灾避难场所;在节点集中区,根据节点网络度、聚类系数和多因子综合评价值选择场地,选择网络度高、中心性强且聚类系数、综合评价值较高的场地。

若一个场地集中区仅存在一个网络度较高的点,该点便成为中心防灾避难场所;若存在多个网络度相同的点,则比较其聚类系数和综合评价值,优先比较聚类系数,再比较综合评价值,选择聚类系数和综合评价值最高的点。在选出可利用场地后,对被选择的场地规模进行计算,同时与各区域避难人口对比。当所选择场地规模能够满足各区域需求且与总体需求差别不大时,将所选择场地作为中心防灾避难场所;当可利用场地总规模远大于实际需求时,重新划分集中区,使所选择场地总规模与实际需求基本相符;当可利用场地总规模小于实际需求时,将各区域需求规模与选择场地规模对比,重新划分场地集中分布区范围,增加避难场地数量,以满足避难规模需求。

根据天津市城市总体规划,在规划期末天津市中心城区基本全部建设完毕,为满足避难需求,应基本实现中心防灾避难场所避难服务范围的全覆盖。

根据上述选择标准,选择中心防灾避难场所 4 处(图 8-8 和表 8-1),场地可利用面积 214.25ha,人均避难面积 5.44m²,能够满足区域内所有居民长期避难需求。

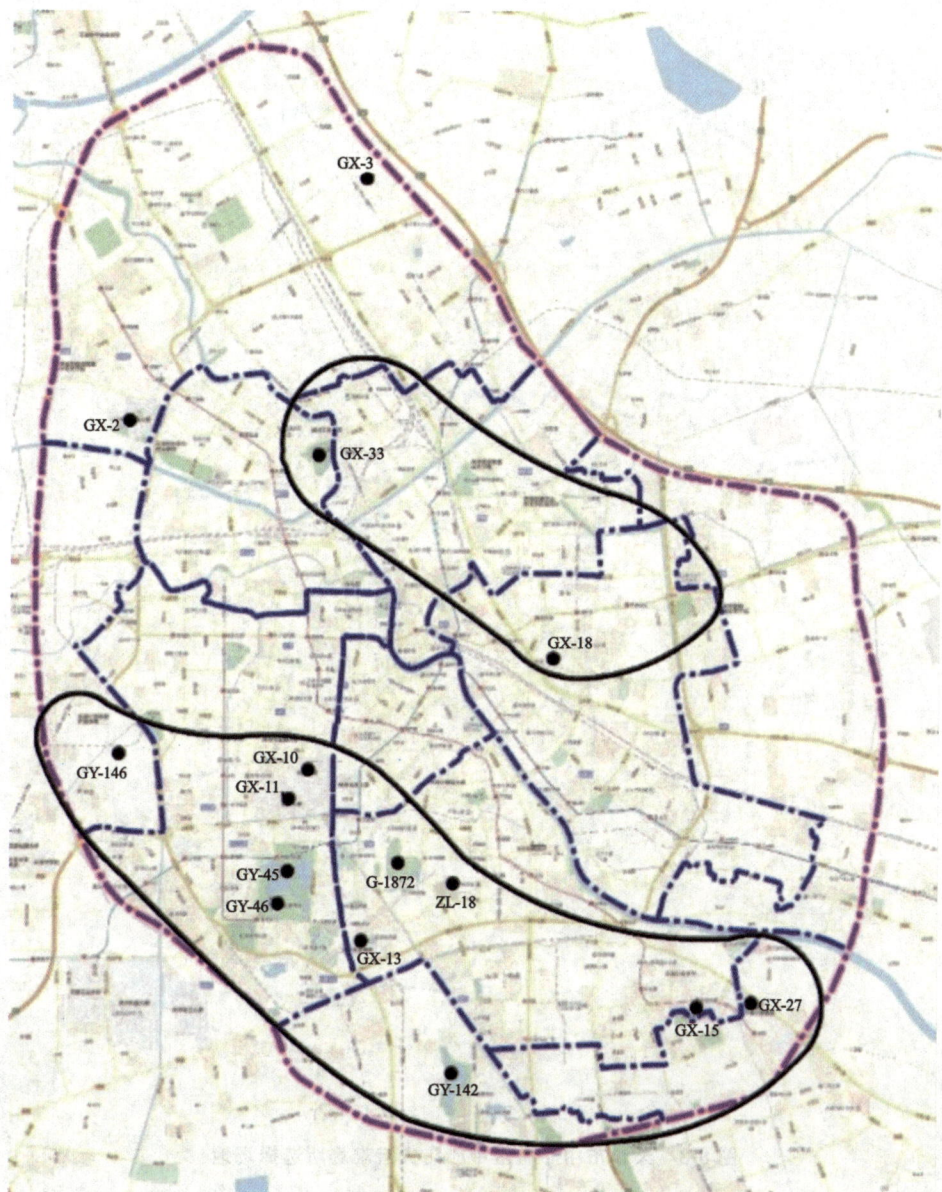

图 8-7　天津市中心城区中心防灾避难场所场地集中区

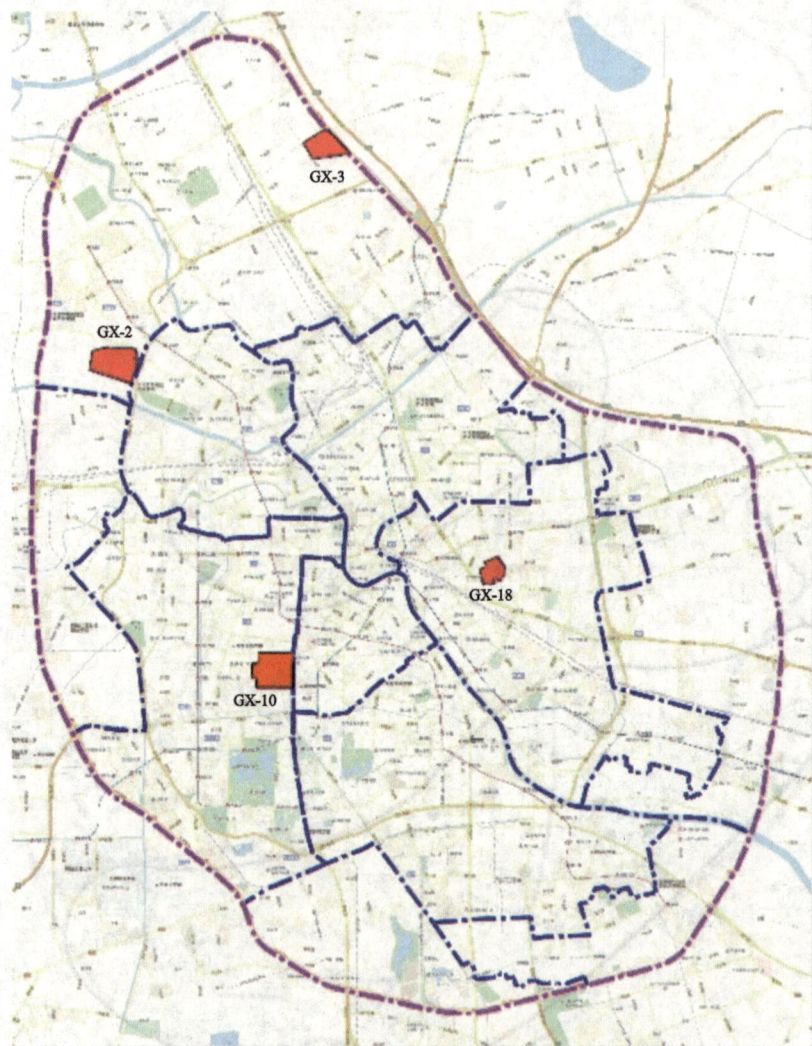

图 8-8　天津市中心城区中心防灾避难场所选择场地

表 8-1　　　　　　　　　　天津市中心城区中心防灾避难场所选择场地

编号	综合聚类系数	综合权重值	可利用面积/m²
GX-10	0.65	0.491	528366
GX-18	0.70	0.452	230912
GX-2	0.76	0.459	858595
GX-3	0.13	0.406	524581
合计			2142454

8.2.1.2　固定防灾避难场所选址

根据与中心防灾避难场所相同的选址方法和标准,对固定防灾避难场所可利用场地进行选择,以实现合理选址。

(1)固定防灾避难场所可利用场地集中区划分。

在对天津市中心城区固定防灾避难场所可利用场地集中区进行划分时,依据一级河流、铁路、城市快速路等将其划分为 25 个防灾分区。再根据可利用场地分布和其服务范围,以及各防灾分区内主要道路、二级河流等将 25 个防灾分区划分为 87 个可利用场地集中区和 20 个单独分布区。天津市中心城区固定防灾避难场所可利用场地集中区划分如图 8-9 所示。

由于固定防灾避难场所的服务半径相对较小,可利用场地数量较多且集中,为了保证选择的可利用场地规模能够满足总规模需求,优先根据网络度进行选择。在一个可利用场地集中分布区内,当所有点的网络度均相等时,根据综合评价值进行选择。当一个区域中存在一个或几个可利用场地网络度较高,但该场地不能满足该区域避难面积需求或者几个网络度较高的节点相邻分布等情况存在时,应重新分区,选择多个场地,直到满足避难面积需求且场地分布相对均衡。

(2)固定防灾避难场所可利用场地选择。

在建设固定防灾避难场所时,为了满足避难需求,固定防灾避难场所主要为目前已建设区域服务。对天津市东丽区东北部及北辰区北部、东部和西部大部分未建设区域,在选择固定防灾避难场所时,应忽略以上区域,在未来城市建设和改造时,根据规划人口预留固定防灾避难场所。

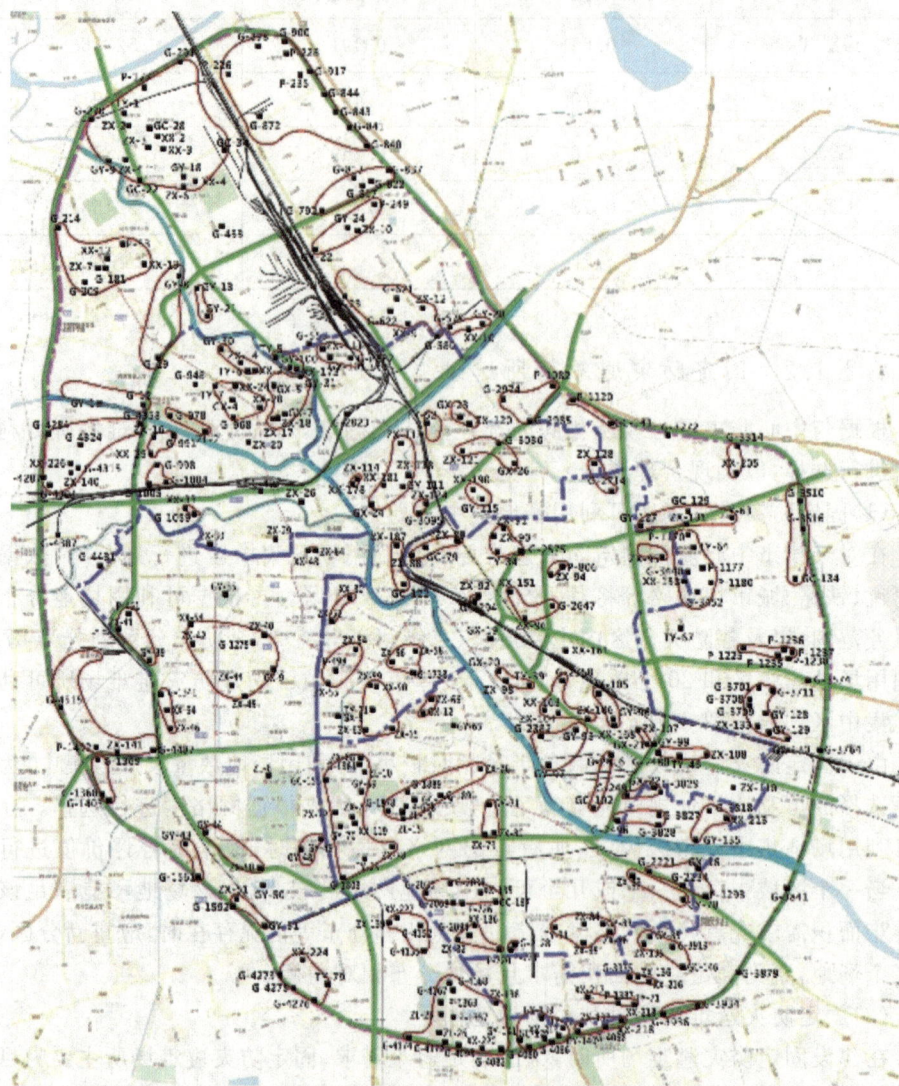

图 8-9　天津市中心城区固定防灾避难场所可利用场地集中区

首先,对 20 个场地单独分布区进行选择,将这 20 个场地均作为固定防灾避难场所。根据与中心防灾避难场所相同的场地选址标准和方法,对 87 个可利用场地集中区进行选择,将这 87 个可利用场地也作为固定防灾避难场所。通过对单独分布区和集中区内场地进行选择,共选择固定防灾避难场所 107 处,可利用场地总面积 280.65ha,人均场地面积 3.82m²。天津市中心城区固定防灾避难场所选择场地分布如图 8-10 和表 8-2 所示。

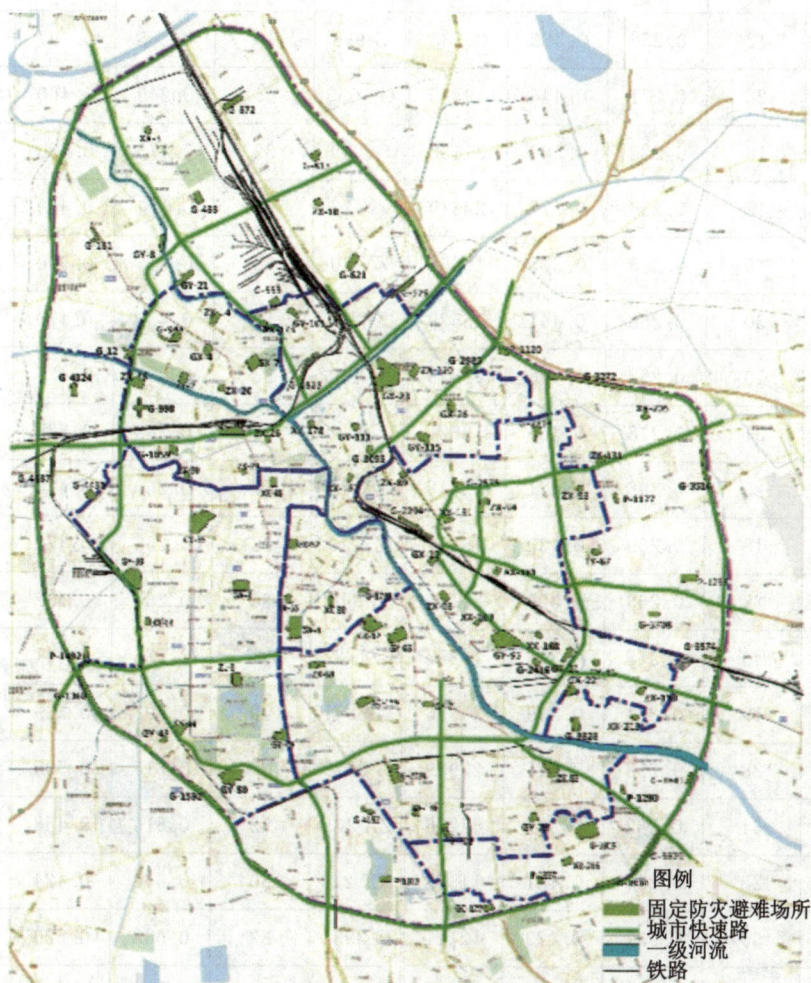

图 8-10 天津市中心城区固定防灾避难场所场地选择

表 8-2　　　　　　　　　天津市中心城区固定防灾避难场所选择场地

编号	平均网络度	平均聚类系数	综合评价值	可利用面积/m²	编号	平均网络度	平均聚类系数	综合评价值	可利用面积/m²
XX-3	40	0.320	0.428	14683	TY-46	32	0.639	0.547	16900
G-433	21	0.209	0.463	25051	GX-22	30	0.638	0.554	19634
GY-8	23	0.251	0.455	14038	ZX-110	36	0.379	0.487	17469
G-12	13	0.166	0.517	13036	ZX-16	14	0.268	0.493	10148
GY-21	12	0.256	0.459	25585	G-998	16	0.265	0.497	21995
G-553	28	0.271	0.446	19885	G-1059	45	0.245	0.460	10111
G-872	18	0.223	0.503	31433	GC-49	32	0.175	0.520	14026
G-813	15	0.236	0.377	22679	ZX-26	30	0.174	0.469	20458
ZX-10	25	0.235	0.375	16662	ZX-30	66	0.315	0.490	13318
G-621	30	0.268	0.441	16529	ZX-14	56	0.435	0.470	31602
G-579	10	0.252	0.416	21823	GX-7	38	0.303	0.471	65755
P-1120	31	0.218	0.364	18621	GX-4	42	0.283	0.538	28830
G-3272	25	0.396	0.521	83748	ZX-29	57	0.260	0.476	10879
XX-205	18	0.259	0.430	15601	ZX-20	32	0.268	0.472	18723
ZX-131	27	0.268	0.399	21170	G-948	36	0.265	0.482	19703
P-1177	43	0.278	0.478	10857	ZL-2	31	0.278	0.441	19827
G-3516	19	0.251	0.539	29356	G-3841	19	0.603	0.539	10588
TY-67	28	0.258	0.425	22959	G-3879	30	0.615	0.505	17051
P-1238	34	0.382	0.477	47276	ZX-135	52	0.616	0.458	30348
G-3708	28	0.286	0.481	11588	XX-216	50	0.606	0.424	26304
XX-213	30	0.537	0.429	12111	G-3934	32	0.588	0.529	24241
G-3828	16	0.516	0.497	33848	P-1293	28	0.626	0.487	12076
ZX-52	123	0.386	0.528	35669	P-1337	47	0.448	0.463	14824

续表

编号	平均网络度	平均聚类系数	综合评价值	可利用面积/m²	编号	平均网络度	平均聚类系数	综合评价值	可利用面积/m²
ZX-55	129	0.498	0.519	17150	XX-48	59	0.206	0.477	23406
GX-8	137	0.182	0.469	103046	GY-35	61	0.231	0.458	82822
XX-90	155	0.284	0.495	19200	GX-9	100	0.532	0.536	71012
G-1738	170	0.425	0.587	10216	GY-39	48	0.282	0.394	77498
XX-173	38	0.416	0.471	10938	XX-64	54	0.506	0.405	12234
GY-101	36	0.456	0.516	13702	ZL-6	58	0.312	0.651	28443
G-2823	26	0.292	0.484	10147	GY-49	44	0.298	0.483	30780
XX-178	48	0.387	0.469	13830	GY-44	38	0.318	0.478	26632
GY-106	38	0.250	0.481	111960	GY-50	17	0.061	0.460	35504
GY-111	55	0.506	0.541	13027	G-1368	30	0.448	0.534	32344
G-3095	57	0.442	0.495	13160	GY-43	20	0.237	0.566	10747
XX-187	51	0.331	0.497	11560	G-1592	32	0.493	0.615	18907
ZX-120	55	0.521	0.393	32496	GC-177	41	0.411	0.581	23846
G-3036	61	0.375	0.414	12923	G-4167	36	0.303	0.553	20642
GY-115	63	0.441	0.459	26527	G-4152	49	0.488	0.421	10994
GX-26	66	0.471	0.498	33174	G-4275	37	0.517	0.569	14875
G-2985	59	0.430	0.474	14875	G-4324	23	0.298	0.453	20786
G-2714	47	0.224	0.412	19759	G-4387	28	0.061	0.383	13111
G-2575	61	0.331	0.532	14175	G-4431	22	0.014	0.470	17752
ZX-94	60	0.478	0.411	37629	P-1492	18	0.426	0.440	19121
XX-151	45	0.140	0.665	22307	GX-12	136	0.488	0.559	62772
ZX-95	37	0.358	0.447	11348	GY-65	98	0.393	0.457	47999
ZX-89	38	0.496	0.446	11673	ZX-68	96	0.398	0.541	30374
G-2294	25	0.291	0.557	15262	GC-159	79	0.240	0.608	66839

续表

编号	平均网络度	平均聚类系数	综合评价值	可利用面积/m²	编号	平均网络度	平均聚类系数	综合评价值	可利用面积/m²
GX-19	45	0.223	0.445	19215	GY-71	57	0.264	0.424	15087
ZX-98	53	0.393	0.456	27463	G-2038	42	0.466	0.443	42924
XX-163	52	0.432	0.405	10286	XX-136	33	0.311	0.430	13474
GY-95	46	0.321	0.558	75871	P-721	38	0.362	0.539	18392
XX-168	42	0.464	0.431	10527	ZX-86	44	0.370	0.461	20734
GX-21	34	0.476	0.391	27213	ZX-83	29	0.515	0.522	74602
G-2416	43	0.429	0.491	12131					

8.2.1.3 临时防灾避难场所选址

在选择临时防灾避难场所时,根据与中心防灾避难场所相同的方法和标准,实现合理的临时防灾避难场所选址和布局。

(1)临时防灾避难场所可利用场地集中区划分。

根据城市一、二级河流、铁路、快速路等在临时防灾避难场所可利用场地集中区划分防灾分区,同时依据城市道路及临时防灾避难场所服务范围,在每个防灾分区单独划分场地集中区。天津市中心城区临时防灾避难场所共分为 408 个可利用场地集中区和 245 个场地单独分布区。

(2)临时防灾避难场所选择。

在建设临时防灾避难场所时,主要为已建设区域服务,忽略城市未建设区域,在未来城市建设和改造时,根据规划人口预留临时防灾避难场所。在选择临时防灾避难场所时,首先对 245 个可利用场地单独分布区进行选择,将这 245 个可利用场地均作为临时防灾避难场所,然后根据与中心防灾避难场所相同的方法对 408 个场地集中区进行场地选择。

天津市中心城区共选择临时防灾避难场所 653 处,可利用总面积 284.71ha,人均临时防灾避难场所服务面积 1.60m²,各区均在 1.0m²/人以上。天津市中心城区内各区临时防灾避难场所选择场地数量、实际可利用总面积及人均避难面积如表 8-3 所示。

表8-3　　　　　　　天津市中心城区各行政区临时防灾避难场所情况

项目	北辰区	红桥区	南开区	和平区	河西区	河东区	河北区	东丽区	津南区	西青区
场地数量/处	51	39	105	43	99	97	78	62	42	37
可利用总面积/ha	22.88	17.86	45.82	20.61	41.88	38.93	33.26	26.72	19.56	17.20
避难人数/万	11.48	14.04	30.02	19.72	23.95	23.74	19.43	15.44	10.93	8.78
人均避难面积/m²	1.99	1.27	1.53	1.05	1.75	1.64	1.71	1.73	1.79	1.96

8.2.2　天津市中心城区防灾避难场所总体空间优化布局

8.2.2.1　防灾避难场所总体空间优化布局方案

通过对天津市中心城区各区域人口的时空变化进行分析和各时段需要避难人口数量及各等级避难场地规模进行预测,利用规模均等性、场地可达性和选址非线性路径分析,构建耦合多路径综合协同模型,同时利用多因子综合评价与复杂网络相结合的方法对天津市中心城区各等级防灾避难场所可利用场地进行选择,共规划防灾避难场所764处,可利用面积779.61ha,如图8-11所示。

根据各等级防灾避难场所空间布局,形成以中心防灾避难场所为引领、以临时防灾避难场所和固定防灾避难场所为支撑、避难疏散人员由低等级防灾避难场所向高等级防灾避难场所分等级和分阶段转移的布局模式。在天津市中心城区形成以中心防灾避难场所为防灾避难服务核心、以固定防灾避难场所为防灾避难服务中心、以临时防灾避难场所为防灾避难服务节点的三级融合空间布局结构,如图8-12所示,保证重大灾害不同时段居民的避难疏散需求,也保证居民避难疏散过程不受河流、铁路、城市快速路等影响,实现短距离避难疏散,提高了防灾避难场所布局的非邻避性,也保证了场地的安全性,形成了完整的防灾避难体系。

为保证灾害发生时居民快速避难疏散,在天津市中心城区规划临时防灾避难场所653处,可利用场地面积284.71ha。为保证各行政区临时防灾避难场所布局的均等性,对核心区流动人口较多的和平区与南开区、河西区进行一体化布局,保证和平区临时防灾避难场所人均面积在1.0m²以上。待灾情稳定后,将人员向城市外围转移,保证居民短期避难的安全性和快速避难疏散需求,也保证居民避难服务的公平性。

为了保证重大灾害发生时对避难疏散人员及防灾避难场所的管理,将各区的行政管理范围也作为临时防灾避难场所服务范围划分的重要依据。

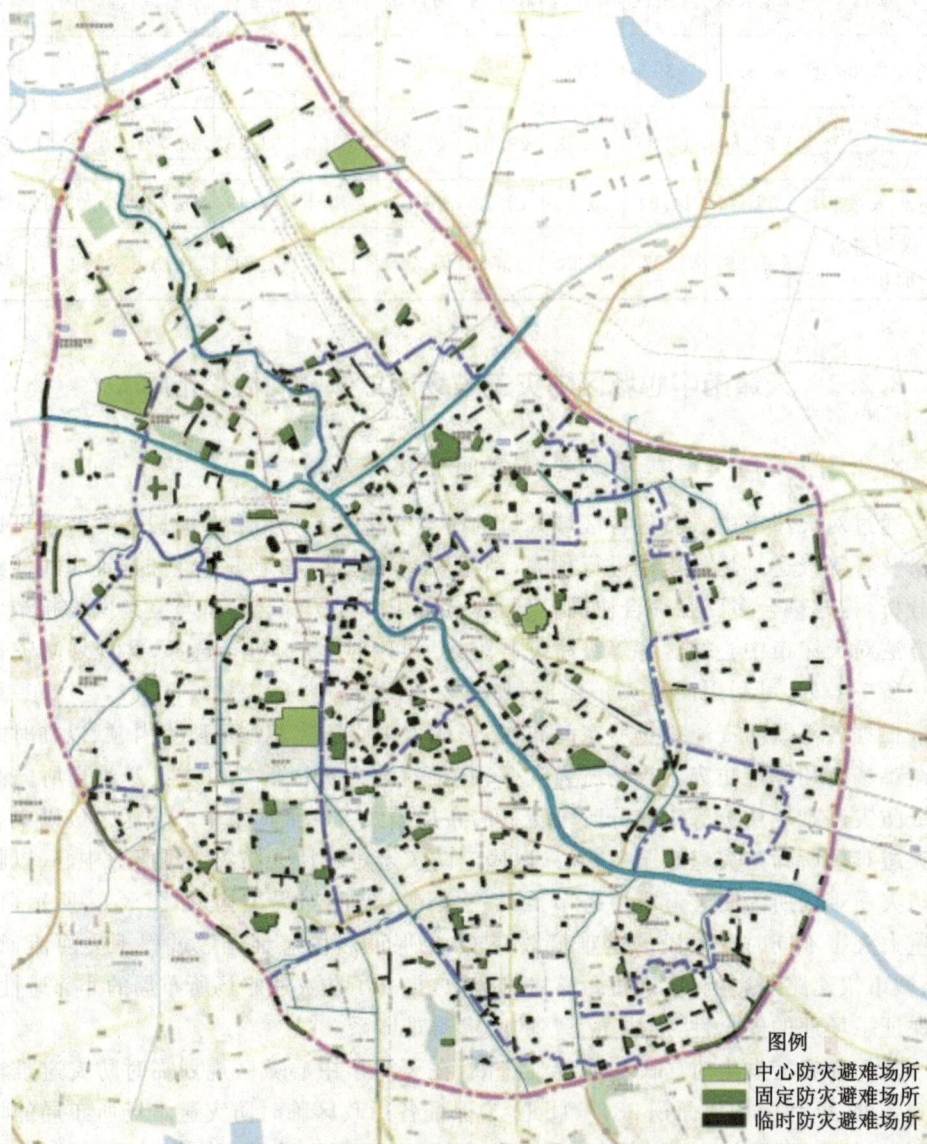

图例
中心防灾避难场所
固定防灾避难场所
临时防灾避难场所

图 8-11 天津市中心城区防灾避难场所布局优化场地选择

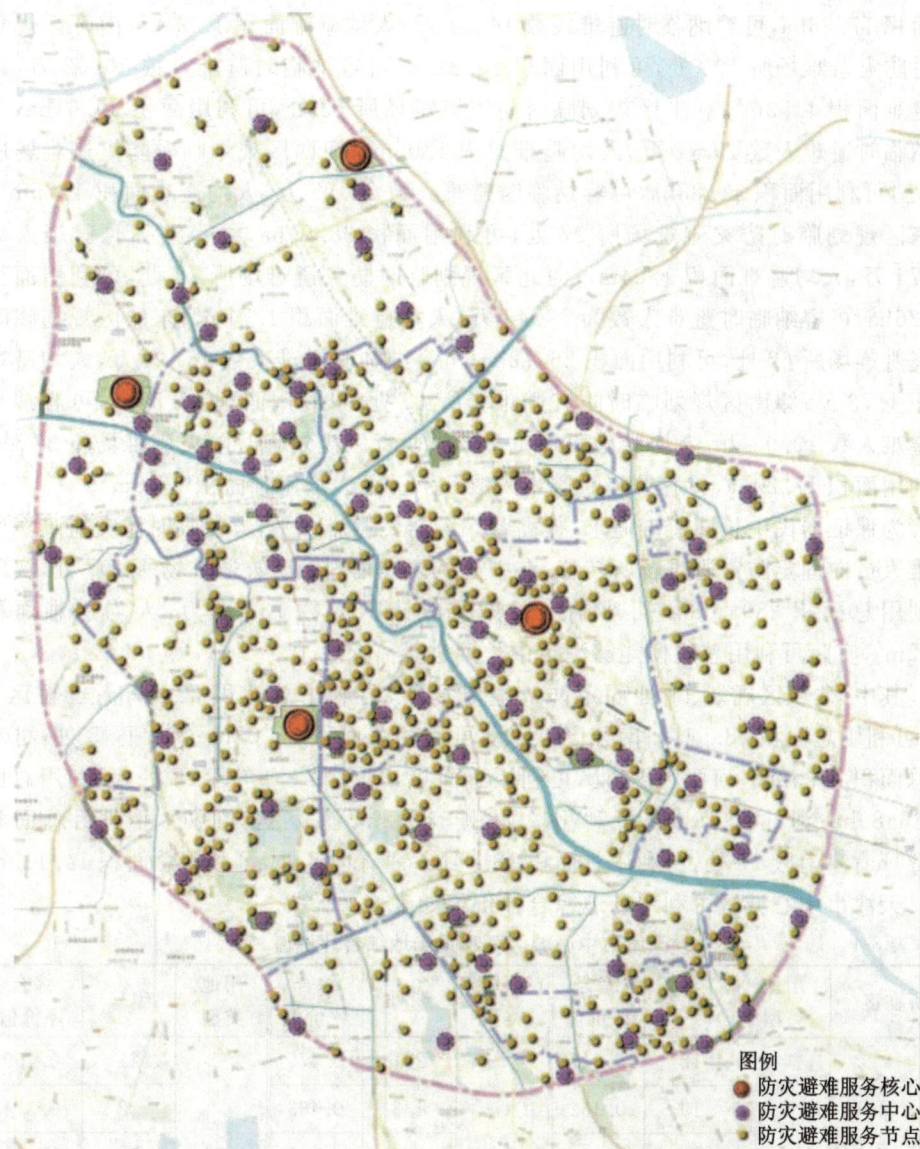

图例
- 防灾避难服务核心
- 防灾避难服务中心
- 防灾避难服务节点

图 8-12 天津市中心城区防灾避难场所总体布局空间结构

其中，北辰区规划临时防灾避难场所 51 处，可利用面积 22.88ha，可容纳临时避难人数 11.48 万，人均避难面积 1.99m²；红桥区规划临时防灾避难场所 39 处，可利用面积 17.86ha，可容纳临时避难人数 14.04 万，人均避难面积 1.27m²；南开区规划临时防灾避难场所 105 处，可利用面积 45.82ha，可容纳临时避难人数 30.02 万，人均避难面积 1.53m²；和平区规划临时防灾避难场所 43 处，可利用面积 20.61ha，可容纳临时避难人数 19.72 万，人均避难面积 1.05m²；河西区规划临时防灾避难场所 99 处，可利用面积 41.88ha，可容纳临时避难人数 23.95 万，人均避难面积 1.75m²；河东区规划临时防灾避难场所 97 处，可利用面积 38.93ha，可容纳临时避难人数 23.74 万，人均避难面积 1.64m²；河北区规划临时防灾避难场所 78 处，可利用面积 33.26ha，可容纳临时避难人数为 19.43 万，人均避难面积 1.71m²；东丽区规划临时防灾避难场所 62 处，可利用面积 26.72ha，可容纳临时避难人数 15.44 万，人均避难面积 1.73m²；津南区规划临时防灾避难场所 42 处，可利用面积 19.56ha，可容纳临时避难人数 10.93 万，人均避难面积 1.79m²；西青区规划临时防灾避难场所 37 处，可利用面积 17.20ha，可容纳临时避难人数 8.78 万，人均避难面积 1.96m²。

为保证居民中长期避难需求，提高各区域居民避难水平，方便临时防灾避难场所避难人员向固定防灾避难场所转移，在中心城区规划固定防灾避难场所 107 处，实际可利用总面积 280.65ha，可容纳中长期避难疏散人数 73.52 万，人均避难面积 3.82m²，实际可利用总规模能够满足中长期避难需求。

其中，北辰区规划 11 处固定防灾避难场所，可利用总面积 22.14ha；红桥区 3 处，可利用总面积 28.54ha；南开区 12 处，可利用总面积 45.03ha；和平区 5 处，可利用总面积 18.53ha；河西区 10 处，可利用总面积 39.32ha；河东区 17 处，可利用总面积 36.89ha；河北区 13 处，可利用总面积 31.83ha；东丽区 11 处，可利用总面积 30.71ha；津南区 17 处，可利用总面积 13.54ha；西青区 8 处，可利用总面积 14.11ha。

天津市中心城区可利用场地综合评价值如表 8-4 所示。

表 8-4　　　　　　　　　天津市中心城区可利用场地综合评价值

所在区	用地类型	编号	综合评价值	用地类型	编号	综合评价值	用地类型	编号	综合评价值
北辰区	G	12	0.517	G	291	0.475	GY	21	0.459
		19	0.452		433	0.463		22	0.374
		181	0.525		553	0.446		23	0.444
		209	0.536		9	0.45		24	0.448
		214	0.546	GY	13	0.457		28	0.368
		270	0.522		18	0.466	P	53	0.524

续表

所在区	用地类型	编号	综合评价值	用地类型	编号	综合评价值	用地类型	编号	综合评价值
红桥区	G	579	0.416	G	900	0.454	XX	3	0.428
		580	0.428		917	0.456		4	0.437
		621	0.441	GC	22	0.589		9	0.354
		622	0.447		28	0.514		10	0.378
		792	0.396		34	0.475		12	0.431
		813	0.377	GY	1	0.456		13	0.429
		817	0.424		8	0.455	ZX	2	0.451
		822	0.392	P	127	0.374		3	0.458
		837	0.482		226	0.436		4	0.468
		840	0.493		228	0.413		6	0.448
		841	0.483		235	0.365		7	0.45
		843	0.472		249	0.394		10	0.375
		844	0.552	TY	1	0.486		12	0.381
		872	0.503		5	0.535	XX	29	0.485
		898	0.49	XX	2	0.448		33	0.418
		948	0.482		5	0.514	ZL	2	0.441
		968	0.538	GX	6	0.491		14	0.47
		978	0.485		7	0.471		16	0.493
		991	0.567	GY	30	0.512		17	0.487
		998	0.497		31	0.483	ZX	18	0.47
		1004	0.48	TY	6	0.482		20	0.472
		1005	0.533		7	0.506		26	0.469
		1059	0.46		21	0.457		29	0.476
	GC	49	0.52	XX	24	0.505			
	GX	4	0.538		28	0.53			

续表

所在区	用地类型	编号	综合评价值	用地类型	编号	综合评价值	用地类型	编号	综合评价值
南开区	G	1275	0.515	GY	44	0.478	ZX	41	0.412
		1341	0.558		47	0.549		42	0.389
		1368	0.534		48	0.555		44	0.495
		1369	0.518		49	0.483		45	0.502
		1592	0.615		50	0.46		46	0.423
		1403	0.435		51	0.496		50	0.522
		1561	0.581	P	451	0.384		51	0.473
	GX	9	0.536	TY	16	0.515		48	0.477
	GY	35	0.458	ZX	30	0.49	XX	54	0.394
		39	0.394		34	0.499		64	0.405
		43	0.566		40	0.476	ZL	6	0.651
和平区	G	1738	0.587	XX	90	0.495	ZX	58	0.569
	GX	8	0.469	ZX	52	0.528		59	0.481
	P	498	0.528		54	0.56		63	0.562
	TY	21	0.547		55	0.519			
	XX	80	0.462		56	0.526			
河西区	G	1803	0.545	GY	65	0.457	ZL	14	0.545
		1861	0.465		69	0.498		15	0.582
		1878	0.515		70	0.438		65	0.559
		1889	0.544		71	0.424		66	0.563
		1891	0.534		76	0.491		68	0.541
		2030	0.462		78	0.433	ZX	72	0.474
		2038	0.443		83	0.513		73	0.504
		2068	0.44		85	0.435		76	0.463
		2094	0.465	P	608	0.571		78	0.68
		2128	0.478		720	0.555		79	0.387
		2221	0.539		721	0.539		80	0.41
		2234	0.454		726	0.441		82	0.482

续表

所在区	用地类型	编号	综合评价值	用地类型	编号	综合评价值	用地类型	编号	综合评价值
河西区	GC	155	0.636	TY	25	0.519	ZX	83	0.522
	GC	159	0.608	TY	31	0.489		84	0.461
	GC	167	0.534	XX	119	0.722		85	0.447
	GX	12	0.559	XX	135	0.475		86	0.461
	GX	14	0.479		136	0.43			
	GX	16	0.386	ZL	10	0.478			
河东区	G	2294	0.557		89	0.392		89	0.446
	G	2358	0.36	GY	95	0.558		90	0.411
	G	2382	0.487	GY	96	0.489		91	0.469
	G	2416	0.491		97	0.457		92	0.426
	G	2480	0.444		99	0.514		94	0.411
	G	2491	0.492	P	806	0.528		95	0.447
	G	2496	0.511		34	0.421	XX	96	0.44
	G	2575	0.532		39	0.525		98	0.456
	G	2647	0.471	TY	46	0.547		104	0.456
	G	2714	0.412		61	0.52		105	0.48
	GC	79	0.631		151	0.665		106	0.441
	GC	102	0.543		158	0.44		107	0.439
	GX	19	0.445	XX	161	0.484		108	0.479
	GX	20	0.463		163	0.405		110	0.487
	GX	21	0.391		168	0.431			
	GX	22	0.554		88	0.508			
河北区	G	2823	0.484		100	0.548	XX	187	0.497
	G	2852	0.485		101	0.516		190	0.448
	G	2974	0.439	GY	106	0.481		111	0.441
	G	2985	0.474		111	0.541	ZX	113	0.484
	G	3036	0.414		115	0.459		114	0.465
	G	3095	0.495	P	1082	0.4		118	0.479

所在区	用地类型	编号	综合评价值	用地类型	编号	综合评价值	用地类型	编号	综合评价值
河北区	GC	122	0.473	TY	52	0.468	ZX	120	0.393
	GX	23	0.468	XX	173	0.471		121	0.439
		24	0.378		178	0.469		124	0.379
		26	0.498		181	0.469		128	0.428
东丽区	G	3272	0.521	G	3828	0.497	P	1225	0.452
		3314	0.443		3829	0.51		1235	0.419
		3448	0.433	GC	129	0.485		1236	0.462
		3452	0.479		134	0.397		1237	0.418
		3510	0.459		141	0.509		1238	0.477
		3516	0.539		127	0.511	TY	63	0.473
		3574	0.442		128	0.522		64	0.485
		3701	0.43	GY	129	0.524		67	0.425
		3708	0.481		130	0.459	XX	205	0.43
		3709	0.486		135	0.539		213	0.429
		3711	0.484		1120	0.364	ZX	131	0.399
		3764	0.52	P	1170	0.444		133	0.389
		3818	0.473		1177	0.478			
		3827	0.526		1180	0.393			
津南区	G	3841	0.539	GC	146	0.542	XX	216	0.424
		3879	0.505	GX	28	0.438		217	0.545
		3919	0.492	GY	139	0.486	ZX	135	0.458
		3934	0.529	P	1293	0.487		136	0.452
		3936	0.556		1337	0.463			
		3975	0.461	TY	71	0.416			

续表

所在区	用地类型	编号	综合评价值	用地类型	编号	综合评价值	用地类型	编号	综合评价值
西青区	G	4066	0.541		4303	0.363	TY	79	0.491
		4068	0.531		4315	0.529		218	0.434
		4080	0.478		4324	0.453		219	0.453
		4082	0.437		4358	0.458	XX	220	0.435
		4098	0.487	G	4387	0.383		222	0.423
		4152	0.421		4431	0.47		224	0.366
		4155	0.552		4487	0.374		226	0.409
		4167	0.552		4515	0.516	ZL	25	0.561
		4168	0.574	GC	177	0.581		26	0.539
		4172	0.555	GX	29	0.483		137	0.47
		4174	0.533		140	0.46		138	0.465
		4273	0.569	GY	141	0.547	ZX	139	0.446
		4275	0.569		1357	0.549		140	0.444
		4276	0.564	P	1363	0.553		141	0.457
		4284	0.46		1492	0.44			
		4287	0.487	TY	72	0.516			

为保证灾害发生时,房屋建筑损毁和严重破坏的居民在灾后长期避难,居民各项避难疏散需求得到满足,在中心城区利用规模较大的公园、高等院校等规划中心防灾避难场所 4 处,实际可利用总规模 214.25ha,人均避难面积 5.44m²。为对中心防灾避难场所和内部避难居民进行管理,保证各区域人员就近避难,规划的 4 处中心防灾避难场所分别位于南开区、河东区及北辰区的东南部和西北部。

8.2.2.2 规划防灾避难场所与天津市中心城区现状应急避难场所布局方案对比

为了说明天津市中心城区内布局优化后防灾避难场所优势,将规划防灾避难场所与天津市中心城区现状已建设应急避难场所布局方案进行对比分析。

(1)防灾避难场所可利用总面积大幅度提升。

天津市中心城区内共规划防灾避难场所 835 处,总面积约为 798 ha,占中心城区总用地面积的 2.14%。其中,中心防灾避难场所 4 处,总面积为 214.25ha;固定防灾避难场所 107 处,总面积约为 280.65ha;临时防灾避难场所 653 处,总面积为 284.71ha。

已规划的 14 处应急避难场所总面积约为 354ha,占中心城区面积的 0.95%,避难场所规模差距较大,与人口分布不相协调,南开区避难场所面积远大于其他区域,而人口数量较多且各项设施较为集中的和平区,应急避难场所规模较小且能够容纳的人口数量严重不足。在黑牛城道南部无避难场所,大量人口无法避难;受快速路影响,水上公园虽然避难面积较大,容纳人口数量较多,但重大灾害发生时,人们仍无法在此避难,无法满足灾害发生时的避难需求。

(2)避难场所受限制性因素影响明显降低。

天津市中心城区防灾避难场所限制性影响因素较多,在重大灾害发生时,高压线、地震断裂带、易燃易爆企业、地面沉降区、洪水淹没线等都对居民的避难造成很大影响,限制性因素影响范围如图 8-13 所示。

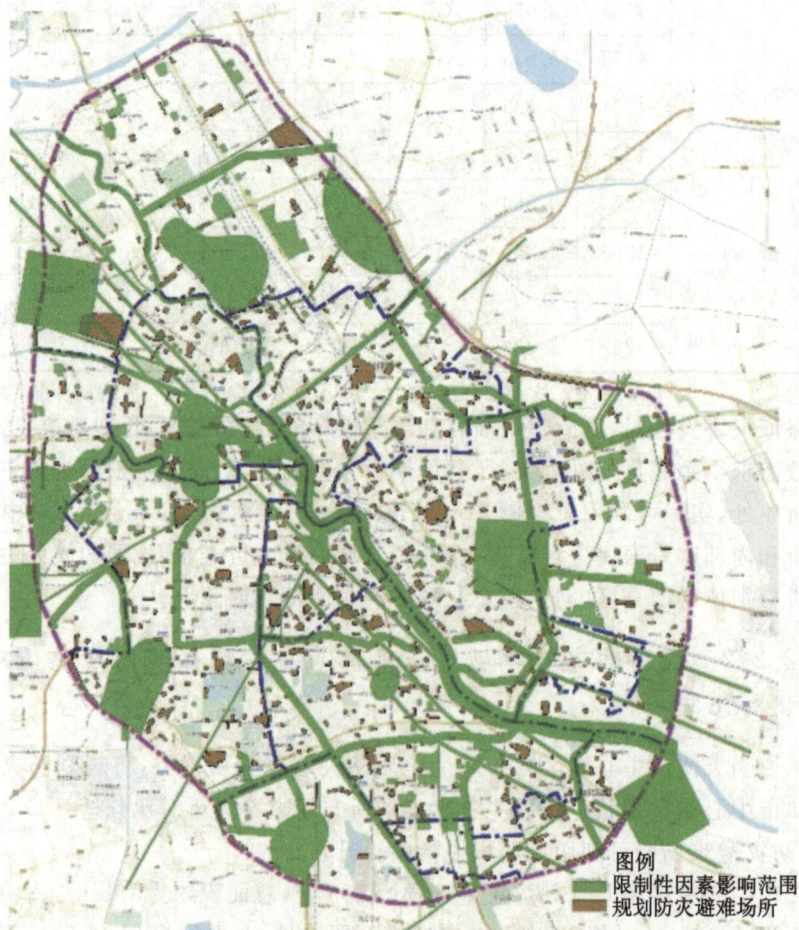

图例
■ 限制性因素影响范围
■ 规划防灾避难场所

图 8-13 天津市中心城区防灾避难场所限制性因素影响范围

　　而防灾避难场所对场地要求较高,重大灾害发生时,必须保证场地内部安全,使避难人员不受影响。由于应急避难场所在场地选择时未经安全性评价,主要现状场地包括公园、广场等,在重大灾害发生时,部分人员在场地内部还可能会受到次生灾害威胁,无法满足灾害发生时的多种避难需求。

　　已规划防灾避难场所中的东丽广场和河东公园位于地面沉降区范围内,在重大灾害发生时,特别是地震发生时,地面很可能塌陷,使避难场所无法使用。其他应急避难场所也受限制性因素影响,可用面积有一定比例降低,导致避难场地不足、规划场地不能满足规划避难人口需求。

　　由于天津市中心城区已规划(现状)防灾避难场所在选择之前对所有用地的河流、地震断裂带、高压线、燃气管线、地面沉降区等限制性因素进行了分析,所有场地均不受限制性因素的影响,居民能够在内部进行安全避难,如图 8-14 所示。

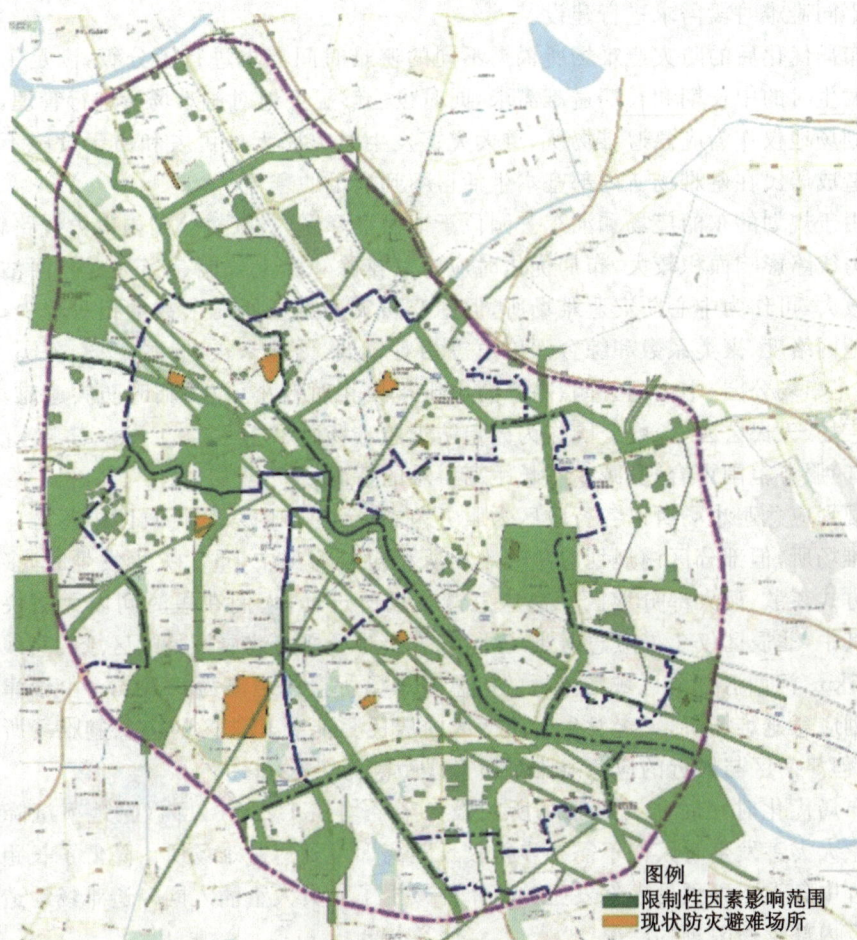

图例
　■ 限制性因素影响范围
　■ 现状防灾避难场所

图 8-14　天津市中心城区已规划防灾避难场所布局

（3）人均避难面积大幅度提升。

现状规划应急避难场地中，西青区和津南区的人均避难面积为0，南开区仅为0.9m²/人，红桥区和河北区人均避难场所面积在0.55m²/人左右，和平区、河东区、北辰区和东丽区人均避难场所面积在0.1m²/人以下。在规划防灾避难场所时，根据灾害情况及不同灾害等级对不同时段的避难人员进行了测算，满足了不同避难阶段人均避难场地需求，临时防灾避难场所的人均避难面积均在1.6m²左右。

（4）进行了分等级布局，满足不同时间段避难需求。

由于天津市地震、洪涝等灾害发生的可能性较大，而许多老旧建筑尚未对建筑结构进行改造，抗灾能力较差，重大灾害发生时部分建筑损毁和倒塌的可能性仍较大。

由于规划应急避难场所内部缺少避难设施，也未进行避难分级，仅能满足基本避难需求。而重大灾害发生时人们对中长期及长期避难场所内设施要求较多，因此应根据不同避难时段需求进行建设。

布局优化后的防灾避难场所根据不同的避难时间需求进行了分级，满足了重大灾害发生时的中长期和长期避难需求，同时也能够更好地对避难场所进行管理，避免了规划场地仅作为应急避难场所，重大灾害发生时灾民无处可去和由于设施不满足需求造成居民在避难场所内部基本生活得不到满足的窘境。

由于规划的东丽广场和河东公园位于地面沉降区内，红桥公园内电力线路较多，受电力线路影响面积较大，布局优化时应将其排除。水上公园、北宁公园、西沽公园面积较大，可作为中心防灾避难场所，但中心防灾避难场所需求数量相对较少，且这些场地网络度、聚类系数和综合评价值等相对较低，因此未被利用。中心公园、睦南公园、王串场公园、中山门公园、高峰园由于规模相对较小，作为临时防灾避难场所。银河广场、人民公园、长虹公园作为固定防灾避难场所。

（5）服务范围更合理，减少了长距离避难的情况。

规划应急避难场所以各行政区为服务范围，天津市内六个行政区中每区应有两个避难场所，但部分区内规划应急避难场所相对较为集中，重大灾害发生时，多依靠步行方式疏散，而大部分地区距离应急避难场所过远，人们在短时间内无法快速到达。其中，北辰区仅1处应急避难场所，应急避难场所与北辰区最远区域的直线距离为4.5km，河西区部分区域与最近的应急避难场所直线距离为6.8km。由于津南区未规划应急避难场所，灾害发生时津南区内居民只能到其他区的应急避难场所进行避难，但津南区与最近的应急避难场所直线距离为7.5km。

布局优化时临时防灾避难场所的服务半径均在1.0km以内（除地下沉降区范围），重大灾害发生时人们不需要步行较长距离即可到达避难场所。降低了长距离避难过程中各类不可预见事件发生的概率并减少了人员大量涌入同一避难场地造成的恐慌及内部管理困难的状况。

（6）降低了重大灾害发生时快速路、铁路及河流对避难场所服务范围的影响。

由于天津市中心城区内河流较多，一级河流河道较宽，河流也将城市划分为多个部分，这些部分之间通过桥梁联系。但在重大灾害发生时，部分桥梁可能发生破坏、损毁或变形，使河流很难被跨越。

天津市内多条铁路穿过，为了保证城市安全，避免居民随意穿越铁路线，在铁路轨道穿越区域均建设了砖墙、栅栏等防护设施，使铁路线路及车站区域形成独立封闭的空间，铁路两侧区域只能通过地下通道和立交桥联系。在重大灾害发生时，特别是洪涝灾害发生时，地下通道内积水较深，而铁路线也无法跨越，使得铁路线成为制约防灾避难场所服务范围的重要因素。城市快速路部分区段为高架，对两侧联系影响较大，重大灾害发生时也无法跨越。

规划应急避难场所在布局时未考虑河流、铁路及快速路对其服务范围的影响，在重大灾害发生时，由于铁路、河流及快速路的隔阻，人们无法到达应急避难场所，因此应急避难场所的实际服务范围大大降低，无法满足避难需求，避难场所不能服务区域占到整个中心城区面积的 85.4%。

在优化防灾避难场所布局时充分考虑城市内的影响因素，临时防灾避难场所以河流、铁路、城市快速路及区界为分隔线，使临时防灾避难场所的服务范围不跨越这些区域，固定避难场所服务范围不跨越一级河流、铁路和快速路。由于中心防灾避难场所主要为长期避难人员提供服务，在灾害发生较长时间后启用，因此服务范围不受影响。

通过上面分析可以看出，布局优化后的防灾避难场所能够满足更多人口的避难需求，且人均避难面积也有较大幅度增加。布局优化后防灾避难场所受限制性因素的影响降低，能够保证避难人员在防灾避难场所内的安全，也能避免长距离避难造成的人员恐慌和伤亡等。

不同规模的避难场地功能能得到提升，满足了居民不同时期的避难需求，减少各类型避难人员之间的相互干扰。实行分级避难场所建设，能够更好地对避难场所内部空间进行建设和合理利用，避免重复投资，减少大量重复建设造成的损失。

8.3 防灾避难场所布局优化后评价

8.3.1 临时防灾避难场所布局优化后评价

为了对天津市中心城区内布局优化后临时防灾避难场所进行分析，明确其能否满足防灾避难要求以及存在的问题，本节系统分析布局的合理性、可达性、均等性、时效性及关联性。

8.3.1.1 临时防灾避难场所布局优化的合理性

(1)服务面积比。

为了对天津市中心城区临时防灾避难场所的服务面积进行计算,考虑河流、铁路、城市快速路等的影响,以1000m为服务半径,根据各临时防灾避难场所的服务半径覆盖范围进行面积测算。

其中,东丽区和河东区较小部分区域由于无防灾避难场所,其服务面积比为0。服务面积比在64%～100%的区域主要位于北辰区东部和西部、红桥区大部分区域、南开区大部分区域、河西区北部、河东区小部分区域、河北区大部分区域、东丽区南部区域、西青区大部分区域。服务面积比为100%的区域主要位于和平区、河西区大部分区域、东丽区北部、河东区大部分地区和津南区大部分区域。

天津市中心城区临时防灾避难场所服务面积比如图8-15所示。

图 8-15 天津市中心城区临时防灾避难场所服务面积比

（2）服务人口比。

由于天津市中心城区各区域人口分布具有一定的差异,在计算服务人口比时,应根据不同防灾分区需要避难人口和防灾避难场所可以服务的人口进行分析。同时,划分服务范围时也应考虑各区界线、河流、铁路、城市快速路,以及各防灾分区内的建筑情况。

在测算服务人口数量时,以人均临时避难场所面积为 2m² 进行临时防灾避难场所服务人口比计算。其中,服务人口比为 0 的区域主要是河东区和东丽区各 2 个规模较小的防灾分区,其内部无临时避难场所。服务人口比为 60％～79％ 的区域主要位于河北区和河西区各一小部分区域,具体为河西区 11 和河北区 5,区域内避难场所数量较少。服务人口比为 80％～100％ 的区域占据较大比例。服务人口比为 100％ 以上区域基本与服务人口比为 80％～100％ 的区域相互穿插,基本能够实现这些区域内部平衡,满足各区域内避难人口的临时避难需求。

天津市中心城区临时防灾避难场所服务人口比如图 8-16 所示。

（3）服务重叠率。

根据各区界线、铁路、城市快速路和一、二级河流对防灾避难场所服务范围的影响,以及 1000m 的服务半径,对天津市中心城区内临时防灾避难场所的服务范围进行计算。

通过对各个区域内的防灾避难场所服务范围进行分析可以看出,天津市中心城区内各区临时防灾避难场所的服务重叠率较大的区域主要集中在人口数量较多的红桥区北部、南开区和河西区的大部分区域以及河东区、河北区、东丽区的部分区域。由于这些区域内的人口分布较多且密度较大,临时防灾避难场所的数量也相对较多。

天津市中心城区临时防灾避难场所服务重叠率如图 8-17 所示。

8.3.1.2 临时防灾避难场所布局优化的可达性

（1）平均最短路径。

最短路径计算是根据各区界线、铁路、城市快速路和一级及二级河流进行防灾避难场所服务范围划分,同时将居住区与最近的临时防灾避难场所服务点的距离进行测算。

根据对天津市中心城区居住区与临时避难场所之间的平均最短路径计算可以看出,河东区东南部的小部分地区平均最短路径在 1300m 以上,而最大距离在 1850m 左右。河东区除东南部以外的其他小部分地区和东丽区的小部分地区由于无临时防灾避难场所,其平均最短路径为 0。河西区和西青区的部分较小区域,其平均最短路径在 1000～1300m 之间。而整个中心城区大部分区域内居住区与临时防灾避难场所的平均最短路径都在 500～1000m 之间。根据灾害发生时人们的避难步行速度,从居住区到临时避难场所的时间最好在 20min 之内。目前,天津市中心城区大部分

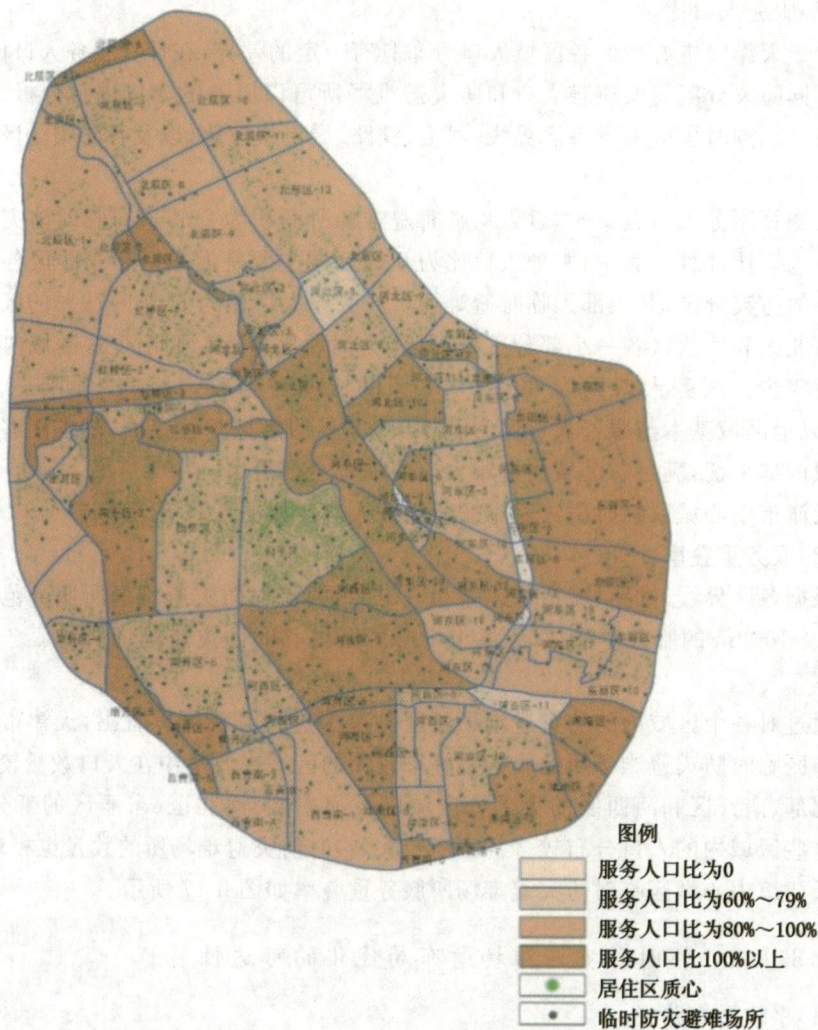

图例

服务人口比为0
服务人口比为60%~79%
服务人口比为80%~100%
服务人口比100%以上
居住区质心
临时防灾避难场所

图 8-16　天津市中心城区临时防灾避难场所服务人口比

区域的临时防灾避难平均最短路径能够满足临时避难需求。

(2)道路网密度。

根据各区域道路建设情况,对主干道、次干道和城市支路的道路网密度进行综合计算可以看出,天津市中心城区内大部分区域道路网密度都在 6km/km² 以上,如图 8-18 所示。其中,和平区、河西区北部、红桥区南部及河东区的部分地区道路网密度都在 10km/km² 以上。仅北辰区小部分区域、东丽区南部和西青区北部区域,由于城市开发相对较晚,很多地区目前仍为村庄,城市道路的建设相对较少,道路网密度在 4km/km² 以下。

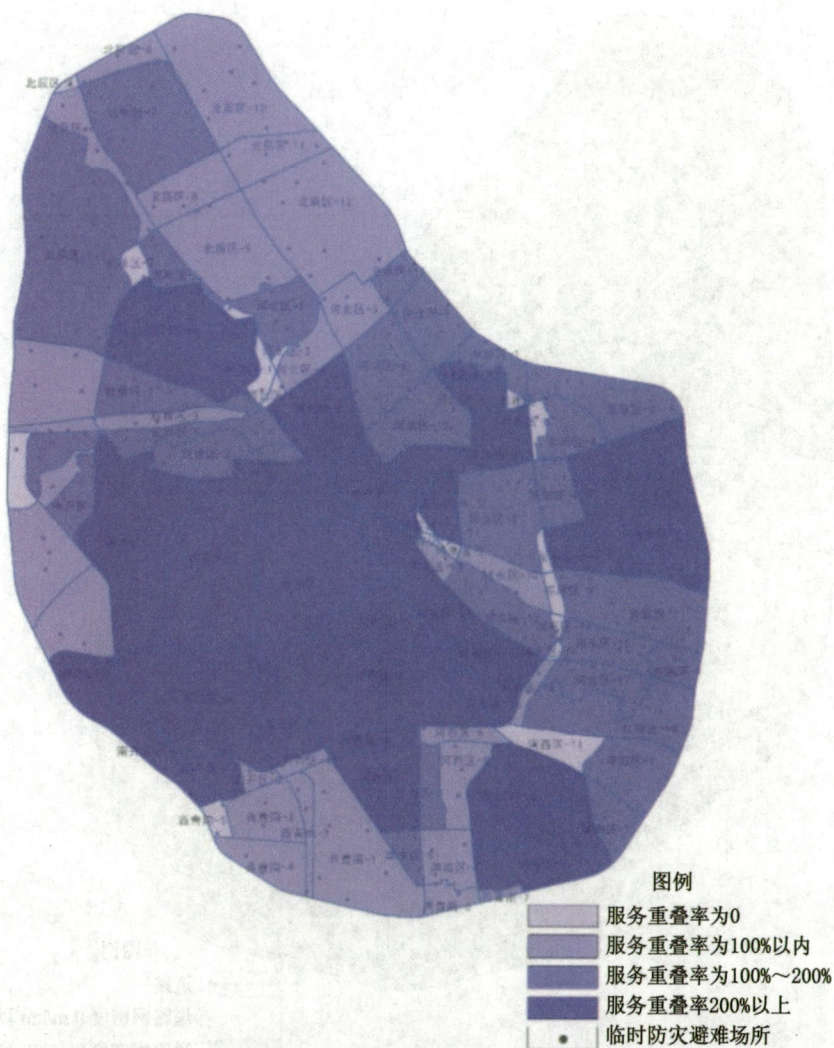

图 8-17　天津市中心城区临时防灾避难场所服务重叠率

8.3.1.3　临时防灾避难场所布局优化的均等性

(1)临时防灾避难场所服务人口缺口。

天津市中心城区人均临时避难面积为 1～2m²,通过对各区域能够服务人口和需要避难人口差计算可以看出,当人均临时避难面积为 2m² 时,大部分区域都不存在或仅存在少量服务人口缺口,都能基本满足人口需求。不存在避难服务人口缺口的区域主要为和平区、河西区北部、南开区东部区域、河北区东部、东丽区北部、津南区大部分和西青区小部分区域。存在较大避难服务人口缺口的区域主要为东丽区和河

图 8-18　天津市中心城区道路网密度(街道层面)

东区的小部分地区,这些区域无临时防灾避难场所,因此无法为避难人员提供避难空间。北辰区西部和河西区东部小部分区域存在一定服务人口缺口。这些区域多为工业区,人口较为分散,人口密度小,可以通过提高临时防灾避难场所的服务半径满足其避难需求。

天津市中心城区临时防灾避难场所服务人口缺口如图 8-19 所示。

当人均临时防灾避难场所的面积为 $1.5m^2$ 时，天津市中心城区内除东丽区和河东区受河流、快速路和铁路影响形成的较小的无防灾避难场所区域外，均不存在避难服务人口缺口。

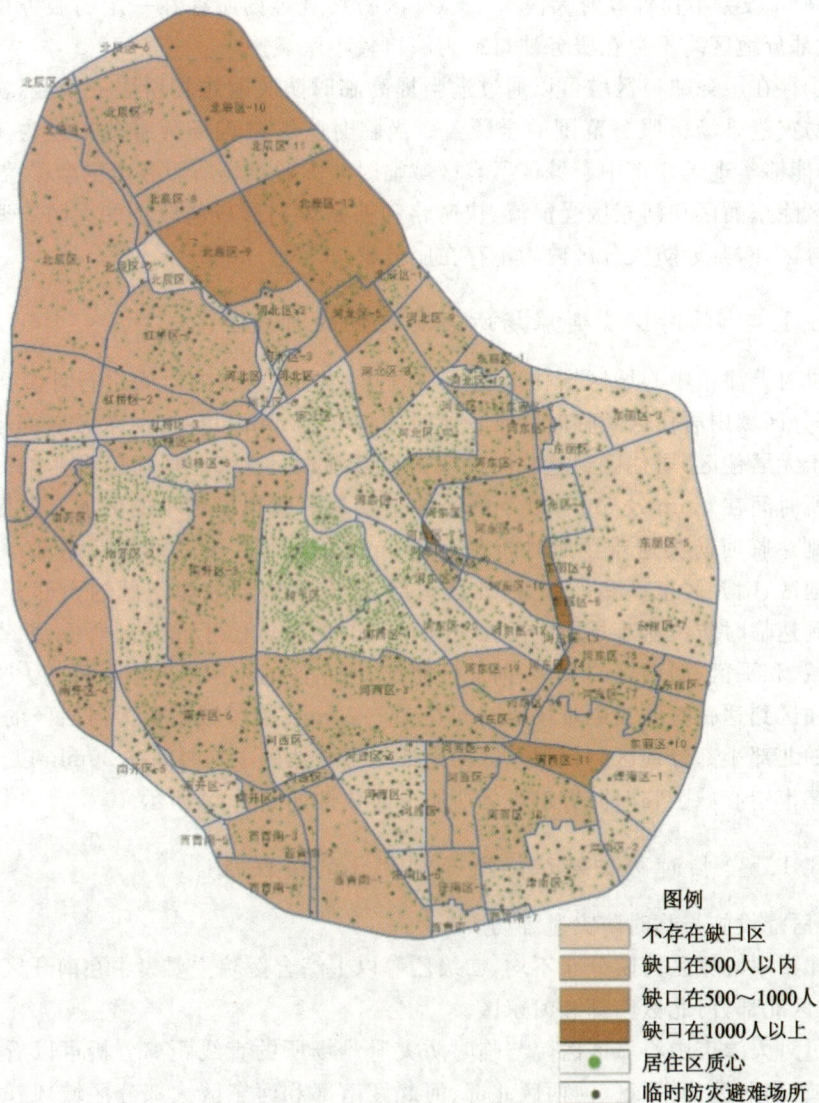

图例

	不存在缺口区
	缺口在500人以内
	缺口在500~1000人
	缺口在1000人以上
●	居住区质心
●	临时防灾避难场所

图 8-19   天津市中心城区临时防灾避难场所服务人口缺口

(2)临时防灾避难场所服务面积缺口。

通过对所有防灾分区内服务半径为1000m的各临时防灾避难场所服务覆盖范围进行计算可以看出,服务面积缺口较大的区域主要位于北辰区、西青区和河东区的部分地区。由于这些地区多为地下沉降区,无法进行临时防灾避难场所建设。因此,根据1000m服务半径计算时天津市中心城区防灾避难场所存在一定的服务面积缺口,但大部分地区均不存在服务缺口或为缺口较小区域。

对于存在服务缺口区域可以通过适当提高临时防灾避难场所服务半径,实现这些区域防灾避难场所服务范围的全覆盖。当临时防灾避难场所服务半径为1300m时,基本能够实现天津市中心城区所有区域临时防灾避难场所服务范围全覆盖,整个中心城区除东丽区和河东区受河流、快速路和铁路影响形成的较小的无防灾避难场所防灾分区外,其他防灾分区内均不存在服务缺口。

8.3.1.4 临时防灾避难场所布局优化的时效性

通过对天津市中心城区居住区到达临时防灾避难场所的时间进行计算可以看出,大部分区域内居住区到临时避难场所时间均在15min以内。河东区南部小部分区域由于无居住区,居住区到达临时防灾避难场所时间为0。居住区到达临时防灾避难场所时间在5min及5min以下的区域主要为一些规模较小的区域。各区域内居住区到达临时防灾避难场所时间在6~10min的区域主要为北辰区东部、红桥区大部分地区、南开区东部和南部、河北区南部、河东区中部和津南区的大部分区域。居住区到达临时防灾避难场所时间在11~15min的区域位于北辰区西部、西青区大部分区域、和平区、河西区的大部、河北区北部、河东区的东部以及东丽区的大部分区域。居住区到达临时防灾避难场所时间在16~20min的区域主要为河西区的南部、西青区的北部小部分地区。仅河东区西南部的部分地区平均时间在20min以上。

天津市中心城区临时防灾避难场所服务时效性如图8-20所示。

8.3.1.5 临时防灾避难场所布局优化的关联性

(1)医疗设施与临时防灾避难场所。

天津市中心城区医院分布不均,二级乙等以上综合医院主要集中在南开区、和平区、河东区北部、河北区南部和河东区。

通过对天津市中心城区医院与临时防灾避难场所的直线距离分析可以看出,大部分区域(南开区、和平区、河西区北部、河北区南部和河东区大部分区域)临时防灾避难场所与医院的直线距离在1500m及1500m之内。而中心城区周边区域医院与临时防灾避难场所的直线距离均在1500m以上。天津市中心城区医院与临时防灾避难场所直线距离在2500m以上的区域主要为北辰区东部和西部、西青区、东丽区东北部和河北区的东部。

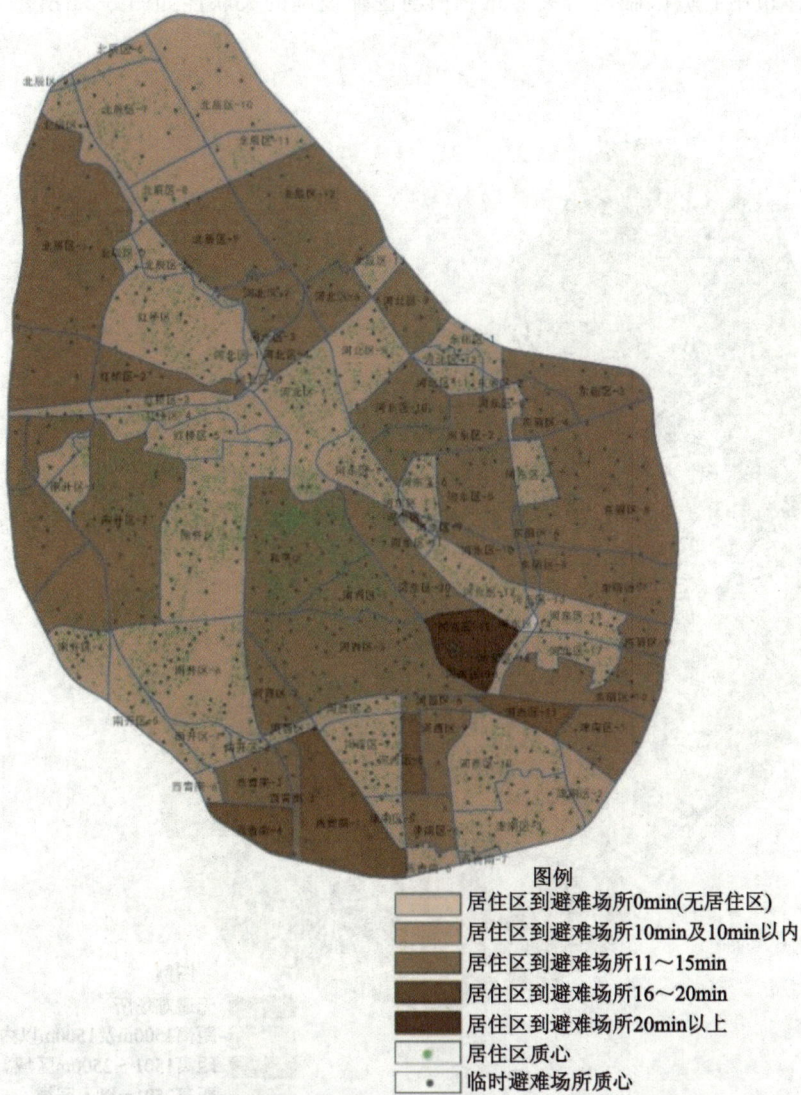

图例

居住区到避难场所0min(无居住区)

居住区到避难场所10min及10min以内

居住区到避难场所11～15min

居住区到避难场所16～20min

居住区到避难场所20min以上

● 居住区质心

● 临时避难场所质心

图 8-20 天津市中心城区临时防灾避难场所服务时效性

天津市中心城区临时防灾避难场所与医疗设施的关联性如图 8-21 所示。

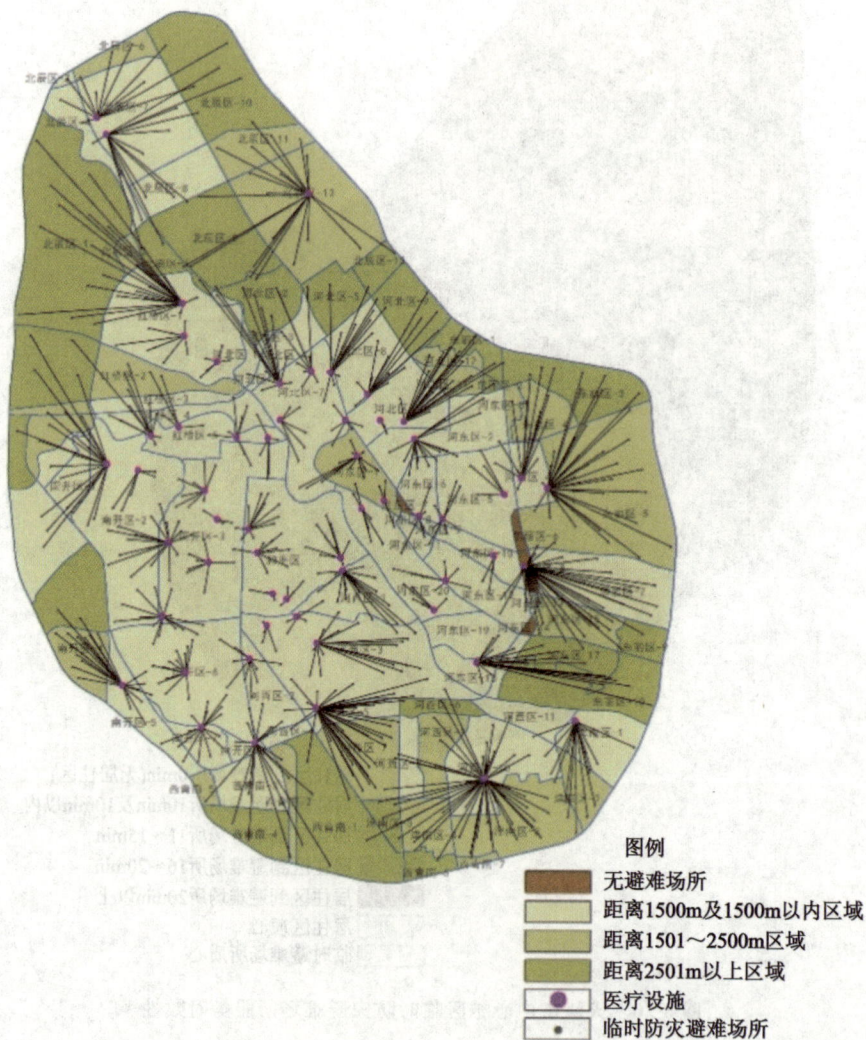

图例

- 无避难场所
- 距离1500m及1500m以内区域
- 距离1501～2500m区域
- 距离2501m以上区域
- 医疗设施
- 临时防灾避难场所

图 8-21　天津市中心城区临时防灾避难场所与医疗设施关联性

（2）消防设施与临时防灾避难场所。

消防站服务的平均直线距离一般应控制在 1700m 以内。天津市中心城区消防设施与临时防灾避难场所平均直线距离在 1700m 及 1700m 以内的区域主要为北辰区南部、红桥区大部分区域、南开区北部、河西区东部、河北区南部。消防设施与临时防灾避难场所平均直线距离在 1701～3000m 的区域主要为北辰区西部、河东区东部、河北区东部、东丽区中部、南开区南部和河西区南部。消防设施与临时防灾避难场所平均直线距离 3000m 以上的区域主要是中心城区外部的津南区、东丽区西南部、河东区和河北区的东部、西青区、北辰区东北部。可见,中心区域消防设施与临时防灾避难场所关联性较好,与周边区域的关联性相对较差。

天津市中心城区临时防灾避难场所与消防设施的关联性如图 8-22 所示。

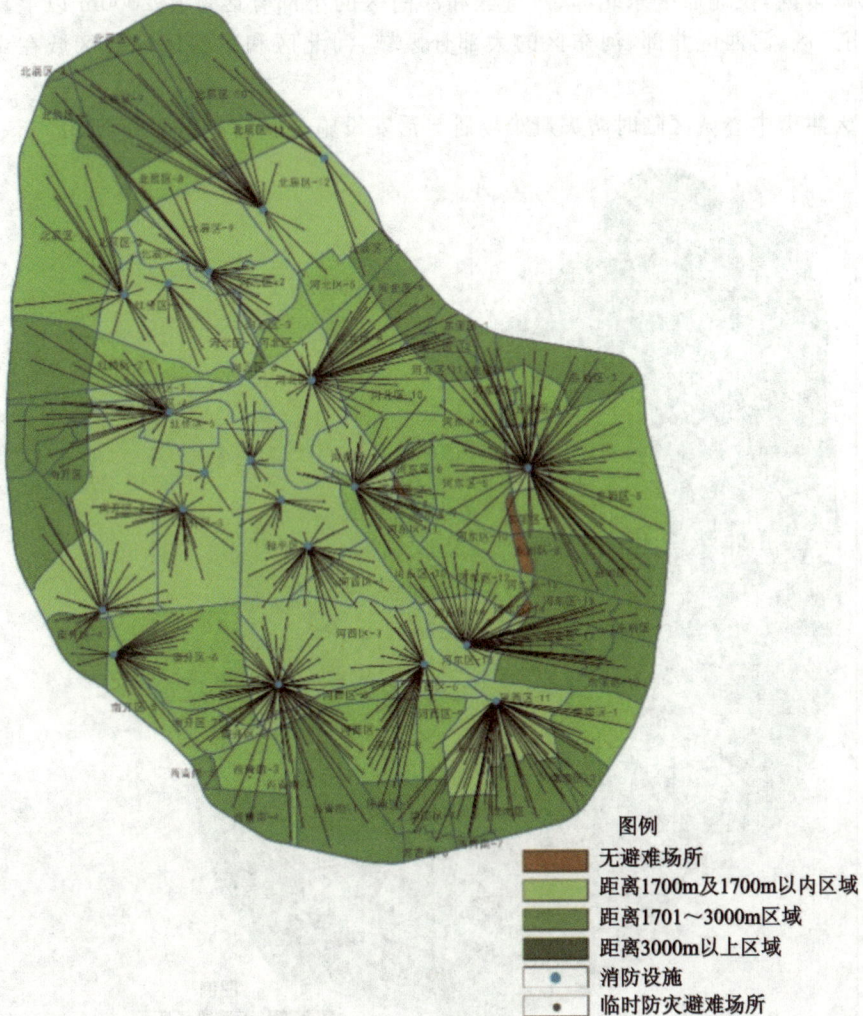

图例
无避难场所
距离1700m及1700m以内区域
距离1701～3000m区域
距离3000m以上区域
消防设施
临时防灾避难场所

图 8-22　天津市中心城区临时防灾避难场所与消防设施关联性

（3）治安设施与临时防灾避难场所。

由于天津市中心城区内治安设施数量较多，根据对治安设施与临时防灾避难场所的直线距离分析可以看出，各区域治安设施与临时防灾避难场所关联性较好，能够快速地为各临时防灾避难场所提供治安服务和管理。

天津市中心城区内大部分区域治安设施与临时防灾避难场所的直线距离都在2000m以内，仅北辰区东北部、西青区和津南区的小部分区域在2000m以上。红桥区、南开区、河西区北部、河东区的大部分区域、河北区和东丽区部分区域在1000m以内。

天津市中心城区临时防灾避难场所与治安设施关联性如图8-23所示。

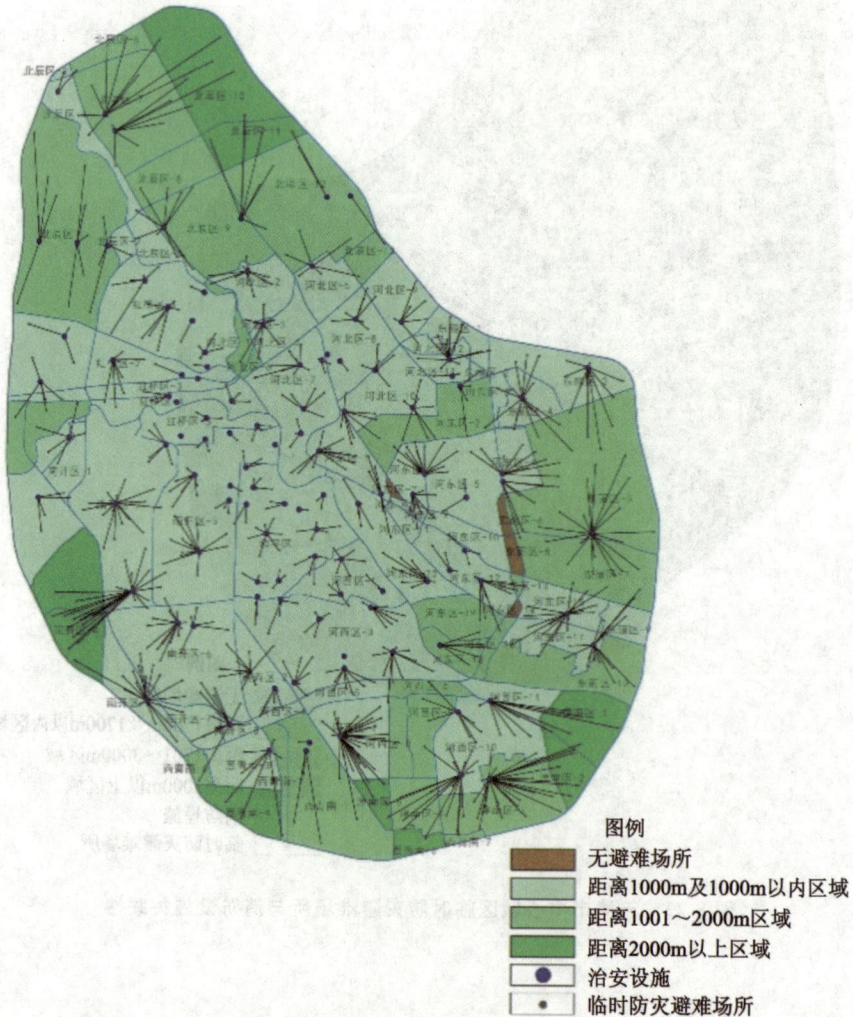

图例
■ 无避难场所
□ 距离1000m及1000m以内区域
■ 距离1001～2000m区域
■ 距离2000m以上区域
● 治安设施
• 临时防灾避难场所

图8-23　天津市中心城区临时防灾避难场所与治安设施关联性

8.3.1.6 临时防灾避难场所布局优化综合评价

通过对天津市中心城区各防灾分区内临时防灾避难场所布局优化的合理性、可达性、均等性、时效性和关联性指标进行计算，根据 $2.0m^2$/人的人均规模和 1000m 的服务半径标准，利用熵值理论对各区域进行综合分析计算。

其中，服务面积比、服务人口比、道路网密度这些指标值应越大越好，数值越大，说明区域防灾避难服务能力越强，与结果呈正相关。而服务重叠率、平均最短路径、服务人口缺口、服务面积缺口、时效性、与医疗设施距离、与消防设施距离、与治安设施距离这些指标值越小越好，与结果呈负相关。

（1）天津市中心城区临时防灾避难场所布局优化评价指标数据见表 8-5。

表 8-5　　**天津市中心城区临时防灾避难场所布局优化评价指标数据**

防灾避难分区名称	服务面积比/%	服务人口比/%	服务重叠率/%	平均最短路径/m	道路网密度/(km/km²)	服务人口缺口/人	服务面积缺口/ha	疏散时间/min	与消防设施距离/m	与医疗设施距离/m	与治安设施距离/m
北辰区1	93.54	98.71	110.00	748	4.17	291	100.43	11.33	2621	4033	1487
北辰区2	100.00	112.58	0	638	9.24	0	0	9.66	1175	1793	785
北辰区3	100.00	750.11	0	213	1.68	0	0	3.23	7231	1435	636
北辰区4	100.00	96.27	64.06	528	2.30	415	0	7.99	5073	1200	742
北辰区5	100.00	104.64	121.91	437	1.34	0	0	6.63	1417	3780	919
北辰区6	100.00	104.68	86.97	509	2.98	0	0	7.71	6718	2174	1743
北辰区7	100.00	97.98	109.18	648	4.85	260	0	9.81	4938	1307	1091
北辰区8	81.77	89.06	54.92	408	5.49	352	48.27	6.18	2949	2646	1270
北辰区9	84.19	93.93	29.98	764	5.95	733	88.69	11.58	1370	3354	1056
北辰区10	96.62	94.49	84.48	608	4.42	578	30.96	9.21	4212	3457	3264
北辰区11	99.52	96.09	74.90	510	4.27	317	1.57	7.73	1974	2218	2438
北辰区12	85.52	94.01	72.84	839	3.88	748	175.38	12.71	1242	1546	1298
北辰区13	100.00	94.99	101.07	600	4.46	120	0	9.09	3337	3031	1601

续表

防灾避难分区名称	服务面积比/%	服务人口比/%	服务重叠率/%	平均最短路径/m	道路网密度/(km/km²)	服务人口缺口/人	服务面积缺口/ha	疏散时间/min	与消防设施距离/m	与医疗设施距离/m	与治安设施距离/m
红桥区1	99.06	99.85	317.15	582	6.41	113	8.97	8.81	1362	865	647
红桥区2	86.69	96.21	138.50	728	4.62	373	44.45	11.02	1779	1825	594
红桥区3	83.70	101.61	46.40	501	5.74	0	26.69	7.58	1423	1073	790
红桥区4	96.02	99.63	160.06	605	5.36	82	10.81	9.17	1389	871	669
红桥区5	100.00	101.75	145.76	617	10.30	0	0	9.35	1016	448	461
南开区1	100.00	97.43	141.46	513	8.43	124	0	7.77	3243	1300	788
南开区2	98.04	101.38	323.40	970	5.76	0	22.61	14.70	1698	1309	746
南开区3	99.26	99.96	430.23	615	7.46	31	9.06	9.32	927	607	664
南开区4	99.72	99.90	540.00	521	6.72	25	0.77	7.89	940	1791	2109
南开区5	93.54	100.47	247.22	561	8.14	0	20.04	8.50	1874	842	872
南开区6	98.77	99.84	342.21	630	4.75	139	12.43	9.55	1844	888	857
南开区7	96.13	101.88	270.42	360	7.67	0	6.44	5.45	2513	723	794
南开区8	100.00	93.36	97.30	280	5.96	374	0	4.25	1557	317	332
和平区	100.00	100.00	434.74	832	10.18	0	0	12.61	936	685	389
河西区1	100.00	105.47	241.16	684	12.46	0	0	10.36	1396	803	484
河西区2	99.17	98.80	203.60	712	8.78	218	2.26	10.79	775	839	422
河西区3	100.00	100.35	314.20	742	5.08	0	0	11.24	1454	1421	577
河西区4	100.00	96.47	85.30	441	7.23	76	0	6.68	960	678	800
河西区5	100.00	101.12	312.30	484	2.89	0	0	7.33	1786	1409	787
河西区6	100.00	97.26	48.13	803	3.79	162	0	12.16	880	2594	1068
河西区7	100.00	100.16	214.30	575	6.15	0	0	8.71	2652	2101	853

续表

防灾避难分区名称	服务面积比/%	服务人口比/%	服务重叠率/%	平均最短路径/m	道路网密度/(km/km²)	服务人口缺口/人	服务面积缺口/ha	疏散时间/min	与消防设施距离/m	与医疗设施距离/m	与治安设施距离/m
河西区 8	96.90	95.56	135.00	1120	5.20	229	4.67	16.96	2033	2445	1783
河西区 9	100.00	98.38	75.54	842	5.21	119	0	12.75	2023	1843	1160
河西区 10	100.00	99.81	215.45	560	7.57	78	0	8.48	1609	942	795
河西区 11	69.66	61.99	0	1150	5.80	835	55.55	17.43	312	1947	219
河东区 1	99.89	100.67	232.43	560	6.05	0	0.26	8.48	1174	493	764
河东区 2	100.00	99.36	243.25	909	6.43	131	0	13.78	2346	1038	1031
河东区 3	94.23	88.93	0	467	17.33	209	4.00	7.08	2510	2258	808
河东区 4	100.00	102.13	132.40	563	9.09	0	0	8.53	678	590	591
河东区 5	88.29	99.75	187.32	754	4.85	62	63.25	11.43	2146	986	863
河东区 6	100.00	101.02	234.53	629	11.43	0	0	9.53	2092	725	706
河东区 7	0	0	0	0	5.23	1031	13.48	0	0	0	0
河东区 8	100.00	89.46	0	750	4.40	173	0	11.36	2021	294	511
河东区 9	100.00	95.95	0	354	3.32	149	0	5.36	2560	361	597
河东区 10	99.48	98.76	78.40	890	5.34	101	0.95	13.48	2799	588	680
河东区 11	100.00	98.72	96.54	554	8.21	90	0	8.39	2318	698	901
河东区 12	100.00	100.18	189.54	630	6.97	0	0	9.55	2315	948	571
河东区 13	100.00	98.74	0	207	6.56	22	0	3.14	2443	1161	1351
河东区 14	0	0	0	0	1.93	1386	13.77	0	0	0	0
河东区 15	100.00	99.97	146.54	570	4.19	7	0	8.64	3405	2355	725
河东区 16	100.00	97.95	71.37	473	3.76	121	0	7.16	1194	977	1535
河东区 17	100.00	99.62	156.42	563	4.02	54	0	8.53	3493	2906	758

防灾避难分区名称	服务面积比/%	服务人口比/%	服务重叠率/%	平均最短路径/m	道路网密度/(km/km²)	服务人口缺口/人	服务面积缺口/ha	疏散时间/min	与消防设施距离/m	与医疗设施距离/m	与治安设施距离/m
河东区 18	73.87	98.67	232.35	1845	3.41	104	36.63	27.96	716	550	1137
河东区 19	65.09	98.99	246.54	1632	3.28	65	84.71	24.73	1001	840	1169
河东区 20	100.00	100.51	345.32	975	6.83	0	0	14.77	1862	786	744
河北区 1	89.80	104.53	0	642	6.38	0	10.84	9.73	1616	2109	1262
河北区 2	100.00	99.60	146.57	714	8.52	86	0	10.82	1554	2511	493
河北区 3	100.00	317.46	0	472	6.75	0	0	7.15	2161	1496	201
河北区 4	96.91	97.41	86.74	838	7.88	76	4.43	12.70	2774	1157	544
河北区 5	93.70	75.08	64.32	964	6.15	968	13.55	14.61	2128	2507	432
河北区 6	100.00	108.07	0	235	5.50	0	0	3.56	3009	573	1039
河北区 7	97.01	100.31	234.93	563	8.16	0	20.17	8.53	1008	695	583
河北区 8	100.00	99.95	178.47	537	7.10	15	0	8.14	2197	1170	450
河北区 9	99.25	99.86	136.25	742	2.85	36	2.37	11.24	3756	2573	802
河北区 10	100.00	100.50	146.35	710	9.69	0	0	10.76	2744	697	512
河北区 11	100.00	99.80	213.42	518	10.15	36	0	7.85	3673	1945	482
河北区 12	100.00	101.35	224.26	615	6.39	0	0	9.32	4000	2329	588
东丽区 1	100.00	99.82	115.76	613	3.96	20	0	9.29	4361	2975	940
东丽区 2	100.00	121.45	0	437	5.39	0	0	6.62	3158	2823	718
东丽区 3	100.00	102.24	123.56	675	6.34	0	0	10.23	3502	3372	880
东丽区 4	100.00	100.69	164.35	738	7.27	0	0	11.18	2094	1972	428
东丽区 5	100.00	100.89	214.32	672	5.36	0	0	10.18	2119	1881	1500
东丽区 6	0	0	0	0	2.64	687	28.28	0	0	0	0

防灾避难分区名称	服务面积比/%	服务人口比/%	服务重叠率/%	平均最短路径/m	道路网密度/(km/km²)	服务人口缺口/人	服务面积缺口/ha	疏散时间/min	与消防设施距离/m	与医疗设施距离/m	与治安设施距离/m
东丽区7	98.86	105.65	178.36	687	2.36	0	7.40	10.41	3748	2635	1313
东丽区8	0	0	0	0	0.79	1020	54.31	0	0	0	0
东丽区9	99.86	90.68	115.32	793	2.87	268	0.02	12.02	4858	3840	896
东丽区10	97.81	98.25	137.39	984	3.31	280	12.84	14.91	3772	3675	1167
津南区1	100.00	100.37	146.32	732	4.53	0	0	11.09	2834	996	2713
津南区2	98.55	101.71	102.10	620	7.89	0	2.66	9.39	3345	2256	2512
津南区3	100.00	100.14	241.25	540	8.93	0	0	8.18	3057	1811	1249
津南区4	100.00	94.57	78.32	740	7.63	387	0	11.21	3977	2145	1755
津南区5	100.00	101.19	105.10	531	6.28	0	0	8.05	4060	3006	2110
西青南1	94.30	99.03	63.21	1023	8.32	164	46.27	15.50	3695	2746	1429
西青南2	94.43	98.45	32.35	684	7.34	110	5.80	10.36	2813	1922	1092
西青南3	96.38	99.40	73.73	987	4.52	31	9.72	14.95	2503	1145	933
西青南4	87.83	98.10	55.42	996	4.57	143	28.06	15.09	3932	2587	2100
西青南5	100.00	114.86	0	547	6.42	0	0	8.29	3627	2242	1911
西青南6	100.00	118.59	88.31	548	9.81	0	0	8.30	4457	2797	2270
西青南7	100.00	101.73	79.56	450	5.39	0	0	6.82	4066	2264	1792
西青北1	96.08	99.83	70.12	863	6.73	14	20.42	13.08	4072	3563	758
西青北2	96.58	127.07	67.01	518	1.34	0	2.32	7.85	3451	2144	706
西青北3	63.66	87.26	0	1320	0.92	499	44.87	20.00	4634	2883	1323
西青北4	99.54	100.55	145.32	740	1.72	0	0.84	11.21	3823	2183	1054

续表

防灾避难分区名称	服务面积比/%	服务人口比/%	服务重叠率/%	平均最短路径/m	道路网密度/(km/km²)	服务人口缺口/人	服务面积缺口/ha	疏散时间/min	与消防设施距离/m	与医疗设施距离/m	与治安设施距离/m
西青北 5	100.00	90.75	86.36	586	4.28	320	0	8.88	3433	1371	464
西青北 6	89.78	93.34	93.26	945	3.42	495	46.31	14.32	3203	2697	565
西青北 7	69.41	93.04	48.73	829	1.46	450	115.60	12.56	1051	2624	2067

（2）熵值计算。

对天津市中心城区临时防灾避难场所各评价指标数据进行标准化处理和区域指标值比重计算，得出各指标熵值，如表 8-6 所示。

表 8-6　　天津市中心城区临时防灾避难场所布局优化评价各指标熵值

服务面积比/%	服务人口比/%	服务重叠率/%	平均最短路径/km	道路网密度/(km/km²)	服务人口缺口/万人	服务面积缺口/ha	时效/min	与消防设施距离/km	与医疗设施距离/km	与治安设施距离/km
1.73	0.63	0.77	0.92	0.88	0.63	1.73	92	0.91	1.1	0.84

（3）差异性系数计算（表 8-7）。

表 8-7　　天津市中心城区临时防灾避难场所布局优化评价各指标差异性系数

服务面积比/%	服务人口比/%	服务重叠率/%	平均最短路径/km	道路网密度/(km/km²)	服务人口缺口/万人	服务面积缺口/ha	时效/min	与消防设施距离/km	与医疗设施距离/km	与治安设施距离/km
0.73	0.37	0.23	0.08	0.12	0.31	0.4	80	0.09	0.1	0.16

（4）权重计算（表 8-8）。

表 8-8　　天津市中心城区临时防灾避难场所布局优化评价各指标权重计算

服务面积比/%	服务人口比/%	服务重叠率/%	平均最短路径/km	道路网密度/(km/km²)	服务人口缺口/万人	服务面积缺口/ha	时效/min	与消防设施距离/km	与医疗设施距离/km	与治安设施距离/km
0.28	0.14	0.09	0.03	0.04	0.12	0.15	30	0.03	0.04	0.06

(5)各区域的综合得分(表8-9)。

通过对天津市中心城区临时防灾避难场所各评价指标的综合权重值计算,将综合权重值与各区域的标准值进行相乘,然后求加权值。

表8-9 天津市中心城区各区域临时防灾避难场所布局优化评价指标综合得分值

区域名	综合得分值	区域名	综合得分值	区域名	综合得分值	区域名	综合得分值	区域名	综合得分值
北辰区1	0.52	南开区3	0.44	河东区3	0.40	河北区3	0.40	津南区1	0.43
北辰区2	0.38	南开区4	0.48	河东区4	0.38	河北区4	0.39	津南区2	0.43
北辰区3	0.49	南开区5	0.41	河东区5	0.43	河北区5	0.47	津南区3	0.43
北辰区4	0.41	南开区6	0.44	河东区6	0.41	河北区6	0.36	津南区4	0.45
北辰区5	0.40	南开区7	0.40	河东区7	0.11	河北区7	0.40	津南区5	0.43
北辰区6	0.42	南开区8	0.38	河东区8	0.37	河北区8	0.39	西青南1	0.47
北辰区7	0.42	和平区	0.44	河东区9	0.35	河北区9	0.41	西青南2	0.39
北辰区8	0.41	河西区1	0.41	河东区10	0.39	河北区10	0.40	西青南3	0.39
北辰区9	0.49	河西区2	0.41	河东区11	0.39	河北区11	0.42	西青南4	0.43
北辰区10	0.52	河西区3	0.42	河东区12	0.40	河北区12	0.42	西青南5	0.41
北辰区11	0.44	河西区4	0.37	河东区13	0.37	东丽区1	0.41	西青南6	0.44
北辰区12	0.56	河西区5	0.41	河东区14	0.13	东丽区2	0.38	西青南7	0.41
北辰区13	0.43	河西区6	0.40	河东区15	0.40	东丽区3	0.42	西青北1	0.43
红桥区1	0.42	河西区7	0.41	河东区16	0.39	东丽区4	0.40	西青北2	0.37
红桥区2	0.42	河西区8	0.45	河东区17	0.41	东丽区5	0.42	西青北3	0.39
红桥区3	0.34	河西区9	0.41	河东区18	0.40	东丽区6	0.09	西青北4	0.41
红桥区4	0.39	河西区10	0.41	河东区19	0.41	东丽区7	0.42	西青北5	0.40
红桥区5	0.38	河西区11	0.40	河东区20	0.43	东丽区8	0.13	西青北6	0.45
南开区1	0.41	河东区1	0.39	河北区1	0.37	东丽区9	0.44	西青北7	0.45
南开区2	0.44	河东区2	0.43	河北区2	0.41	东丽区10	0.46		

根据差异性特点,将综合得分值从 0～1 划分为十个等级,根据各区域之间等级差异可以得知各区域差别情况。

东丽区 6 综合得分值等级为 0～0.09;东丽区 8、河东区 7、河东区 14 综合得分值等级为 0.1～0.19,由于这四个区域规模较小,人口数量较少,无临时防灾避难场所,无法为居民提供避难疏散服务,因此综合得分值较低,与其他区域差别较大。剩余区域临时防灾避难场所之间综合评价值差别较小,大部分区域综合得分值等级为 0.4～0.49,临时防灾避难场所服务人口及服务范围基本能够覆盖整个区域,能够为各区域需要避难疏散居民提供临时防灾避难空间,这些区域与医院、消防站、治安设施的距离相对均较近,能够快速提供服务,同时临时避难场所与居民区的距离也相对较为适中,临时防灾避难场所的数量及规模相对较大,能够为居民提供临时避难服务。

北辰区 2、东丽区 2、河北区 1、河北区 4、河北区 6、河北区 8、河东区 1、河东区 4、河东区 8、河东区 9、河东区 10、河东区 11、河东区 13、河东区 16、河西区 4、红桥区 3、红桥区 4、红桥区 5、南开区 8、西青北 2、西青北 3、西青南 2 和西青南 3 综合得分值等级为 0.3～0.39。由于这些区域规模相对较小,部分区域多为城中村,城市开发相对较为缓慢,各项设施建设较慢,区域内人口分布不均且数量较少,临时防灾避难场所服务范围不能完全覆盖整个区域,但其服务人口多于需要临时避难人口,可以提高避难场所服务范围。对于避难场所服务范围未覆盖的区域,可以结合城中村改造和城市更新及生态环境建设,预留部分临时防灾避难场所,满足区域内所有居民临时防灾避难需求,使所有区域均能实现临时防灾避难场所服务范围的全覆盖。

天津市中心城区临时防灾避难场所综合评价等级划分如图 8-24 所示。

8.3.2 固定防灾避难场所布局优化后评价

固定防灾避难场所是在灾后 3～30 天进行使用,因此划分固定防灾避难场所防灾分区时应充分考虑一级河流、铁路和快速路在重大灾害后对人们疏散和转移的影响。根据相关影响因素将天津市中心城区内划分为 23 个防灾分区,根据合理性、可达性、均等性、时效性和关联性指标进行综合评价。

8.3.2.1 固定防灾避难场所布局优化的合理性

(1)服务面积比。

根据固定防灾避难场所 2000m 服务半径标准对天津市中心城区内 23 个防灾分区的服务面积比进行计算,除区域 1、区域 2、区域 9 和区域 22 的服务面积比在 90% 以下,其他区域均在 90% 以上,其中区域 15、区域 16、区域 17 和区域 21 被全部覆盖。由于区域 1、区域 2 和区域 22 内存在大量农田、绿地等,无居民或居民较少,防灾避难场所服务范围未覆盖这些区域,服务面积比相对较低。区域 9 东部由于多为村庄,

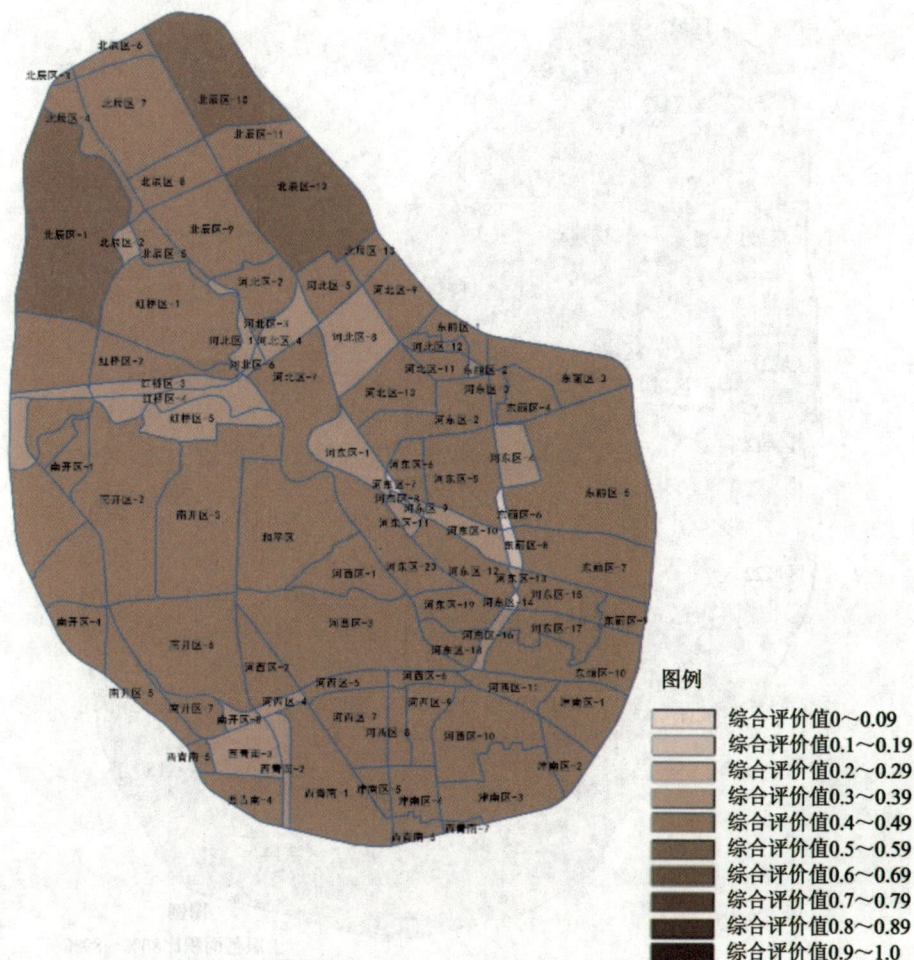

图例

综合评价值0~0.09
综合评价值0.1~0.19
综合评价值0.2~0.29
综合评价值0.3~0.39
综合评价值0.4~0.49
综合评价值0.5~0.59
综合评价值0.6~0.69
综合评价值0.7~0.79
综合评价值0.8~0.89
综合评价值0.9~1.0

图 8-24　天津市中心城区临时防灾避难场所综合评价值等级划分

人口数量较少,也存在一定未覆盖区域,在城中村改造和城市未来建设时应预留固定防灾避难场所,目前可通过提高固定防灾避难场所服务半径实现服务范围的全覆盖。

　　天津市中心城区固定防灾避难场所防灾分区服务面积比如图 8-25 所示。

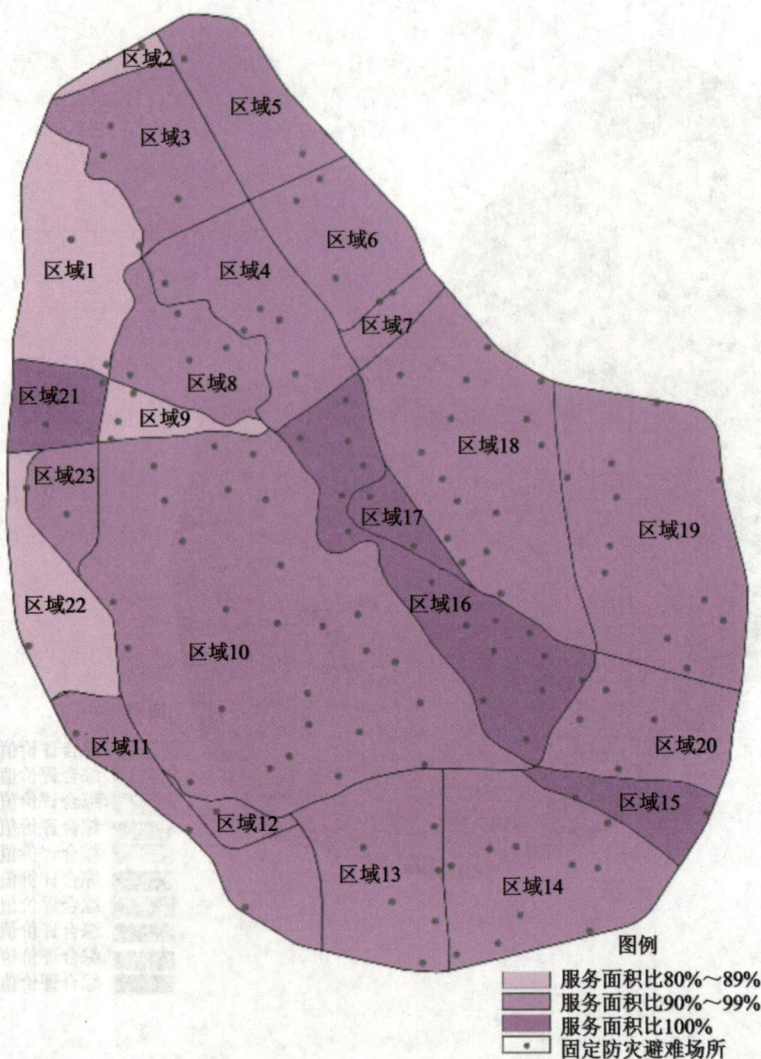

图例

服务面积比80%~89%
服务面积比90%~99%
服务面积比100%
固定防灾避难场所

图 8-25　天津市中心城区固定防灾避难场所防灾分区服务面积比

（2）服务人口比。

由于天津市中心城区固定防灾避难场所的场地规模在 1~20ha 之间，根据 4.0m²/人的标准计算，可以得知实际能够服务人口与需要避难人口存在一定差异。大部分区域服务人口比在 90% 以上，同时也存在一定服务人口比在 100% 以上的区域。区域 23 的服务人口比在 90% 以下，但人均固定避难场所在 3.0m² 以上，目前多为一些工业企业、村庄和大量的未建设区域，除未建设区域外可以用作固定防灾避难场所的场地较少，使服务人口比相对较低，在未来区域开发和城中村改造时可以预留一定的防灾避难场所，以满足服务人口比需求，使人均避难场所的服务面积尽可能达到 4.0m²。

天津市中心城区固定防灾避难场所防灾分区服务人口比如图 8-26 所示。

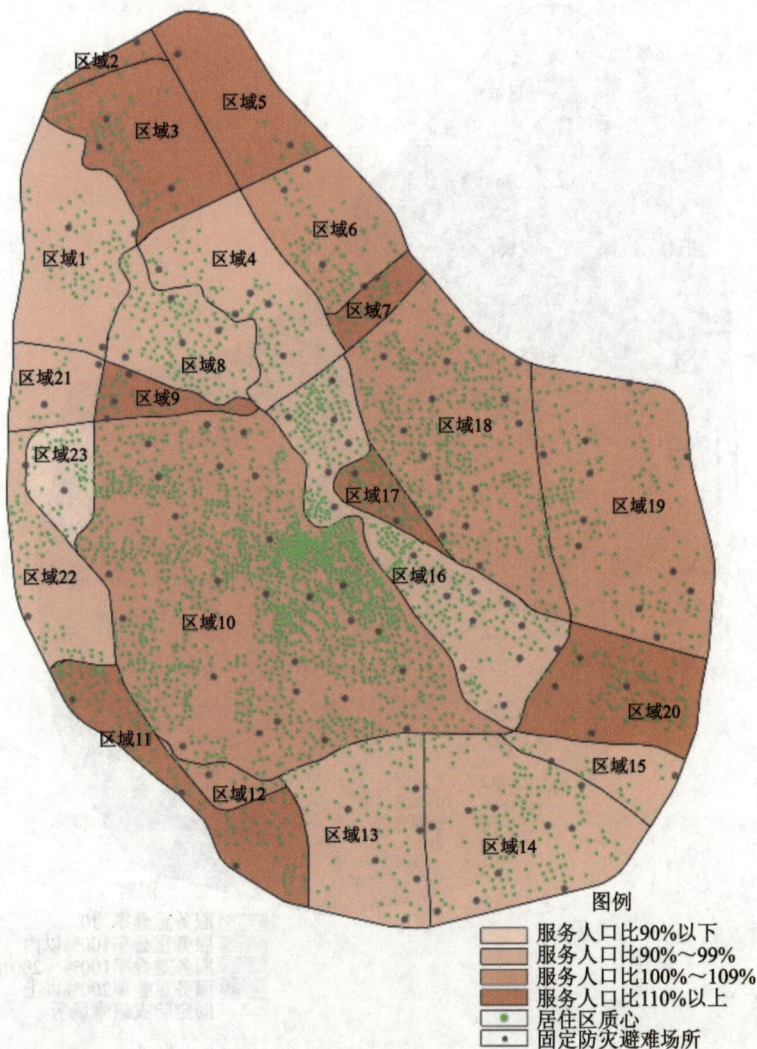

图例
服务人口比90%以下
服务人口比90%~99%
服务人口比100%~109%
服务人口比110%以上
居住区质心
固定防灾避难场所

图 8-26　天津市中心城区固定防灾避难场所防灾分区服务人口比

(3)服务重叠率。

通过分析可以看出,天津市中心城区周边的北辰区、西青区服务重叠率在 100%
以内,河北区、红桥区、南开区、河西区的大部分地区服务重叠率在 100%~200%,河
东区和东丽区北部服务重叠率在 200% 以上。由于北辰区和西青区内部均存在大量
的未开发区域,且需要固定防灾避难服务的人口较少,固定防灾避难场所数量较少,
服务重叠率较低。由于东丽区和河东区多为一些老旧小区,需要固定防灾避难服务

的人口较多,人口密度也较高,固定防灾避难场所的数量较多,造成服务重叠率较高。

天津市中心城区固定防灾避难场所防灾分区服务重叠率如图 8-27 所示。

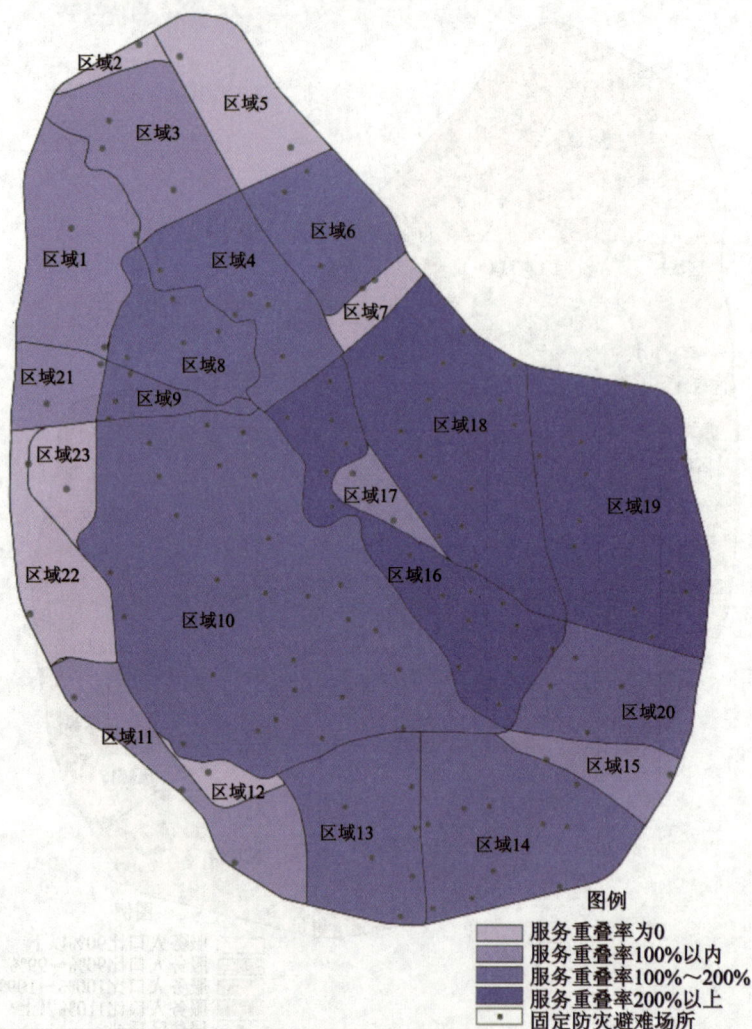

图 8-27　天津市中心城区固定防灾避难场所防灾分区服务重叠率

8.3.2.2　固定防灾避难场所布局优化的可达性

(1)平均最短路径。

根据天津市中心城区固定防灾避难场所防灾分区各居住区与最近固定防灾避难场所之间的最短路径计算可以看出,所有区域内的平均最短路径均在 3000m 以内,大部分区域的平均最短路径为 1500～1999m 和 2000～2499m。平均最短路径为 1200～1499m 的区域主要为区域 3、区域 5、区域 6、区域 16、区域 17、区域 21;平均最短路径为 2500～3000m 的区域主要为区域 1 和区域 11,是这两个区域需要进行中长期避难人数较少,且存在一定的未建设区域,居住区分布不均等原因造成的。可见,各区域内居住区与固定防灾避难场所的联系性较强,固定防灾避难场所的可达性均较好。

天津市中心城区固定防灾避难场所防灾分区各居住区与其最近固定防灾避难场所之间的平均最短路径如图 8-28 所示。

(2)道路网密度。

根据天津市中心城区各区域内的道路建设情况,通过将主干道、次干道和城市支路进行综合计算可以看出,天津市中心城区内大部分区域道路网密度在 4～7.5km/km² 以上。由于区域 7、区域 19 和区域 20 城市道路建设相对较为滞后,道路网密度为 3.5～3.99km/km²。

天津市中心城区道路网密度如图 8-29 所示。

8.3.2.3　固定防灾避难场所布局优化的均等性

(1)固定防灾避难场所服务人口缺口。

天津市中心城区内的人均固定防灾避难场所服务面积标准为 2～4m²,通过对各区域能够服务人口数和需要避难人口数量进行计算得知,当人均固定防灾避难场所服务面积为 4m² 时,中心城区内大部分区域不存在或存在很小服务人口缺口,都能基本满足各区域人口需求。仅区域 14、区域 16、区域 23 服务人口缺口在 2000 人以上。而当人均固定防灾避难场所服务面积为 3m² 时,区域 2 不存在缺口。区域 14 和区域 16 的人均固定防灾避难场所在 3.5m² 以上。其他区域人均固定防灾避难场所服务面积为 3.5m² 时也均能满足所有需要中长期避难的居民需求。

天津市中心城区固定防灾避难场所服务人口缺口如图 8-30 所示。

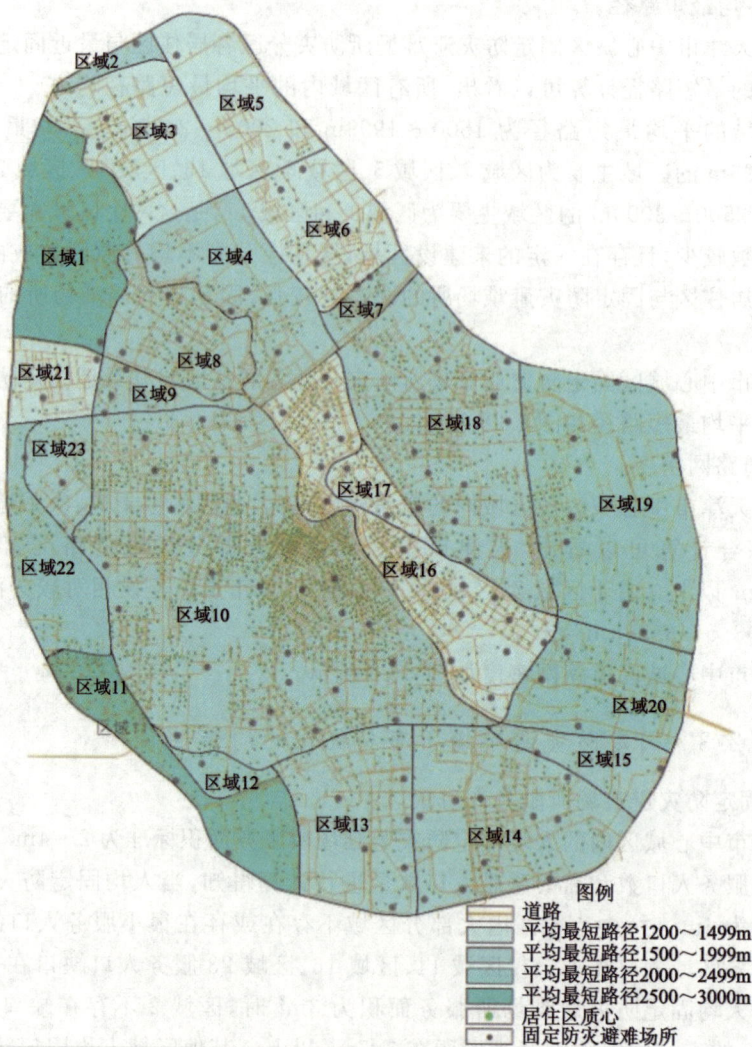

区域2

区域5

区域3

区域1

区域4

区域6

区域7

区域21

区域8

区域9

区域18

区域23

区域17

区域19

区域22

区域16

区域10

区域11

区域20

区域15

区域12

区域13

区域14

图例

道路
平均最短路径1200～1499m
平均最短路径1500～1999m
平均最短路径2000～2499m
平均最短路径2500～3000m
居住区质心
固定防灾避难场所

图 8-28　天津市中心城区固定防灾避难场所防灾分区各居住区与其
最近固定防灾避难场所之间的平均最短路径

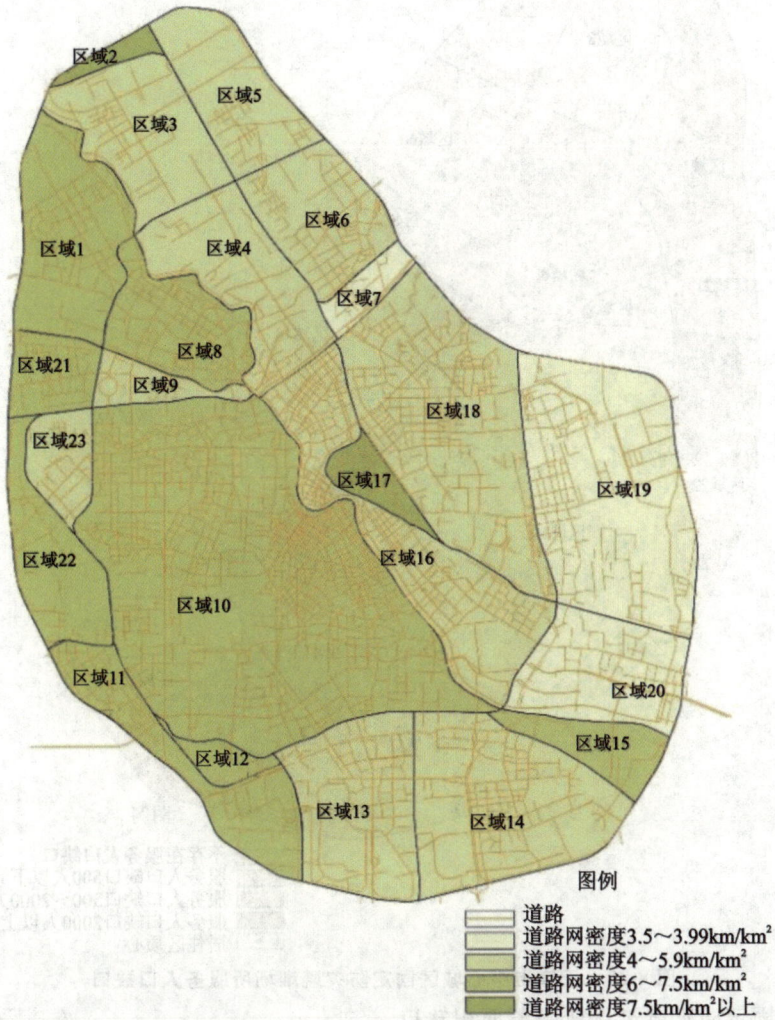

图例

道路
道路网密度3.5～3.99km/km²
道路网密度4～5.9km/km²
道路网密度6～7.5km/km²
道路网密度7.5km/km²以上

图 8-29 天津市中心城区道路网密度(区域层面)

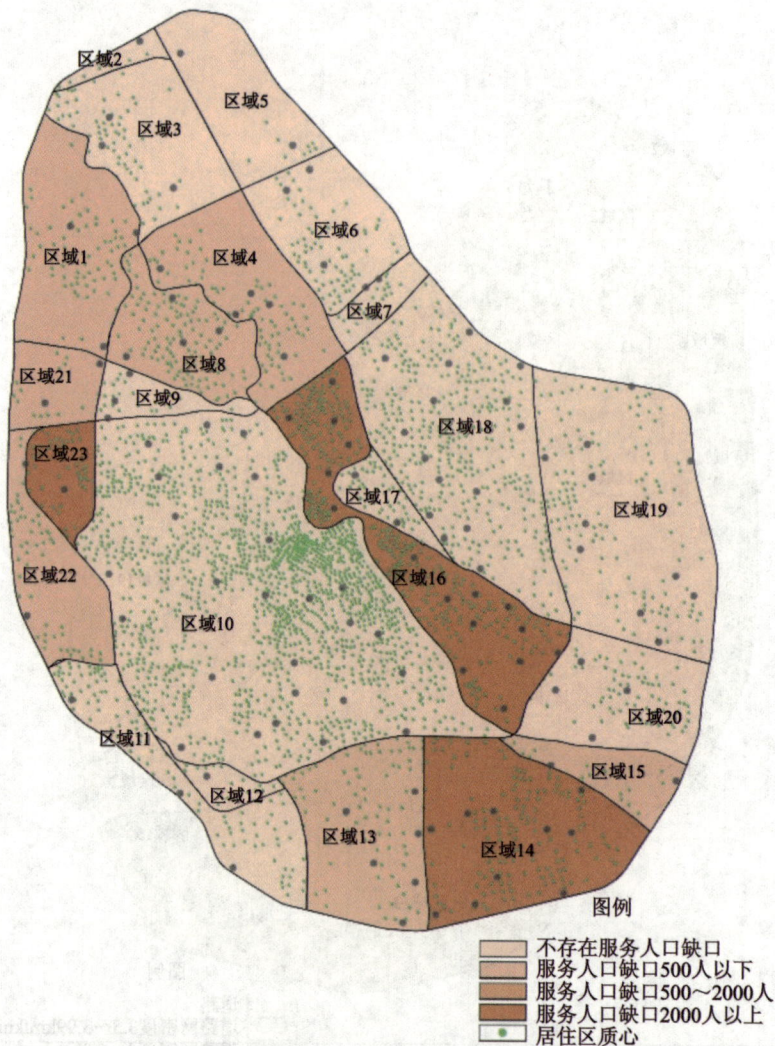

图例

- 不存在服务人口缺口
- 服务人口缺口500人以下
- 服务人口缺口500~2000人
- 服务人口缺口2000人以上
- 居住区质心

图 8-30　天津市中心城区固定防灾避难场所服务人口缺口

（2）固定防灾避难场所服务面积缺口。

以 2000m 的服务半径为标准，通过对天津市中心城区各区域固定防灾避难场所进行服务面积覆盖范围计算得知，服务面积缺口较大区域为区域 1 和区域 22，由于这两个区域存在大量农田和村庄，当服务半径为 2500m 时，均能实现服务全覆盖。大部分区域的服务面积缺口在 10~100ha 之间。由于在南开区西部和中部、北辰区南部、河东区等区域存在一定的地下沉降区，无法进行防灾避难场所建设，同时北辰区、河东区、西青区、红桥区内也存在大量的城中村和未开发地区，人口数量较少，在人口较少区域未建设固定防灾避难场所，造成天津市中心城区在固定防灾避难场所的布局上相对不均衡，存在一定服务面积缺口。

天津市中心城区固定防灾避难场所服务面积缺口如图 8-31 所示。

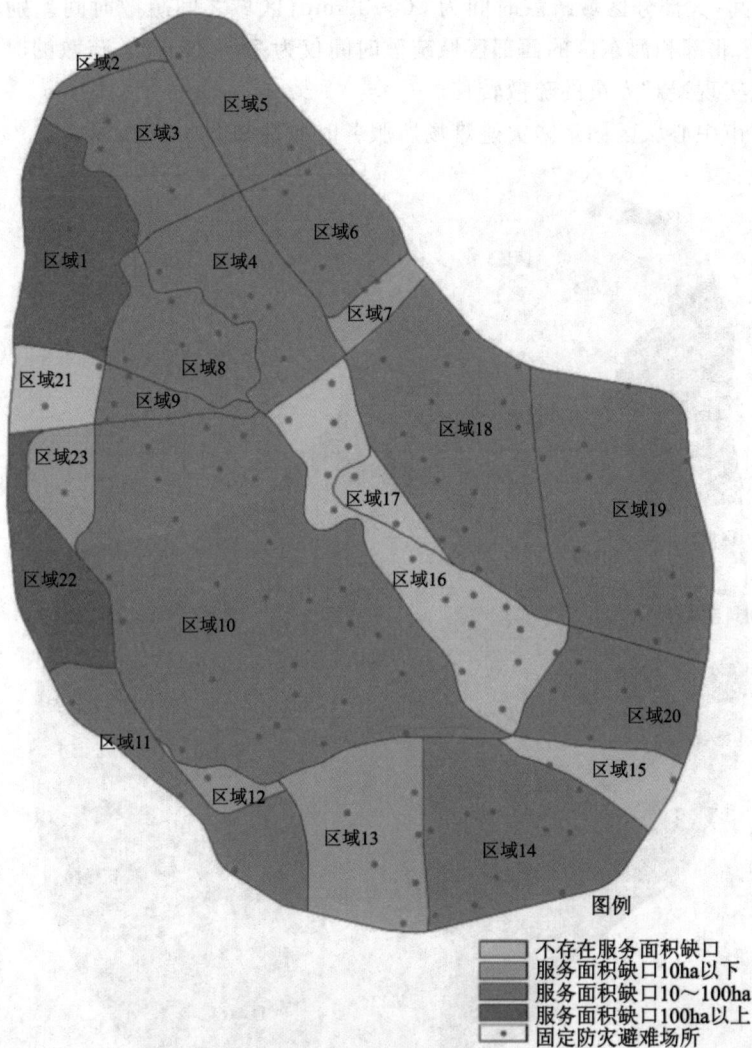

图例

不存在服务面积缺口
服务面积缺口10ha以下
服务面积缺口10～100ha
服务面积缺口100ha以上
固定防灾避难场所

图 8-31 天津市中心城区固定防灾避难场所服务面积缺口

8.3.2.4 固定防灾避难场所布局优化的时效性

由于固定防灾避难场所是在灾害发生一段时间后开始使用,灾害情况基本稳定,避难人员在向固定防灾避难场所转移过程中,其情绪基本已经稳定,对灾害的恐惧心理也逐渐消失。但由于疏散人口中老、弱、病、残、孕等弱势群体的存在,疏散速度相对较慢,因此疏散距离不宜过长,应将疏散时间控制在 60min 以内。通过对天津市中心城区各防灾分区内居住区到达固定防灾避难场所的时间进行计算可以看出,整个中心城区的疏散时间均在 50min 之内，除区域 1 和区域 11 的疏散时间在 40～50min 之间，大部分区域疏散时间为 30～39min，区域之间疏散时间差别较小，北辰区、河北区北部和河东区的西部区域疏散时间仅为 20～29min。疏散的时效性较好，能够快速实现避难人员的疏散转移。

天津市中心城区固定防灾避难场所服务时效性如图 8-32 所示。

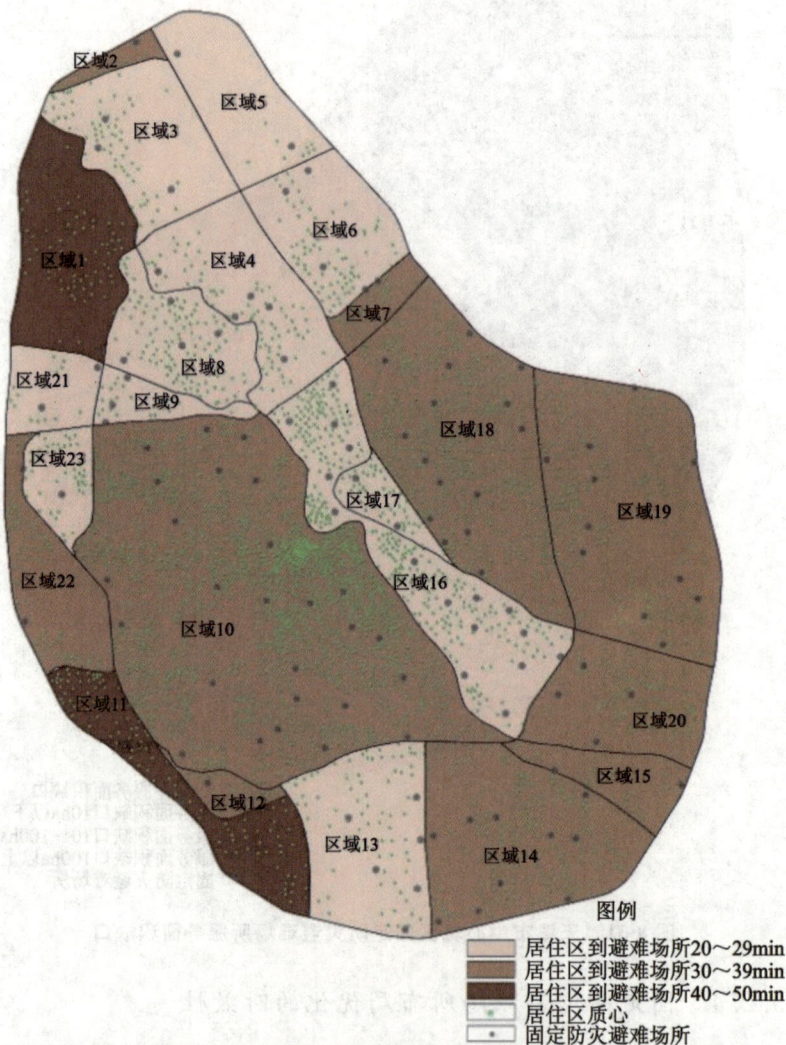

图 8-32　天津市中心城区固定防灾避难场所服务时效性

8.3.2.5　固定防灾避难场所布局优化的关联性

（1）医疗设施与固定防灾避难场所。

由于天津市中心城区综合医院分布不均匀，主要集中在南开区、和平区、河东区北部、河北区南部和河东区,通过对天津市中心城区内医院与固定防灾避难场所的直线距离进行分析可以看出,大部分区域固定防灾避难场所与医院的距离基本在2000m 以内,能够快速地为各区域提供医疗救助服务。其中,区域 3、区域 8、区域10、区域 16 和区域 17 内固定防灾避难场所与医院的距离在 1000m 以内,距离较短,能够较快地联系。而天津市中心城区周边各区域防灾避难场所与医院的距离主要在2000～4000m 之间,联系相对不便。

天津市中心城区固定防灾避难场所与医疗机构距离如图 8-33 所示。

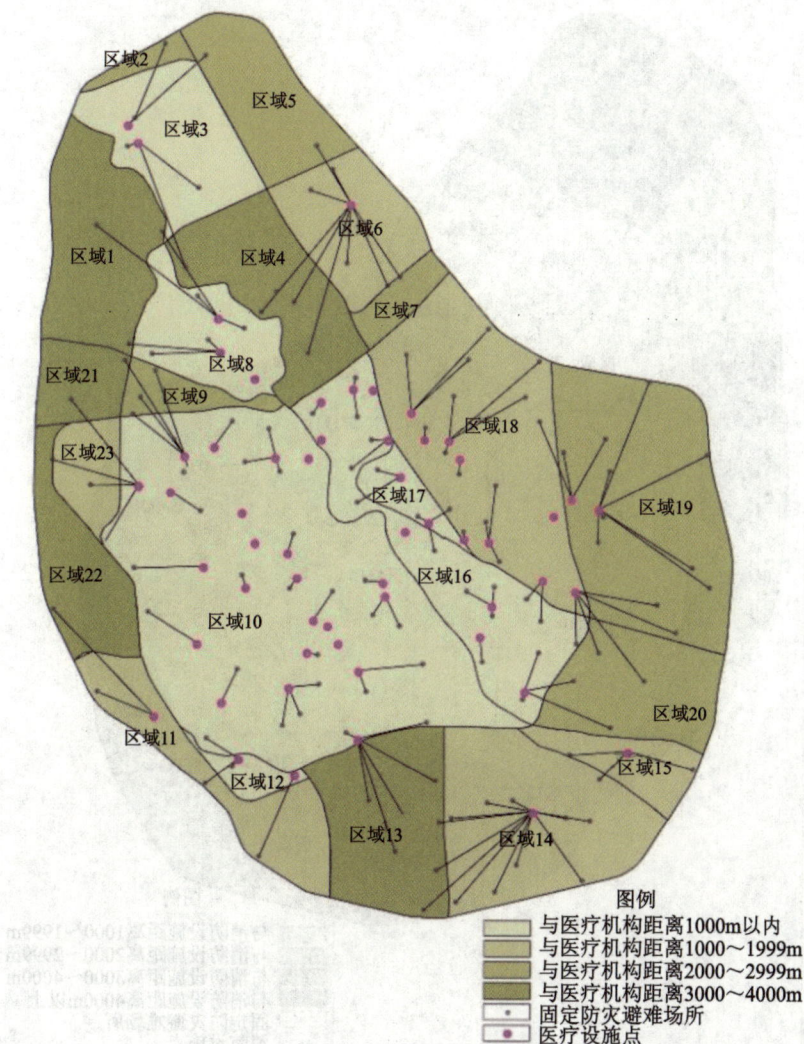

图 8-33 天津市中心城区固定防灾避难场所与医疗机构距离

（2）消防设施与固定防灾避难场所。

根据天津市中心城区消防站分布可以看出，中心城区的南开区、红桥区、河西区和河北区北部的大部分区域固定防灾避难场所与消防站距离在 1000～2000m 之间，能够快速地为固定防灾避难场所提供救援及服务。其他大部分地区内固定防灾避难场所与消防站距离都在 3000m 以内，仅区域 2、区域 3 和区域 21 内固定防灾避难场所与消防站的距离在 4000m 以上。

天津市中心城区固定防灾避难场所与消防设施距离如图 8-34 所示。

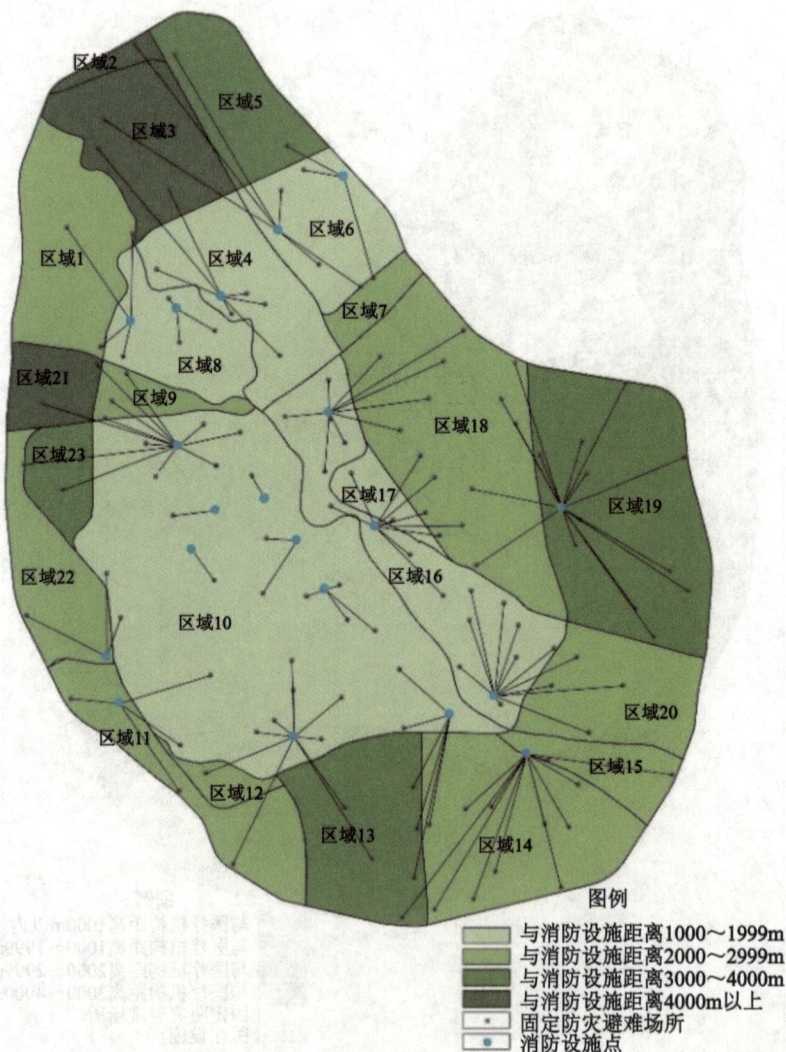

图 8-34　天津市中心城区固定防灾避难场所与消防设施距离

(3)治安设施与固定防灾避难场所。

通过对天津市中心城区固定防灾避难场所与治安设施之间的距离进行分析可知,和平区、南开区、河东区和河北区的南部区域固定防灾避难场所与治安设施之间的距离在1000m以内,能够快速地为固定防灾避难场所提供服务,固定防灾避难场所相互之间的关联性较强。红桥区治安设施数量较多且分布较均匀,固定防灾避难场所与治安设施直线距离在2000m以内。仅区域15在2000～2999m。由于区域5内无治安设施分布,与周边治安设施距离较远,该防灾分区内固定防灾避难场所与治安设施直线距离在4000m以上,但该防灾分区内多为一些已停产的工业企业、村庄、空地等,未来城市改造时可增加一些治安设施,提高该区域治安管理和服务能力。

天津市中心城区固定防灾避难场所与治安设施距离如图8-35所示。

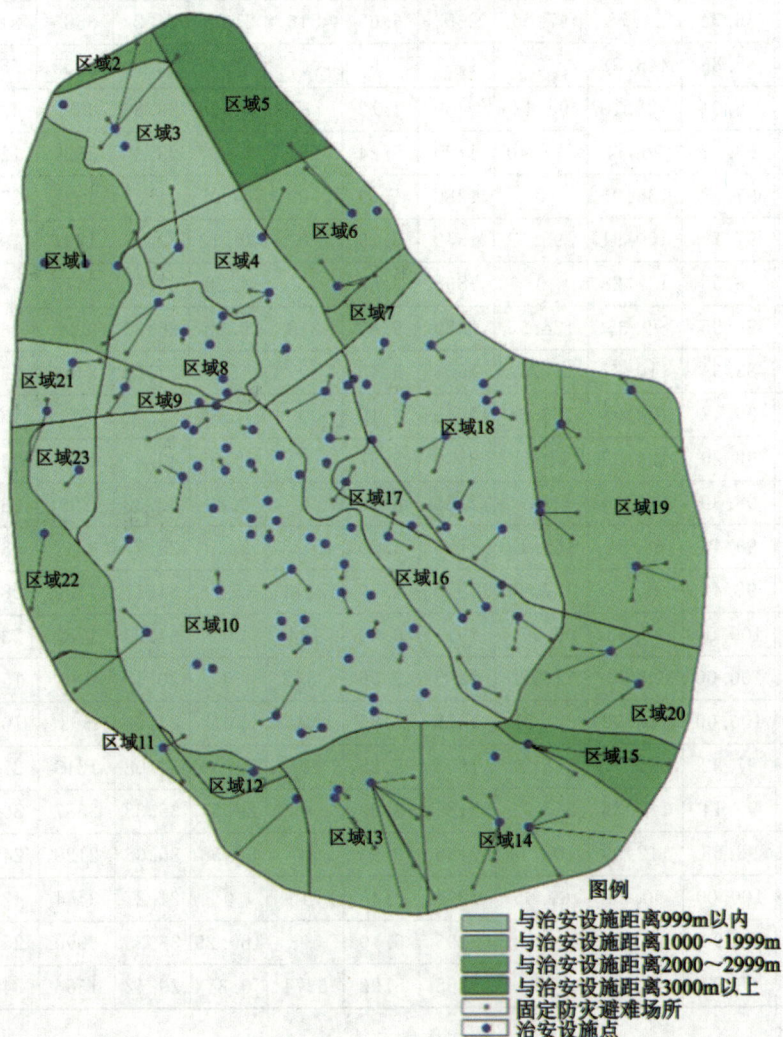

图 8-35　天津市中心城区固定防灾避难场所与治安设施距离

8.3.2.6 固定防灾避难场所布局优化综合评价

通过对天津市中心城区各区域内固定防灾避难场所布局优化的合理性、可达性、均等性、时效性和关联性指标计算，根据人均固定防灾避难场所服务面积 4.0m² 和 2000m 服务半径标准，利用熵值法对各区域进行综合分析。

（1）天津市中心城区固定防灾避难场所布局优化评价指标数据见表 8-10。

表 8-10   天津市中心城区固定防灾避难场所布局优化评价指标数据

防灾避难分区名称	服务面积比/%	服务人口比/%	服务重叠率/%	平均最短路径/m	道路网密度/(km/km²)	服务人口缺口/人	服务面积缺口/ha	疏散时间/min	与消防设施距离/m	与医疗设施距离/m	与治安设施距离/m
区域 1	86.74	94.78	47.60	2653	6.65	516	210.5	44.22	3585	2185	1338
区域 2	88.86	443.32	0	1997	7.57	0	17.95	33.28	2253	6555	2425
区域 3	95.01	123.10	93.13	1430	4.79	0	71.08	23.83	904	4833	889
区域 4	93.97	96.54	177.40	1780	5.24	961	89.07	29.67	3621	1267	698
区域 5	93.63	135.95	0	1280	4.69	0	74.05	21.33	2925	3710	3290
区域 6	97.77	100.91	195.62	1340	5.29	0	26.12	22.33	1857	1924	1085
区域 7	98.55	137.28	0	1898	3.65	0	4.28	31.63	2477	2892	1091
区域 8	99.95	99.35	124.56	1580	6.85	318	0.58	26.33	926	1326	813
区域 9	83.34	110.77	167.54	1658	5.45	0	59	27.63	2484	2332	686
区域 10	99.47	108.98	185.64	1945	6.15	0	37.82	32.42	870	1360	634
区域 11	92.20	124.87	11.51	2560	6.37	0	92.55	42.67	1733	2682	1587
区域 12	98.30	108.74	0	2180	6.13	0	3.89	36.33	290	2680	1264
区域 13	99.48	94.94	165.13	1785	4.20	1083	8.49	29.75	3042	3890	1895
区域 14	98.42	95.82	187.79	1870	4.09	2271	35.76	31.17	1792	2824	1339
区域 15	100.00	96.86	9.77	1917	6.30	184	0	31.95	1787	2373	2266
区域 16	100.00	95.69	216.75	1235	5.56	3542	0	20.58	786	1505	699
区域 17	100.00	115.93	80.21	1478	7.85	0	0	24.63	563	1067	533
区域 18	97.32	101.17	226.43	1865	5.25	0	82.59	31.08	1615	2719	786
区域 19	99.14	100.76	215.79	2180	3.99	0	26.51	36.33	2587	3062	1260
区域 20	93.68	112.99	106.74	2165	3.90	0	82.58	36.08	2129	2474	1500
区域 21	100.00	90.66	69.65	1276	6.43	715	0	21.27	3444	4258	837
区域 22	81.90	93.32	0	2295	6.40	508	180.29	38.25	3090	2585	1824
区域 23	99.94	41.05	0	1765	5.92	6374	0.31	29.42	1366	3486	540

（2）熵值计算。

将各指标数据进行标准化处理和区域指标值的比重计算，得出各指标的熵值，如表8-11所示。

表8-11　　　天津市中心城区固定防灾避难场所布局优化评价各指标熵值

服务面积比/%	服务人口比/%	服务重叠率/%	平均最短路径/km	道路网密度/(km/km²)	服务人口缺口/万人	服务面积缺口/ha	疏散时间/min	与消防设施距离/km	与医疗设施距离/km	与治安设施距离/km
1.94	0.95	1.39	1.36	1.44	0.87	1.01	136	1.53	1.16	1.08

（3）差异性系数计算（表8-12）。

表8-12　　　天津市中心城区固定防灾避难场所布局优化评价各指标差异性系数

服务面积比/%	服务人口比/%	服务重叠率/%	平均最短路径/km	道路网密度/(km/km²)	服务人口缺口/万人	服务面积缺口/ha	疏散时间/min	与消防设施距离/km	与医疗设施距离/km	与治安设施距离/km
0.94	0.05	0.39	0.36	0.44	0.13	0.01	36	0.53	0.16	0.08

（4）权重计算（表8-13）。

表8-13　　　天津市中心城区固定防灾避难场所布局优化评价各指标权重计算

服务面积比/%	服务人口比/%	服务重叠率/%	平均最短路径/km	道路网密度/(km/km²)	服务人口缺口/万人	服务面积缺口/ha	疏散时间/min	与消防设施距离/km	与医疗设施距离/km	与治安设施距离/km
0.272	0.014	0.113	0.104	0.128	0.038	0.003	104	0.154	0.046	0.023

（5）各区域的综合得分（表8-14）。

通过对天津市中心城区固定防灾避难场所各指标的综合权重值计算，将综合权重值与各区域的标准值进行相乘，然后求加权值。

表8-14　天津市中心城区各区域固定防灾避难场所布局优化评价指标综合得分值

防灾避难分区名称	综合得分值	防灾避难分区名称	综合得分值	防灾避难分区名称	综合得分值	防灾避难分区名称	综合得分值
区域1	0.572	区域7	0.473	区域13	0.616	区域19	0.648
区域2	0.504	区域8	0.520	区域14	0.556	区域20	0.484
区域3	0.374	区域9	0.339	区域15	0.556	区域21	0.579
区域4	0.564	区域10	0.571	区域16	0.490	区域22	0.400
区域5	0.386	区域11	0.532	区域17	0.491	区域23	0.526
区域6	0.489	区域12	0.484	区域18	0.567		

通过对天津市中心城区各区域布局优化后固定防灾避难场所进行分析可知,综合得分集中在 0.45～0.65,各区域之间差别不大,仅区域 3、区域 5、区域 9 和区域 22 的综合值在 0.49 以下,如图 8-36 所示。各区域固定防灾避难场所的均等性、合理性等均较好。

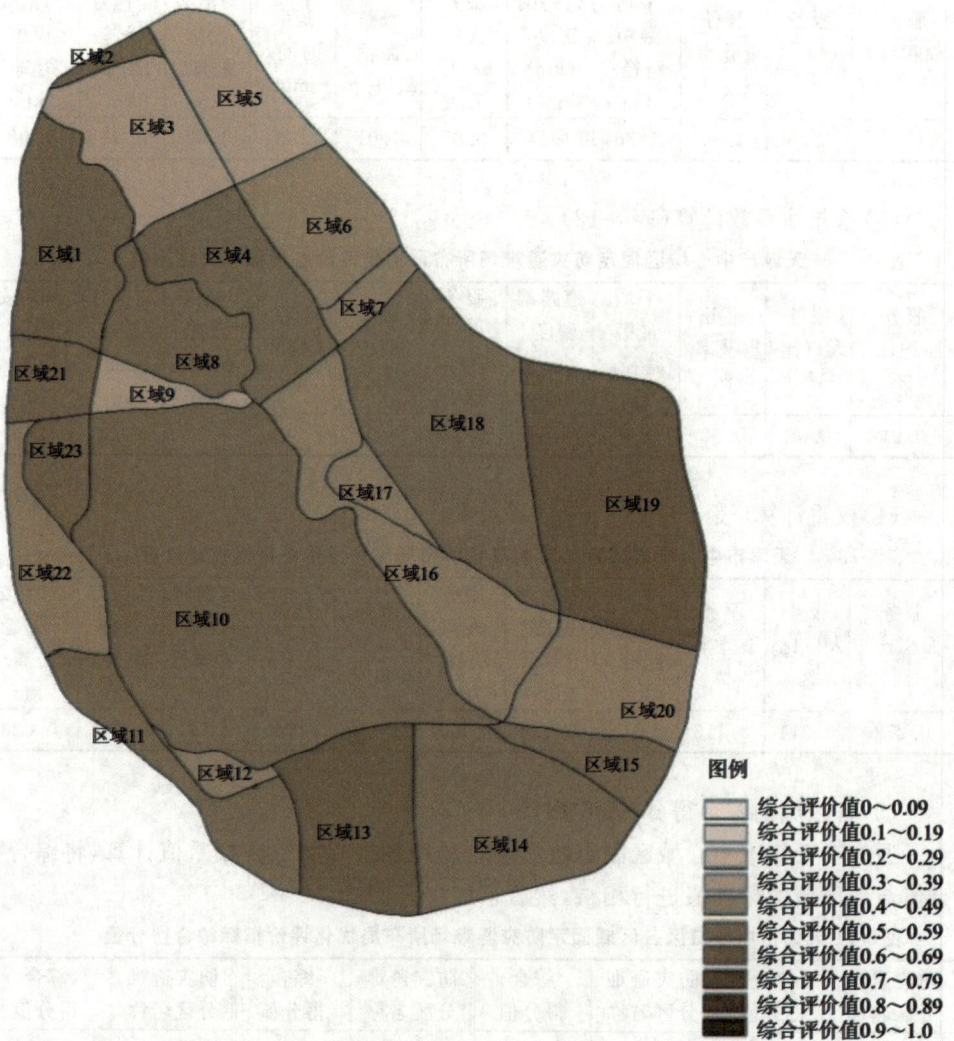

图 8-36　天津市中心城区各区域布局优化后固定防灾避难场所综合评价值等级划分

区域 3、区域 5 和区域 22 主要位于中心城区周边的北辰区和西青区,由于北辰区和西青区目前人口数量相对较少或无人口分布,区域内开发建设不均衡,存在大量的未开发区域和已经停产的工业企业,在计算防灾避难场所的服务范围时未考虑这些区域,造成在防灾分区内服务面积上存在一定缺口,但规划固定防灾避难场所服务范围能够覆盖现状已开发区域。由于区域 9 东侧有大量村庄,人口数量较少,防灾避难场所未能全部覆盖;其南侧受铁路影响;其北侧和东侧受河流影响,造成该区域与各项设施距离相对较远。医疗、消防和治安设施主要集中在南开区、和平区、河西区、河北区和河东区,北辰区和西青区与这些设施距离较远,造成西青区、津南区、东丽区和北辰区的部分区域综合值等级相对较低。由于在计算时采用人均固定防灾避难场所服务面积 4.0 m² 和 2000 m 的服务半径标准,造成避难场所服务人口数量降低和服务覆盖范围减小;而当采用服务面积 3.5 m²/人和 2500 m 服务半径标准计算时,所有区域均能满足需求。因此,可以通过适当降低人均服务面积和提高服务半径标准,满足区域内所有需要避难居民需求,实现服务范围的全覆盖。

8.4 防灾避难场所服务责任区重构

为保证防灾避难场所服务人口与规划人口的一致,利用 Voronoi 多边形对各场地服务范围进行划分,同时构建以中心地理论为特征的服务责任区划分模型,使不同等级防灾避难场所服务范围协同融合,增强避难场所之间的关联性,加强防灾避难场所与人口集中分布区和相关设施之间的联系,提高防灾避难场所之间的联系度、多级融合性和网络度。

8.4.1 防灾避难场所服务责任区划分模型建立

为确保各场地服务范围既独立又相互联系,在服务范围划分时引入服务责任区划分理论,根据场地分布,建立基于 Voronoi 多边形的防灾避难场所服务责任区划分模型,合理划分各等级防灾避难场所服务范围。但利用 Voronoi 多边形划分的服务责任区边界多为一些斜线,易将同一地块划分到不同防灾避难场所服务范围内,因此应根据防灾分区、主要道路等进行优化,实现合理的服务责任区划分。

8.4.1.1 防灾避难场所服务责任区划分

防灾避难场所服务责任区划分是在已确定各等级防灾避难场所数量、规模及人均面积的情况下进行的,既保证所有人员快速进入防灾避难场所,又使避难人数不超过避难场地规划人数。通过划分服务责任区,每个避难居民均能享有面积均等的防灾避难场所,居民也能预先了解灾害发生时应前往哪个防灾避难场所避难。

在划分服务责任区时，以各防灾避难场所为中心点，将整个研究区划分为多个不同防灾分区，每个防灾分区内所有区域到达某个防灾避难场所距离均小于到其他防灾避难场所距离。充分考虑防灾避难场所周边用地性质、次生灾害和重大灾害危险源等，并根据其服务半径、城市道路和防灾分区等划分服务范围，也使居民在避难疏散过程中不受洪涝、地面沉降、建筑物倒塌等影响，使人员均能安全、快速到达避难场所。

8.4.1.2　基于 Voronoi 多边形的服务责任区划分模型

防灾避难场所服务责任区划分要保证各防灾避难场所具有明确服务范围，因此引入 Voronoi 多边形模型对防灾避难场所服务责任区进行划分。

（1）服务责任区划分 Voronoi 图理论的提出。

合理的防灾避难场所责任区划分不仅能够明确责任区的服务人口、服务范围，也能更好地与周边相关设施进行联系，方便灾害发生时的人员管理，可利用 Voronoi 多边形对防灾避难场所的责任区进行划分。1911 年荷兰气象学家泰森（A. H. Thiessen）利用 Voronoi 多边形划分气象观测站监测区域，使平均降水量的预测能力得到提升，因此 Voronoi 图也被称为泰森多边形。泰森多边形较为适合解决最近点问题，在几何形体重构、计算机图形学、图像处理与模式识别等领域均有应用。近年来，泰森多边形被广泛应用于公共设施服务范围划分上，同时用于防灾避难场所服务责任区和影响范围划分上，特别是在一些大城市应急避难场所规划中得到充分应用。

（2）Voronoi 多边形模型。

Voronoi 多边形以地理空间实体作为生长目标，依据空间点和空间生长点之间距离最短原则，将计算空间划分为若干个 Voronoi 多边形，每一个 Voronoi 多边形内任意一点到本多边形中心点的距离都小于到其他多边形中心点的距离。

在 Voronoi 多边形划分时，通过计算所有点值得出 Voronoi 多边形图。设平面上的一个控制点集 $P = \{p_1, p_2, \cdots, p_n\}$，其中任意两点不共位，任意四点不共圆。则任意点 p_i 的 Voronoi 多边形定义为：

$$T_i = \{x : d(x, p_i) < d(x, p_j) \mid p_i, p_j \in P, p_i \neq p_j\}$$

式中：d 为欧氏距离。

Voronoi 多边形（图 8-37）是将点集 P 中每个点作为生长核，确保点与点相互之间距离最短，使每个点以相同速率向外扩张，相邻点彼此相遇形成一个点，所有点连接起来在平面上形成的图形。

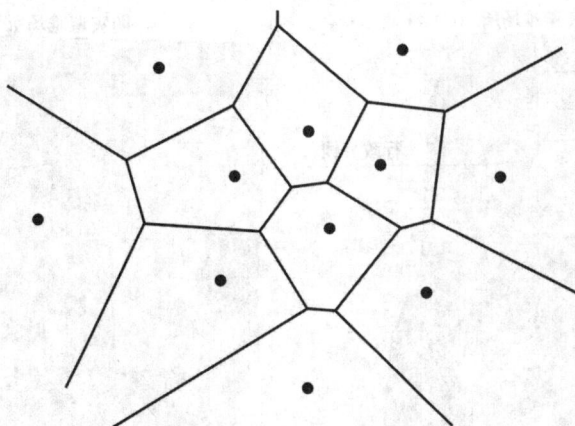

图 8-37　Voronoi 多边形

8.4.1.3　防灾避难场所服务责任区划分确定

防灾避难场所划分服务责任区的目的是引导人员合理避难疏散,满足就近和均等化避难需求。灾害发生时人们以步行为主要避难疏散方式,因此根据步行速度、时间划分防灾避难场所服务责任区范围。临时防灾避难场所服务半径范围为 1000m,固定防灾避难场所服务半径范围为 2000m,中心防灾避难场所服务半径范围不小于5000m。为保证所有人员均享有公平的避难服务机会,必须使规划防灾避难场所规模满足区域内避难人口需求。在人口密度大、数量多的老城区,应建设多个防灾避难场所,在责任区划时可以缩小其服务范围,以满足防灾避难需求。对于人口数量较少的产业区,可适当扩大防灾避难场所服务范围。

8.4.1.4　防灾避难场所服务责任区划分优化方法

利用 Voronoi 多边形对防灾避难场所服务责任区进行划分时,根据其最近点进行综合分析,将整个研究区作为一个平面,未考虑任何因素影响,划分出的服务责任区范围多为一些斜线,且这些斜线与城市道路、行政界线、铁路、河流、快速路等均不重叠,易将同一地块划分到不同防灾避难场所服务责任区内,特别是将同一居住区划分到不同防灾避难场所责任区内,使灾害发生时对防灾避难场所的管理较为困难。

灾害发生时避难人员普遍存在从众心理,随意性较大,避难疏散过程较为混乱,无法保证划分服务责任区后居民能够到指定防灾避难场所避难。为保证同一地块居民被分配到相同避难场所,确保人员合理、有序避难,在灾害发生时快速对各居住区人员进行管理,应根据城市道路、河流、铁路、行政界线和地块范围等对 Voronoi 多边形划分的服务范围适当进行调整,使每一区域均形成一个完整且服务范围合理的多边形,如图 8-38 所示。

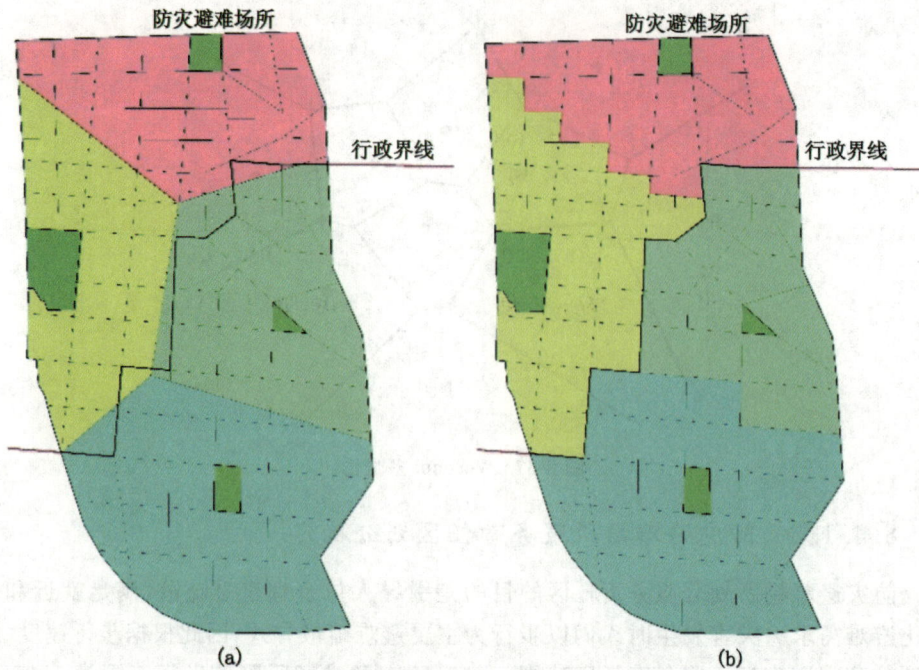

图 8-38　**Voronoi 多边形防灾避难场所责任区划分优化**

(a)Voronoi 多边形计算责任区划分；(b)调整后责任区划分

8.4.2　防灾避难场所服务范围划分与中心地理论的耦合

利用 Voronoi 多边形对防灾避难场所服务责任区进行划分及优化，确保了服务责任区内各点到防灾避难场所距离最短，也保证了防灾避难场所与人口集中区的非邻避性布局。不同等级防灾避难场所的服务责任区划分，使灾害不同时段居民避难需求得到满足。防灾避难场所服务体系具有的稳定性和平衡性特性，要求各等级场地形成完整系统，且保证不同等级防灾避难场所服务范围的融合。由于防灾避难场所在场地数量、规模、服务范围、提供服务等方面与中心地理论有着较多相似之处，为确保不同等级防灾避难场所服务范围的融合，利用中心地理论对其服务责任区划分进行调整，使各等级防灾避难场所服务范围协同。

灾害发生时居民对避难疏散时效性要求较强，人们总选择自己熟悉且距离最近的避难场所。防灾避难场所作为政府提供的公共服务，其提供的服务与距离关系较为密切，同一级别防灾避难场所最大服务范围是相同的，因此要求同一等级防灾避难场所服务范围既独立又联系，使其服务对象不重叠，且保证灾害不同时段居民快速到达。重大灾害发生时，城市道路通行受到影响，人们主要采用步行方式避难，临时避难场所服务范围相对较小，其疏散过程受交通因素影响较小，较符合中心地理论成立条件。而随着灾害影响的稳定和基础设施的修复,部分人员不再需要避难,转移到中长期避难场所内的人数也会大幅度下降,对高等级避难场所的需求也会减少。临时避难人员较多,避难距离较短,对避难场所需求较大,因此数量也多,属于低等级中心地;而固定和中心防灾避难场所则属于高等级中心地。

由于不同等级防灾避难场所服务范围及避难时间存在差异,会存在避难疏散人员由低等级防灾避难场所向高等级防灾避难场所转移的情况,这就要求低等级防灾避难场所位于高等级防灾避难场所服务范围内。为保证不同等级防灾避难场所内避难人员的快速、安全转移,需要保证其服务范围的一致,避免不同等级防灾避难场所服务范围存在差异,造成避难疏散秩序混乱,因此依据中心地理论对不同等级防灾避难场所服务范围进行划分,保证居民就近避难的同时,也使同一低等级防灾避难场所服务范围内居民能顺利转移到同一高等级防灾避难场所避难。

8.4.3　基于 Voronoi 多边形进行防灾避难场所服务范围划分

由于重大灾害发生时城市内部较为混乱,城市各项管理无法快速进行,且人们存在从众心理及部分避难居民对周边避难环境相对陌生,居民随意避难的情况较为普遍。为了在灾害发生时使居民快速疏散,减少避难过程中的人员伤亡及踩踏、暴乱等事件发生,实现居民就近避难,有必要对同一等级防灾避难场所的服务范围进行划分。

防灾避难场所属于公共服务设施的组成部分,为了保证防灾避难场所服务范围划分的合理性,可利用 Voronoi 多边形模型对防灾避难场所服务范围进行划分。在模型建立时,将整个城市作为一个整体,未考虑河流、铁路、城市快速路及城市行政界线等分隔因素,因此应根据分隔因素对模拟结果进行调整,使各防灾避难场所的服务范围更加合理,避免分隔因素的限制导致被划分在服务范围内的部分居民无法到达避难场所。

8.4.3.1　基于 Voronoi 多边形的不同等级防灾避难场所服务范围划分

在服务范围划分时,以临时防灾避难场所质心作为设施中心点,在 GIS 中对其质心利用"邻域分析"进行"创建泰森多边形"操作,生成天津市中心城区临时防灾避难场所 Voronoi 多边形图,根据 Voronoi 多边形划分各场地服务责任区,如图 8-39所示。

根据与临时防灾避难场所服务范围相同的划分方法,对天津市中心城区固定和中心防灾避难场所进行服务责任区划分,如图 8-40 和图 8-41 所示。

图例

临时防灾避难场所

临时防灾避难场所Voronoi
多边形服务范围

图 8-39　天津市中心城区临时防灾避难场所 Voronoi 多边形服务范围

图例

固定防灾避难场所
固定防灾避难场所Voronoi
多边形服务范围

图 8-40 天津市中心城区固定防灾避难场所 Voronoi 多边形服务范围

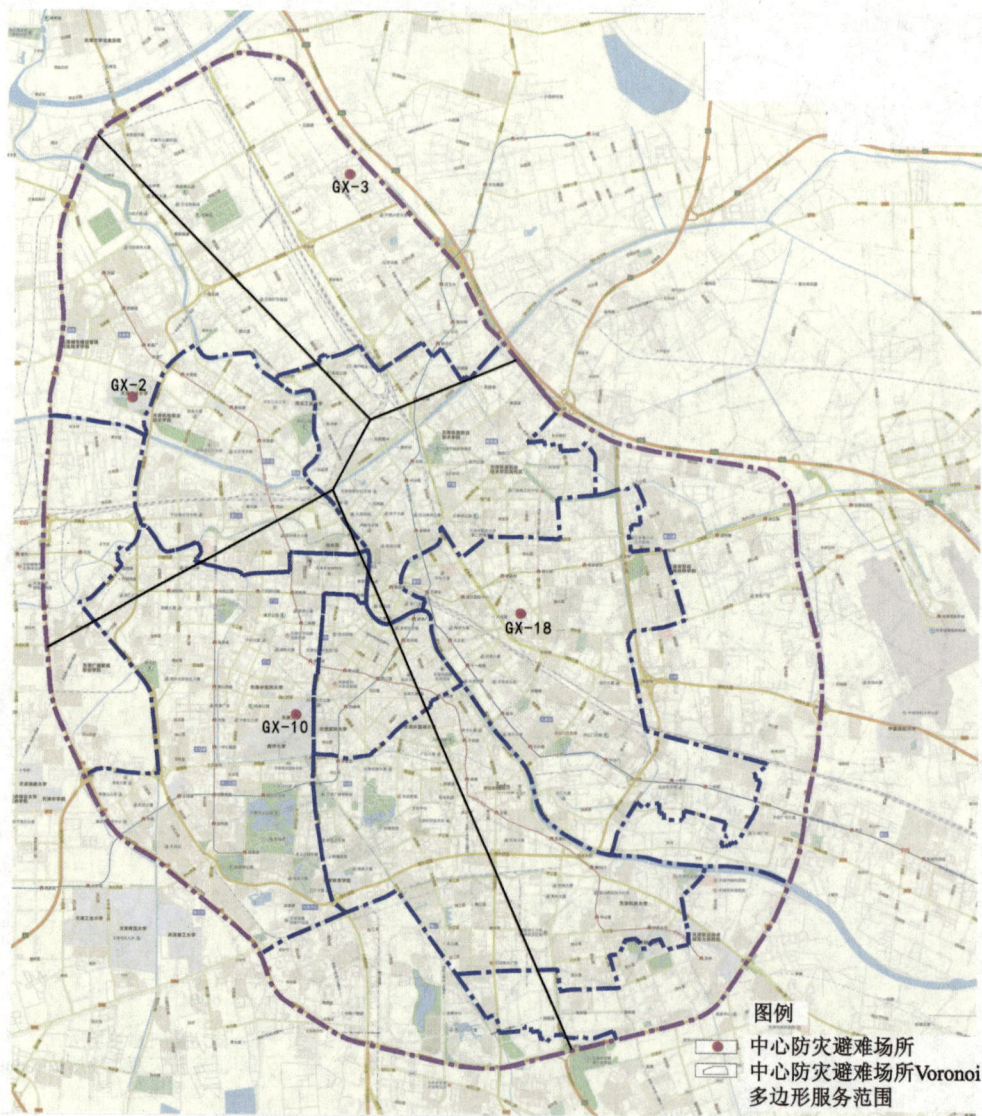

图 8-41 天津市中心城区中心防灾避难场所 Voronoi 多边形服务范围

8.4.3.2 基于 Voronoi 多边形的各等级防灾避难场所服务范围叠加

为了实现天津市中心城区防灾避难场所服务范围合理划分，对 Voronoi 多边形划分的临时、固定及中心防灾避难场所服务责任区进行叠加(图 8-42)。通过各等级防灾避难场所服务责任区的叠加发现,不同等级防灾避难场所责任区存在较大差别,相互之间不具重合性,各等级防灾避难场所服务责任区无联系。而 Voronoi 多边形对不同等级防灾避难场所服务范围的划分,也使一些地块被分隔,导致同一地块居民无法进入同一防灾避难场所避难,给居民避难疏散管理造成较大困难。

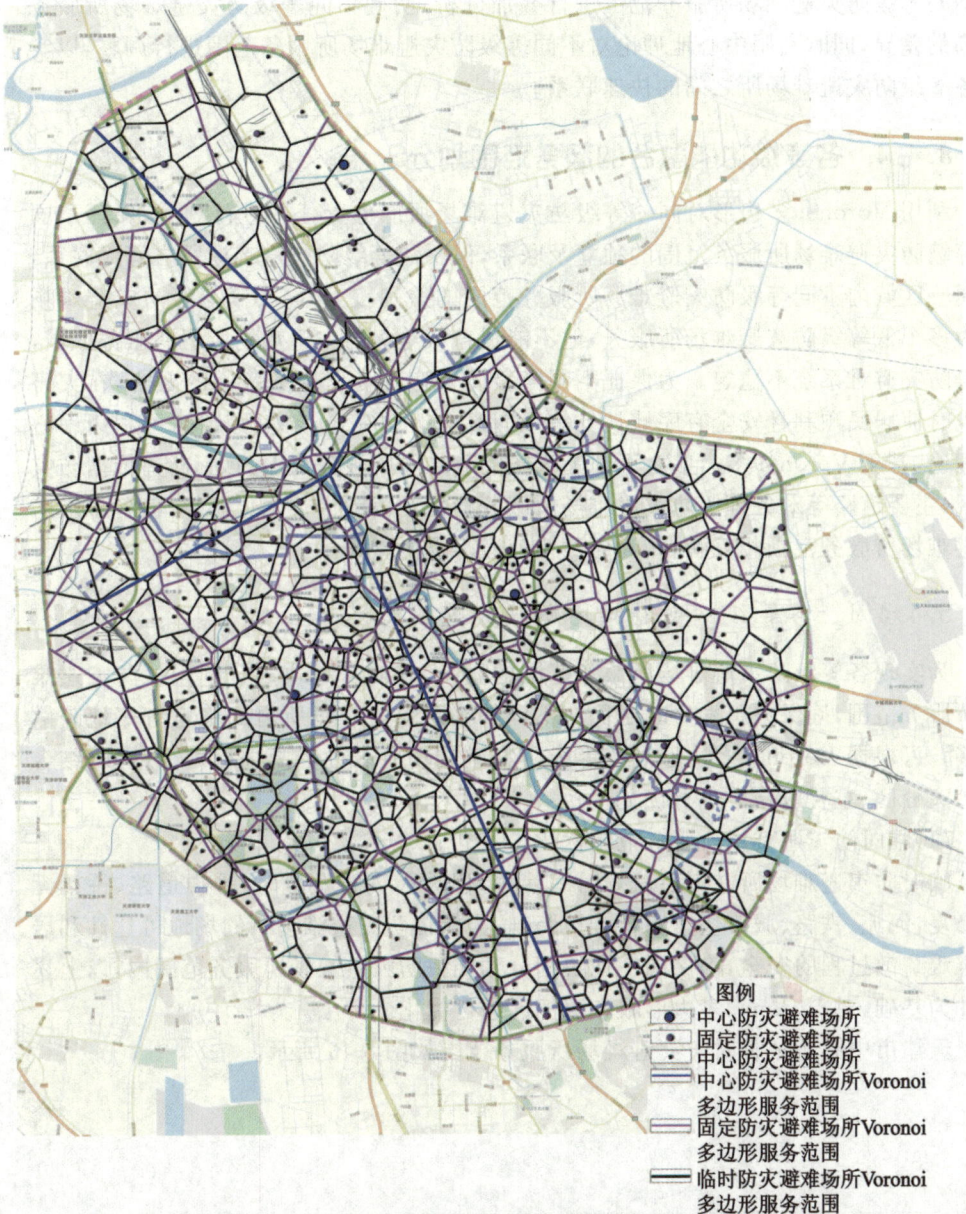

图例
- ● 中心防灾避难场所
- 固定防灾避难场所
- 中心防灾避难场所
- 中心防灾避难场所 Voronoi 多边形服务范围
- 固定防灾避难场所 Voronoi 多边形服务范围
- 临时防灾避难场所 Voronoi 多边形服务范围

图 8-42 天津市中心城区各等级防灾避难场所 Voronoi 多边形叠加

防灾避难场所作为复杂自组织系统,场地联系性较强。重大灾害发生后居民避难时间较长,居民不同时段的避难需求也要求各等级防灾避难场所服务范围融合,确保各等级防灾避难场所形成网络,实现各场地非线性联系,保证避难人员顺利按照临时防灾避难场所—固定防灾避难场所—中心防灾避难场所的路线转移。因此,通过对不同等级防灾避难场所服务范围进行叠加分析,明确不同等级防灾避难场所服务范围的差异,同时利用中心地理论对不同等级防灾避难场所服务范围进行调整,以实现各等级防灾避难场所之间的快速联系。

8.4.4　各等级功能融合的服务范围划分

利用 Voronoi 多边形对同一等级防灾避难场所服务责任区进行划分,保证了同一等级防灾避难场所服务范围的独立及联系,但不同等级防灾避难场所之间无联系,而同一区域内不同等级防灾避难场所服务范围的差别较大,同一高等级防灾避难场所为多个低等级防灾避难场所服务,但不能覆盖低等级防灾避难场所所有服务区域,使得防灾避难系统不稳定。为保证不同等级防灾避难场所服务范围的融合,在灾害发生时使居民顺利且安全有序地从低等级向高等级防灾避难场所转移,可利用中心地理论,基于 Voronoi 多边形对不同等级防灾避难场所服务范围的划分,并依据防灾分区、主要道路等对各等级防灾避难场所服务责任区范围进行优化调整,使各等级防灾避难场所服务范围相互融合,为居民快速避难提供支撑。

8.4.4.1　各等级防灾避难场所服务范围优化

为实现各等级防灾避难场所服务范围的融合,将同一地块划分到同一防灾避难场所服务范围,确保灾害发生时居民在不同等级防灾避难场所之间稳定有序地疏散转移。可根据 Voronoi 多边形对各等级防灾避难场所服务范围进行划分,同时结合其防灾分区、主要道路等进行优化。

(1)临时防灾避难场所服务范围优化。

临时防灾避难场所在灾后较短时间使用,但重大灾害发生时,受损道路、桥梁无法修复,河流、铁路、城市快速路很难被跨越,为保证防灾避难场所的场地可达性和居民避难疏散过程的安全,确保同一地块划分到同一防灾避难场所服务范围内,以上述条件为基础,对 Voronoi 多边形服务责任区进行优化。

天津市中心城区临时防灾避难场所服务范围如图 8-43 所示。

图 8-43 天津市中心城区临时防灾避难场所服务范围

图例
- 临时防灾避难场所
- 避难场所服务范围优化
- 城市快速路
- 河流
- 铁路

（2）固定防灾避难场所服务范围优化。

固定防灾避难场所服务范围的划分需要结合城市一级河流、铁路和快速路进行。各行政区基本依据城市一级河流划分，为兼顾各行政区的完整，尽可能保证同一行政区区域位于同一固定防灾避难场所服务范围内。根据各临时防灾避难场所中需要中长期避难人数，使同一临时防灾避难场所内需要继续避难居民进入同一固定防灾避难场所避难，防止人员转移和疏散过程中秩序混乱，以此为基础对固定防灾避难场所服务范围进行优化。

天津市中心城区固定防灾避难场所服务范围如图 8-44 所示。

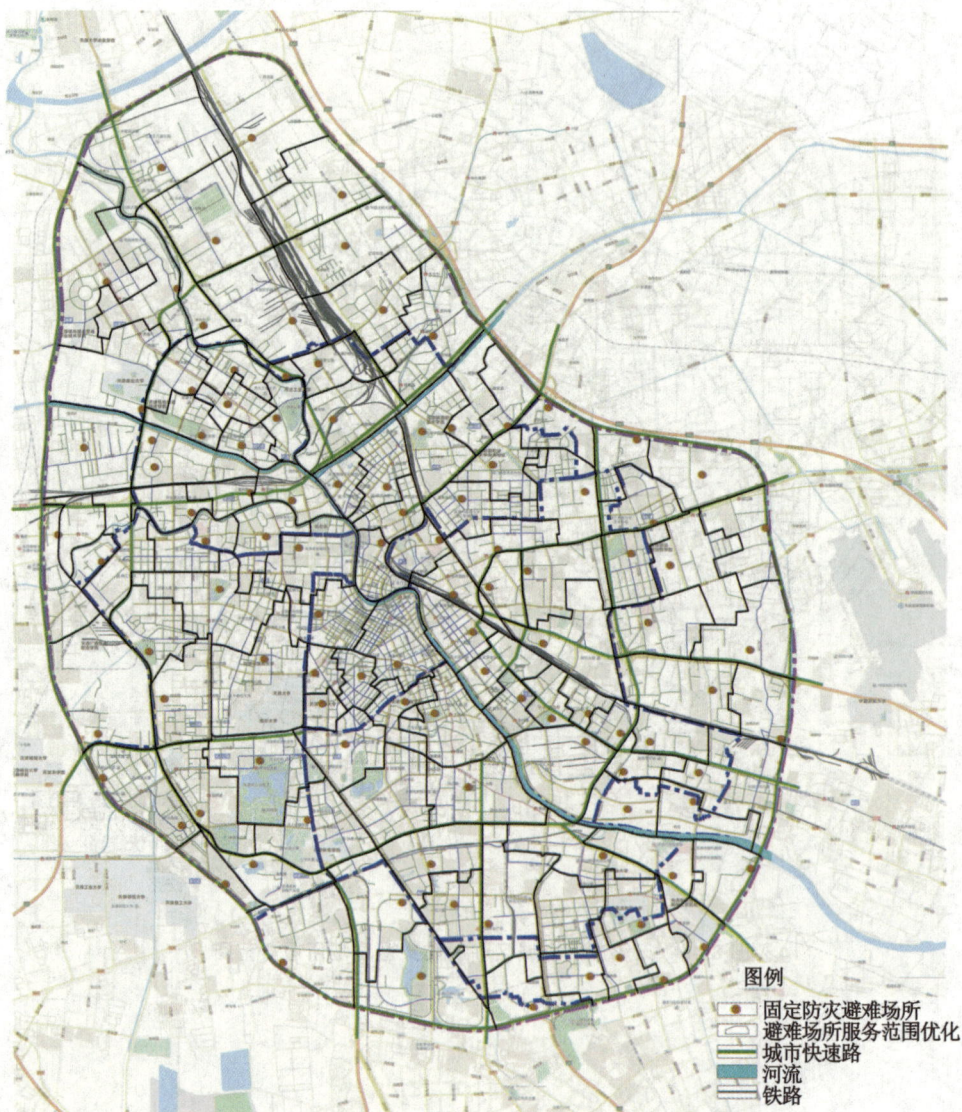

图 8-44　天津市中心城区固定防灾避难场所服务范围

(3)中心防灾避难场所服务范围优化。

中心防灾避难场所在灾后较长时间使用,其场地规模较大,数量较少,服务范围较大,同时服务人数较多。随着城市内、外部救援开展,城市各项设施恢复,避难人员主要为一些因住所严重受损而无处居住的人员。天津市中心城区包括 10 个行政区,为了更好地对中心防灾避难场所服务范围内居民进行管理,增加居民避难归属感,尽可能保证同一行政区居民在同一中心防灾避难场所避难,根据中心防灾避难场所位置、规模、各区范围和各区域长期避难人数对 4 个中心防灾避难场所服务范围进行调整。调整后,天津商业大学中心防灾避难场所主要服务北辰区北运河西侧区域、红桥区和西青区北部,天津职业大学中心防灾避难场所主要服务河北区和北辰区北运河东侧区域,天津大学中心防灾避难场所主要服务南开区、河西区、西青区南部和津南区,天津工业大学中心防灾避难场所主要服务河东区和东丽区。

天津市中心城区中心防灾避难场所服务范围如图 8-45 所示。

8.4.4.2　多等级防灾避难场所服务范围优化协同融合

根据对各等级防灾避难场所服务范围的优化,为保证其服务责任区融合,避免居民中长期和长期避难疏散转移过程混乱,应对不同等级防灾避难场所服务范围进行调整,以实现各等级防灾避难场所服务范围协调。

避难人员从低等级防灾避难场所向高等级防灾避难场所转移,低等级防灾避难场所服务范围所受影响因素较多且包括高等级防灾避难场所服务范围所受影响要素,因此在对不同等级防灾避难场所服务范围进行优化时,依据高等级防灾避难场所服务范围所受影响因素进行划分,以保证不同等级防灾避难场所服务范围的一致。

通过对不同等级防灾避难场所服务范围进行协同优化,将各等级防灾避难场所服务范围融合,保证不同等级防灾避难场所联系,因此以 Voronoi 多边形为基础、中心地理论为支撑对服务责任区进行划分,不仅实现各等级防灾避难场所与周边区域的联系,保证灾害发生时居民快速疏散,也使低等级防灾避难场所处于高等级防灾避难场所服务范围内,保证各等级避难疏散人员的一致和相互联系,防止人员转移过程混乱,维持灾害发生时社会秩序的稳定、和谐。

天津市中心城区防灾避难场所服务范围叠加如图 8-46 所示。

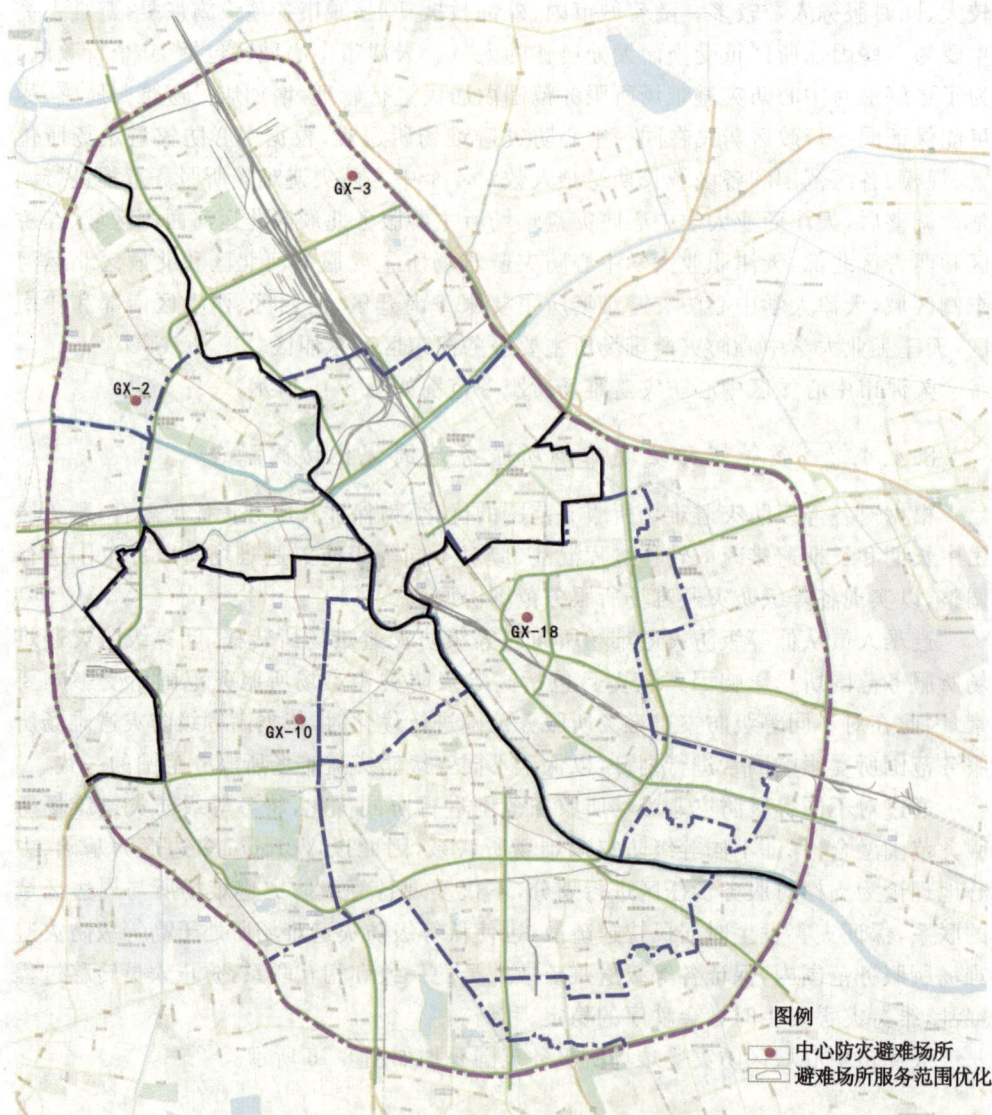

图 8-45　天津市中心城区中心防灾避难场所服务范围

图例
- 中心防灾避难场所
- 固定防灾避难场所
- 临时防灾避难场所
━━ 中心防灾避难场所服务范围
━━ 固定防灾避难场所服务范围
━━ 临时防灾避难场所服务范围

图 8-46 天津市中心城区各等级防灾避难场所服务范围叠加

8.5 天津市中心城区陆、水、空一体化协同疏散交通系统构建

基于协同理论的防灾避难场所布局优化方法、模型及实施策略,保证了完善且合理的防灾避难场所布局,使灾害发生时居民基本避难需求得到满足。非邻避性服务责任区划分确保了各防灾避难场所合理的服务人口及服务范围划分,避免了居民跨防灾分区避难,防止居民避难疏散行为受到影响。

完善且合理的防灾避难场所布局能够保证重大灾害发生时居民安全及基本生活得到保障,但防灾避难人员的安全、快速疏散是保证居民顺利实现避难的重要环节,只有建设完善、合理的防灾避难疏散系统,才能够真正保证重大灾害发生时居民的生命安全。道路是联系居民点与防灾避难空间的主要通道,也是外部救援和人员向外转移的主要通道,合理的疏散道路系统选择不仅能够实现重大灾害发生时居民的快速、安全疏散,也能够保证城市内部和外部救援的快速开展,加强区域之间联系。

但重大灾害发生时城市建筑倒塌、地面塌陷等可能造成道路堵塞或无法通行,要实现多种灾害发生时居民快速、安全的避难疏散,使防灾避难场所与居民集中区及周边区域快速联系,需要多种疏散和救援交通系统的结合,避免单一类型避难疏散交通系统造成居民无法避难疏散和外部救援无法进入,因此不仅需要网络化的多等级道路疏散系统作为支撑,也需要贯通的河流及高效的空中运输系统作为保障。

8.5.1 网络化的多等级道路疏散系统

在建设多等级道路疏散系统时,不仅需要多等级城市内部道路交通通畅,以实现灾害发生时人员的快速疏散和救援,也需要区域道路疏散和救援系统作为保障,保证外部救援人员的顺利进入,以及城市内部疏散人员向其他地区转移。

8.5.1.1 城市道路疏散系统

灾害发生时,居民以步行为主要避难疏散方式,但城市内部救援及长期避难疏散需要车行交通实现,为保证人员快速疏散,缓解道路拥堵,也需要完善的城市道路疏散系统作为保障。

在建设疏散道路系统时,首先要根据城市内部道路及防灾避难场所规划,对城市内部道路两侧建筑倒塌影响范围进行分析,提高疏散道路的安全性。然后,在每个防灾分区内利用城市支路和次干道形成完整的交通体系,确保防灾避难场所与居民区的便捷联系。最后,利用城市主干道将不同防灾分区联系起来,将城市内部疏散道路形成一个完整体系。

(1)疏散道路选择原则。

①建设安全、快速的避难疏散道路系统。根据城市内部道路及防灾避难场所规划,对道路两侧建筑物倒塌影响范围进行分析,提高疏散道路安全性。

②加强各防灾分区内道路联系。在每个防灾分区内利用城市次干道和支路形成完整交通体系,特别是在洪涝等全市性灾害发生时,使人员避难疏散不跨越地下桥涵、城市快速路、铁路等,同时利用城市主干道将不同防灾分区联系起来,使城市内部疏散道路形成完整体系。

③加强不同防灾分区间道路系统建设。将各防灾分区内城市主要道路作为主要疏散通道,特别是火灾、爆炸等局部性灾害发生时,使人员快速向外部疏散,尽可能缩小灾害区域与防灾避难场所距离。

(2)主要疏散道路。

主要疏散道路不仅是城市各防灾分区主要联系道路,也是城市救援主要道路。主要疏散道路要求宽度较宽,天津市中心城区道路实际可利用宽度应在 15m 以上,因此天津市中心城区依托红旗路、卫津路、解放路、京津路、铁东北路、西青道、芥园道、辰昌路、宾水道、大沽南路、津塘公路、成林道等形成"一环、十一横、十一纵"主要疏散道路系统。

天津市中心城区内部道路疏散系统如图 8-47 所示。

图例
疏散主干道
疏散次干道
疏散支路

图 8-47 天津市中心城区内部道路疏散系统

8.5.1.2 外部区域道路疏散系统

重大灾害发生时城市建筑被摧毁,各项设施被破坏,城市受伤人员数量多,大量人员向城市外部区域转移,也需要外部救援使城市快速摆脱灾害影响,因此需要建设完善的区域道路疏散系统。

外部区域疏散及救援以汽车为主要交通工具,在选择外部区域疏散道路时,首先利用城市主干道、快速路、高速公路、省干道等将城市内部各区域与外部区域快速联系,避免环绕及与城市内部不同等级道路交叉。天津市中心城区周边有京津唐高速、津滨高速、津沧高速、荣乌高速联络线、津港高速与城市外环线及中环线直接联系,通过城市内部主要道路联系及多条主要道路与城市周边高速公路和中、外环线联系,构建"两环、六横、四纵"的外部区域道路疏散系统(图 8-48),实现人员快速向周边不同区域疏散及外部救援人员进入。

图 8-48 天津市中心城区外部区域道路疏散系统

8.5.2 贯通化的二级河流疏散系统

多等级道路疏散系统保证了灾害发生时居民快速疏散,但洪涝灾害发生时道路被淹,地震、地面沉降等发生时道路两侧建(构)筑被破坏、道路塌陷、道路断裂等使各区域联系中断,因此要保证洪涝等灾害发生时居民的避难疏散及救援,还需要建设完善的河流疏散系统。

天津市自古就有"九河下梢"之称,多条河流在天津市中心城区内部交汇,各区域与河流均有快速联系,独特的地理环境决定了中心城区可以通过河流联系周边区域。且天津市中心城区河流系统较为发达,多条河流在中心城区交汇,河道较宽且水量较大,可作为灾害发生时疏散道路的补充。

海河、新开河、子牙河和北运河等水量较大,河流较深,宽度 50m 以上,能够满足大型船只的通行需求,且能直接联系渤海,目前海河部分区域已有游船通行。天津市中心城区也有较多宽度 10m 以上、水深 3m 左右的河道,能够保证小型船只通行,两侧均建有坡道,为人员上下提供便利条件。天津市中心城区河流堤岸现状如图 8-49 所示。

一级河流疏散通道主要为海河、新开河、子牙河和北运河。二级河流疏散通道包括卫津河、津河、南运河、月牙河、污水河、北塘排污河等。二级河流疏散通道系统的建立,为灾害时人员疏散和快速救援提供条件。

天津市中心城区河流疏散系统如图 8-50 所示。

8.5.3 高效化的空中快速疏散系统

完善的道路、河流疏散系统使居民快速疏散避难得到保证,但某些突发事件及外部救援仍需空中疏散系统作为保障,特别是灾害使城市部分医疗机构受到破坏,交通联系受到影响时,大量伤员和突发疾病人员需要快速转移到周边城市治疗。城市突发灾害也可能造成部分地区救援物资缺乏和外部救援人员无法进入,因此需要利用直升机等建设空中交通运输系统。唐山大地震、汶川地震、玉树地震等发生时,空中救援成为灾区与外界联系的唯一通道。每天几百架飞机起降,数万重伤员通过空中救援被转移到全国各地,救灾人员也通过空中运输进入灾区,使灾区得到快速支援、伤病员得到快速救治。

为加强天津市中心城区空中救援疏散系统建设,应在大型防灾避难疏散场地内规划直升机停机坪,加强防灾避难场所与城市各区域及周边城市联系。目前,天津市在中心城区内规划直升机停机设施 5 处,分别位于天津商业大学、天津职业大学、天津工业大学河东校区和天津大学 4 个中心防灾避难场所及长虹公园(图 8-51)。空中救援如图 8-52 所示。

图 8-49　天津市中心城区河流堤岸现状

（a）海河堤岸现状；（b）子牙河堤岸现状；（c）卫津河堤岸现状；

（d）南运河堤岸现状；（e）月牙河堤岸现状

图例
一级河流疏散通道
二级河流疏散通道

图 8-50 天津市中心城区河流疏散系统

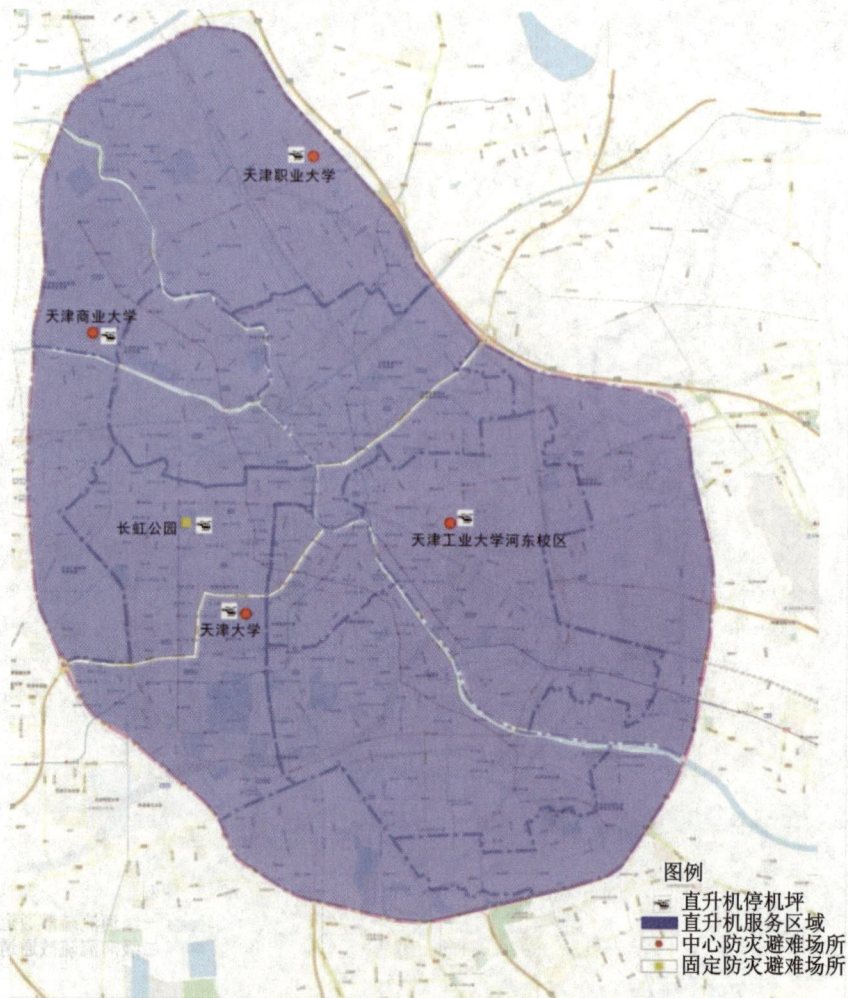

图例
直升机停机坪
直升机服务区域
中心防灾避难场所
固定防灾避难场所

图 8-51　天津市中心城区空中疏散系统

图 8-52　空中救援

8.6　本章小结

　　本章依据防灾避难场所布局中存在的问题以及"量""场""址"综合协同路径,对天津市中心城区防灾避难场所布局进行优化。首先提出基于协同理论的复杂网络与多因子综合评价相结合的防灾避难场所布局优化方法,对各等级防灾避难场所进行选址,同时构建耦合多路径综合协同模型对其布局优化路径进行综合研究,实现防灾避难场所"量""场""址"布局优化路径的综合协同,通过模型提出和综合性选址方法的应用实现防灾避难场所的布局优化。在天津市中心城区规划防灾避难场所764

处,其中中心防灾避难场所 4 处、固定防灾避难场所 107 处、临时防灾避难场所 653 处,形成以中心防灾避难场所为引领,固定和临时防灾避难场所为支撑,避难疏散人员按照临时防灾避难场所—固定防灾避难场所—中心防灾避难场所路线逐级转移的布局模式,不仅加强了不同等级防灾避难场所之间联系,也实现了多层级防灾避难场所的空间融合协同布局,推动综合防灾避难场所布局体系向系统化、协同化、网络化发展。

在对防灾避难场所服务责任区进行划分时,将中心地理论和 Voronoi 多边形引入服务责任区划分中,利用 Voronoi 多边形模型对各等级防灾避难场所服务范围进行划分,并根据中心地理论与 Voronoi 多边形相结合的方法,将各等级防灾避难场所作为整体,使原本单独分隔的避难场所相互联系,同时保持各等级防灾避难场所服务范围的协调一致,实现防灾避难场所服务范围的多级融合。为保证居民的快速避难疏散和内外部灾害救援的快速进行,构建了人车分流且内部疏散与外部救援分离的陆、水、空协同的多模式疏散交通系统。

9 结论与展望

9.1 研究主要结论

（1）防灾避难场所通过灾害不同时段居民避难规模均等性、避难场地可达性、避难场地选址非线性要素的融合、协同，保证防灾避难场所自组织系统形成。

通过对防灾避难场所布局失衡问题的探析，明确布局中存在各区域避难场所数量、规模不均且差别较大，人均避难场地不足，避难场地类型及等级单一，场地安全性不足等问题。要实现各区域防灾避难场所的均衡布局，为居民避难提供保障，需要安全、可达的避难场地及通畅的疏散道路，同时也需要非线性的场地选址以保证同一等级防灾避难场所之间及不同等级防灾避难场所之间的联系，提高防灾避难场所与人口集中区的非邻避性，缩小避难疏散距离，实现灾害发生时居民快速、高效、安全的避难疏散。

在布局防灾避难场所时，必须根据人口流动性对各区域不同时段避难人口规模进行预测，确保规划避难人数与实际需求一致；利用多类型场地建设综合性防灾避难场所，满足多种灾害发生时居民综合避难需求，提高避难场地多样性、安全性和通畅性，实现防灾避难场所的安全、快速可达；对各等级防灾避难场所进行综合性选址，增加不同场地之间的关联性、网络性及场地与人口分布的非邻避性，形成以避难人口的动态性分布为研究主体，多样性避难场地为研究对象，选址的复杂性和网络性为研究基础的综合协同布局优化路径，使系统各要素达到协同、平衡，实现防灾避难场所的合理布局。

（2）防灾避难场所规模均等化布局优化路径满足居民流动性、需求多样性和避难安全感等需求，使各项需求达到协同平衡、和谐有序。

防灾避难场所作为自组织系统，包括避难人口、避难场地等多个序参量，各序参量协同平衡，能促进避难场所的合理布局，实现居民避难需求与避难场地的协同分布，满足居民流动性、需求多样性和避难安全感等需求。城市各区域居民昼夜分布差异较大,呈现明显的动态性分布特征,灾害不同时段各区域避难居民数量差别较大,对避难空间需求差别也较大。防灾避难场所的合理布局,需要根据灾害不同时段各区域避难居民数量对避难人数进行测算,建设满足人均规模需求的各等级防灾避难场所,使居民避难需求得到满足。由于灾害发生时间及影响范围无法预测,为满足避难居民对基本生活用品、各项物资、避难场地等需求,应尽可能满足最大规模人均避难场地需求。

灾害发生时居民心理安全感和归属感需求较为强烈,都希望前往距自己较近的避难场所,且能与家人一起避难,为满足避难安全需求,在短期避难时应使人员在所在地周边快速避难。待灾情稳定后,随着道路及各项设施恢复,在外短期避难人员向居住地转移,与家人一起进行中长期避难,居民归属感需求得到满足。在避难人口和避难场地规模预测时,短期避难要满足常住人口和临时流动人口需求,中长期避难要满足常住人口需求。只有满足居民流动性、需求多样性和安全感等需求,才能实现规模均等的避难场所布局,使避难需求序参量从无序到有序,避难场所布局达到协同平衡、和谐有序。

(3)防灾避难场所选址非线性通过各场地间的关联性、网络性和非邻避性实现,使防灾避难场所呈现其自组织系统的复杂性和网络性。

合理的防灾避难场所布局要求同一等级防灾避难场所之间相互联系,避免过于独立的服务空间和相对较大的服务范围划分,也要求不同等级防灾避难场所形成网络,使服务范围相互融合,形成高等级防灾避难场所引领、低等级防灾避难场所配合的布局模式,加快不同防灾避难场所之间人员、物资、信息等转移,不至于因某一避难场地出现问题而造成整个系统瘫痪,出现"牵一发而动全身"的窘境,使所有场地相互协调,共同抵抗突发灾害。防灾避难场所主要为周边居民服务,其选址应尽可能靠近居民集中区,减少避难疏散距离,提高避难疏散效率,保证避难疏散过程的通畅和安全,避免由于避难场所选址远离居民集中区造成的疏散道路拥堵和踩踏等事件发生。

防灾避难场所的选址非线性布局优化路径的实施,加快了防灾避难场所系统复杂性、网络性的形成,不仅保证了防灾避难场所与人口集中区的非邻避性分布,也保证了同一等级防灾避难场所的关联性和不同等级防灾避难场所的网络性,满足了避难场地之间人员、信息、物资等交流,使防灾避难场所布局向各场地关联性、网络性和非邻避性综合协同方向发展,形成复杂的自组织系统。

(4)防灾避难场所布局优化形成了多级融合、层次分明、网络复合的总体结构。根据其自组织系统的动态性、多样性、非线性特征,实现多层次防灾避难场所空间融合,推动防灾避难场所布局体系向系统化、协同化、网络化发展。

根据我国各特大、超大及省会城市防灾避难场所总体布局特征,防灾避难场所布局中存在着布局分散,避难场所类型单一,仅能满足灾害发生时的短时避难需求,避难场所服务范围较大,相互之间联系缺乏等问题,天津市中心城区现状避难场所布局也存在同样问题,使各场地相互无联系,造成居民长期避难过程中人员转移疏散、物资转运、信息传递等不便。

为实现防灾避难场所合理布局,增强场地联系水平,根据防灾避难场所的动态性、多样性和非线性特征,需要利用协同理论对其布局进行优化,保证各防灾避难场所的联系和互动。在避难场所布局时,首先,根据灾害不同时段居民避难需求进行防灾避难场所等级划分,形成层次化布局;然后,合理预测各等级防灾避难场所规模,满足灾害不同时段居民避难场地规模需求。由于防灾避难是一个复杂过程,各防灾避难场所内部要素具有联系性和协同性,特别是随着避难时间增加,避难人员由低等级避难场所向高等级避难场所转移及物资调配、设施管理等,使各防灾避难场所具有较强联系,因此需要利用复杂网络对防灾避难场所总体布局进行分析,增强不同等级防灾避难场所之间和同一等级防灾避难场所之间的联系,形成网络化布局。通过对天津市中心城区防灾避难场所进行布局优化,形成多级融合、层次分明、网络复合的总体布局结构,推动防灾避难体系向系统化、协同化、网络化发展。

(5)陆、水、空多模式协同的避难疏散交通布局,实现了避难疏散交通的网络化、层次性、高时效性,保证了居民快速避难疏散和灾害救援。

城市防灾避难场所为居民提供了安全避难空间,但要保证灾害发生时居民安全,还需快速、高效、多模式的避难疏散道路系统作为后盾,加快人口所在区与防灾避难场所联系。目前,我国各城市都建设了快速、完善的道路交通系统,为居民避难疏散提供了保障,但突发灾害可能造成部分道路拥堵或通行受阻,因此也需要其他类型交通作为支撑。我国大多数城市内部及周边均有河流穿过,随着生态城市、韧性城市和城市双修建设,河流系统贯通且水量丰富,可作为避难疏散和紧急救援通道。一些城市利用直升机等建设空运交通枢纽,在灾害发生时可进行快速疏散和城市应急救援,加强区域联系。根据天津市中心城区道路系统和灾害发生时道路周边建筑物倒塌影响范围,规划"一环、十一横、十一纵"的主要疏散道路系统和网络化的次干道、支路系统,形成以主干道为基础、次干道为支撑、支路为保障的多等级道路疏散系统,也形成"两环、六横、四纵"的区域道路疏散系统;同时利用贯通的一、二级河流,形成完善的水上交通疏散系统;并在天津市中心城区规划 5 处空运交通枢纽,形成以直升机为载体的空中交通系统;最终形成网络化、层次性、高时效性的多模式交通协同的陆、水、空防灾避难疏散系统。

9.2 研究展望

防灾避难场所作为复杂自组织系统,其场地布局受城市开发、建设、更新改造及建筑物结构改造等影响。同时城市各区域避难人口数量及分布易发生较大变化,对防灾避难场所规模需求具有较大影响。

本书在防灾避难场所选址模型构建、疏散交通系统等研究方面,仍存在诸多遗留问题。未来研究展望如下(以天津市为例):

(1)天津市中心城区各区域人口流动性较大,在避难人口测算上应利用其他方法校正。天津市经济快速发展,中心城区与周边区域交通较为便利,中心城区与周边区域人口存在较强联系,一些居民可能白天在中心城区工作,而晚上在周边区域居住,人口的昼夜流动使各区域避难人口预测的不确定性增加。中心城区各区域之间人口流动也相对较大。目前,津南区和西青区南部区域建设了大量居住建筑,以居住功能为主。东丽区和北辰区也在不断开发中,建设了大量的居住建筑,造成和平区、南开区、河西区、河东区与西青区、北辰区、津南区昼夜大量人口流动。根据短期人口热力数据对避难疏散人口进行测算,也可能造成测算人口与实际需求存在差异,需要增加各类交通出行数据如早晚高峰期公交、地铁客流量,中心城区各出入口车辆进出等,多类型数据的校核,能使测算数据更加准确,但各类资料的保密性,导致所能收集的资料具有一定局限性,这也是未来研究需进一步深化的方向。

(2)对各区内紧急避难人数的预测和紧急避难场所的布局研究。天津市作为我国北方地区的经济中心和区域交通中心之一,中心城区内公共服务设施、商业设施等较为集中,就业岗位也多,聚集大量外来和流动人口,而紧急避难场所规模也需满足所有区域内最高时刻人口的避难需求,因此需要较长时期每天不同时段人口热点统计数据,同时对同一手机的昼夜信令数据进行对比,根据昼夜人口位置变化分析,测算出最高日最高时的人口数量,进行紧急避难人口数量及分布预测,提高需要避难人口预测精准度。由于紧急避难场所的服务范围相对较小且各避难场所规模没有要求,而天津市中心城区各行政区内人口数量较多,紧急避难场所的需求量较大且需求数量较多,下一步应以天津市中心城区各行政区、街道为研究范围,选择各区内所有可以作为紧急防灾避难场所的场地,以满足所有类型人口的紧急避难需求。

(3)对已选择避难疏散道路系统进行综合灾害的人流避难疏散模拟。重大灾害发生时的疏散道路选择极为重要,在疏散过程中应保证居民的安全,避免疏散道路拥堵、踩踏等事件的发生,同时所选择道路必须最短,且不受任何灾害影响,保证所有类型灾害发生时,所有需要避难居民均能快速、安全且在最短时间内到达防灾避难场所。本书在疏散道路选择上,仅依据各居住区与避难疏散场地之间道路的安全性和最短疏散路径距离,所选择避难疏散道路在多种灾害发生时是否也可通行,有待通过相关软件进行模拟分析。由于目前研究的局限性,本书中城市道路抗灾能力及所选择避难疏散道路也有待通过相关软件进行模拟分析。

参 考 文 献

[1]　金磊.21 世纪中国减灾能力的建设问题及对策[J].北京规划建设,2000(2):18-19.

[2]　郭东军,陈志龙,谢金容,等.城市综合防灾规划编研初探——以南京城市综合防灾规划编研为例[J].城市规划,2012(11):49-54.

[3]　刘本玉,叶燎原,苏经宇.城市抗震防灾规划的研究与展望[J].世界地震工程,2008(1):68-72.

[4]　卞磊.日本暴雨致 156 人死数十人失踪[EB/OL].2018-7-10[2024-12-25].https://www.chinanews.com.cn/gj/2018/07-10/8562202.shtml.

[5]　李凤.工程安全与防灾减灾[M].北京:中国建筑工业出版社,2005:132-153.

[6]　万艳华.城市防灾学[M].北京:中国建筑工业出版社,2003:3-5.

[7]　王凯康.西安已建 73 个应急避难场所[N].华商报,2016-7-29.

[8]　裴强.兰州应急避险场所设施亟待完善[N].兰州晨报,2013-7-31.

[9]　黄丽娟.城市绿地防灾避险中存在的问题与思考——以泰州园博园避难场所建设为例[J].中国园艺文摘,2011(11):66-68.

[10]　王郅强,王志成.我国应急避难场所现存问题与发展策略[J].东岳论坛,2011(8):65-69.

[11]　曹金龙.应急避难场所应坚持室内与室外并重建设的原则[J].防灾博览,2014(1):60-63.

[12]　段德罡,黄博燕.中心城区概念辨析[J].现代城市研究,2008(10):20-24.

[13]　张水清,杜德斌.上海中心城区的职能转移与城市空间整合[J].城市规划,2001,25(12):16-20.

[14]　曾凡彬.萍乡市中心城区城镇低效用地评价与空间格局研究[D].南昌:江西师范大学,2020.

[15]　白竹岚,蔡兵.中心城区发展战略研究——以江西省吉安市为例[J].商场现代化,2006(36):205.

[16] 官卫华,刘正平,周一鸣.城市总体规划中城市规划区和中心城区的划定[J].城市规划,2013,37(9):81-87.

[17] 胡洁.国外中心城区的发展模式对成都的启示[J].南昌教育学院学报,2011,26(7):1-3.

[18] 吴静,郝刚,姬慧.浅谈日本应急避难场所在破坏性地震下的作用[J].太原大学学报,2011,12(2):131-134.

[19] 苏幼坡,马亚杰,刘瑞兴.日本防灾公园的类型、作用与配置原则[J].世界地震工程,2004(4):27-29.

[20] 李繁彦.台北市防灾空间规划[J].城市发展研究,2001,8(6):1-8.

[21] 戴慎志.城市综合防灾规划[M].北京:中国建筑工业出版社,2011:76-84.

[22] 金磊.构造城市防灾空间——21世纪城市功能设计的关键[J].工程设计与CAD智能建筑,2001(8):6-12.

[23] 李延涛,苏幼坡,刘瑞兴.城市防灾公园的规划思想[J].城市规划,2004,28(5):71-73.

[24] 苏群,钱新强.城市避难场所规划的空间配置原则探讨[J].苏州大学学报(自然科学版),2007(2):66-69.

[25] 周宝砚.美国政府公共危机管理的得与失——以"卡特里娜"飓风和"丽塔"飓风灾害事件处理为例[J].中国应急救援,2009(5):39-42.

[26] 王耕,丁晓静,高香玲,等.大连市主要自然灾害危险性评价[J].地理研究,2010,29(12):2212-2222.

[27] 戴慎志.论城市安全战略与体系[J].规划师,2002(1):9-11.

[28] 郭再富.安全城市内涵及其持续改进过程研究[J].中国安全生产科学技术,2012,8(12):53-57.

[29] 杨冬梅,赵黎明,闫凌州.创新型城市:概念模型与发展模式[J].科学学与科学技术管理,2006,27(8):97-101.

[30] 张翰卿.安全城市规划的理论框架探讨[J].规划师,2011,27(8):5-9.

[31] 张珍珍,程伟.韧性城市理念下城市减灾防灾规划初探[C]//2019城市发展与规划论文集.北京:中国城市出版社,2019:1968-1972.

[32] FOSTER H D. The Ozymandias Principles:thirty one strategies for surviving change[M].Victoria Canada:UBC Press,1997:213-224.

[33] 朱诗琳.韧性城市——守住城市的安全底线[J].广西城镇建设,2018(12):6-9.

[34] 乔鹏,翟国方.韧性城市视角下的应急避难场所规划建设——以江苏省为例[J].北京规划建设,2018(2):45-49.

［35］　杨晓楠.京津冀协同发展下河北省中小城市城镇化路径及空间响应研究[D].天津:天津大学,2017.

［36］　王传民,袁伦渠.基于协同理论的中国县域产业结构安全研究[J].管理现代化,2006(3):62-64.

［37］　王毅.协同理论下特色小镇的建设与思考[J].城市管理与科技,2017,19(6):41-43.

［38］　贾玉慧.内外协同创新对技术并购后长短期绩效影响研究——以奋达科技为例[D].济南:山东大学,2020.

［39］　毕宝德.土地经济学[M].8版.北京:中国人民大学出版社,2020.

［40］　唐穆君.区位论视角下西安民办博物馆空间发展模式研究[J].西北工业大学学报(社会科学版),2016,36(3):120-123,128.

［41］　MATSUTOMI T, ISHII H. An emergency service facility location problem with fuzzy objective and constraint[J]. Fuzzy Systems,1992(3):315-322.

［42］　KONGSOMSAKSAKUL S,CHEN A,YANG C. Shelter location-allocation model for flood evacuation planning[J]. Journal of the Eastern Asia Society for Transportation Studies,2005(6):4237-4252.

［43］　ALCADA-ALMEIDA L, TRALHAO L, SANTOS L, et al. A multi-objective approach to locate emergency shelters and identify evacuation routes in urban areas[J]. Geographical Analysis,2009(41):9-29.

［44］　LI L F,JIN M Z,ZHANG L. Sheltering network planning and management with a case in the Gulf Coast region[J]. International Journal of Production Economics,2011,131(2):431-440.

［45］　ZARANDI M H F, DAVARI S, SISAKHT S A H. The large-scale dynamic maximal covering location problem[J]. Mathematical and Computer Modelling,2013,57(3):710-719.

［46］　包升平.都市防灾避难据点适宜性评估之研究——以嘉义市为例[D].台南:台湾成功大学都市计划研究所,2005.

［47］　徐波,关贤军,尤建新.城市防灾避难空间优化模型[J].土木工程学报,2008,41(1):93-98.

［48］　初建宇.防灾避难场所规划方法及其应用研究[D].天津:天津大学,2014.

［49］　孙天威.避难场所灾后评估及责任区调整方法研究[D].唐山:华北理工大学,2017.

［50］　马东辉,李刚,苏经宇,等.城市地震应急避难场所规划方法研究[J].北京工业大学学报,2006,32(10):901-906.

［51］ 黄典剑,吴宗之,蔡嗣经,等.城市应急避难所的应急适应能力——基于层次分析法的评价方法［J］.自然灾害学报,2006,15(1):52-58.

［52］ 张雪.城市应急避难场所规划及应急能力评价研究［D］.北京:北京工业大学,2008.

［53］ 庄丽,高惠瑛,王璇.城市固定避灾疏散场所合理布局评价［J］.中国水运(下半月),2009(9):242-243.

［54］ TAI C A,LEE Y L,LIN C Y. Urban disaster prevention shelter location and evacuation behavior analysis［J］. Journal of Asian Architecture and Building Engineering,2010,9(1):215-220.

［55］ 刘少丽.城市应急避难场所区位选择与空间布局［D］.南京:南京师范大学,2012.

［56］ 丁桂伶,翟淑花,孙小华.基于决定性与程度性指标分析法的避险场所适宜性评价方法研究［J］.城市地质,2015,10(Z1):54-58

［57］ 韩玉兰.东莞市中心城区应急避难场所适宜性评价与布局研究［D］.金华:浙江师范大学,2017.

［58］ 黄雍华.基于GIS的上海市都市功能优化区应急避难场所适宜性评价与分析［D］.上海:上海师范大学,2018.

［59］ 施小斌.城市防灾空间效能分析及优化选址研究［D］.西安:西安建筑科技大学,2006.

［60］ ALPARSLAN E, INCE F,ERKAN B,et al. A GIS model for settlement suitability regarding disaster mitigation,a case study in Bolu Turkey［J］. Engineering Geology,2008,96(3-4):126-140.

［61］ 叶明武,王军,陈振楼,等.城市防灾公园规划建设的综合决策分析［J］.地理与地理信息科学,2009,25(2):89-93.

［62］ 刘杰.西南城镇应急避难场所网络模型及规划优化研究——以四川雅安市芦山县城为例［D］.重庆:重庆大学,2016.

［63］ 肖洋.历史文化名城应急避难场所网络特征及规划优化分析——以阆中市为例［D］.绵阳:西南科技大学,2018.

［64］ 楼继伟,李克平.关于建立我国财政转移支付新制度的若干问题［J］.经济改革与发展,1995(10):68-72.

［65］ 陈海威,田侃.我国基本公共服务均等化问题探讨［J］.中共福建省委党校学报,2007(5):2-5.

［66］ 李泓,孟春,李晓玉.公共服务均等化中的服务标准:各国理论与实践［J］.财政研究,2008(10):79-81.

［67］ 杨朝.我国地区间基本公共文化服务均等化研究［D］.合肥:安徽大

学,2018.

[68] 张冰莹.基于公共服务均等化理念的政府投资作用及问题研究[D].杭州:浙江财经学院,2010.

[69] 孙开.建立有效的政府间转移支付制度[J].财贸经济,1994(5):20-23.

[70] 许光建,许坤,卢倩倩.我国基本公共服务均等化研究:起源、进展与述评[J].扬州大学学报(人文社会科学版),2019,23(2):41-49.

[71] 马挺.城市应急避难场所选址问题研究[D].上海:上海大学,2013.

[72] 陈红月.避难场所选址优化方法研究[D].唐山:华北理工大学,2017.

[73] 吕元,颜冬.城市防灾空间系统规划初探[J].郑州大学学报(工学版),2004,25(4):34-36.

[74] 朱佩娟,张洁,肖洪,等.城市公共绿地的应急避难功能——基于 GIS 的格局优化研究[J].自然灾害学报,2010,19(4):34-42.

[75] 李久刚.城市应急避难场所服务区决策模型及选址优化方法研究[D].武汉:武汉大学,2011.

[76] 李阳力,王培茗,程思.基于网络分析法的绵阳市固定应急避难场所布局评价研究[J].世界地震工程,2015,31(4):243-249.

[77] 李平华,陆玉麒.城市可达性研究的理论与方法评述[J].城市问题,2005(1):69-74.

[78] 刘冰,张涵双,曹娟娟,等.基于公交可达性绩效的武汉市空间战略实施评估[J].城市规划学刊,2017(1):39-47.

[79] LITMAN T. Measuring transportation:traffic,mobility and accessibility[J]. ITE Journal-Institute of Transportation Engineers,2003,73(10):28-32.

[80] 包丹文.城市空间拓展对居民就业可达性影响机理研究[D].南京:东南大学,2012.

[81] 张超.客运专线的运营对铁路可达性的影响研究[D].成都:西南交通大学,2011.

[82] 申世广,费文君,李卫正,等.可达性方法指导下的城市公园绿地规划——以栾城县为例[C]//中国风景园林学会 2011 年会论文集(上册).北京:中国建筑工业出版社,2011:484-488.

[83] HOCHBAUM D S,PATHRIA A. Locating centers in a dynamically changing network,and related problems[J]. Location Science,1998,6(1):243-256.

[84] LI X,CLARAMUNT C,KUNG H T,et al. A decentralized and continuity-based algorithm for delineating capacitated shelters' service areas[J]. Environment and Planning B,Planning and Design,2008,35(4):593-608.

[85] 何建敏,刘春林,曹杰,等.应急管理与应急系统——选址、调度与算法

[M].北京:科学出版社,2005:175-210.

[86] 苏幼坡,王兴国.城镇防灾避难场所规划设计[M].北京:中国建筑工业出版社,2012:204-209.

[87] 陈志芬,李强,陈晋.城市应急避难场所层次布局研究(Ⅱ)——三级层次选址模型[J].自然灾害学报,2010,19(5):13-19.

[88] 姚清林.关于优选城市地震避难场地的某些问题[J].地震研究,1997,20(2):244-248.

[89] 周天颖,简甫任.紧急避难场所区位决策支持系统建立之研究[J].水土保持研究,2001,8(1):17-24.

[90] 周晓猛,刘茂,于阳.紧急避难场所优化布局理论研究[J].安全与环境学报,2006(6):118-121.

[91] 吴健宏,翁文国.应急避难场所的选址决策支持系统[J].清华大学学报(自然科学版),2011,51(5):632-636.

[92] 陈洁,陆锋,程昌秀.可达性度量方法及应用研究进展评述[J].地理科学进展,2007,26(5):100-110.

[93] LUIS A A,LINO T,LUIS S,et al. A multiobjective approach to locate emergency shelters and identify evacuation routes in urban areas[J]. Geographical Analysis,2009,41(1):9-29.

[94] 刘海燕,武志东.基于GIS的城市防灾公园规划研究——以西安市为例[J].规划师,2006,22(10):55-58.

[95] 苏群,钱新强,杨朝辉.GIS技术在城市避难场所规划空间配置中的应用[J].北京规划建设,2008(4):42-44.

[96] 杜邵妮.基于蚁群算法的城市应急避难场所选址研究[D].上海:上海师范大学,2018.

[97] 黄静,叶明武,王军,等.基于GIS的社区居民避震疏散区划方法及应用研究[J].地理科学,2011,31(2):204-210.

[98] 曹明,初建宇,刘喜暖.基于GIS的城市应急避难疏散空间分布[J].河北联合大学学报(自然科学版),2012,34(2):84-88.

[99] 万福昆.基于数学模型的社区避震疏散区划方法及应用研究[D].天津:天津大学,2017.

[100] 孟欣欣.协同理论视角下的食品安全监管研究——沈阳市"毒豆芽"事件为例[D].沈阳:辽宁大学,2012.

[101] H.哈肯.协同学引论[M].徐锡申,陈式刚,陈雅深,等译.北京:原子能出版社,1984:89.

[102] 魏丽华.京津冀产业协同发展问题研究[D].北京:中共中央党校,2018.

[103]　史猛.协同理论视角下兵地融合发展研究[D].石河子:石河子大学,2017.

[104]　陈好.协同理论视角下网络舆情传播机理研究[D].哈尔滨:哈尔滨师范大学,2018.

[105]　袁莉.城市群协同发展机理、实现途径及对策研究——以长株潭城市群为例[D].长沙:中南大学,2014.

[106]　詹姆斯·博曼,威廉·雷吉.协商民主:论理性与政治[M].陈家刚,译.北京:中央编译出版社,2006:305.

[107]　竺乾威.西方行政学说史[M].北京:高等教育出版社,2001:213.

[108]　HILLIS W D. Co-evolving parasites improve simulated evolution as an optimization procedure[J]. Physica D: Nonlinear Phenomena, 1990, 42 (1-3): 228-234.

[109]　BOWLES S, HOPFENSITZ A. The co-evolution of individual behaviors and social institutions[J]. Wo PEc: Working Papers in Economics, 2000, 12(73): 135-147.

[110]　罗伯特·D.帕特南.使民主运转起来——现代意大利的公民传统[M].王列,赖海榕,译.南昌:江西人民出版社,2001:203.

[111]　RING P S, VANDEVEN A H. Relying on trust in cooperative inter-organizational relationships[J]. Handbook of Trust Research,2006:144-164.

[112]　邱世明.复杂适应系统协同理论、方法与应用研究[D].天津:天津大学,2003.

[113]　刘晓燕.能源应急多主体协同机制及协同效应研究[D].徐州:中国矿业大学,2019.

[114]　田丹.系统论方法视角下院地合作组织模式研究——以四川(成都)为例[D].成都:成都理工大学,2012.

[115]　黄浪,吴超,王秉."流"视域下的系统安全协同理论模型构建[J].中国安全科学学报,2019,29(5):50-55.

[116]　陈为邦,蒋勇,吴唯佳,等.制度创新背景下的城市规划[J].城市规划,2007,31(11):47-51.

[117]　祝春敏,张衔春,单卓然,等.新时期我国协同规划的理论体系构建[J].规划师,2013,29(12):5-11.

[118]　安超.协同理论视角下地级市园林城市建设研究——以呼和浩特市为例[D].呼和浩特:内蒙古大学,2016.

[119]　王毅.协同理论视域下特色小镇建设思考——以山西省杏花村镇为例[C].2017年中国地理学会经济地理专业委员会学术年会论文摘要集.2017:57.

[120] 孟祖凯,崔大树.企业衍生、协同演化与特色小镇空间组织模式构建——基于杭州互联网小镇的案例分析[J].现代城市研究,2018,33(4):73-81.

[121] 段倩倩,白鹏飞,张小咏,等.协同视角下多级救灾物资储备体系中的储备库选址模型[J].数学的实践与认识,2018,48(21):141-148.

[122] 汪亮,王珺.基于协同框架构建的特色小镇规划设计——以广西钦州陆屋机电小镇为例[J].现代城市研究,2019(5):43-48.

[123] 黎鹏.区域经济协同发展研究[M].北京:经济管理出版社,2003:135-136.

[124] 马广林,刘俊昌.中国区域经济协同发展中存在的问题及对策研究[J].经济问题探索,2005(5):25-27.

[125] 杨志军.多中心协同治理模式研究:基于三项内容的考察[J].中共南京市委党校学报,2010(3):42-49.

[126] 胡静.湖北西部地区区域发展战略与路径研究——旅游引领区域协同[D].武汉:华中农业大学,2010.

[127] 杨清华.协同治理与公民参与的逻辑同构与实现理路[J].北京工业大学学报(社会科学版),2011,11(2):46-50.

[128] 刘英基.中国区域经济协同发展的机理、问题及对策分析——基于复杂系统理论的视角[J].理论月刊,2012(3):126-129.

[129] 王金杰,周立群.新常态下区域协同发展的取向和路径——以京津冀的探索和实践为例[J].江海学刊,2015(4):73-79,238.

[130] 苟兴朝,杨继瑞.从"区域均衡"到"区域协同":马克思主义区域经济发展思想的传承与创新[J].西昌学院学报(社会科学版),2018,30(3):17-22.

[131] 王智勇,杨体星,刘合林,等.城市密集区空间协同发展策略研究——以武汉城市圈为例[J].规划师,2018,34(4):20-26.

[132] 刘宁.京津冀协同发展与城市型行政区相关问题探讨[J].经济师,2019(12):10-11,14.

[133] 毕娅,李文锋.基于协同库存和模糊需求的离散选址模型研究[J].统计与决策,2011(6):66-69.

[134] 郭鑫.基于GIS的城市应急避难场所优化布局综合分析[D].天津:天津师范大学,2018.

[135] 施益军.山地小城市应急避难场所空间布局优化研究[D].昆明:云南大学,2015.

[136] 于伟巍.夜间视角下天津既有住区防灾空间优化研究[D].天津:天津大学,2017.

[137] 何振华.旧城区社区公共服务设施规划研究——以重庆市江北区五里店

街道为例[D].重庆:重庆大学,2016.

[138] 程鹏,栾峰.提升特大城市公共基础设施服务水平策略研究——基于协同创新五维模型[J].现代城市研究,2016(11):71-76,116.

[139] 赵万民,冯矛,李雅兰.村镇公共服务设施协同共享配置方法[J].规划师,2017,33(3):78-83.

[140] 李彦平,刘大海,罗添.陆海统筹在国土空间规划中的实现路径探究——基于系统论视角[J].环境保护,2020,48(9):50-54.

[141] 吴彤.自组织方法论研究[M].北京:清华大学出版社,2001.

[142] 金云峰,李涛.基于自组织理论的城乡空间与绿地系统研究进展[J].中国城市林业,2015,13(5):1-4.

[143] KYRIACOS A,RAJALAKSHRNANAN E,HU P,et al. Self-organization and the self-assembling process in tissue engineering[J]. Annual Review of Biomedical Engineering,2013(15):115-136.

[144] 蒙健堃.基于耗散结构理论的科学人文思想政治教育方法发展模型[J].系统科学学报,2012,20(1):34-40.

[145] 苟灵生,王春萍.基于熵理论的学生管理组织有序度增长机理研究[J].北京理工大学学报(社会科学版),2011,13(4):61-65.

[146] 薛皓洁.新建师范院校转型发展:目标取向、行动策略与管理机制[J].黑龙江高教研究,2017(12):117-120.

[147] 邹佳旻.基于自组织理论的乡村社区营造策略研究[D].厦门:厦门大学,2014.

[148] 刘李鹏.台海两岸经济系统自组织发展研究[D].北京:北京工业大学,2014.

[149] 刘丽丽.基于核心——边缘理论新疆旅游目的地培育研究[D].乌鲁木齐:新疆大学,2015.

[150] 崔功豪,魏清泉,刘科伟.区域分析与区域规划[M].北京:高等教育出版社,2006:179-185.

[151] 李松龄,栾晓平.公平与效率的理论综述[J].山东社会科学,2003(4):27-32.

[152] SAMUELSON P A. The pure theory of public expenditure[J]. The Review of Economics and Statistics,1954(36):387-389.

[153] 张文忠. 经济区位论[M].北京:科学出版社,2000:46-48.

[154] 林杰.世界一流大学:构成的还是生成的?——基于系统科学的分析[J].复旦教育论坛,2016,14(2):30-36.

[155] 金吾伦.从复杂系统理论看传统思维方式的历史演变[J].杭州师范大学

学报(社会科学报),2008(3):24-30.

[156]　金吾伦.生成哲学[M].保定:河北大学出版社,2000:104.

[157]　高建国.中国北方避难场所的设置研究——决不能再出现"没有震死,反被冻死"[C]//苏门答腊地震海啸影响中国华南天气的初步研究——中国首届灾害链学术研讨会论文集.北京:气象出版社,2007:324-338.

[158]　李繁彦.台北市防灾空间规划[J].城市发展研究,2001(6):1-8.

[159]　吴一洲,贝涵璐,罗文斌.都市防灾系统空间规划初探——台湾地区经验的借鉴[J].国际城市规划,2009,24(3):84-90,95.

[160]　史亮.北京市地震应急避难场所规划研究[J].北京规划建设,2008(4):28-32.

[161]　黄欣荣,吴彤.从简单到复杂——复杂性范式的历史嬗变[J].江西财经大学学报,2005(5):80-85.

[162]　冯·贝塔朗菲.一般系统论[M].林康义,魏宏森,译.北京:清华大学出版社,1987:310.

[163]　吴祥兴,陈忠.混沌学导论[M].上海:上海科学技术文献出版社,2001:76-80.

[164]　伊·普里戈金,伊·斯唐热.从混沌到有序——人与自然的新对话[M].曾庆宏,沈小峰,译.上海:上海译文出版社,2005:42-45.

[165]　M.艾根,P.舒斯特尔.超循环论[M].曾国屏,沈小峰,译.上海:上海译文出版社,1990:135-143.

[166]　陈群元,宋玉祥.中国城市群的协调机理与协调模型[J].中国科学院研究生院学报,2010,27(3):356-363.

[167]　陈秋晓,周子懿,吴霜.超循环理论视野下的城乡规划编制问题及优化思路[J].城市发展研究,2014,21(8):17-23.

[168]　郭锐.基于自组织理论的传统村落当代更新模式研究[D].武汉:华中科技大学,2013.

[169]　胡玉玲,刁远纯,王坤.场所的可达性分析——以武汉东湖为例[J].华中建筑,2010,28(3):112-115.

[170]　孙彩红.基于网络化的地铁应急救援站选址方法研究[J].科技信息,2010(28):775-776.

[171]　于欣彤.白城市防灾避难场所系统规划研究[D].长春:吉林建筑大学,2015.

[172]　PEI T,SOBOLEVSKY S,RATTI C,et al. A new insight into land use classification based on aggregated mobile phone date[J]. International Journal of Geographical Information Science,2014,28(9):1988-2007.

[173]　钮心毅,丁亮,宋小冬.基于手机数据识别上海中心城的城市空间结构[J].城市规划学刊,2014(6):61-67.

[174]　毛晓汶.基于手机信令技术的区域交通出行特征研究[D].重庆:重庆交通大学,2014.

[175]　赵来军,王珂,汪建.城市应急避难场所规划建设理论与方法[M].北京:科学出版社,2014:96-105.

[176]　尹之潜.地震灾害损失预测研究[J].地震工程与工程振动,1991(4):87-96.

[177]　孙振凯,赵凤新,尹之潜.分省的建筑物地震损失率估计[C]//中国地震学会第八次会议论文集.北京:地震出版社,2000:272.

[178]　尹之潜.现有建筑抗震能力评估[J].地震工程与工程振动,2010,30(1):36-45.

[179]　姚彩云,金腊华.多因子综合评价法在生态校园评价中的应用[J].安徽农业科学,2013,41(23):9744,9768.

[180]　宋梁君,余焕伟,张国安.基于多因素综合评价法的电梯安全风险评估[J].中国质量技术监督,2017(2):74-77.

[181]　叶娜,邓云兰,夏宜平.汶川地震对城市公园绿地防灾减灾的启示[J].城市发展研究,2009,16(5):55-59.

[182]　陈庆华.无标度网络的相关性和联合度分布[J].福建师范大学学报(自然科学版),2006(1):1-6.

[183]　苑露莎.基于复杂网络的农村居民点空间布局优化研究[D].北京:中国地质大学,2014.

[184]　徐伟,胡馥好,明晓东.自然灾害避难所区位布局研究进展[J].灾害学,2013,28(4):143-151.

[185]　孙建伟.顾及基本公共服务的农村居民点优化布局研究[D].武汉:华中师范大学,2017.

[186]　汪小帆,李翔,陈关荣.复杂网络理论及其应用[M].北京:清华大学出版社,2006:152-155.

[187]　施佳怡,郭进利.复杂网络视角下上海市加油站布局特征研究——以中石油为例[J].软件导刊,2019,18(5):146-149.

[188]　杨淑娟.耦合多通道神经元群建模及分析[D].秦皇岛:燕山大学,2017.

[189]　崔冬.多通道脑电信号建模及同步分析[D].秦皇岛:燕山大学,2011.

[190]　郑晓虹.基于GIS的应急避难场所选址与布局研究[D].青岛:中国海洋大学,2013.

[191]　OKABE A,BOOTS B,SUGIHARA K, et al. Spatial tessellations:

concepts and applications of Voronoi diagrams[M]. John Wiley and Sons,1992: 70-75.

[192] 李毅. Voronoi 图在公共服务设施规划中的应用[J]. 科技信息,2011 (5):503,495.

[193] 李圣权,胡鹏,闫卫阳. 基于加权 Voronoi 图的城市影响范围划分[J]. 武汉大学学报(工学版),2004(1):94-97.

[194] 肖龙. 城市规划视角下的东京防火对策与启示[J]. 城市与防灾,2019 (2):35-39.

[195] 杨文斌,韩世文,张敬军,等. 地震应急避难场所的规划建设与城市防灾[J]. 自然灾害学报,2004,13(1):126-131.